厚积薄发

以厚积薄发四字篆印一方
赠高等教育出版社

李岚清
二〇〇七年初秋

U0247879

生也有涯

学無止境

任继愈

教育部
哲学社会科学研究
后期资助项目

# 中国环境史

（魏晋至宋元卷）

谷更有 等 著

主编 戴建兵

副主编 刘向阳

高等教育出版社·北京

**图书在版编目（ＣＩＰ）数据**

中国环境史. 魏晋至宋元卷 / 戴建兵主编；谷更有
等著. -- 北京：高等教育出版社，2022.8
ISBN 978-7-04-058205-5

Ⅰ. ①中… Ⅱ. ①戴… ②谷… Ⅲ. ①环境 - 历史 -
中国 - 魏晋南北朝时代 - 宋元时期 Ⅳ. ①X-092

中国版本图书馆CIP数据核字(2022)第028392号

中国环境史（魏晋至宋元卷）
ZHONGGUO HUANJINGSHI（WEIJIN ZHI SONGYUAN JUAN）

| | | | | | |
|---|---|---|---|---|---|
| 策划编辑 | 包小冰 | 责任编辑 包小冰 | 封面设计 张申申 | 版式设计 | 马 云 |
| 责任校对 | 商红彦 刘娟娟 | 责任印制 朱 琦 | | | |

| | | | |
|---|---|---|---|
| 出版发行 | 高等教育出版社 | 咨询电话 | 400-810-0598 |
| 社　　址 | 北京市西城区德外大街 4 号 | 网　　址 | http://www.hep.edu.cn |
| 邮政编码 | 100120 | | http://www.hep.com.cn |
| 印　　刷 | 涿州市京南印刷厂 | 网上订购 | http://www.hepmall.com.cn |
| 开　　本 | 787 mm×1092 mm　1/16 | | http://www.hepmall.com |
| 印　　张 | 25 | | http://www.hepmall.cn |
| 字　　数 | 360千字 | 版　　次 | 2022 年 8 月第 1 版 |
| 插　　页 | 2 | 印　　次 | 2022 年 8 月第 1 次印刷 |
| 购书热线 | 010-58581118 | 定　　价 | 76.00 元 |

本书如有缺页、倒页、脱页等质量问题，请到所购图书销售部门联系调换
版权所有　侵权必究
物 料 号　58205-00

# 总　序

　　哲学社会科学是探索人类社会和精神世界奥秘、揭示其发展规律的科学,是我们认识世界、改造世界的有力武器。哲学社会科学的发展水平,体现着一个国家和民族的思维能力、精神状态和文明素质,其研究能力和科研成果是综合国力的重要组成部分。没有繁荣发展的哲学社会科学,就没有文化的影响力和凝聚力,就没有真正强大的国家。

　　党中央高度重视哲学社会科学事业。改革开放以来,特别是党的十六大以来,党中央就繁荣发展哲学社会科学作出了一系列重大决策,党的十七大报告明确提出:"繁荣发展哲学社会科学,推进学科体系、学术观点、科研方法创新,鼓励哲学社会科学界为党和人民事业发挥思想库作用,推动我国哲学社会科学优秀成果和优秀人才走向世界。"党中央在新时期对繁荣发展哲学社会科学提出的新任务、新要求,为哲学社会科学的进一步繁荣发展指明了方向,开辟了广阔前景。在全面建设小康社会的关键时期,进一步繁荣发展哲学社会科学,大力提高哲学社会科学研究质量,努力构建以马克思主义为指导,具有中国特色、中国风格、中国气派的哲学社会科学,推动社会主义文化大发展大繁荣,具有十分重大的意义。

　　高等学校哲学社会科学人才密集,力量雄厚,学科齐全,是我国哲学社会科学事业的主力军。长期以来,广大高校哲学社会科学工作者献身科学,甘于寂寞,刻苦钻研,无私奉献,开拓创新,为推进马克思主义中国化,为服务党和政府的决策,为弘扬优秀传统文化、培育民族精神,为培养社会主义合格建设者和可靠接班人作出了重要贡献。本世纪头20年,是我国经济社会发展的重要战略机遇期,高校哲学社会科学面临着难得的发展机遇。我们要以高度的责任感和使命感、强烈的忧患意识和宽广的世界眼光,深入学习贯彻党的十七大精神,始终坚持马克思主义在哲学社会科学的指导地位,认清形势,明确任务,振奋精神,锐意创新,为全面建设小康社会、构建社会主义和谐社会发挥思想库作用,进一步推进高校哲学社会科学全面协调可持续发展。

哲学社会科学研究是一项光荣而神圣的社会事业,是一种繁重而复杂的创造性劳动。精品源于艰辛,质量在于创新。高质量的学术成果离不开严谨的科学态度,离不开辛勤的劳动,离不开创新。树立严谨而不保守,活跃而不轻浮,锐意创新而不哗众取宠,追求真理而不追名逐利的良好学风,是繁荣发展高校哲学社会科学的重要保障。建设具有中国特色的哲学社会科学,必须营造有利于学者潜心学问、勇于创新的学术氛围,必须树立良好的学风。为此,自 2006 年始,教育部实施了高校哲学社会科学研究后期资助项目计划,旨在鼓励高校教师潜心学术,厚积薄发,勇于理论创新,推出精品力作。原中央政治局常委、国务院副总理李岚清同志欣然为后期资助项目题字"厚积薄发",并篆刻同名印章一枚,国家图书馆名誉馆长任继愈先生亦为此题字"生也有涯,学无止境",此举充分体现了他们对繁荣发展高校哲学社会科学事业的高度重视、深切勉励和由衷期望。

展望未来,夺取全面建设小康社会新胜利、谱写人民美好生活新篇章的宏伟目标和崇高使命,呼唤着每一位高校哲学社会科学工作者的热情和智慧。让我们坚持以马克思主义为指导,深入贯彻落实科学发展观,求真务实,与时俱进,以优异成绩开创哲学社会科学繁荣发展的新局面。

教育部社会科学司

# 丛 书 总 序

历经数载，由我校环境史研究中心承担的教育部哲学社会科学研究后期资助项目的成果——多卷本《中国环境史》即将付梓。从最初的组织策划、选题论证、项目申报到分卷编纂、集中汇总、修改完善，直至最终定稿，其间反复易稿，编纂人员数次的思想碰撞，凝结着各位分卷主编对环境史的学术认知和价值判断。交由读者批评之际，我在此对丛书的主旨思想、总体架构、问题意识、学术创新和编纂路径等问题作一简单说明。

河北师范大学图书馆和历史系资料室的藏书十分丰富，求学时读书如同今天上网，一本书就是一个世界。就环境史学科来说，我认为比较重要的书有三本。

第一本书是王伟杰等编著的《北京环境史话》[①]。现在看这本书，其环境史研究方法还具有一定的意义。该书先谈古环境学，在其指导下，引入了北京城的历史沿革，然后是地表水、地下水、粪便和垃圾、大气、动物和植物、北京明清时的墓地、采石和碑碣、鎏金和铜质建筑、公用事业、经济活动、分坊和城垣、居庸关和长城等内容。

当时看这本书的感觉是其内容远远游离于我们课上所学的历史，所研究的东西均是课本中没有的，历史的空间被极大地扩展了。记得我当时请教过一些老师，老师们说法不一，但多数认为该书太专业，意义不是很大。不过书中的一些观点还是深深地影响了我。比如书中说垃圾和中国土葬对地下水有污染，是地下水中硝酸盐的主要来源，而且危害深远。书中对自清代以来京城垃圾产生、处理等方面的论述，特别是关于龙须沟之类水体的深层次解说，让我在宿舍聊天中的谈资上略胜一筹。

---

① 王伟杰、任家生、韩文生等编著：《北京环境史话》，地质出版社，1989年。

第二本书是余文涛等著的《中国的环境保护》①。那个时候,一本精装书很不得了。该书封面设计的是一些抽象的小树,让人印象深刻。书的前言中说:"当今世界上,环境污染和生态破坏是人类面临的重大社会问题之一。""十年前,我国对环境污染和生态破坏的危害认识不足,缺乏经验,甚至错误地认为只有在资本主义社会才发生'公害'。"这说明著者对环境和污染问题有着清醒的认识。时至今日,环境问题日益突出。虽然大家都认同史学家克罗齐说的一切历史都是当代史,历史的经验值得汲取,但从历史上看,活着的人对历史经验往往不够重视。

《中国的环境保护》第一章谈中国古代的环境保护,由此开始进行环境史研究,这是最值得推崇的地方。20世纪80年代的这样一本书已是学术化道路上的正经作品。第一章先介绍中国生态学思想的萌芽,又说中国古代环境保护的思想与实践,中国历史上的环境保护机构、法令,再具体到古代的植树造林与森林保护、苑囿园池、国土与环境整治。第二章讲古今环境变迁及人类活动对环境的影响,主要分析了八个问题:中国历史上环境变迁的概况、森林的古今变迁、水土流失的历史渊源、中国沙漠化的历史过程、历史时期的湖泊湮废、历史上的城市水源和排水问题、气候变迁和古代物种灭绝、中国环境变迁及其原因的综合分析。书中其他章节也十分重视历史的分析方法。

第三本书是英国学者 A. 高迪著的《环境变迁》②。现在看来这本书里面还是有很多超前见识的。罗来兴在前言中介绍这本书时说:"《环境变迁》一书共分七章。前两章概括论述了更新世的地层、年代学和环境变迁的特点与尺度,列举了欧洲、北美洲等地的环境变迁事件;第三章讨论热带与亚热带的更新世环境变迁事件,其中有古沙丘的发育,雨期湖泊的形成,雨期与冰期的关系等长期以来人们非常关注的问题;第四、五章分别阐述冰后期(全新世)和有气象记录以来的环境变迁,特别重视人类活动与环境变迁的关系;第六章从冰川消长、地壳运动、均衡作用等方面对

---

① 余文涛、袁清林、毛文永:《中国的环境保护》,科学出版社,1987年。

② [英]A. 高迪:《环境变迁》,邢嘉明等译,海洋出版社,1981年。

海平面的变化进行分析,重点放在冰后期的海平面变化上;最后一章,介绍有关气候变化原因的几种假说,以作为全书的结尾。"该书最后一章有一节专论人类对气候的影响,其中一个观点是人类对燃料的使用将使二氧化碳增加,导致全球气温上升,同时也指出:"近来的一些观测和调查表明,随着大气层中二氧化碳含量的增加,温度增加的速度将减缓,这样,温度的增加未必会达到很高的程度。"书中还有一些在现在看来都很有启发性的结论和观点。

我在河北大学读硕士研究生的时候,位于图书馆最高层的民国期刊阅览室凭证可以进去看一天。我在那里以及后来在国家图书馆看了很多民国期刊,复印了一些相关文献。

1920 年曹任远在《新群》上发表了《适应环境与改造环境》[①]一文,认为环境分为自然环境和社会环境,而人应对环境有二法,一为本能一为智慧。

《地学杂志》是中国地学会主办的刊物。1922 年姚存吾在上面发表了《何为地理环境,地理环境与人类生活有若何之关系》[②]一文。文章认为天然界限之关系可以决定一民族立国之精神,无形中养成一国国民之特征,天然界可以支配人类文化发展方向,气候可转移民族特性,气候可支配人类行为,气候寒暖可以支配人类肉体发育。

1923 年 3 月萧叔綑在《史地学报》上发表了《自然环境与经济》[③]一文,认为自然环境可分为四项,即气候、地质构造、动植物和地理位置。文章中有一节论述环境之改变,认为森林极为重要。"据现世所公认其能影响于雨量者小,而其平均河流,使无一时泛滥一时旱涸之为患耕种者大,是故于无树之地造林,及童山上再植树木,在现世已成为贤明政府之一种经济政策。固不仅十年树木,取其木材足用已也。"对植树造林水土保持已有心得。文章对中国古代水利工程郑国渠、都江堰亦多称颂。

1928 年《史学与地学》第 3 期发表了竺可桢(字藕舫)的演讲记录《直

---

① 曹任远:《适应环境与改造环境》,《新群》1920 年第 1 卷第 4 号。

② 姚存吾:《何为地理环境,地理环境与人类生活有若何之关系》,《地学杂志》1922 年第 3 期。

③ 萧叔綑:《自然环境与经济》,《史地学报》1923 年第 3 期。

隶地理的环境和水灾》①。文章先从 1917 年永定河水灾和 1924 年直隶水灾谈起,再到中国各世纪各地的水灾次数,总结出历史上河南因黄河水灾最多,而从 1 世纪到 19 世纪河北计有 164 次水灾,为第二多。原因一是河北为季风性气候,夏季多雨而冬季少雨;原因二是地形,直隶东南是一个冲积平原,西北是山,平原成半圆形,以海河河口为中心,水多时超过海河的排水量;原因三是地质,沉淀多。文章还分析了人为的环境与水灾的关系,认为在近 3 个世纪里,直隶的水灾次数比河南还要多,为 107 次对 64 次,有人认为是康熙四十几年时于成龙将永定河改道,不走东淀,从而使其沉淀不能存于东淀而形成。但是竺可桢并不这样认为,他认为直隶近 3 个世纪的水灾与直隶的人口与农业有关。天津一带,北宋前均为淀泊,没有开垦,北宋何承矩第一个倡导种水稻,霸州、河间一带开始种早稻。明时天津大规模开发屯田,把沼泽改造成农田,由此水灾增多。元时天津人口很少,才 40 余万人,明末天津附近达到 120 万人,光绪年间天津达 200 万人,元明两代人口的增加和海河平原上农业的发展是天津水灾增多的重要因素。

1928 年的《社会科学杂志》刊载了毛起鹨的《地理环境与文化》②一文。该文认为地理环境为人类社会生活的基础,但是并不单纯认同地理环境的重要作用,并使用了人类学的材料来证明地理环境说的不妥。其结论指出地理环境不能担负文化变迁的责任,而民族迁移和交通等才是促进文化变迁的主因。地理环境是一种被动的和人为选择的东西。

20 世纪 30 年代是中国历史上学术较为发达的时期之一。1930 年《学生文艺丛刊》刊载缪启愉的《文化与自然环境的关系》③一文,文章认为:"在有人的社会,尤其是文明社会里,地理的势力是影响社会生活的势力的一种,如果眼界看得深远一点,就生物全体宇宙全体来看,那地理的势力、自然环境的影响、确比人类社会中任何势力要来得大。"1931 年《复旦社会学系半月刊》刊载了王在勤的《环境与社会》④一文。文章分析了环境的意

① 竺藕舫:《直隶地理的环境和水灾》,《史学与地学》1928 年第 3 期。
② 毛起鹨:《地理环境与文化》,《社会科学杂志》1928 年第 4 期。
③ 缪启愉:《文化与自然环境的关系》,《学生文艺丛刊》1930 年第 5 期。
④ 王在勤:《环境与社会》,《复旦社会学系半月刊》1931 年第 1 期。

义、环境分析之基点、环境之分析、环境之性质、文化与环境,认为环境产生文化。

当时对中国环境与社会的研究较为深入的当属日本学者小竹文夫。他曾在《社会杂志》上发表《自然环境与中国社会》[①]一文。文章的第一部分分析了中国的自然环境,总结出地域广大、地势较单调、东西流的水域发达、黄土层与冲击层、海岸线短、西北边无山脉、酷热严寒的大陆气候、夏季雨量较大等特点,并在评论环境时结合历史与其他民族的环境进行了分析。文章的第二部分分析异民族对中原的支配,第三部分对自然环境与生产力进行研究,第四至第九部分依次讨论自然环境与中国人之饮食,自然环境与中国人之居住,自然环境与中国人之衣服,自然环境与中国人口及其分布,自然环境与中国之交通性,自然环境与中国民族性。全文十数万字,今天看来虽有许多局限,但是对 20 世纪 30 年代而言,不失为当时之学术研究高地。

1932 年《青年生活》发表了天明的《自然环境与中国历史——中国社会现状造成之基础条件之一》[②]一文。文章认为自然环境是最初且最伟大的支配人类的力量,但是随着人类社会的发展,自然环境对人类社会的影响是变化的。

1934 年《新社会科学》发表了卫惠林的《自然环境与民族文化》[③]一文。文章认为,一个民族文化的形成,有三个主要的要素:一是自然环境,二是种族,三是文化的堆积,自然环境对原始民族的文化有更为切要的关系。但作者并不认同环境决定论,而且对当时流行的摩尔根和恩格斯氏族文化形成的理论(文中所称的经济决定论)也提出了异议。他坚持上述三个要素的共同作用。文中的自然环境则强调气候、地形。

1936 年吴浦帆在《新亚细亚》上发表了《自然环境与藏族文化》[④]一文。

---

① [日]小竹文夫:《自然环境与中国社会》,刘泮珠、黄雪村译,《社会杂志》1931 年第 2 期。

② 天明:《自然环境与中国历史——中国社会现状造成之基础条件之一》,《青年生活》1932 年第 4 期。

③ 卫惠林:《自然环境与民族文化》,《新社会科学》1934 年第 2 期。

④ 吴浦帆:《自然环境与藏族文化》,《新亚细亚》1936 年第 3 期。

文中所言文化为广义文化,即文化是生活,为精神、物质、社会三种生活,以此考察环境与藏族文化。文章先分析藏族所居自然环境,然后分析自然环境对藏族精神生活的影响,进而分析自然环境对藏族人民物质生活和社会生活的影响,最后分析藏族文化特质及其民族性,比较了汉藏两族文化的不同。

1937年原坤厚在《新史地》上发表了《地理环境与人类活动》[1]一文,认为地理与历史是一种景象的两个方面,自然环境可以影响人类的生活,同时人类本身的经济生活是自然环境与人类生活发生关系的中介。

公共政策研究方面,江世澄、张运生在《同济医学季刊》上发表的《上海环境卫生之行政》[2]和白垛在《农学》上连载的《我国之森林环境》[3]较为典型。对研究环境史的学者而言,《北平市公安局第一卫生区事务所年报》是一份十分难得的资料。其中第八年年报中的第二章重点为防疫统计:第一项是生命统计,内有户口调查、出生报告调查、死亡报告与调查、出生率及死亡率、死亡原因、婴儿死亡率、初生婴儿死亡率、助产事务之分析、死亡者诊治情况;第二项传染病管理;第三项特别工作,有饮水检查及消毒、公厕检查、街道清洁、饮食摊担店铺检查、居民卫生检查、理发馆检查、灭蝇运动大会。其他章节在妇婴卫生、学校卫生、工厂卫生、医药救济、检验工作、公共卫生劝导和社会服务工作方面有十分详细的内容。[4]

现在一些学者认为环境史的研究来自两个方面,一是国外的引进,二是历史地理学的积淀。实际上,从民国学术史的角度来看,在中国本土环境史研究的来源方面,人们使用的学理和方法都有扎实的基础。有鉴于此,我们有必要站在中外文化交流的高度,审视中外的学术现象和当下学界对环境史学术渊源的争论。正如习近平总书记指出的,"文化自信是一个国家、一个民族发展中更基本、更深沉、更持久的力量","不忘本来、吸收外来、

① 原坤厚:《地理环境与人类活动》,《新史地》1937年第1期。
② 江世澄、张运生:《上海环境卫生之行政》,《同济医学季刊》1933年第2期。
③ 白垛:《我国之森林环境》,《农学》1939年第2期。
④ 《北平市公安局第一卫生区事务所第八年年报》,《北平市公安局第一卫生区事务所年报》1933年第8期。

面向未来","加强中外人文交流,以我为主、兼收并蓄,推进国际传播能力建设,讲好中国故事,展现真实、立体、全面的中国,提高国家文化软实力。"

于是眼光向外,引进译介域外的环境史学说,必须在比较的视野下最终回归并服务于中国本土的学术研究。基于此来审视域外的学术体系,可以发现 20 世纪 60 年代环境史作为一种新的史学思潮在欧美萌生,迄今已蔚为壮观。20 世纪 90 年代,中国史学界环境史滥觞,至今已获得了中国主流史学界的高度认同。与传统史学相比,环境史在史学的本体论、认识论和方法论等方面有着鲜明的特色和独到的价值。当下中国的环境问题,正威胁着我国经济与社会的持续健康发展和广大民众的身心健康。从政府公共政策层面看,为应对环境问题,党和政府描绘了生态文明和美丽中国建设的宏伟蓝图。从学术研究角度考察,需要借助长时段的研究全面探讨现实问题形成的历史源流与当下的微观机制,需要在人—自然—社会的协同演进视阈下,以打破常规的学术智慧和创新精神认知并反思问题,总结规律,汲取智识资源,进而寻求应对之策,助益我国的生态文明建设,这更加反衬出环境史这门新史学的学术价值和现实意义。不过目前来看,中国环境史研究,甚或世界环境史的总体学术生态与其应有的学术魅力尚不能完全匹配。

缕析当下国内外的环境史学史可以发现,很长一段时间以来,环境史在叙事单元的时空选择上,专题性、区域性和短时段的研究甚多。特别是 20 世纪 90 年代以来环境史发生社会史与文化史转向后,这种倾向表现得尤为突出,整体性、综合性与长时段的通达研究不够。在撰史模式上,表现为专题性和断代性的文本较多,各国环境通史和世界环境史著作偏少。

具体而言,美国环境史研究①中比较成熟的领域可以分为农业环境史、城市环境史、物质环境史、环境政治史、环境社会史、环境思想史、海洋环境史等。按研究对象划分,森林、水、土地、大气、环境种族主义、生态女性主义、国际环境外交和有毒废弃物处理等问题无不统摄。就研究地域而言,东

---

① 美国环境史研究成果和学者述评不胜枚举,国内学者也有系统概述,在此综合论之,具体研究成果不一一列举。

部、西部、南部、北部和中部,乃至美国领海等各个生态区域无不涉足。分门别类的具体研究代表的只是美国环境史研究的一种面相,反映美国环境史整体面相的环境通史和美国学者的全球环境史研究相对滞后。相关代表作如约瑟夫·佩图拉的《美国环境史》、约翰·奥佩的《自然的国度:美国环境史》属凤毛麟角。[①] 即便有些冠以美国环境史之名的著作,本质上仍行具体领域的专题性研究汇总之实,如路易斯·沃伦主编的《美国环境史》[②],依然缺乏通史的内在逻辑理路。

美国世界环境史研究的重要代表人物唐纳德·休斯,在《什么是环境史》[③]一书中专设一章追溯了全球环境史研究的发展,甚至提出了将"生态过程"(ecological process)作为世界史编纂的核心原则。[④] 国内学者高国荣也敏锐地注意到了美国的全球环境史研究。[⑤] 不过比较而言,实证研究成果甚少。

英国环境史研究依托景观史学和历史地理学的优势,主要集中在农业、林业环境史、工业污染史、环境政治与政策环境思想史。[⑥] 至于英国环境通史和全球环境史研究成果,屈指可数,如伊恩·西蒙斯的《一万年以来的大不列颠环境史》和《全球环境史:公元前 10000 年至公元 2000 年》、约翰·希尔的《20 世纪不列颠环境史》、斯马特的《自然之争:1600 年以来苏格兰和英格兰北部的环境史》、布雷恩·克拉普的《工业革命以来的英国环境史》、理查德·格罗夫的《绿色帝国主义:殖民扩张、热带伊甸园和现代环保主义的兴起(1600—1680)》、约翰·麦肯齐的《自然的帝国和帝国的自然:帝

① Joseph Petulla, *American Environmental History*, Columbus, OH: Merrill Publishing Company, 1988. John Opie, *Nature's Nation: An Environmental History of the United States*, Fort Worth, TX: Harcourt, 1998.

② Louis S. Warren, *American Environmental History*, Hoboken: Wiley-Blackwell, 2003.

③ [美]唐纳德·休斯:《什么是环境史》,梅雪芹译,北京大学出版社,2008 年,第 93~106 页。

④ J. Donald Hughes, *An Environmental History of the World: Humankind's Changing Role in the Community of Life*. London: Routledge, 2001, p.6.

⑤ 高国荣:《美国环境史学研究》,中国社会科学出版社,2014 年,第 277 页。

⑥ 详情参见包茂宏:《英国的环境史研究》,《中国历史地理论丛》2005 年第 2 期。贾珺:《英国地理学家伊恩·西蒙斯的环境史研究》,中国环境科学出版社,2011 年。

国主义、苏格兰和环境》等。①总体来看,英国环境史研究中专题性成果依然居于主导地位,即使上述环境通史和全球环境史研究成果,其撰史原则和叙事范型仍未得到学界的一致认同。约翰·希尔的研究侧重环境政策,布雷恩·克拉普的研究本质上仍是经济史。

中国环境史研究②与英美两国情况大致相似。早先一批研究世界史的学者,凭借敏锐的学术意识和扎实的英文功底,译介了一些国外环境史研究的成果,并撷取欧美发达国家的典型个案展开了卓有成效的实证研究,对中国环境史的理论和方法论建构功不可没。在欧风美雨的影响下,一大批从事中国历史地理学和农业史研究的学者,汲取中国传统史学研究的深厚学术养分,运用环境史的理念和方法,对既有研究理路实现创造性的转化,使中国古代环境史研究硕果累累。

尽管这些成果为中国环境史的继续深入研究奠定了良好的基础,但目前中国环境史研究的结构性不平衡亦十分明显:一则现代化启动以后,中国环境发生了翻天覆地的变化,中国近现代环境史研究刚刚蹒跚起步;二则缺乏贯通几千年来中华文明与自然互动的总体史和综合史;三则凸显中

---

① I.G.Simmons, *An Environmental History of Great Britain：From 10,000 Years Ago to the Present*, Edinburgh：Edinburgh University Press, 2001. I.G. Simmons, *Global Environmental History：10000 BC to AD 2000*, Edinburgh：Edinburgh University Press, 2008. John Sheail, *An Environmental History of Twentieth-Century Britain*, New York：Palgrave, 2002. T. C. Smout, *Nature Contested：Environmental History in Scotland and Northern England since 1600*, Edinburgh：Edinburgh University Press, 2000. [英]布雷恩·威廉·克拉普：《工业革命以来的英国环境史》,王黎译,中国环境科学出版社,2011 年。Richard Grove, *Green Imperialism：Colonial Expansion, Tropical Island Edens, and the Orgins of Environmentalism, 1600–1860*, Cambridge；New York：Cambridge University Press, 1995. John M. MacKenzie, *Empires of Nature and the Nature of Empire：Imperialism, Scotland and the Environment*, East Linton：Turkwell Press, 1997.

② 中国环境史的专题性研究成果甚多,具体成果不一一列举,学界的研究综述即可见一斑。张国旺：《近年来中国环境史研究综述》,《中国史研究动态》2003 年第 3 期。汪志国：《20 世纪 80 年代以来生态环境史研究综述》,《古今农业》2005 年第 3 期。高凯：《20 世纪以来国内环境史研究的述评》,《历史教学》2006 年第 11 期。陈新立：《中国环境史研究的回顾与展望》,《史学理论研究》2008 年第 2 期。梅雪芹：《中国环境史研究的过去、现在和未来》,《史学月刊》2009 年第 6 期。潘明涛：《2010 年中国环境史研究综述》,《中国史研究动态》2012 年第 1 期。综述大致围绕气候、水、农业、林业、考古、动植物、疾疫和区域研究分类展开,可见目前中国环境史学还缺乏通史和综合性研究,遑论中国学者的世界环境史著作。

国学派、中国话语和中国学人自己的世界环境史建构阙如。

　　尽管专题性研究是必需的,也不乏优秀的个案研究,但关涉各国环境通史和世界环境史编纂的理论体系、组织原则、核心范畴等问题尚缺乏清晰的格局,不能像已经成熟的世界史那样,具有一定的编纂范式,基于一定的理论体系,勾连世界总体面貌的形成与演进。这不利于把握人与自然关系的整体流变,难以实现历史的评价与生态评价的有机统一,恐怕不是环境史学的真谛。王利华指出,中国环境史的具体门类的研究"并不能全面、系统地解说中华民族与所在环境之间的复杂历史关系"①。这十分明确地表达了当下环境史分科而治的弊端。开展全面和总体的环境史研究刻不容缓。

　　正是基于这样的问题意识和学术旨趣,我们依托河北师范大学中国环境史研究中心自身的学术资源编纂中国环境通史,试图全面界说几千年来华夏大地上人与自然协同演进的总体史,并希冀在研究路径、研究框架、叙事范型、撰史模式等方面实现超越与创新。

　　第一,研究路径方面,我们主张在继承社会史的"小地方、大事件""小人物、大历史"之后,发展"小生境、大世界"的学术路径。即在勾连微观区域生态系统的有机联系与相互作用的长效机制中,透视人与自然关系世界的总体变化,最终实现小生境与大世界的统一。"它们也都是从具体的区域或事件入手,但是对区域内容的讨论则放在了整体的大历史的进程中,通过区域研究去透视具有更加普遍性、一般性的问题。……区域史研究并不一定就是'碎片化',其价值所在就体现于它与整体史的密切关系之中。"②世界环境史研究并不反对从区域研究入手,相反必须依赖扎实的区域和"小生境"研究,才能为总体史的研究奠定基础,不过在从事区域和专题研究时必须有总体史的关怀,强化通史性思考,必须以揭示人类与自然交互的共通性规律与普适性法则为旨归,并不失时机地推出国别环境通史和世界环境史的总体史著作,方能呈现环境史研究的价值。

　　美国学者巴托·艾尔默的新作《公民的可口可乐:可口可乐资本主义的

---

① 王利华:《生态史的事实发掘和事实判断》,《历史研究》2013 年第 3 期,第 21 页。
② 行龙:《克服"碎片化"回归总体史》,《近代史研究》2012 年第 4 期,第 21 页。

形成》①,在全球化的视野下,讲述了以可口可乐生产为核心的各种生态要素在全球生产和贸易进程中的一体化。2016 年 3 月 30 日至 4 月 2 日在西雅图召开的美国环境史学会年会上,艾尔默阐释了孟山都公司的食用油生产造就的资本主义新经济,与其专著在理路上内在相通。此次会议上,阿尔巴尼亚大学的米奇·阿索在题为《商品和全球环境史:橡胶的案例》的报告中,以橡胶的全球生产与流动为例勾连全球环境史,威斯康星大学麦迪逊分校的伊丽莎白·亨尼斯则把加拉帕戈斯群岛的经济活动与环境变迁置于全球生产与贸易的链条中。这些都是从小生境的角度透视世界环境史的佳作。

国内环境史学界关于小生境的研究也有所创见,令人耳目一新的当数梅雪芹撰写的《英国环境史上沉重的一页——泰晤士河三文鱼的消失及其教训》②。文章以泰晤士河这个小生境中的生态因子三文鱼为核心,透视了三文鱼命运波动过程中人、环境、经济与社会之间的多元联动和复杂的链式反馈机制。尽管文章仅是"1840 年代到 1980 年代泰晤士河的污染与治理"项目的一部分,但已达到洞幽烛微的效果,既是"小生境、大世界"的体现,也是环境史学界从事实证研究的典范。

第二,研究框架方面,总体史的环境史要透视大世界,就必须熟谙世界史编纂的最新趋势,并力图用环境史的基本理念更新世界史的编纂范式。世界史的编纂范式变动不居,中国学者正积极参与全球史和世界史编纂范型的反思及新范型的构建。③总体来看,在大历史成为当下世界史编纂热点的情况下,环境史要有所建树,必须立足大结构、大过程和大范围。

具体而言,大结构就是要突破许多研究从林业、农业、水、疾病等单一因素切入的单维叙事结构,要综合互动发生和产生影响的诸多微小结构系统,最终构建人类与环境互动和文明演进的综合结构系统。

---

① Bartow Jerome Elmore, *Citizen Coke: The Making of Coca-Cola Capitalism*, London: W.W. Norton & Company Ltd., 2015.

② 梅雪芹:《英国环境史上沉重的一页——泰晤士河三文鱼的消失及其教训》,《南京大学学报》(哲学·人文科学·社会科学) 2013 年第 6 期。

③ 张旭鹏:《超越全球史与世界史编纂的其他可能》,《历史研究》2013 年第 1 期。

大过程就是寻找一种合理的叙事主线,它不仅能够横向串联每个微小结构,而且能够纵向反映人与自然互动的全貌。这个过程不仅包括衰败,而且包括和谐,特别注重挖掘衰败与和谐的结构耦合点和地方性知识,找寻生态盈余与生态赤字的具象化表现,总结人类活动与生态承载力的耦合点和失序点,进而探究人类与自然和谐相处以及可持续发展之道的内在机理。这是作为总体史的环境史的终极旨归,也是环境史研究的真正目的。

大范围即研究和叙事必须立足全球,乃至整个人类正在探测和留下活动痕迹的宇宙。总体史的环境史聚焦环境与人类活动的总体场域,不仅可以反映人与自然交互的深度与广度,而且便于展开比较,揭示不同场域人类与自然交互方式的差异和特色。

第三,叙事范型方面,环境史应准确找寻自己的叙事主线和核心概念。我们认为,环境史欲确立自己大历史叙事的核心,就必须回归学理逻辑的原点,踏寻人类的生态足迹,以人与自然和人与人这两对关系范畴为支点,以人与自然的物质能量交换为基础,以自然—人—社会的协同进化为观照,探寻人类文明的重大拐点中人类活动与生态承载力之间的张力,叙写环境史理念支配下的大历史和总体史。

回归学理逻辑的原点,踏寻人类的生态足迹,就是要环境史学研究者抓住生态因子,从科学研究的层面弄清和掌握人类活动足迹的阈限,进而坚守人类活动的底线与可持续发展的红线。要抓住人与自然的关系和人与人的关系这两对环境史的核心范畴,探讨人类文明的根本性问题。

"全部人类历史的第一个前提无疑是有生命的个人的存在。因此,第一个需要确认的事实就是这些个人的肉体组织以及由此产生的个人对其他自然的关系。……任何历史记载都应当从这些自然基础以及它们在历史进程中由于人们的活动而发生的变更出发。"[①]人类欲维持有生命的个人的存在,首要条件是在人与自然的新陈代谢和物质交换中寻求赖以生存的物质资源,其次是既得物质、资源和能量在人与人之间的流动与配置。前者是后者的基础,后者决定着前者的性质、程度与规模。环境史的叙事框

---

① 《德意志意识形态》,《马克思恩格斯选集》第 1 卷,人民出版社,2012 年,第 146~147 页。

架实质上就是这两对范畴交互作用的延伸和扩展。它是环境史领域中"看不见的手",人类历史及其文明的过去是这一问题运转与调解的结果,人类历史和文明的现在由这一问题机制作用而铸就,人类历史和文明的将来仍会围绕着这一问题展开。

在这个前提下,通过环境史对人类文明的阐释可以发现,我们的过去、现在和将来有着高度统一与延续的内在机理。正如美国学者威廉·克罗农所言:"把新英格兰的生态系统与全球性的资本主义综合起来看,殖民者和印第安人一起开启了到 1800 年还远未结束的动态的和不稳定的生态变迁。我们今天就生活在他们的遗产当中。"[①] 因此,同质文明形态中人们的生产生活方式、资源分配、自然观念、社会关系、政治制度和利益博弈,由于根本性的问题和作用机制的相似性而表现出自身的规律性。差异在于获取和追逐资源,能量和利益的主体的力量大小、地位高低,对既得利益的维护方式、解释体系和表达符号不同,由此呈现出逻辑的统一性与具体表现形态之间多样性的统一。

从纵向时间维度审视,自人类诞生至今环境史涉及的根本性问题日益凸显,其能量呈加速度不断得以释放,人类文明(采集狩猎—农业—工业)的进程愈来愈快,愈来愈复杂。从横向空间维度来看,人类从原始森林、江河边的点状分布,活动范围不断扩大,经村庄形成城邦,自小国寡民的城邦到庞大的帝国和民族国家,最终形成当前的世界体系,在这一过程中,人类离不开环境,离不开环境资源和环境资本在人与人之间、利益主体之间和国与国之间的流动、分配和重组。其间,环境史涉及的核心范畴也经历了一个点、线、面、体的扩散进程,同样也是以物质能量交换为基础的自然—人—社会的协同演化过程。

第四,撰史模式上,为与叙事范型和总体史诉求匹配,在强化和深入微观生境研究的同时,环境史应该注重国别的环境通史和世界环境史的撰述,成为总体史的环境史的载体形态。施丁认为,"不通古今之变,则无以

---

① [美]威廉·克罗农:《土地的变迁——新英格兰的印第安人、殖民者和生态》,鲁奇、赵欣华译,中国环境科学出版社,2012 年,第 141 页。

言通史"①。刘家和认为,"通古今之变"就是通史的精神。② 环境史要揭示人与自然交互的"变"与"不变",必须实现横向共时性之纬与纵向历时性之经的通达。特别如气候冷暖变迁、动植物物种的兴亡、降雨量的多寡波动、沙丘的移动、地下水位的升降、物种的引进与入侵、生态要素的越境转移等,需要较长时间跨度才能做出评判的自然现象,更需要放入通史性的总体框架之中,才能考察其变化的幅度与缘由。所幸中国环境通史的编纂工作已经迈开了尝试性的步伐。③

尽管目前的编纂与理想的期冀存在一定差距,但我们这套《中国环境史》具有以下特色,彰显着编纂者对环境史的学术认知。

时空选择上,这部总体史上自中华文明肇兴的先秦时期,下至大力倡导与全力推进生态文明与美丽中国建设的当代。它不仅整合了学术研究成果丰硕、研究相对成熟的中国古代环境史,而且囊括了 20 世纪中国环境发生改天换地之剧变的百年,特别是对学术界最新成果的追踪延伸到 2017 年。我们采用长时段的视野的终极旨归在于勾勒中华文明演进过程中人与自然关系的总体变迁轨迹。空间上尽管中国、中原和中华文明的地理范畴在历史上变动不居,但在这里编纂者们统一以目前我国的领土范围为叙事单元,只要属于中华人民共和国领土主权范围内的人与环境互动的故事,皆成为叙事的对象和编纂内容。

研究方法上,本丛书充分实践环境史的跨学科研究,每卷吸收自然科学有关中国气候史和动植物史研究的成果,追求文理交叉渗透,推进科学与人文的融合,把中华文明演进的生态背景置于重要地位,改变了传统史学纯粹的人文分析路径。不过正如本丛书审稿专家组的意见所言,送审稿对气候变迁与历代社会与文明的互动关系缺乏深刻论述,出现了"自然科学"导向的环境史叙事,对此我们在修改时新增了相关内容,以实现由"自然科学"导向的环境史转向真正的"人本主义"的环境史。

---

① 施丁:《说"通"》,《史学史研究》1989 年第 2 期。

② 刘家和:《论通史》,《史学史研究》2002 年第 4 期。

③ 除本课题的研究之外,南开大学王利华主持的国家社科基金重大项目"中国生态环境史"也是编纂中国环境通史的有益尝试。

主题选择上,基于不同时代人与自然互动的维度差异,丛书每卷的主题既有重合,又略有不同。不过总体来看,农业开发、手工业发展、水利兴修、森林砍伐、自然灾害和疾病等内容每卷均有涉及。近现代环境史部分,工业开发、城市聚集和人类的战天斗地折射出的时代变迁,反映了人类活动的强度与环境变迁速度的正相关关系。不过囿于时限长短、资料多寡、历史时期人与自然互动程度的强弱,每卷的内容和字数难以十分均衡,我们在坚持总体平衡与控制原则的同时,赋予各分卷互有等差的灵活性。

体例划分上,丛书的编纂宗旨是超越中国古代史传统的王朝史和断代史的编写范型,试图按照历史时期不同时段文明演进的核心特色与环境变迁的自身规律作为分卷的标准。先秦时期中华文明初兴,从考古学材料看,人类与环境的互动呈现典型的点状分布,灿若繁星。秦汉时期我国完成了大一统的中央集权化,成为整体的国家,以制度、权力和组织为核心对自然的进攻和改造能力得以大大提升。魏晋南北朝、隋唐宋元时限较长,政权更迭频繁,环境面貌发生重大变化,笼统融为一卷确有不妥之处,不过我们基于中国古代环境变迁与经济重心南移的大势,旨在从长时段的视角揭示这一时期气候和环境变化对全国经济布局的影响,而同期政治结构的变化恰恰是浮现在经济与环境演变暗流上的"浪花"。明朝和清朝前期处于气候变迁的小冰期,故成一卷。近现代的划分既考虑洋务运动以来中国工业化的发展对环境面貌的改变程度,又考虑政治鼎革之际权力因素对自然环境的冲击。

概念厘定上,我们采用国际学界通用的"环境史"概念,特别是唐纳德·休斯强调的环境史旨在通过研究作为自然一部分的人类如何随着时代变迁,在与自然其余部分互动的过程中生活、劳作和思考,从而推进对人类的理解。[①] 此外唐纳德·休斯主张将"生态过程"作为环境史叙事的主线,我们所追求的即中华文明演进的生态过程。至于国内部分学者使用的生态史、生态环境史等概念,仍在争议和构建之中,与环境史概念紧密相关,侧重点又略有不同,为避免混淆和歧义,暂不采用。

---

① [美]唐纳德·休斯:《什么是环境史》,梅雪芹译,北京大学出版社,2008年,第1页。

在价值判断层面，我们坚信环境史关乎医治当代全球经济发展综合征的病理学、防治技术滥用的伦理学和建设美丽中国的社会学。然而万事开头难，我们努力尝试为学界提供中国环境史的第一部通史，如此鸿篇巨制，我们不敢奢望开拓之功，倒因学养浅薄、学识不足而深感压力巨大，诚惶诚恐。不过我们深知学术批评乃是学术精进的利器，眼下的工作算是为学界树立一个靶子，抛砖引玉，能激起学界的批评无疑是对我们的莫大鞭策，我们期待学界同仁编纂出更高水平的中国环境通史。同时我们也希望能够启迪后学，就通史中的薄弱环节展开专题研究，不断添薪，日积月累，逐步提升中国环境史研究的学术品格。相信经过学人的共同努力，更高水平的中国环境通史一定能够问世。

在当今经济全球化的时代，中西方学术交流频繁，思想碰撞激烈，把中国放在全球视野下审视，中国学者如何在国际史学界发出自己的声音，如何更好地在国际学术交流过程中保持中国特色，增强中国环境史研究的主体性和原创性，这些问题始终萦绕在我们的脑际，当然也拨动着每一个中国环境史研究者的心弦。对此习近平总书记高屋建瓴地为我们进行进一步的实证研究指明了方向。我们必须牢记历史研究是一切社会科学的基础，不断解放思想、实事求是、与时俱进，坚持以马克思主义为指导，坚持为人民服务、为社会主义服务方向和"百花齐放、百家争鸣"方针，努力完善中国环境史研究的学科体系、学术体系和话语体系，从环境史的角度向世界讲述中国故事，阐释中国经验，服务于中国的生态文明建设。

本丛书分工如下：总主编戴建兵、副总主编刘向阳。分卷主编：先秦卷张翠莲、秦汉卷王文涛、唐宋卷谷更有、明清卷孙兵、近代卷徐建平、现代卷张同乐。在此对各位分卷主编付出的心血和汗水致以崇高的敬意和诚挚的谢意。相关审稿专家与高等教育出版社编辑的辛勤工作为本书增色不少，保证本书得以顺利出版，谨致谢忱！

戴建兵

2019 年 3 月 12 日

# 目录

绪论 ......................................................................................... 1

第一章　气候变迁 ........................................................................... 5

第一节　魏晋南北朝时期的气候状况 ............................................. 5
一、气候整体变化的趋势 ......................................................... 5
二、气候整体变化的影响 ......................................................... 7
第二节　隋朝至元朝时期的气候状况 ............................................. 8
一、气候状况的研究 ............................................................... 8
二、气候整体变化的趋势 ........................................................ 10
第三节　魏晋至宋元时期气候异常对农牧业的影响 ......................... 16
一、灾害性气候频发的危害 ..................................................... 16
二、游牧民族南下与农牧交错带推移 ........................................ 17
三、气候异常变化促使农业生产技术的进步 .............................. 18
第四节　魏晋至宋元时期气候变迁的影响 ..................................... 19
一、社会动乱、战争及朝代的更替 ........................................... 19
二、我国经济重心南移 ........................................................... 21

第二章　动植物变迁 ....................................................................... 23

第一节　魏晋南北朝时期的植被变迁 ............................................ 23
一、黄河流域 ....................................................................... 24
二、大兴安岭、阴山和河西地区 .............................................. 25

第二节　隋朝至元朝时期的植被变迁 ……………………………… 26

一、西部地区的植被变化与生态破坏 ……………………………… 26

二、黄土高原的植被变化 …………………………………………… 28

第三节　唐宋时期动物生态变迁的个案 …………………………… 31

一、唐宋时期的动物生态环境：以关中盆地为中心 ……………… 31

二、唐宋江南水生动植物资源的变化 ……………………………… 33

三、宋朝大型野生动物的分布变迁 ………………………………… 35

第三章　地表水资源变化 ………………………………………… 37

第一节　北方中东部地区地表水资源的变迁 ……………………… 37

一、黄河下游河道的变迁 …………………………………………… 37

二、湖泊的变迁 ……………………………………………………… 39

第二节　长江中下游地区的地表水资源变化 ……………………… 44

一、云梦泽的消失 …………………………………………………… 44

二、洞庭湖的形成 …………………………………………………… 45

三、鄱阳湖的变迁 …………………………………………………… 46

四、太湖流域的变迁 ………………………………………………… 47

第四章　农业经济与生态环境 ………………………………… 49

第一节　从人口总量变化看农业经济的发展轨迹 ………………… 50

一、魏晋南北朝时期的人口数量变化 ……………………………… 51

二、隋唐时期的人口数量变化 ……………………………………… 57

三、宋元时期的人口数量变化 ……………………………………… 59

第二节　人口分布的区域变化与区域农业经济地位变化 ………… 67

一、魏晋南北朝时期的人口分布与人口南迁 ……………………… 67

二、隋唐时期的人口分布与区域经济地位 ………………………… 70

三、宋元时期的人口分布 …………………………………………… 75

第三节　农业经济区域的扩展及经济重心的变化 ………………… 82

一、六朝时期南方农业生产的初步开发 …………………………… 82

　　二、唐宋时期南方农业经济的快速发展 ……………………… 89

　　三、宋元时期农业经济"南重北轻"的确立 …………………… 95

　第四节　水利兴修与农业经济 ………………………………… 100

　　一、魏晋南北朝时期的水利工程 ……………………………… 100

　　二、唐宋元时期的水利建设 …………………………………… 104

第五章　手工业与自然环境 ……………………………………… 111

　第一节　北方水力加工业的兴衰与水环境变迁 ……………… 111

　　一、魏晋南北朝时期水力加工业发展概况 ………………… 112

　　二、唐朝北方水力加工业的兴盛 …………………………… 113

　　三、宋元以后北方水力加工业的衰落与水环境变迁 ……… 114

　第二节　桑蚕丝织业重心南移与生态环境 …………………… 117

　　一、黄河中下游地区的桑蚕丝织业与桑蚕丝织业重心南移 … 117

　　二、桑蚕丝织业重心南移的环境因素 ……………………… 120

　　三、桑蚕丝织业重心南移的环境影响 ……………………… 122

　第三节　宋朝矿冶业的发展与生态环境 ……………………… 123

　　一、宋朝河北地区的冶铁生产与环境破坏 ………………… 123

　　二、宋朝煤炭开采利用的积极意义 ………………………… 125

　第四节　魏晋至宋元时期制瓷业的发展与环境制约 ………… 126

　　一、魏晋至宋元时期制瓷业的分布概况 …………………… 127

　　二、魏晋至宋元时期制瓷业分布的环境因素 ……………… 128

　第五节　唐宋时期造船业发展的南北不平衡与环境制约 …… 129

　　一、唐朝造船业的分布 ……………………………………… 130

　　二、宋朝造船业的分布 ……………………………………… 131

　　三、唐宋时期造船业发展的南北不平衡与环境制约因素 … 132

第六章　区域生态环境 …………………………………………… 135

　第一节　区域自然环境的变迁 ………………………………… 136

　　一、华北平原生态环境的变迁与经济重心南移 …………… 137

二、长江中下游平原的生态环境变迁与经济重心的确立 ············ 142

三、关中平原的自然环境变迁与灌溉水网 ·················· 147

四、塞北地区与气候变化的影响 ························ 152

第二节　战争、疫病及政治中心迁移对区域生态环境的影响 ······ 157

一、战乱对区域环境的破坏 ························ 157

二、疾疫对区域环境的影响 ························ 163

三、政治中心对区域环境的影响 ······················ 168

第三节　人为因素对区域环境的改造和适应 ················ 176

一、北宋对河北水网的改造及黄河流向之争 ·············· 177

二、瘴气与环境 ···························· 187

第四节　混乱时局与南北方区域生态环境的变动 ·············· 194

一、混乱时局中的北方 ·························· 195

二、混乱时局中的南方 ·························· 199

第七章　自然灾害 ····························· 205

第一节　魏晋南北朝时期的自然灾害 ·················· 207

一、水灾 ······························ 208

二、旱灾 ······························ 211

三、蝗灾 ······························ 213

四、疫灾 ······························ 215

第二节　隋唐五代时期的自然灾害 ·················· 218

一、水灾 ······························ 220

二、旱灾 ······························ 226

三、蝗灾 ······························ 229

四、疫灾 ······························ 232

五、地震 ······························ 235

第三节　宋辽金时期的自然灾害 ···················· 239

一、宋朝的自然灾害 ·························· 239

二、辽朝的自然灾害 ·························· 254

三、金朝的自然灾害 …………………………………………… 258

**第四节　元朝的自然灾害** ……………………………………… 263

一、水灾 ……………………………………………………… 264

二、旱灾 ……………………………………………………… 268

三、蝗灾 ……………………………………………………… 270

四、疫灾 ……………………………………………………… 272

五、地震 ……………………………………………………… 273

**第五节　魏晋至宋元时期灾害成因中的人与自然** ………… 276

一、气候的变迁与水、旱、蝗等灾害 ……………………… 277

二、人的活动对灾害、疾疫的影响 ………………………… 289

**第八章　生态环境保护思想** ………………………………… 291

**第一节　生态环保思想产生的时代背景** …………………… 291

一、民族大融合背景下经济模式的多样化 ……………… 291

二、江南开发及经济重心南移背景下生态问题凸显 …… 294

三、魏晋以后自然主义的勃兴 …………………………… 300

**第二节　环保政策** …………………………………………… 302

一、识阴阳消长之理，以时捕猎采伐 …………………… 303

二、大兴农桑，课民种树，禁止滥伐盗伐 ……………… 306

三、固堤护路，防止水土流失 …………………………… 312

四、清污除淤，保护水资源 ……………………………… 314

五、划出区域，重点保护 ………………………………… 315

**第三节　士大夫阶层的环保思想** …………………………… 319

一、唐宋时期环保思想的伦理化 ………………………… 320

二、宋朝水利著作中所反映的环保思想 ………………… 324

**第四节　佛教、道教所反映的环保思想** …………………… 329

一、佛教所反映的环保思想 ……………………………… 330

二、道教所反映的环保思想 ……………………………… 337

**第五节　农书、林艺典籍所反映的环保思想** ……………… 341

一、生态农业思想的发展 …………………………………………… 342

二、农林业中生物防治思想的萌生和发展 ……………………… 346

**结语** ………………………………………………………………… 349

**主要参考文献** …………………………………………………… 353

**索引** ………………………………………………………………… 367

**后记** ………………………………………………………………… 371

# 绪　论

　　环境史的产生是第二次世界大战以后环境问题日益突出与史学研究困境共同作用的结果,因此,开展环境史研究不仅具有学术价值,而且充满了现实关怀。国外的环境史研究自 20 世纪 70 年代兴起,90 年代"环境史"作为一个正式的学术概念被引进到国内,自此逐渐发展成为目前学界的热门研究领域之一。

　　我国的环境史研究起步较晚,但过去的相关研究已经为其开展奠定了良好的基础,尤其在考古学、历史地理学和农林史诸领域不乏与环境史相关的研究成果。自 20 世纪 90 年代国内环境史研究开展以来,无论环境史的理论探索,还是气候、水资源、动植物、土壤、疾病、自然灾害等专题研究方面,抑或断代环境史、区域环境史的综合性研究方面,都已经取得较为丰硕的成果。国内环境史研究的开展已经有 20 余年,梳理总结前人研究成果,编纂系统的环境通史,对反思已往研究取得的成就与存在的问题,推动环境史研究的进一步发展有积极意义。鉴于此,本书在前人研究的基础上,尝试突破朝代与区域的限制,将魏晋至宋元时期的一千多年打通,探讨长时段内人类与生态环境关系的方方面面。

　　编撰这样一部环境史,需要研究哪些内容呢? 已有的断代环境史研究为本书研究内容的选择提供了有益的参考,本书认为应该进一步从环境史的性质与魏晋至宋元时期的时代特点入手确定研究内容。

　　关于什么是环境史,国内外学者都做了较多的探讨,不过由于专业背景、认识等的差异,至今仍没有形成共识。美国环境史家 J. 唐纳德·休斯(J. Donald Hughes)认为环境史是"一门历史,通过研究作为自然一部分的人类如何随着时间的变迁,在与自然其余部分互动的过程中生活、劳作和思考,从而推进对人类的理解"①。英国环境史家伊懋可(Mark Elvin)将环境史定义为"透过历史时间来研究特定的人类系统与其他自然系统间的界面"。"其他自然系统"指气候、地形、岩石和土壤、水、植被、动物和微生物,这些系统生产和制造能量与人力可及的资源,并重新利用废物。②

国内学者也对环境史的定义提出了各自的认识。包茂红指出环境史有狭义和广义之分,"狭义的环境史就是具体研究人与环境相互作用的关系史,可以弥补旧历史研究中没有环境内容或者仅仅把环境作为人类历史展开的铺垫或背景的缺陷。广义的环境史研究人与环境的其他部分的相互作用的历史。"③梅雪芹认为环境史是研究"由人的实践活动联结的人类社会与自然环境互动过程的历史学新领域",环境史不同于以往历史研究和历史编纂模式的根本之处在于,"它是从人与自然互动的角度来看待人类社会发展历程的。"④王利华特别强调了"人类生态系统"的概念,对环境史作了如下的定义:环境史运用现代生态学思想理论,并借鉴多学科方法处理史料,考察一定时空条件下人类生态系统产生、成长和演变的过程。他将人类社会和自然环境视为一个互相依存的动态整理,致力于揭示两者之间双向互动(彼此作用、互相反馈)和协同演变的历史关系以及动力机制。⑤国内外学者关于环境史的定义和认识还有很多,此处不再一一列举。尽管诸家对环境史的定义众说纷纭,但有两点已经成为共识:一是环境史是跨学科的研究,二是环境史的研究内容是历史上人类与所处生态环境之间的互动关系。

魏晋至宋元的一千多年是我国历史上的重要变革时期。政权的分立与统一、民族的冲突与融合,南方的开发与经济重心的南移,儒学与佛教、道教之间的盛衰变化和互相影响等,无不反映了这个时段的特点。这些变化,

---

① 〔美〕J. 唐纳德·休斯:《什么是环境史》,梅雪芹译,北京大学出版社,2008 年,第 5 页。

② 刘翠溶、〔英〕伊懋可:《积渐所至:中国环境史论文集》,"中央研究院"经济研究所,2000 年,第 8 页。

③ 包茂红:《森林与发展:菲律宾森林滥伐研究》,中国环境科学出版社,2008 年,第 142 页。

④ 梅雪芹:《马克思主义环境史学论纲》,《史学月刊》2004 年第 3 期。

⑤ 王利华:《生态环境史的学术界域与学科定位》,《学术研究》2006 年第 5 期。

不仅或多或少地影响了人类与生态环境的关系,而且与这个时期的生态环境变迁不无关系。

出于上述考虑,本书在研究内容上把"人与自然的互动关系"作为探讨问题的中心,在研究方法上注意多学科的结合,以历史学的方法为基础,同时借助生态学、地理学、农学等其他学科的理论方法和研究成果,结合魏晋至宋元时期的时代背景,从多个角度全面探讨该时期人类活动与生态环境的关系。

第一章将史料记载的物候现象与考古学、自然科学的研究成果相结合,对魏晋至宋元时期的气候变迁情况进行长时段的动态考察。与传统的气候史研究不同,本章的侧重点不是气候的冷暖与干湿变化,而是探讨这些变化与人类活动的关系,比如农业生产中的技术应对、游牧民族的移动等问题。

第二章考察魏晋至宋元时期的动植物分布及其变化情况。植被变迁方面将植被破坏严重的地区,即以黄土高原为代表的西北地区作为重点考察对象;动物变迁方面则关注自然环境与人类活动的双重影响,诸如气候变化对动物分布的影响、江南圩田对水生动物生存环境的破坏等问题均有论及。

第三章考察魏晋至宋元时期地表水环境的变化。本章没有对全国的自然水环境情况做全面的梳理,而是集中研究黄河中下游和长江中下游的地表水资源变化情况,选择当时最重要的两大经济区内的水环境作为考察对象,意在突出人类活动与水环境变迁的关系。

第四章探讨魏晋至宋元时期的农业经济与生态环境的关系。由于古代农业经济的发展水平及区域差异较直观地表现为人口的数量与分布情况,因此本章以该时期的人口数量与分布区域变化为切入点,考察区域农业发展与生态环境的关系,重点探讨了经济重心南移背景下南方的农业开发、作为农业生产命脉的农田水利与生态环境的关系等问题。

第五章探讨魏晋至宋元时期手工业生产与生态环境的关系。本章选择了该时期与生态环境关系密切的五个部门(即水力加工业、桑蚕丝织业、矿冶业、制瓷业与造船业)进行个案研究,注重手工业生产对环境的依赖和破坏两个方面的考察,试图纠正部分环境史研究中的"环境破坏论"倾向,客观认识古代农耕社会手工业生产与生态环境的关系。

第六章从宏观和微观两个角度来探讨区域生态环境与人类活动的关系。从整体上对华北平原、长江中下游平原、关中平原和塞北地区的环境差异与人类活动的关系进行了宏观探讨,并进一步注意到战乱、疾疫、迁都、人为改造水网等局部变化对区域生态环境的影响。

第七章考察魏晋至宋元时期的自然灾害问题。本章分时段对该时期的水灾、旱灾、蝗灾、疾疫等自然灾害的发生次数、频率、区域等情况进行了较为细致的统计与分析,但并不局限于灾害本身,中间不乏对自然灾害与人类活动的关系的探讨,诸如迁都、战争、植被破坏等灾害发生的人为因素,以及人类对灾害的应对措施等。

第八章探讨魏晋至宋元时期的环保思想。本章把对该时期环保思想的考察放在时代背景之中,较全面地反映了当时人类对生态环境的认知情况,在朝廷环保政策与士人阶层的环保认识外,同时论及宗教、农艺著作中反映的环保思想。

第一章

# 气候变迁

## 第一节 | **魏晋南北朝时期的气候状况**

魏晋南北朝时期是我国历史上的一个气候异常期，气候整体较为寒冷，其中也有相对温暖时段，气候波动较大。该时期的气候冷暖变化可分为四个阶段。

### 一、气候整体变化的趋势

#### (一) 三国、西晋及东晋前期(220—350左右)，气候略冷

三国初期，气候总体比较寒冷。如魏文帝于黄初六年(225)在广陵淮河边视察军事演习，由于气候寒冷，淮河水结冰以至取消了演习。[①] 根据《建康实录》和《晋书》记载，嘉禾三年(234)九月朔南京一带出现"陨霜杀谷"

———————

① 陈寿:《三国志》卷2《魏书·文帝纪》，中华书局，1959年，第85页。

现象,较现代初霜期提前了约 40 天;次年(235)七月南京一带又出现陨霜,至少比现代初霜期提前了约 80 天。

三国后期及西晋初期,某些年份较暖。据《晋书·五行志》记载,252 年九月,吴国的桃树和李树一年中有两次开花。据《临海水土异物志》记载:"杨桃,似橄榄其味甜,五月、十月熟"[1],可见当时气候较暖。西晋初年的《吴都赋》记载:"国税再熟之稻,乡贡八蚕之锦"[2],吴都就是今天的苏州,"再熟之稻"也称为连作稻、双季稻,表明西晋初期长江流域种植过双季稻。[3]连作稻对温度和水分条件要求比较高,在江南地区可以生长,表明当时气候较为暖湿。

西晋后期的气候再次转为寒冷,据《中国自然历》的记载,277—350 年我国中东部地区大多数初冬霜雪日期明显早于现代,其中最极端的一些年份,如 235 年、279 年等的初(终)霜、雪日分别早(晚)于现代 40 天以上。[4]

**(二) 东晋中期至北魏(360—440 左右),气候较为温暖**

东晋孝武帝太元三年(378),金陵城内"作新宫,城外堑内并种桔树"[5]。道武帝天兴元年(398),魏廷"敬授民时,行夏之正"[6],"夏之正"即历书《夏小正》。据研究,《夏小正》中记载的物候现象反映的是温暖气候。北方农区在 394 年至 400 年左右向北扩展,出现"自后比岁大熟,匹中八十余斛"[7]的情形。据《宋书·符瑞志》记载,刘宋时期,长江中下游地区冬季十一月至次年三月的清晨,经常出现甘露,而现代相同月份长江中下游为霜期。可见,当时气候较为温暖。

**(三) 南朝宋至梁时期(450—530 年左右),气候寒冷**

宋元嘉二十九年(452),"自十一月霖雨连雪,太阳罕耀至,三十年正月,大风飞霰且雷"[8];南齐建元三年(481)十一月"雨雪,或阴或晦,八十余日,至四年二

① 沈莹:《临海水土异物志辑校》,张崇根辑校,农业出版社,1981 年,第 61 页。
② 萧统编:《文选》卷 5《吴都赋》,中华书局,1977 年,第 215 页。
③ 曾雄生:《宋代的早稻和晚稻》,《中国农史》2002 年第 1 期。
④ 宛敏渭:《中国自然历选编》,科学出版社,1986 年,第 11 页。
⑤ 许嵩:《建康实录》卷 9《苑城记》,张忱石点校,中华书局,1986 年,第 265~266 页。
⑥ 魏收:《魏书》卷 2《太祖纪》,中华书局,1974 年,第 34 页。
⑦ 魏收:《魏书》卷 110《食货志》,中华书局,1974 年,第 2850 页。
⑧ 沈约:《宋书》卷 99《二凶传》,中华书局,1974 年,第 2426 页。

月乃止"①。这些都反映了当时南京一带冬季出现的连阴雨雪天气,气候寒冷。

### (四) 南方梁朝末期至宋朝灭亡(540—580 年左右),气候转暖

该时期史料中记载的异常霜雪较少,仅个别年份出现寒冷气候。湖北江陵人宗懔在西魏恭帝二年(555)前后撰写的《荆楚岁时记》记有"二十四番花信风","小寒三信,梅花、山茶、水仙;大寒三信,瑞香、兰花、山矾;立春三信,迎春、樱桃、望春;雨水三信,菜花、杏花、李花;惊蛰三信,桃花、棣棠、蔷薇;春分三信,海棠、梨花、木兰;清明三信,桐花、麦花、柳花;谷雨三信,牡丹、荼蘼、楝花。"②这些花卉开花时间与现代荆州地区相应时间进行对比,可知当时冬天和春天气候比现代温暖。又如南方陈朝至德元年(583),后主陈叔宝写有"梦黄衣人围城,后主恶之,绕城橘树,尽伐去之"③,反映当时南京地区存在大片橘树,现代南京周围无大面积橘树种植,可知梁末至宋亡时,气候较为温暖。

自然科学的研究同样表明,魏晋南北朝时期冷暖变化特征与史料记载较为一致。黑龙江密山的孢粉学研究显示,200—550 年,气候比较寒冷。④古里雅冰芯记录显示,480—550 年青藏高原气候比较干冷。⑤新疆罗布泊湖泊沉积证据表明,魏晋南北朝时期气候变化包括寒冷(221—300)、稍暖(300—430)和温凉(430—600)。⑥

## 二、气候整体变化的影响

魏晋南北朝时期,气候的冷暖变化对干湿情况产生了很大影响。该时期,我国大部分地区气候整体上由湿润转为干旱,总体上偏干旱。有学者认为在过去 2 000 年的时间尺度上,魏晋南北朝是我国自秦汉以来最为干旱的

---

① 萧子显:《南齐书》卷 19《五行志》,中华书局,1972 年,第 371 页。

② 宗懔:《荆楚岁时记》,丛书集成初编,中华书局,1985 年,第 62 页。

③ 魏徵、令狐德棻:《隋书》卷 23《五行志》,中华书局,1973 年,第 660 页。

④ 夏玉梅、汪佩芳:《密山杨木 3000 多年来气候变化的泥炭记录》,《地理研究》2000 年第 1 期。

⑤ 施雅风、姚檀栋、杨保:《近 2000a 古里雅冰芯 10a 尺度的气候变化及其与中国东部文献记录的比较》,《中国科学(D 辑)》1999 年第 S1 期。

⑥ 谢连文、黄思静、李锋等:《罗布泊盐湖过去 2000a 气候变化曲线的全球对比》,《中国岩溶》2004 年第 4 期。

时期。① 太熙元年(290)"二月,旱,自太康以后,无年不旱者"②,干旱持续了近 10 年;永嘉三年(309),"三月,大旱,江、汉、河、洛皆竭,可涉"③;北魏孝文帝延兴三年(473),"州镇十一水旱,相州民饿死者二千八百四十五人。"④ 魏晋南北朝时期,江淮地区至少有 200 年较为干旱,经常出现旱灾,如 309 年全国大旱,人们可以徒步经过长江、汉水等河流。

江南地区的情况与江淮地区类似。236 年,吴国"自十月不雨,至于夏"⑤;255 年,"吴大旱,百姓饥,是岁征役烦兴,军士怨叛。此亢阳自大,劳役失众之罚也。其役弥岁,故旱亦竟年。"⑥ 魏晋南北朝时期河西地区气候长期偏干,史料记载,前凉明王张寔在位时(314—320),河西地区楸、槐、柏、漆等喜湿树种几乎绝迹,且"比年干旱"⑦。

# 第二节 | **隋朝至元朝时期的气候状况**

隋朝至元朝时期包含我国的中世纪暖期,气候整体上比较温暖,但也有相对寒冷时期。基于历史文献中气象学和物候学记载,我国许多学者对中世纪暖期进行了一系列研究。该时期气候的整体变化趋势大致可以分为六个阶段。

## 一、气候状况的研究

气候在自然界中变动频繁,对人类社会的影响广泛而且深刻。有必要

---

① 葛全胜:《中国历朝气候变化》,科学出版社,2011 年,第 236 页。
② 房玄龄等:《晋书》卷 28《五行志》,中华书局,1974 年,第 839 页。
③ 房玄龄等:《晋书》卷 5《孝怀帝纪》,中华书局,1974 年,第 119 页。
④ 魏收:《魏书》卷 7《高祖纪》,中华书局,1974 年,第 140 页。
⑤ 陈寿:《三国志》卷 47《吴书·吴主传》,中华书局,1959 年,第 1141 页。
⑥ 房玄龄等:《晋书》卷 28《五行志》,中华书局,1974 年,第 838 页。
⑦ 房玄龄等:《晋书》卷 86《张寔传》,中华书局,1974 年,第 2227 页。

对隋至宋元时期的气候研究状况略作介绍。

竺可桢对我国近五千年来气候变迁进行了研究。"没有观测仪器以前人们要知道一年中寒来暑往,就用人目来看降霜下雪,河开河冻,树木抽芽发叶、开花结果,候鸟春来秋往,等等,这就叫物候。"有物候文字记载但无详细区域报告的时期叫作"物候时期"(前 1100—1400),他通过对这一时期气候的研究认为,隋唐(581—907)气候十分温暖,宋元(960—1279)气候转凉。[①]

满志敏根据冬小麦、甘蔗、茶树、橘树、兰麻等的种植北界,开封一带水稻安全齐穗期,杭州物候等 7 个方面的证据,证明我国在 9 世纪初至 13 世纪存在可与欧洲中世纪暖期相对应的温暖气候,并根据开封及其邻近地区的冷暖记载建立了 960—1109 年冬季寒冷指数与温度距平序列,详细分析了该时段的温度变化特征。[②]

葛全胜等根据历史文献冷暖记载及有关研究结果,对我国东北地区过去 2 000 年来冬半年的温度状况进行了定量推断,重建了我国东部地区过去 2 000 年来冬半年的温度序列,发现 930—1310 年为我国东部的中世纪暖期,其中 1110—1190 年气候较冷。[③]

张德二根据历史文献中亚热带作物种植地点变化,认为 13 世纪中叶我国中部是一个典型的气候温暖期,年平均气温较现代高 0.9℃~1.0℃,1 月平均气温高于现代 0.6℃以上,极端最低气温较现代高 3.5℃,亚热带北界和暖温带北界均较现代偏北至少 1 个纬度。[④]

王绍武等利用我国东部历史文献记载的寒冷事件重建了我国东部近千年的温度序列,认为我国东部在 9—13 世纪的确存在中世纪暖期,但我国

①　竺可桢:《中国近五千年来气候变迁的初步研究》,《中国科学》1973 年第 2 期。

②　满志敏:《中国东部 4000aBP 以来的气候冷暖变化》,张丕远主编:《中国历史气候变化》,山东科学技术出版社,1996 年,第 283 页。

③　葛全胜、郑景云、方修琦等:《过去 2000 年中国东部冬半年温度变化》,《第四纪研究》2002 年第 2 期。

④　张德二:《我国"中世纪温暖期"气候的初步推断》,《第四纪研究》1993 年第 1 期。

东部的中世纪暖期不是一个稳定不变的暖期,12世纪气候相对比较寒冷。[1]

## 二、气候整体变化的趋势

### (一) 隋朝至唐朝中期(581—740年左右),气候温暖湿润

根据唐高祖时夏秋收获期及税收制度,唐高祖武德年间(618—626)气候延续了南北朝末期温暖趋势,如武德五年(622)四月戊辰,由于小麦收获在望,唐高祖命令"释流罪以下获麦"[2],而现代西安一带小麦收获期平均在六月五日,说明当时关中地区小麦收获期较现代早3天左右。[3]武德七年(624),朝廷发布"诸租……本州(今华北地区)收获讫,发遣,十一月起输"的"租庸调法"[4],表明当时华北谷子秋收期在阴历十月,现代华北地区谷子收获期在阴历九月,这种对比显示唐初气候温暖,秋收期比今推迟了20—30天。

贞观十九年(645),唐太宗巡视晋阳(今太原),于守岁时欣然赋诗:"送寒馀雪尽,迎岁早梅新"[5],表明当时太原有梅树生长,而如今,我国梅树主要分布在北纬33.5°以南的暖温带和北亚热带地区,反映了当时气候的温暖。唐代文人庐藏用的《奉和立春游苑迎春应制》曰:"梅香欲待歌前落,兰气先过酒上春"[6],说的就是长安宫苑中的梅树。景龙三年(709)九月初九,唐中宗李显在《九月九日幸临渭亭登高得秋字》中写道:"长房萸早熟,彭泽菊初收"[7],对照现代西安地区野菊花初次开放的日期是十月十日,709年的气温偏高,所以菊花开放时间推迟。唐朝首都长安各处林苑内广泛种植梅

---

①　王绍武、蔡静宁、朱锦红等:《中国气候变化的研究》,《气候与环境研究》2002年第2期。

②　欧阳修、宋祁:《新唐书》卷1《高祖本纪》,中华书局,1975年,第14页。

③　宛敏渭:《中国自然历选编》,科学出版社,1986年,第361页。

④　杜佑:《通典》卷6《食货六》,中华书局,1988年,第109页。

⑤　太宗皇帝:《于太原召侍臣赐宴守岁》,彭定求等编:《全唐诗》卷1,中华书局,1960年,第18页。

⑥　卢藏用:《奉和立春游苑迎春应制》,彭定求等编:《全唐诗》卷93,中华书局,1960年,第1003页。

⑦　中宗皇帝:《幸临渭亭登高得秋字》,彭定求等编:《全唐诗》卷2,中华书局,1960年,第23页。

树,唐高宗李治、唐中宗李显等都曾为长安梅花之娇艳而赋诗。现代人们已经准确测得橘树和梅树生存的温度下限为 −8℃ 和 −14℃,现今西安冬季最低气温多在 −14℃ 以下,橘树和梅树较难存活,古今比较表明,唐代长安比现在西安温暖。

**(二) 唐朝后期和五代前期(741—930 年左右),气候较为寒冷**

据满志敏统计,756—907 年唐代后期寒冬出现的年份约是 618—755 年的 2 倍,反映唐后期较前期气候显著变冷,如唐玄宗天宝三载(744),唐朝改变了秋粮制,诏令"每载庸调八月征,以农功未毕,恐难济办。自今以后,延至九月三十日为限"[①],可见由于气候变冷,秋收期较唐初延迟了约 30 天,在阴历九月三十日结束。"安史之乱"(755—763)发生之后,唐玄宗逃至蜀中,当地初霜较今天提前了约 54 天,显示当时四川气候也较为寒冷。

据《新唐书·五行志》和《新唐书·穆宗本纪》记载,唐后期出现过三次海冰记录。海冰是极严寒气候条件下的产物,其中,海州湾和莱州湾连续两年(821、822)出现两百里海冰。[②]长庆元年(821)十二月浙江北部沿海出现海冰,现代我国冬季海冰主要出现在渤海辽东湾,秦皇岛以南海域一般不会出现严重冰情。据《新唐书》,唐敬宗和唐文宗在位年间(827—840),气候仍然比较寒冷,如《新唐书·韦温传》载,韦温在关中任观察使期间(835—841)的某年夏季,按照税制,在百姓应该缴纳田租时,冬小麦仍未进入收获期。

近年来,大量自然证据也证实,唐代后期我国东西部气候存在温暖向寒冷的转变。据内蒙古岱海地区孢粉证据,该地区 769—1010 年气温显著下降[③];北京石花洞的石笋厚度序列表明,隋至唐中期气候相对温暖,8 世纪中期气候开始转寒,800 年前后达到最低谷,之后又逐渐回升[④];东海内陆架

---

① 刘昫等:《旧唐书》卷 52《食货志》,中华书局,1975 年,第 2090 页。

② 欧阳修、宋祁:《新唐书》卷 36《五行志》,《新唐书》卷 8《穆宗本纪》,中华书局,1975 年。

③ 许清海、肖举乐、[日]中村俊夫等:《孢粉记录的岱海盆地 1 500 年以来气候变化》,《第四纪研究》2004 年第 3 期。

④ Tan Ming, Liu Tung sheng, Hou Ju zhi et al. Cyclic Rapid Warming on Centennial-Scale Revealed by a 2650-years Talagmite Record of Warm Season Temperature. *Geophysical Research Letters*, 2003, 30(20):1617.

闽浙沿海泥质沉积区钻孔得到的高分辨率沉积曲线显示,620—980 年的气候存在温暖—寒冷—温暖的波动,其中 750—850 年气候相对寒冷。[1] 谭明对比高分辨率石笋、树轮气候记录和其他集成记录,发现 600—900 年的气候处于一个比较冷的时期。[2]

**(三) 五代后期至北宋后期(930—1100 年左右),气候温暖**

960—1110 年,北宋首都开封有"无冰、无雪"等暖冬记载约 47 年,占到了总年份的 1/3。宋太宗雍熙元年(984),"今冬气和暖,开春恐有疫疬,……若得三五寸雪,大佳。"[3] 大中祥符三年(1010),"京师冬温,无冰。"[4] 据满志敏研究,11 世纪我国亚热带北界和暖温带北界较今天均向北移动了约 1 个纬度。[5] 梅树在黄河流域广泛种植,如成书于宋神宗元丰五年(1082)的《洛阳花木记》载:"梅之别六、红梅、千叶黄梅、腊梅、消梅、苏梅、水梅",[6] 可见当时洛阳气候较今温暖。《图经本草》记载:"梅实,生汉中川谷。今襄汉、川蜀、江湖、淮岭皆有之。"[7]《洛阳名园记》亦云:"吕文穆园,伊、洛二水自东南分经河南城中……洛阳又有园池中有一物特可称者,如大隐庄梅,杨侍郎园流杯,师子园师子是也,梅盖早梅,香甚烈而大,说者云,自大庾岭移其本至此。"[8] 类似于这样的记录很多,均反映当时黄河流域气候比较温暖。据邹逸麟研究,辽国建立后,耶律阿保机在西辽河流域建设了多个州县,管理"五代"战乱期间迁居于此的数十万汉族百姓,由于气候比较温暖,农业

① 肖尚斌、李安春、蒋富清等:《近 2ka 来东海内陆架的泥质沉积记录及其气候意义》,《科学通报》2004 年第 21 期。

② 谭明:《中国高分辨气候记录与全球变化》,《第四纪研究》2004 年第 4 期。

③ 李焘:《续资治通鉴长编》卷 25,太宗雍熙元年十二月,中华书局,2004 年,第 590 页。

④ 脱脱等:《宋史》卷 63《五行志》,中华书局,1977 年,第 1385 页。

⑤ 满志敏:《中国东部 4000aBP 以来的气候冷暖变化》,张丕远:《中国历史气候变化》,山东科学技术出版社,1996 年,第 283 页。

⑥ 周师厚:《洛阳花木记》,《说郛》卷 45,上海古籍出版社,1988 年,第 2708 页。

⑦ 苏颂:《图经本草·果部》卷 16,福建科学技术出版社,1988 年,第 483 页。

⑧ 李格非:《洛阳名园记》,朱易安、傅璇琮、周常林等主编:《全宋笔记》第三编第一册,大象出版社,2008 年,第 172 页。

经济有了空前的发展。[1]

　　除上述文献记录外，其他研究也说明我国五代至北宋后期气候比较温暖，东北科尔沁沙地高分辨率孢粉化石记录显示，950—1270 年存在暖期[2]；黑龙江密山和吉林金川泥炭 $\delta^{18}O$ 记录显示，930—1240 年该地区温度较高，但 1030 年和 1180 年有两次降温过程[3]；内蒙古岱海化学风化记录表明，该地区存在显著的中世纪暖期[4]；秦岭太白山孢粉证据显示，1000—1420 年该地年均气温和 7 月均温均较现代高约 0.5℃—2℃和 1℃—3℃；[5] 台湾大鬼湖地区与高山地区的湖泊沉积证据也显示 1000—1300 年和 820—1320 年该地区气候温暖。[6]

**（四）北宋末期至南宋早期（1101—1200 年左右），气候较为寒冷**

　　11 世纪初前后，我国气候开始转寒。970—1000 年，河南开封冬小麦收获期较现在晚 10 天左右。[7]12 世纪初期，气候转寒的趋势更加明显，宋徽宗政和元年（1111），江苏、浙江之间面积 2 250 平方千米的太湖，不但全部结冰，而且冰的坚实足可通车，湖中洞庭山的柑橘全部被冻死。[8] 福州是我国东南海岸荔枝生长的北部界限，从唐朝以来就大规模地种植荔枝，一千多年以来荔枝曾两次全部死亡：一次在 1110 年，另一次在 1178 年，均发生在 12 世纪。[9] 政和三年（1113）十一月，寒潮侵袭我国东部，开封一带"大雨雪，

---

①　邹逸麟：《辽代西辽河流域的农业开发》，陈述：《辽金史论集》（第二辑），上海古籍出版社，1987 年，第 69 页。

②　任国玉、张兰生：《中世纪温暖期气候变化的花粉化石记录》，《气候与环境研究》1996 年第 1 期。

③　夏玉梅、汪佩芳：《密山杨木 3000 多年来气候变化的泥炭记录》，《地理研究》2000 年第 1 期。洪业汤、姜洪波、陶发祥等：《近 5ka 温度的金川泥炭 $\delta^{18}O$ 记录》，《中国科学（D 辑）》1997 年第 6 期。

④　金章东、沈吉、王苏民等：《岱海的中世纪暖期》，《湖泊科学》2002 年第 3 期。

⑤　童国榜、张俊牌、范淑贤等：《秦岭太白山顶近千年来的环境变化》，《海洋地质与第四纪地质》1996 年第 4 期。

⑥　罗建育、陈镇东：《台湾高山湖泊沉积记录指示的近 4000 年气候与环境变化》，《中国科学（D 辑）》1997 年第 4 期。

⑦　脱脱等：《宋史》卷 63《五行志》，中华书局，1977 年，第 1386 页。

⑧　陆友仁：《研北杂志》卷上，文渊阁四库全书，台湾商务印书馆，1983 年，第 248 页。

⑨　李来荣：《关于荔枝龙眼的研究》，科学出版社，1956 年，第 2 页。

连十余日不止,平地八尺余,冰滑,人马不能行,诏百官乘轿入朝,飞鸟多死"[1];政和七年(1117)六月,"京师大雨雹,皆如拳,或如一升器,几两时而止"[2];宋钦宗靖康元年(1126)冬天,强寒潮南下,十一月十八日,"闰十一月,大风起北方,大雪,盈三尺不止",次年正月上旬"天寒甚,地冰如镜"[3],下旬"大雪,气候风寒,仿佛类城陷时"[4];直到四月二日尚"北风益甚,苦寒"[5]。

据文献记载,从1131年到1260年,杭州春季降雪最迟日期是四月九日,比12世纪以前最晚春雪日期推迟了差不多一个月。[6]苏轼在他的诗中哀叹梅在关中消失,咏杏花诗有"关中幸无梅,赖汝充鼎和"[7]之句。同时代的王安石云北方人常误认梅为杏,咏红梅诗有"北人初不识,浑作杏花看"之句。[8]12世纪的南宋早期,我国中东部地区特别是东南沿海,河流、湖泊冻结,果木冻害及严寒记录较多。如《宋史·五行志》记载,绍兴三十一年(1161)正月戊子,"大雨雪,至于己亥,禁旅垒舍有压者,寒甚"[9];乾道元年(1165)二月,"行都及越、湖、常、润、温、台、明、处九郡寒,败首种,损蚕麦";"二年春,大雨,寒,至于三月,损蚕麦""夏寒,江、浙诸郡损稼,蚕麦不登";六年五月,"大风雨,寒,伤稼"。[10]这些记录显示当时的气候较为寒冷,严重影响农作物生长,对农业造成了较大危害。

**(五)南宋中晚期(1200—1260年左右),气候再度回暖**

13世纪初,我国气候又逐渐转暖,1195—1220年南宋杭州暖冬记录次数明显增加,连续9年冬季和春季没有冰雪记录,如庆元四年(1198)冬,"无

① 脱脱等:《宋史》卷62《五行志》,中华书局,1977年,第1342页。

② 脱脱等:《宋史》卷62《五行志》,中华书局,1977年,第1347页。

③ 脱脱等:《宋史》卷62《五行志》,中华书局,1977年,第1342~1343页。

④ 丁特起:《靖康纪闻》,上海师范大学古籍整理研究所:《全宋笔记》第四编第四册,大象出版社,2008年,第123页。

⑤ 脱脱等:《宋史》卷67《五行志》,中华书局,1977年,第1470页。

⑥ 竺可桢:《中国近五千年来气候变迁的初步研究》,《考古学报》1972年第1期。

⑦ 王文诰辑注:《苏轼诗集》卷3《杏》,中华书局,1982年,第133页。

⑧ 王安石:《临川先生文集》卷26《红梅》,中华书局,1959年,第305页。

⑨ 脱脱等:《宋史》卷62《五行志》,中华书局,1977年,第1343页。

⑩ 脱脱等:《宋史》卷62《五行志》,中华书局,1977年,第1343页。

雪。越岁,春燠而雷"[1];庆元六年(1200)"冬燠无雪,桃李华,虫不蛰"[2];嘉定十三年(1220)冬,"无冰雪。越岁,春暴燠,土燥泉竭。"[3]

这种温暖气候持续到13世纪后半叶,这点可从华北地区竹子的分布得到证明。隋唐时期,河内(今河南博爱)、长安和凤翔(陕西)设有管理竹园的特别官府衙门,称为"竹监司"。南宋初期,只有凤翔的竹监司得到保留,其他两处的竹监司因为没有竹子生产而被取消了。[4] 元朝初期,长安和河内又重新设立"竹监司",反映当时气候转暖。但短时间后又被取消。只有凤翔的竹类种植持续到明朝初期才绝迹。从这一段竹子种植历史可以看出,14世纪以后,即元末明初以后,竹子在黄河以北不再作为经济林木种植了,同时表明我国从此进入一个更长的寒冷期。

### (六)元朝中后期(1260—1368年左右),气候向小冰期转变

元朝,我国气候经历了由中世纪暖期向小冰期过渡,并最终进入小冰期。据葛全胜研究,元朝早期(1260—1320),我国东中部冬半年最低气温下降0.7℃。中后期(1321—1380)出现中世纪暖期后的一个冷谷,东中部年均气温下降0.5℃,标志着我国进入小冰期。[5]13世纪末期,我国黄河以南地区气候开始转寒。据《农桑辑要》记载,怀州(今河南焦作)的橙树已经不存在,《王祯农书》载有:"唐邓间多有之,江南尤盛。北地已无此种。"[6] 至大元年(1308)闰十一月,书法家郭畀从无锡出发,适逢运河因酷寒而冻结,他在日记中写道:"闰十一月十九日。早发无锡,舟过毗陵,东北风大作,极冷不可言。晚宿新开河口,三更,舟篷淅淅声,乃知雪作业也。二十日。苦寒,早发新开河,舟至奔牛堰下水,浅不可行,换船运米。至吕城东堰,方辨船上篙橹,皆坚冰也。舟人畏寒,强之使行,泊栅口。廿二日,晴。冰厚舟

---

①　脱脱等:《宋史》卷63《五行志》,中华书局,1977年,第1385页。

②　脱脱等:《宋史》卷63《五行志》,中华书局,1977年,第1385页。

③　脱脱等:《宋史》卷63《五行志》,中华书局,1977年,第1385~1386页。

④　乐史:《太平寰宇记》卷30《关西道·司竹监》,王文楚等点校,中华书局,2007年,第648页。

⑤　Ge Quansheng,Zheng Jingyun,Fang Xiuqi,et al.Temperature Changes of Winter-half-year in Eastern China During the Past 2000 Years. *The Holocene*,2003,13(6):933-940.

⑥　王祯:《王祯农书·百谷谱集之八·果属》,农业出版社,1981年,第146页。

不可行,滞留不发。"① 研究表明,1230—1260 年的气候变化是一次大范围突变,在此之前,气候系统处于不稳定状态,转变较快。在此之后,气候系统较稳定,转变较慢,呈现降温趋势,霜灾也显著增多,桑树向南方退缩,而北方棉花的种植开始普及。1260—1310 年,桑树栽植的适宜区从北纬 37° 退缩到北纬 35° 以南,变化约 2 个纬度,相当于气温下降 2℃。②

## 第三节 | **魏晋至宋元时期气候异常对农牧业的影响**

魏晋至宋元时期气候多异常,对这一时期的农业产生了很大影响。

### 一、灾害性气候频发的危害

气候变化异常对人类生产活动具有很大负面影响,会直接危害农业生产,造成粮食歉收,影响社会稳定。西晋太康六年(285)六月,"济阴、武陵旱,伤麦";太康九年(288)夏,"郡国三十三旱,扶风、始平、京兆、安定旱,伤麦。"③ 连月或连年干旱则会造成饥荒,如东晋咸康初年(334),"时天下普旱,会稽、余姚特甚,米斗直五百,人有相鬻者。"④ 通常认为干旱和蝗灾发生有一定联系,若二者同时发生,对农业生产和人民生活的影响更为巨大,如《晋书·食货志》记载,"及惠帝之后,政教陵夷,至于永嘉,丧乱弥甚。雍州以东,人多饥乏,更相鬻卖,奔迸流移,不可胜数。幽、并、司、冀、秦、雍六州大蝗,草木及牛马毛皆尽。又大疾疫,兼以饥馑,……人多相食。"⑤

---

① 郭畀:《云山日记》,续修四库全书,上海古籍出版社,2002 年,第 19 页。
② 张丕远主编:《中国历史气候变化》,山东科学技术出版社,1996 年,第 384 页。
③ 倪根金:《试论气候变迁对我国古代北方农业经济的影响》,《农业考古》1988 年第 1 期。
④ 房玄龄等:《晋书》卷 28《五行志》,中华书局,1974 年,第 840 页。
⑤ 房玄龄等:《晋书》卷 26《食货志》,中华书局,1974 年,第 791 页。

某些年份降水异常而发生水灾,也影响农业生产,如《宋书·五行志》载魏明帝太和四年(230)八月,"大雨霖三十余日,伊、洛、河、汉皆溢,岁以凶饥"[①];西晋武帝泰始六年(270)六月,"河、洛、伊、沁水同时并溢,流四千九百余家,杀二百余人,没秋稼千三百六十余顷"[②]。魏晋南北朝时期寒冷事件增多,特别是霜雪初降日和终止日提前或推迟,导致正处于成熟期或生长发育期的农作物蒙受损害,从而影响农作物产量,如嘉禾三年(234)九月"陨霜伤谷"[③];西晋咸宁三年(277)八月,"平原、安平、上党、泰山四郡霜,害三豆"[④]。在灾害性天气影响下,农业生产遭受极大损失,从而直接影响社会安定。

## 二、游牧民族南下与农牧交错带推移

在此以南北朝时期为例。魏晋以来我国气候转冷,欧亚大陆北方草原持续干旱,长时期干冷气候导致草原生态系统恶化,严重影响了游牧民族赖以生存的畜牧业,因此北方各游牧民族不断南下寻找水热条件更好的地区生存。与此同时,中原地区内乱,加上气候干冷,因此灾害频发,农业衰败,国力日渐衰弱。二者并生,致使农牧交错带南移。如北魏统治中心向中原地区的转移就与气候变化有关,北魏从道武帝时定都平城(山西大同),气候寒冷干燥,不适合发展农业。到5世纪时,更是连年霜旱,"京畿之内,路有行馑"[⑤],严重影响了国家稳定,加之游牧民族柔然人由于漠北气候转寒而经常南下,国都受到威胁,于是孝文帝决定向南迁都于洛阳。

经过鲜卑族南迁与六镇起义,北方民众向黄河流域迁徙,黄河中下游地区已经遍布少数民族,如关中地区有氐、羌、稽胡、屠各、卢水胡及敕勒等民族;关东地区则散居着匈奴、鲜卑、丁零、蜀、氐、羌、敕勒、蠕蠕、羯等民

---

① 沈约:《宋书》卷30《五行志》,中华书局,1974年,第884页。
② 沈约:《宋书》卷30《五行志》,中华书局,1974年,第884页。
③ 房玄龄等:《晋书》卷29《五行志》,中华书局,1974年,第872页。
④ 房玄龄等:《晋书》卷29《五行志》,中华书局,1974年,第873页。
⑤ 魏收:《魏书》卷110《食货志》,中华书局,1974年,第2850页。

族。汉朝时,我国农牧分界线由碣石至龙门,即由今河北秦皇岛附近,经过北京和太原之北,西南行至山西河津黄河岸边。魏晋南北朝末期,农牧分界线大体上由秦皇岛昌黎至北京居庸关,折向西南河北唐县附近,沿太行山东麓直达黄河。由于少数民族迁入和战乱破坏及干冷气候影响,黄河南北由传统农区成为牧区或半农半牧区,说明农牧分界线大大南移。[1]

### 三、气候异常变化促使农业生产技术的进步

为应对气候变化,先民不断总结经验,积极探索,通过技术革新最大限度减少气候变化对农业生产的不利影响。竺可桢说:"气候寒温之变迁,物候之推移,很可能是左右农时之先后,甚至是整个农业制度的一个重要环节。"[2]如两汉时期二十四节气、七十二候已经初步形成,成为指导人们从事农业生产的重要依据。魏晋南北朝时期不仅沿用了传统月令,而且根据当时气候条件对七十二候作了改动,在立春之初加入"鸡始乳"一候,把"东风解冻""蛰虫始振"等候推迟了 5 天,符合当时处于相对寒冷期的气候状况。

成书于北魏时期的《齐民要术》提出"宁早勿晚"的播种和栽树原则,指出:"凡田欲早晚相杂;有闰之岁,节气近后,宜晚田;然大率欲早,早田倍多于晚。早田净而易治,晚者芜秽难治。其收任多少,从岁所宜,非关早晚。然早谷皮薄,米实而多;晚谷皮厚,米少而虚也。"[3]抗旱保墒技术形成,垄作法、摘种法、精种法等保持土壤水分的方法的优化,畜力牵引的铁齿耙出现与牛耕的推广,标志着我国土壤耕作技术有了新进步。为了增强农作物对气候的适应能力,在田间穗选的基础上,人们创造了类似现代选育和复壮相结合的制度,如南方稻种中出现一种适应严寒气候的蝉鸣稻,该稻极易早熟,蝉鸣时收获。《齐民要术》提出了药物浸渍、熏烟防霜、积雪杀虫等植

---

① 陈新海:《南北朝时期黄河中下游的主要农业区》,《中国历史地理论丛》1990 年第 2 期。

② 竺可桢:《物候学与农业生产》,《竺可桢文集》,科学出版社,1979 年,第 446 页。

③ 贾思勰:《齐民要术校释》卷 1《种谷第三》,缪启愉校释,中国农业出版社,1982 年,第 66 页。

物保护方法,减少了气候变化对作物的影响。

# 第四节 ｜ **魏晋至宋元时期气候变迁的影响**

早在 1988 年,美国哈佛大学教授布雷特·辛斯基(Bret Hinsch)就发表了《气候变迁和中国历史》的论文,后由蓝勇等译成中文发表。该文论述了中国各历史时期气候变迁和历史的关系,"指出以农为本的中国,尤其是北方,在气候变化面前显得格外脆弱。气候变化影响农业,从而影响社会各方面。从新石器时代至清朝,中国气候温暖期与寒冷期周期性变化的过程,是游牧文明与农耕文明两种生态环境较量与整合的过程。在温暖期,中国经济繁荣,民族统一,国家昌盛;寒冷期,气候剧变引起经济衰退,游牧民族南侵,农民起义,国家分裂,经济文化中心南移等。最后,作者指出,在历史时期,气候是中国北方政治命运的决定性因素之一。"[①] 受此启发,此后气候学、历史学等学科的学者用学科交叉的方法,用各自学科的优势方法,对上述观点进行了引申和发展。

## 一、社会动乱、战争及朝代的更替

我国历史上气候的变化,对社会历史的发展产生了多方面的深刻影响。魏晋至宋元时期,气候温暖期和寒冷期、湿润期和干燥期的交替变化,影响着这一时期王朝治乱相间、盛衰更迭。江旅冰等对气候冷暖变化与这一时期的治乱、民族关系等进行了研究,认为:"魏晋南北朝时期,匈奴、鲜卑、羯、氐和羌族向南迁,东晋偏安江南。游牧各族混战中原,黄河流域出现了'五胡十六国'的局面。"甚至南北朝后期,北齐政权占领江淮地区与江南政权相对峙。"这虽然是游牧民族第一次如此南下,而且游牧民族政权很快

---

① ［美］布雷特·辛斯基:《气候变迁和中国历史》,蓝勇、刘建、钟春来等译,《中国历史地理论丛》2003 年第 2 期。

就退出了黄河流域,但宋、辽、金时期,辽、金已能稳居黄河流域与农耕政权分庭抗礼,长期对峙。元朝统一全国。这几次游牧民族越过长城,向南侵袭,恰恰与历史气候上的几个寒冷期一致。"[①]相反,每当黄河中下游地区处于温暖湿润气候期时,又与诸如隋、唐、元等南北大一统朝代相对应。

章典等对气候冷暖与唐宋元时期的社会动乱、战争、朝代更替的关系做了详细统计,如表 1.1 所示。唐宋元时期"温度变化与战争数量,战争高频率期,社会大动乱期和朝代更换时间与北半球冷期之间的高度吻合关系,以及与中国现在所取得的古气温序列相关,充分表明我国古代历史的演化与气温变化有密切联系,主要原因是古代是农业社会,而传统农业的产量受气候控制。虽然每一次战争的爆发、社会的动乱和朝代更替都可以从政治、经济、文化和民族矛盾上找到直接的引发理由,但冷期中生活资源的短缺所造成的生态压力,无疑加剧了这些矛盾,促进了战争、社会大乱和改朝换代的进行。从宏观的角度上说,气候变化是影响我国古代战争高峰期、社会大动乱和改朝换代的最重要的成因之一"。[②]

表 1.1 唐宋元时期气候与社会动乱、战争、王朝更替关系

| 时间段 / 年 | 平均温度距平 /℃ | 气候期 | 年数 / 年 | 战争数 / 次 | 战争率次 /(次 / 年) | 朝代变迁和全国范围动乱 |
|---|---|---|---|---|---|---|
| 850—875 | -0.518 | 冷 | 26 | 10 | 0.38 | 黄巢等农民起义 |
| 876—901 | -0.335 | 暖 | 26 | 7 | 0.27 | |
| 902—965 | -0.423 | 冷 | 64 | 93 | 1.39 | 唐朝亡,五代十国混乱,宋朝立,辽国立,大理立 |
| 966—1109 | -0.233 | 暖 | 143 | 169 | 1.20 | 西夏立 |
| 1110—1152 | -0.368 | 冷 | 43 | 93 | 2.16 | 金朝立,方腊等起义,金灭北宋,辽亡 |
| 1153—1193 | -0.315 | 暖 | 41 | 41 | 1.00 | |

---

① 江旅冰、孙艳敏、巴明廷:《论气候对中国政治经济历史格局演化的影响》,《成都教育学院学报》2004 年第 6 期。

② 章典、詹志勇、林初生等:《气候变化与中国的战争、社会动乱和朝代变迁》,《科学通报》2004 年第 23 期。

续表

| 时间段／年 | 平均温度距平／℃ | 气候期 | 年数／年 | 战争数／次 | 战争率次／(次／年) | 朝代变迁和全国范围动乱 |
|---|---|---|---|---|---|---|
| 1194—1302 | -0.419 | 冷 | 109 | 252 | 2.31 | 蒙古国立,西夏亡,金朝亡,蒙古灭南宋,元朝立,大理亡,吐蕃亡 |
| 1303—1333 | -0.362 | 暖 | 31 | 33 | 1.07 | |
| 1334—1359 | -0.454 | 冷 | 26 | 90 | 3.46 | 元末农民起义 |
| 1360—1447 | -0.345 | 暖 | 88 | 189 | 2.15 | 元朝亡,明朝立 |

## 二、我国经济重心南移

史学界有"唐宋之际,中国经济重心南移"说。[①] 尽管学界对南移完成的时间有不同观点,包括唐中期、两宋之际和南宋时期,但各自的理由都不外乎从北方人口南迁带来先进技术、政策鼓励等人为方面进行解释。另外,关于我国古代经济重心南移的影响,目前学界大体认同:江南经济的大发展,导致我国传统文化重心南移,社会发展进程也大大加快。[②] 但有学者从自然环境,特别是从气候变迁的角度,对我国古代经济重心南移进行解读。比如,我国古代经济重心南移的主要因素之一——农业经济。为什么南方的农业会在唐宋之际有大的发展呢? 郑学檬等认为:唐宋时期的气候变化(包括气温和降水两方面)影响了南北方农业经济的发展。唐五代处于温暖期,而两宋基本上处于寒冷期。唐宋之际经历了由暖转寒的气候变化。这一时期气候的变化与南北农业的盛衰之间存在着必然的联系。"气候变冷使生长期缩短,北方复种指数因而处于较低水平,即便有品种、技术的改进、仍只能维持一年一熟或两年三熟。南方自唐以来双季稻轮作及稻麦复种发展的趋势则未受到气候变冷的太大阻遏。在气温降低、雨量减少的双重作用下,北方单位面积产量明显下降。南方气温变幅小,雨量仍充足,加上其他有利条件,亩产反而有所提高。宋金时期北方继十六国北朝之后出现第二

---

① 张家驹:《张家驹史学文存》,上海人民出版社,2010 年,第 105 页。

② 张全明:《试析宋代中国传统文化重心的南移》,《江汉论坛》2002 年第 2 期。

次改农为牧的高潮,这虽与游牧民族入主中原有关,却也是农业区在寒冷气候之下向南推移的表现。南方既未受政权更迭的影响,农业区又可自温带向亚热带扩展。凡此种种,都有利于南方农业的总体实力超过北方。"[①]

我国古代经济重心南移的过程,也是文化重心南移的过程,是促进江南社会进程加快的重要因素。在历史时期黄河中下游地区可代表我国的北方,直至隋唐以前,一直是中原农业王朝政治、经济和文化的中心,而江南地区还处于正在开发状态。到隋唐时期,政治中心虽仍在黄河流域,但已离不开南方经济的支持。大运河成隋唐的经济命脉。

魏晋至宋元,只有隋唐和元朝属于大统一时期,也属于历史上的温暖期;其他魏晋南北朝、五代和两宋时期,都是北方民族对中原政权威胁比较大的时期,"五胡乱华"和"靖康之变"等逼迫中原政权南迁事件连番上演,这与此段时期的寒冷气候有很大关系。"气候变冷变干,不仅会使农业区域南移,而且会使北亚牧业区域相应南移。由于北亚半沙漠半草原地区的生态基础非常脆弱,所以更难承受气候恶化的后果。牧业生产条件的恶化,迫使游牧民族不得不南下求生。在许多情况下,这种南下是通过武力强行进入农耕地区的。这当然不可避免地要引起持久的暴力冲突乃至大规模破坏,并且进一步激化内地的社会矛盾,加剧社会解体。"[②]"但南方却因此水域面积减少、大片农耕地产生,更适宜人类的农耕、居住和交通。""黄河流域经济处于停滞和衰退状态,长江流域则开始大规模开发,南方经济上升。"[③]以江南地区为核心的南方经济实力的提升,加上北方文化中心地位南迁,促进了南方历史社会进程加快。

① 郑学檬、陈衍德:《略论唐宋时期自然环境的变化对经济重心南移的影响》,《厦门大学学报》(哲学社会科学版)1991 年第 4 期。

② 李伯重:《气候变化与中国历史上人口的几次大起大落》,《人口研究》1999 年第 1 期。

③ 江旅冰、孙艳敏、巴明廷:《论气候对中国政治经济历史格局演化的影响》,《成都教育学院学报》2004 年第 6 期。

# 第二章

# 动植物变迁

　　动植物是自然环境的重要组成部分,动植物的种数、数量及其分布除与气候及自然灾害有关外,还与人类活动有很大的关系。我国古代,特别是先秦时期的森林资源和动物种类非常丰富,现在的一些濒危动植物,在那时数量还很多;黄河上游的土地植被还没有被破坏掉。秦汉以后,随着人口的增加,农业的不断垦荒,土木工程的不断砍伐,以及战争等原因,森林植被受到严重破坏,动植物种类和数量受到很大影响。文焕然、史念海等老一辈学者在相关方面做了很深入的研究。本章内容即是在总结已有成果的基础上,对魏晋至宋元时期的动植物变迁做重点梳理。

## 第一节 ｜ 魏晋南北朝时期的植被变迁

　　地表上的植被可以分为森林、草原等天然植被和农作物等农业植被。本节所言的植被指天然植被,并将重点放在森林的变迁上。森林植被在我国大概可分为五区:大兴安岭北段寒温带林,小兴安岭和长白山地的温带林,华北的暖温带林,华中、西南的亚热带林,华南、滇南、藏南的热带林。[①]在人类活动加剧与气候变迁的双重影响下,魏晋南北朝时期森林覆盖率不断降低。本节择几点概述。

## 一、黄河流域

黄河上游青海境内,在魏晋南北朝时期为吐谷浑的活动范围,史载:"吐谷浑于河上作桥,谓之河厉,长百五十步,两岸累石作基陛,节节相次,大木从横更镇压,两边俱平,相去三丈,并大材以板横次之,施钩栏甚严饰。"[②]修桥用的大木材,想必是就地取材,反映出此时在黄河上游还生长着大量的高大的林木。这种情况一直持续到北宋初。[③]

黄河中游的森林在魏晋南北朝时期大量减少。据史念海研究,秦汉魏晋南北朝时期是黄河中游平原地区森林受到破坏的时期。到南北朝结束时,"(关中)平原地区已基本没有林区可言了。"[④]史念海举函谷关林木变迁例子,非常典型地说明此地区林木大量减少的情况。秦汉时期函谷关以东被称为"松柏之塞",函谷关以西被称作"桃林之塞"。松柏和桃林遍布山野,函谷关又被称作"幽谷"。到南北朝时,关道两侧已是"废垒残壁",山原陵阜之际都成了设防屯营的地方。"所谓'松柏之塞'和'桃林之塞'在那里也许已经成为令人费解的古老称号了。"[⑤]

华北地区森林面积自秦汉以来大幅度缩小,魏晋南北朝时期这一趋势不断加剧,当时黄河中下游平原已经没有林海分布,由于平原森林分布减少,北魏太和中(488前后),京城洛阳一带的建筑用木多采自今山西吕梁山

---

① 文焕然等著,文榕生选编整理:《中国历史时期植物与动物变迁研究》,重庆出版社,1995年,第3~9页。

② 郦道元:《水经注校证》卷2《河水》,陈桥驿校证,中华书局,2007年,第34页。

③ 文焕然等著,文榕生选编整理:《中国历史时期植物与动物变迁研究》,重庆出版社,1995年,第40页。

④ 史念海:《河山集(二集)》,生活·读书·新知三联书店,1981年,第247页。

⑤ 史念海:《河山集(二集)》,生活·读书·新知三联书店,1981年,第260页。

一带。[①]

## 二、大兴安岭、阴山和河西地区

大兴安岭北段的寒温带针叶林,在魏晋南北朝时期非常丰富。此时鲜卑族比较强盛,尤其是在拓跋部统治的时期,不断开疆拓土,称此地为"大鲜卑山",以此为根据地"畜牧迁徙,射猎为业"。文献记载,此地生活着大量的鹿、貂、狐等森林栖生动物,正反映出森林的茂盛。[②]

阴山在汉代是"东西千余里,草木茂盛,多禽兽"[③]的景象。北魏修建广德殿行宫,在阴山大量取材。征伐赫连勃勃时,又"乃遣就阴山伐木,大造攻具"。[④]到5世纪晚期,阴山部分地段"山无树木,惟童阜耳"[⑤]。

河西地区在东汉末年有比较丰富的森林资源,到魏晋南北朝时期,这一地区的森林资源逐渐减少,特别是西晋末年大量人口进入陇西地区,该地区大量森林被砍伐,居住于河湟地区的吐谷浑人也大量砍伐林木[⑥],由于气候干冷,森林一旦被砍伐,地表很容易被沙化。除了人类活动的影响,干冷气候与森林面积减少也存在密切关系,如北魏夏州城(统万城)及其周围地区,秦汉时期有大量森林存在,413年,赫连勃勃建统万城时,这一地区仍有林木可供采伐,赫连勃勃叹曰:"美哉,临广泽而带清流,吾行地多矣,自马岭以北,大河之南,未之有也"[⑦];至北魏时,植被退缩,土地沙化严重,统万城的西南、北方和西北方已经出现了沙丘。[⑧]533年,统万城附近已经为沙丘所覆盖,这与当时过度放牧有关,干冷气候同样起了重要的推动作用。

---

① 令狐德棻等:《周书》卷18《王罴传》,中华书局,1971年,第291页。

② 文焕然等著,文榕生选编整理:《中国历史时期植物与动物变迁研究》,重庆出版社,1995年,第18页。

③ 班固:《汉书》卷94《匈奴传》,中华书局,1964年,第3803页。

④ 魏收:《魏书》卷4《世祖纪》,中华书局,1974年,第72页。

⑤ 郦道元:《水经注校证》卷32《肥水》,陈桥驿校证,中华书局,2007年,第749页。

⑥ 段国纂:《沙州记》,丛书集成初编,中华书局,1985年,第5页。

⑦ 郦道元:《水经注校证》卷3《河水》,陈桥驿校证,中华书局,2007年,第51页。

⑧ 王北辰:《公元六世纪初期鄂尔多斯沙漠图图说——南北朝、北魏夏州境内沙漠》,侯仁之、邓辉主编:《中国北方干旱半干旱地区历史时期环境变迁研究文集》,商务印书馆,2006年,第156页。

## 第二节 | **隋朝至元朝时期的植被变迁**

历史时期华北平原、关中地区和黄土高原是北方发展较早的地区,其天然植被的破坏也最早。唐宋时期,北方的植被森林已被持续破坏了数千年。北方的生态环境遭受长期的破坏,至唐宋时期其影响终于显露出来,这种破坏给黄河流域带来了严重的后果。唐代,关中地区几乎已经没有森林覆盖,植被破坏造成水土流失,黄河的含沙量剧增,中下游地区河水频繁泛滥,水涝灾害频频出现。

南方由于开发较晚,森林植被的破坏也较晚。加上南方气温较高,降水充足,植被的自我恢复能力较强,因此唐宋时期的天然植被南方较北方好。史料记载,中晚唐时期苏州、扬州、长沙等地的森林资源仍然很丰富,老虎、大象等一些野生动物仍很常见。至宋朝时,东南地区的丘陵地带和华南山地也已被开发,老虎、大象等动物仍常出没。森林植被较好地保存,对气候的调节,水土的保持和对自然灾害的防御都有积极的作用。自然灾害较少,对南方农业的发展大有裨益。

### 一、西部地区的植被变化与生态破坏

#### (一)总体概况

唐前期至中期,我国的气候较为温暖,西部的森林植被状况较好,秦岭、巴山地区仍是一片"千里绿峨峨"的景象,原始森林生态植被呈现出勃勃生机,即使人类活动较为频繁的山路,也呈现出"竹障山鸟路,藤蔓野人家"的人与自然和谐相处的景观。中唐直至北宋,西部地区自然环境大不如前,河流缩减,水资源开始缺乏,气候转寒。关中平原几乎已无大面积森林覆盖,天然植被破坏严重,整个生态系统越来越脆弱,西部的农业经济一度衰退凋敝。北宋中期至南宋时期,我国气候处于寒冷期,西部地区的气

候较之唐代更加寒冷,自然条件愈发恶劣。

唐朝,关中地区有种植柑橘的记载,至宋朝,关中地区已鲜有柑橘种植成活的记载了。北宋中期到南宋,西部地区气候转寒加剧,尤其是南宋,全国气候大范围转寒,史料记载当时全国出现严冬的次数大大增加,对西部秦巴山地的影响巨大,一些动植物和农作物被冻死,土地荒废时有发生。北方游牧民族的南迁,以及宋朝对森林植被资源和土地资源的不合理开发,水土流失严重,水涝、旱灾程度加大,西部经济和生态环境急剧恶化。[①]

历史时期我国西部地区生态环境的变迁,突出反映在土地干旱、沙漠化、水土流失等方面,西北地区是我国的众多江河的发源地,也是风暴、沙尘的源头,唐宋时期这些环境变化进一步加剧,土地沙化面积加大,天然植被持续被人类活动破坏,河湖面积剧减、绿洲萎缩,这些环境的负面影响极大地制约了当地经济的发展,尤其是唐末时期,唐朝政治中心向东迁徙,西部地区社会环境更加闭塞,生态环境不断趋于恶化。

**(二) 隋唐时泾洛流域的生态破坏**

从东汉中后期羌人起义开始,羌人等已开始入居泾洛流域。《后汉书·西羌传》数十次记述马、牛、羊、驴、骡、骆驼等畜产,这些畜产数量非常惊人,从数千上万头至几十万头。东汉末年至隋朝,泾洛上游地区经济主要以畜牧业为主,畜牧生产对森林和草原植被的破坏比农业种植较弱,大量生长的灌丛和草原植被对水土的保持作用比农田植被更大,因此畜牧用的草原的水土流失程度一般很小。正是这一时期,黄河出现了长达几百年的安流局面,这与黄河中游地区以畜牧为主的土地的利用方式密切相关。[②]农牧变化直接影响泾洛流域自然环境乃至流域以外的黄河下游河道的变迁。

隋朝末年,由于战乱,丰州一带的百姓大量迁徙到庆、宁等处。[③]到唐

---

①　朱士光:《西北地区历史时期生态环境变迁及其基本特征》,《中国历史地理论丛》2002 年第 3 期。张莹:《唐宋时期西部环境的变迁》,《安康学院学报》2008 年第 1 期。

②　谭其骧:《何以黄河在东汉以后会出现一个长期安流的局面——从历史上论证黄河中游的土地合理利用是消弭下游水害的决定性因素》,《学术月刊》1962 年第 2 期。

③　唐璿:《谏罢丰州书》,董诰等:《全唐文》卷 189,中华书局,1983 年,第 1912 页。

朝,泾洛上游农耕和畜牧业逐渐兴旺。由于人口的剧增,屯田营田的面积自然迅速增多。唐玄宗时期,"因隙地置营田,天下屯总九百九十二",在河东道、关内道等军队垦田面积达五百万亩。[1]"安史之乱"后,吐蕃逐渐东侵,陇东平凉一带成为边防重地,军屯不止,毁"平林荐草""甾翳榛莽",吐蕃牧马草地逐渐被改造成大片农田。

经过不断开垦,隋唐时泾洛流域农田面积持续增加,森林面积则日益减少,最终关中地区森林几乎被砍伐殆尽。当然,关中地区属于平原地带,即使经过长期开垦,土壤侵蚀未出现明显恶化,森林的砍伐对自然环境也没有造成的严重破坏。泾洛上游陇东、陕北地区则不同,原生植被的破坏,使当地土质渐变疏松,一旦发生狂风暴雨,就会出现尘暴或雨土现象[2],其区域内的河流泥沙含量自然升高,并造成下游河床的逐渐抬高,进而造成河流易道。这是唐代时期黄河下游河患逐渐增多的主要原因。而陇东一带大量新垦的土地反复被撂荒,这种时垦时荒,人为地加速了土壤的侵蚀,这是泾洛流域上游生态环境恶化的主要因素之一。

宋朝,泾洛流域上游更是得到了空前的开发,农业发展迅速。经过百年左右的开发,边军大量屯垦,陕西沿边州军之地成为营田的区域。[3]为满足战争和驻军的需要,人们大肆毁林垦荒。而后,由于战乱及不断抛荒,"鄜、延地皆荒瘠",环境的恶化造成水土流失日益严重,从而造成"河渭水多土"。[4]宋神宗熙宁年间,同州等地引黄河水以淤田,这足以表明此时黄河中泥沙含量已经相当之高。当时,黄河中游不断泛滥[5],黄河下游大规模泛滥、改道,河水泥沙的增多应是其主要原因。

## 二、黄土高原的植被变化

唐宋时期是人类活动对黄土高原植被破坏的转折时期,黄土高原植被

---

① 欧阳修、宋祁:《新唐书》卷 51《食货志》,中华书局,1975 年,第 1372 页。

② 王元林:《唐代关中的"雨土"》,《中国历史地理论丛》1997 年第 1 期。

③ 徐松辑:《宋会要辑稿》食货 36 之 23,中华书局,1957 年,第 5443 页。

④ 苏轼:《苏诗文集编年笺注》诗词赋 3《香林八节》,巴蜀书社,2011 年,第 48 页。

⑤ 王元林:《宋金元时期黄渭洛汇流区河道变迁》,《中国历史地理论丛》1996 年第 4 期。

与环境发生了明显变化,其中鄂尔多斯高原南部和黄土高原北部表现得最为明显。唐朝关中地区的政治、经济和文化达到鼎盛,国都长安人口达到空前规模,建筑和烧柴都要消耗大量树木。唐朝对东都洛阳的建设,也造成大量树木被砍伐。当然距离长安城较近的秦岭,其植被受到的破坏程度就要相对严重。秦岭中的巨木良材被砍伐用于长安城的建筑,秦岭还是长安城薪柴的主要采伐地。近年在西安南郊出土了唐朝装运木炭的船只。用船运输薪柴,其运量较大,运输距离也很远。《史记·货殖列传》中称当时"百里不贩樵",而在唐朝,则要用船来大量运输。而且,烧炭也需用树木,许多灌木也是烧炭用材砍伐对象。因此,距离大城市附近的山地因薪柴的采伐,对植被的破坏更严重。

在农业开垦方面,唐朝黄土高原的土地开垦在地区上存在很大差异。唐朝关中地区和黄土高原南部地区土地开垦率较高。文献记载盛唐时期关中和黄土高原南部地区农业发展的盛况:"是时中国盛强,自安远门西尽唐境万二千里,闾阎相望,桑麻蔽野。"[1]但在黄土高原北部,土地开垦率就很低。如平凉地区是唐朝朝廷放牧马匹的主要地区,而绥德、庆阳一线以北地区,在唐代后期又主要为游牧民族所占据,开垦程度较低。

北宋黄土高原地区出现北宋与西夏的对峙。为了防御西夏的进犯,北宋在东起神木、府谷,西至天水地区,兴建了约 200 个堡寨。这些堡寨建在黄土高原的北部和西部,对那里原本就较少的林木造成一定的破坏。宋朝对黄土高原植被的破坏还由于都城开封城中修建宫殿、贵族大臣修建宅第及城市需要大量薪炭。因此,北宋时期对黄土高原植被的破坏可能比唐朝还要严重,其破坏是全面性的,只有山地深处的植被才较少受到破坏。

唐宋以后的金元时期,黄土高原的植被继续遭到破坏。金朝把开封作为南京,并在此大兴土木。金皇统元年(1141),"是时营建南京宫室,大发河东、陕西材木,浮河而下,经砥柱之险,筏工多沉溺。"[2]"河东"是指吕梁山地区,"砥柱之险"是指三门峡。金朝对黄土高原植被破坏的另一个原因

---

① 司马光:《资治通鉴》卷 216《唐纪三十二》,唐玄宗天宝十二载八月,中华书局,1956 年,第 6919 页。

② 脱脱等:《金史》卷 82《郑建充传》,中华书局,1975 年,第 1846 页。

是土地开垦进一步加剧，"田多山坂硗瘠"[1]，表明耕地已开垦到土层瘠薄的山坡上，无疑会对山地植被造成很大破坏。

元朝时期对黄土高原植被的破坏也很严重。据清末民国时期学者康基田在吕梁山地区的调查，元朝芦芽山的森林破坏很严重："元人盘踞芦芽山，山木砍伐殆尽，道四达。"[2]元朝为了建造大都城（即北京），大兴土木，从山西北部采伐大量的木料，由永定河顺流而下。

唐宋时期黄土高原地区植被与环境的显著变化的另一方面表现在某些耐旱植物分布范围的扩大，其中最突出的是甘草和柴胡。

甘草是我国西北草原和荒漠地带广泛分布的旱生草本植物，具有极强的耐旱性。因此，甘草地理分布的变化，可作为认识环境变化的一个重要标志。《元和郡县图志》成书于唐宪宗元和八年(813)，是一部记录各地贡赋的著作，该书记载当时向朝廷进贡甘草的只有灵州。灵州管辖的地域范围主要为今宁夏平原，还包括邻近的一些地区。但是到了宋朝，向朝廷进贡甘草的地域范围大为扩大。

据《宋史·地理志》记载，宋朝进贡甘草的有原州、环州、丰州。原州位于泾河上游，包括今平凉、镇原地区；环州位于泾河上游今环县地区；丰州包括今陕北府谷及内蒙古准格尔和伊金霍洛的部分地区。宋朝另两部地理著作《太平寰宇记》和《元丰九域志》也记载此三州贡赋土产中有甘草。若把宋朝文献记载的用甘草作为贡赋的地区与唐代进行比较，则宋朝用甘草作为贡赋物品的地区向南和向东，亦即向降水量偏多的黄土高原地区扩展，表明这些扩展的黄土高原地区的环境趋向干旱化。

"银州柴胡"作为一种很重要的药用植物，今天"分布于陕西、宁夏及内蒙古等省区，生长于海拔 500~1 900 米干燥山坡及砂质瘠薄土地"。这一生态特点表明它是一种能耐干旱的植物。[3]北宋初年成书的《太平寰宇记》记

[1] 脱脱等:《金史》卷 121《石林元毅传》，中华书局，1975 年，第 2643 页。

[2] 王守春:《历史时期黄土高原植被变化与土壤侵蚀》，中国水利水电科学研究院水利史研究室编:《历史的探索与研究——水利史研究文集》，黄河水利出版社，2006 年，第 169 页。

[3] 吴祥定主编:《历史时期黄河流域环境变迁与水沙变化》，气象出版社，1994 年，第 80 页。

载"银州柴胡"是银州的主要土产之一,但在唐朝成书的《元和郡县图志》的银州贡赋就没有"银州柴胡"。这很可能是唐朝这种植物在银州较少,还不广泛。而到了宋朝,这种植物在银州的分布逐渐变得广泛,成为该地区的一种主要土产。这一情况也反映了黄土高原自然环境的干旱化趋势。

秦艽为龙胆科龙胆属植物。秦艽的生长环境相对要求湿润。西周时期,秦艽在平凉、庆阳地区生长较普遍,以致这里又被称为"艽野"。但是,到了宋朝,据《太平寰宇记》记载,秦艽则是延州的土产,宋朝的平凉和庆阳地区(原州、环州)却以甘草作为主要的贡赋。延安地区位于庆阳和平凉地区的东部,自然条件相对要稍好些,而秦艽分布地域的向东转移,表明平凉和庆阳地区变得干旱,秦艽已不适应这里的环境。《宋史·苏辙传》中有关北宋与西夏划界的记载,表明绥德地区是草原植被:"朝廷须与夏人议地界,欲用庆历旧例,以彼此见今住处当中为直,此理最简直……依绥州例,以二十里为界,十里为堡铺,十里为草地……又要夏界更留草地十里,夏人亦许。"[1] 文中的绥州为今绥德。这一记载表明,在绥德北面的北宋与西夏边界的两侧各十里,为草地植被。

## 第三节　｜　唐宋时期动物生态变迁的个案

### 一、唐宋时期的动物生态环境:以关中盆地为中心

关中盆地位于黄河中游腹地,包括渭河冲积平原及其两侧的黄土台塬和南部的秦岭北坡,自然环境占尽天时地利。《荀子·强国篇》中对关中的记载曰:"山林川谷美,天材之利多。"[2] 南靠秦岭山脉,北临适宜逸起伏的低山丘陵,西有陇山山地。关中盆地南、北、西三面环山,东临黄河,流域内地

---

[1]　脱脱等:《宋史》卷339《苏辙传》,中华书局,1977年,第10833页。

[2]　荀况:《荀子》,杨倞注,上海古籍出版社,1996年,第166页。

域低而平坦,河流众多,黄河的一级支流渭河从西至东穿流经渭河冲积平原,而且渭河两侧支流南北汇流注入渭河,这一地区的灌溉和生活用水都比较方便。渭河河水长期以来冲积泛滥形成的渭河冲积平原,平坦肥沃,农业生产条件优越,人称"关中自古帝王州"。历史上先后有 13 个王朝和政权在此建都,和关中优越的自然地理环境特征密切相关。关中盆地属于暖温半湿润的季风气候区,有着优越的自然环境与地理条件。①

唐朝颁布禁猎、禁渔的诏令,其目的就是维持都城生物的繁殖和延续。武则天颁布诏令"垂拱四年七月禁渔钓"②,仍采取"时禁"的方式保护渔业资源,只允许在一定的时期内捕鱼。唐代宗诏令"代宗大历四年十一月辛末禁畿内弋猎"③,"禁畿内渔猎采捕"④,规定禁止在长安城及其郊县打猎、捕鱼,并将此作为长期的制度。开元二十八年(740),唐玄宗"令两京道路并种果树"⑤;永泰二年(765),唐代宗令"种城内六街树"⑥,对于已经成活的繁茂树木,严禁砍伐,"其种树栽植,如闻并已滋茂,亦委李勉勾当处置。不得使有砍伐,致令死损。"⑦ 这些环境保护法令法规资料反映了当时人们积极寻求与生态和谐发展的思想。由此可以推断,当时的长安生态环境良好,非常适合动植物的生存和繁衍,环境优美。⑧

隋和唐前中期,关中地区气候温暖湿润,年平均温度高于现代1℃左右,年降水量也高于现代。唐朝后期的德宗贞元年间至北宋时期,该地气候凉干。到了宋朝,在保护野生动物资源方面,朝廷主要采取粉壁诏书的方式进行舆论宣传,禁止违时、非法捕猎鸟兽,不得乱捕滥杀野生动物,不许向朝廷上贡珍禽奇兽等措施来保护动物。宋太祖建隆二年(961)诏曰:"王者稽

①　仇立慧:《古代黄河中游都市发展迁移与环境变化研究》,陕西师范大学博士学位论文,2008 年。

②　刘昫等:《旧唐书》卷 24《礼仪志》,中华书局,1975 年,第 925 页。

③　刘昫等:《旧唐书》卷 11《代宗纪》,中华书局,1975 年,第 294 页。

④　刘昫等:《旧唐书》卷 11《代宗纪》,中华书局,1975 年,第 304 页。

⑤　王溥:《唐会要》卷 86《道路》,中华书局,1960 年,第 1573 页。

⑥　王钦若等编:《册府元龟》卷 14《帝王部·都邑》,凤凰出版社,2006 年,第 148 页。

⑦　王溥:《唐会要》卷 86《街巷》,中华书局,1960 年,第 1576 页。

⑧　李淑娟、牛晓君:《唐长安城环境保护法规初探》,《西安建筑科技大学学报》(社会科学版)2007 年第 3 期。

古临民,顺时布政。属阳春在候,品汇咸亨。鸟兽虫鱼,仰各安于物性置呆罗网,宜不出于国门。庶无胎卵之伤,用助阴间之气。其禁民无得采捕虫鱼,弹射飞鸟。仍永为定式,每岁有司具申明之。"[1] "太宗太平兴国三年四月三日,诏曰'方春阳和之时,鸟兽孳育,民或捕取以食,甚伤生理,而逆时令,自今宜禁民二月至九月,无得捕猎,及持竿携弹,提巢摘卵,州县长吏,严伤里青,伺察擒捕,重致其罪。仍令州县,于要害处粉壁,揭诏书示之。"[2] 宋初这类诏令历朝颁布,使许多非法捕猎行为受到了一定的约束或阻止。

唐代陇蜀荆湘一带的飞禽、走兽与渔业资源也极其丰富,山区成了野生动物的天堂,当时的梓州、夔州群山原始森林中就有黑熊、老虎和犀牛等数量较多的大型猛兽生存。[3] 杜甫的夔州诗作中,单写鸟类的诗句有:"晴飞半岭鹤,风乱平沙树";"竟日莺相和,摩霄鹤数群";"啼乌争引子,鸣鹤不归林";"鸿雁影来连峡内,鹡鸰飞急到沙头";"黄鹂并坐交愁湿,白鹭群飞太剧干";"叶枫林百舌鸣,黄泥野岸天鸡舞";"黄莺过水翻回去,燕子衔泥湿不妨" 等。大量的相关诗句的描写体现了唐宋时期这一带是野生动物的天堂。

## 二、唐宋江南水生动植物资源的变化

唐朝末期,全国的经济中心逐步南移,这一变化使长江以南地区开始逐步得到发展,深刻影响着长江以南地区的动植物生态的变化。

唐朝时期,江南"渊深而鱼生之,山深而兽往之"[4],"木茂而鸟集"[5]。江南地区林深泽广为动物界提供了良好的栖息之地。江南的野生动物资源非常丰富。《滕王阁序》中"鹤汀凫渚,穷岛屿之萦,……落霞与孤鹜齐飞,秋水共长天一色,渔舟唱晚,响穷彭落之滨,雁阵惊寒,声断衡阳之浦",描

①　宋敏求:《宋大诏令集》卷 198《政事·禁约·禁采捕诏》,中华书局,1962 年,第 729 页。

②　宋敏求:《宋大诏令集》卷 198《政事·禁约·二月至九月禁捕猎诏》,中华书局,1962 年,第 731 页。

③　邓乐群:《杜甫漂泊诗作中的陇蜀荆湘沿途生态环境》,《湖南社会科学》2009 年第 6 期。

④　司马迁:《史记》卷 129《货殖列传》,中华书局,1963 年,第 3255 页。

⑤　李昉等:《太平御览》卷 935《鳞介部七》,中华书局,1960 年,第 4153 页。

写的就是唐代南昌水族盛多的景象,其中包括各式鱼类、生活在水边的鹤、鹭、野鸭等。[①] 唐朝江南地区的林木众多,百鸟禽兽也栖息其中,有诗曰"鸟栖彭蠡树"[②],"记得瀑泉落,省同幽鸟闻"[③],"时人见黄绶,应笑狎鸥还"[④],所以,《隋书·地理志》云"江南之俗,火耕水耨,食鱼与稻,以渔猎为业"[⑤],经济状况与当地富有的动物资源是分不开的。

我国的五大淡水湖鄱阳湖、洞庭湖、太湖、洪泽湖、巢湖主要分布在长江中下游和淮河下游,是淡水鱼类重要的资源库,鱼种类组成较为丰富。唐至元时期,各湖因直接通江达海,所以湖泊中除大多数种类属定居型外,还见有中华鲟、暗纹东方鲀、鲥鱼、鳗鲡等洄游性鱼类,以及青、草、鲢、鳙等半洄游性鱼类。此外,史籍记载,古老的"活化石"的白鳍豚是我国所特有的,是世界上目前仅存的五种淡水鲸之一的水生哺乳类动物,这一时期在长江干流的中下游及沿江的大中型湖泊中,均有较为普遍的分布。白鳍豚是一种回避了海生高等齿鲸类的竞争而幸存下来的残留物种,既是研究鲸类演化发展极其珍贵的实体,也是仿生学研究的重要对象,科学价值极高,也是江湖水生生态系统中生物多样性的重要体现。

宋代以来,江南的圩田开发破坏了当地的水生资源。江南自古水生资源极为丰富,如丹阳练湖在唐代就有"菰蒲茭芡之多,龟鱼鳖蜃之生,厌饮江淮,膏润数州"[⑥]的描述;四明广德湖亦是"菰蒲凫鸟,四时不绝"[⑦]。越州鉴湖更有"鱼鳖虾蟹之类不可胜食,茭荷菱芡之实不可胜用"[⑧]之誉。然而大量围湖造田以后,当地的水生资源遭受了绝灭之灾。宋代徐次铎在《复镜

---

① 王福昌:《唐代南昌的生态环境》,《古今农业》2001 年第 3 期。

② 韦庄:《建昌渡暝吟》,彭定求等编:《全唐诗》卷 698,中华书局,1960 年,第 8033 页。

③ 曹松:《再到洪州望西山》,彭定求等编:《全唐诗》卷 716,中华书局,1960 年,第 8231 页。

④ 曹松:《江西题东湖》,彭定求等编:《全唐诗》卷 716,中华书局,1960 年,第 8232 页。

⑤ 魏徵、令狐德棻:《隋书》卷 31《地理志》,中华书局,1973 年,第 886 页。

⑥ 李华:《润州丹阳县复练塘颂》,董诰等:《全唐文》卷 314,中华书局,1983 年,第 3193 页。

⑦ 张津:《乾道四明图经》卷 10,中华书局编辑部:《宋元方志丛刊》,中华书局,1990 年,第 4960 页。

⑧ 徐光启:《农政全书校注》卷 16《水利·浙江水利》,石声汉校注,上海古籍出版社,1979 年,第 387 页。

湖议》中记述:"使湖果复旧,水常弥满,则鱼鳖虾蟹之类不可胜食,茭荷菱芡之实不可胜用,纵民采捕其中,其利自溥。"① 陈仲宜等在给宋徽宗的奏章中也指出,江南在围湖造田后,"贫窭细民,频失采取莲荷、蒲藕、菱芡、鱼鳖、虾蚬、蚌螺之类,不能糊口营生。"② 这都表明当时江南地区实施围湖造田后各种水生资源受到了严重的破坏。

### 三、宋朝大型野生动物的分布变迁

唐宋元时期,尤其是在宋朝,大型动物数量的减少及分布变化速度很快,除了历史时期气候寒冷和大型动物本身繁殖率低,人类的大肆捕杀是一个重要原因。宋朝是我国历史上商品经济发展较快的朝代之一,尤其是商品经济的发展,使人们生活水平提高,引起消费结构向着多样性方面的变化发展,对野生动物食用、器用、药用及经济价值的追求热情高涨,野生动物成为人们追求生活享受的牺牲品而难逃厄运。

唐末宋初,今四川盆地和贵州地区还有野生犀牛活动,到南宋中后期四川地区野生犀牛已很少见,当地居民将其捕杀,把角、皮呈献给皇帝。唐朝有 15 个州郡土产或土贡犀角。③ 北宋前期的药物学家苏颂云:"犀角,今以南海者为上,黔蜀者次之。"④ 成书于宋太宗时期的《太平寰宇记》记载土贡犀角的地方有四处:江南西道的夷州、费州、南州及岭南道的交州。⑤ 这四个州主要在今四川、贵州、广西等地境内。成书于北宋元丰年间的《元丰九域志》记载土贡犀角的地方就只有湖南的衡州(今衡阳)和邵州(今邵阳)两地了。这就说明在唐末五代乃至宋初,今湖北、湖南、贵州、四川四地的

①　徐光启:《农政全校注》卷 16《水利·浙江水利》,石声汉校注,上海古籍出版社,1979 年,第 387 页。

②　徐松辑:《宋会要辑稿》食货 61 之 104,中华书局,1957 年,第 5925 页。

③　刘洪杰:《中国古代独角动物的类型及其地理分布的历史变迁》,《中国历史地理论丛》1991 年第 4 期。

④　李时珍:《本草纲目》卷 51《兽部》,张守康、张向群、王国辰等主校,中国中医药出版社,1998 年,第 1157 页。

⑤　乐史:《太平寰宇记》卷 121《江南西道·夷州》《江南西道·费州》、卷 122《江南西道·南州》、卷 170《岭南道·交州》,王文楚等点校,中华书局,2007 年,第 2409、2415、2424、3252 页。

交界地区还是野生犀牛的主要分布区之一,而到北宋中后期以后,有野犀出没和犀角可贡的地区就缩小到了一个省的小部分地方。

宋朝野象的分布范围及其变化也经历了随着时间的推移而逐渐南移的过程。五代至宋初,在今湖北南部、湖南北部、河南南部等交界地方都有野象出没。另有学者称,1050 年左右,秦岭、淮河一线以南、五岭以北的野象趋于灭绝,野象的分布范围南移至气候炎热、热带森林密布的岭南地区。[①] 在宋立国仅 100 年的时间内,分布于江淮地区大片范围内的野象就灭绝了。

宋朝南方地区虎分布范围广泛,长江流域上游、中游和下游,以及淮河、珠江流域都有虎的活动踪迹。翁俊雄分析,唐朝北方黄河流域即今河北东部、山东半岛、河南中部、关中等地有虎出没;南方淮河、长江、珠江流域及云贵高原等都有虎的踪迹,而长江流域的湖北、四川东部即唐朝的山南道是当时全国虎出没最多的地区。[②] 以此与《夷坚志》《宋史》所记对比,说明宋朝这些地区的虎活动范围发生了变化,湖北、四川由唐朝的最多地区在宋朝降为第二、第三位,宋朝虎活动范围由北向南移动。

---

① 文焕然等著,文榕生选编整理:《中国历史时期植物与动物变迁研究》,重庆出版社,1995 年,第 195 页。

② 翁俊雄:《唐代虎、象的行踪——兼论唐代虎、象记载增多的原因》,荣新江主编:《唐研究》第 3 卷,北京大学出版社,1997 年,第 381~394 页。

第三章

# 地表水资源变化

自然环境中与农业生产密切相关的除了气候因素，地表水资源也是一个重要因素。历史时期地表水资源变化表现为河道变迁，湖泊的产生、盈缩和消失。

## 第一节 | 北方中东部地区地表水资源的变迁

### 一、黄河下游河道的变迁

历史上黄河中下游河道的变迁，对我国东部平原地区的生态环境和社会生活影响巨大。魏晋至宋元时期，黄河河道由安流期进入频繁决溢期，由东北流注入渤海转为东南流注入黄海。

黄河中下游地区是中华民族的摇篮。该地区在相当长的时期内是中国历史的重要舞台。黄河中下游地区属于温带季风气候区,降水年内分配不均,主要降水集中在夏季,且多以暴雨的形式出现。短时间内地表径流急剧增加,形成洪峰。黄河中游流经黄土高原,这一地区土质疏松,易受侵蚀。侵蚀下的泥沙随地表径流汇于黄河,随河水来到下游的华北平原。华北平原地势低平,河道至平原地区比降小、流速低,黄河携带的大量泥沙随处淤积,使河床增高,遇到较大洪水,抬高的河床无法容纳,故易形成决溢。

黄河中上游地区曾经广布森林草原。由于土质疏松,地表植被遭到破坏后,地表易形成侵蚀,尤其是降雨形成的地表径流的水力侵蚀成为主因。暴雨和长时间降雨形成的地表径流,会携带大量泥沙汇入河道。历史时期流经黄土高原的黄河干流河道及众多的支流,使失去地表植被保护、地表平坦的黄土高原变得支离破碎,沟壑密布。[1] 在水力侵蚀下,黄土高原的水土流失极其严重,故自战国末期黄河就开始有了浊河的称谓,至汉代人们就称:"一石黄河水,含沙六斗。"历史上黄河以善淤、善徙、善决著称。由于秦汉时期的"实关中"和"戍边郡"的移民政策,致使黄河上游、中游广大地区土地资源被过度开发,地表植被严重破坏,黄河下游在西汉时期曾经有过一个决溢频繁期。[2] 但在东汉永平十二年(69)王景治河以后,至唐代后期 800 年间黄河处于安流时期。

自王景治河至汉末,黄河平均 37.5 年发生一次河溢。魏晋南北朝时期,平均 61 年发生一次河溢。唐朝黄河河患显著增加(河决 5 次、河溢 7 次)平均 18 年发生一次决溢。随着时间推移,河患日益频繁。唐景福二年(893),大河尾闾段发生一次向北的摆动。此后至北宋建国,即晚唐五代时期黄河共发生决溢 22 次,平均每 3 年一次,其中五代后晋天福三年(938)到后周显德六年(959),有 11 年出现决口,有的一年之内还不止一次(处)。如后晋开运三年(953)自六月至十月,黄河先后决口 11 处。后周广顺三年(963)黄河同时存在的决口有 8 处之多。简单的统计就可以看出这个时期河患的严重程度。

北宋建立,虽然结束了长期分裂割据的局面,但黄河河患的频仍和成

---

① 史念海:《河山集(二集)》,生活·读书·新知三联书店,1981 年,第 240 页。

② 谭其骧:《何以黄河在东汉以后会出现一个安流的局面》,《长水集(下)》,人民出版社,1987 年,第 23 页。

灾程度,不仅没有减轻,反而更甚于前。如从建隆元年(960)至庆历八年
(1048),单是有明确决溢地点的就有60余次,平均1.1年一次。由庆历八年
至北宋亡,有明确决溢地点的约49次(处),平均1.6年一次。

北宋灭亡后,金朝政权逐渐控制了淮河以北地区。两宋之际,东京留守
杜充于建炎二年(1128)在滑县李固渡(今滑县西南沙店集南三里许)西,人
为决堤,以黄河阻金兵,致使黄河经李固渡东流经滑县之南、濮阳、东明之
间,再经鲁西南的巨野、嘉祥、金乡一带流入泗水,由泗入淮。此后黄河离开
了历时数千年的东北流入渤海的河道,改由山东汇泗入淮,最后注入东海。

东南流的黄河河道同样不稳定。此后决河地点逐渐上移,除干流外,
几股岔河同时存在,并且河道逐渐向南摆动。元朝流入东海的黄河河患依
然严重,决溢十分频繁。元朝至元九年(1272)到至正二十八年(1368),决溢
达六七十次之多,平均每1.4年一次,决口有二三百处[1]。

黄河在黄淮海平原上频繁决溢改道,对农业生产环境的影响是巨大深
远的,同时对海河水系、淮河水系产生了巨大深远的影响。南宋建炎初年以
前,黄河下游河道在黄淮海平原上东北流注入渤海,海河水系大部分支流
历史上曾汇入黄河,成为黄河下游的支流。在黄河下游河道决溢改道变迁
的影响下,更主要的是在人工开挖的运河河道的影响下,自曹操开凿平虏
渠、泉州渠,直到隋炀帝开凿永济渠,最终奠定了海河水系的规模和格局,
形成现今的海河水系。[2]历史上黄河的决溢南泛,尤其是南宋初年黄河夺
泗入淮,又对淮河水系的发展产生重大影响。

## 二、湖泊的变迁

我国北方中东部地区处于季风气候区,虽然雨热同期,但降水年内分
配不均,年际变化大,地表水资源成为农业灌溉用水的重要水源。大量湖泊
沼泽的存在,对于调节河川径流、改善平原地区气候环境、发展农业经济,
无疑起着十分重要的积极作用。随着黄河在黄淮海平原决溢、改道所造成

---

① 邹逸麟:《黄淮海平原历史地理》,安徽教育出版社,1997年,第91~99页。
② 谭其骧:《海河水系的形成与发展》,《长水集(下)》,人民出版社,1987年。张修桂:
《海河流域平原水系演变的历史过程》,《历史地理》1993年第11辑。

的水沙再分配的加剧,随着人类活动对自然环境影响的不断加深,尤其是农业经济发展对水源、耕地的迫切要求,黄淮海平原的上湖沼地貌发生了巨大变化。对这一地区古代湖泊变迁,现今学者有较多研究成果①,依据已有的研究成果,对该地区湖泊变迁略做叙述。

**(一) 河北平原北部湖泊变迁**

在太行山东麓冲积扇前缘与古黄河北岸之间的河间洼地上,发育形成了大量湖沼,其中最著名、范围最大的当推涿州、新城一带的督亢泽。

北魏时期,督亢泽处在圣水、巨马水的下游河间洼地之间,是一个大型的天然湖沼,但显然经过人为的不断维护,所以又有督亢陂之称。据唐初《括地志》记载:"督亢陂在幽州范阳县东南十里。"②《新唐书·地理志》记载:"大和六年,以故督亢地置。"③新城县,属涿州。这说明督亢陂在大和六年(832)之前已基本淤没了。

元朝,宋本在《都水监事记》中言:"姑论今王畿,古燕、赵之壤,吾尝行雄、莫、镇、定间,求所谓督亢陂者,则固已废。何承矩之塘堰,亦漫不可迹。渔阳燕郡庡陵诸堰,则又并其名未闻。豪杰之意有作以兴废补弊者,恒慨惜之。"④说明到了元朝中期,督亢陂等湖沼的故迹已经不可寻。另外,北京通州东侧的夏谦泽,在唐朝的志书中均已不见记载,可推知它在唐朝已经消失。

**(二) 河北平原南部湖泊变迁**

先秦至唐朝以大陆泽为代表的湖沼群,在北宋以后也发生重大变迁。大陆泽在先秦为河所潴汇。战国中期以后,《尚书·禹贡》河断流,大陆泽汇集今巨鹿、隆尧、平乡、任县、永年及邯郸等数地境内的太行山东麓地表径流,由于来沙骤减,大陆泽尚基本维持先秦时代的大湖形态。但至唐朝后期,据《元和郡县图志》关于邢州巨鹿县和赵州昭庆县下的记载,大陆泽

---

① 王会昌:《河北平原的古代湖泊》,《地理集刊》1987 年第 18 号。邹逸麟:《历史时期华北大平原湖沼变迁述略》,《历史地理》1987 年第 5 辑。邹逸麟编:《中国历史地理概述》(修订版),上海教育出版社,2005 年。张修桂:《中国历史地貌和古地图研究》,社会科学文献出版社,2006 年,第 409 页。

② 李泰等:《括地志辑校》幽州条,中华书局,1980 年,第 104 页。

③ 欧阳修、宋祁:《新唐书》卷 39《地理志》,中华书局,1975 年,第 1020 页。

④ 苏天爵:《元文类》卷 31《都水监事记》,商务印书馆,1958 年,第 408 页。

的主体部分已显著缩小,仅"东西二十里,南北三十里",而且呈现出一片沼泽化的景象,"葭芦、菱莲、鱼蟹之类,充牣其中。"[1]

值得指出的是,《元和郡县图志》在深州陆泽县下云:"《禹贡》大陆既作。此县南三里,即大河之泽,因名之";深州鹿城县下又言:"大陆泽在县南十里。"[2] 唐代陆泽县即今深县,鹿城县即今辛集市。唐朝此两县之南的大陆泽,与巨鹿、昭庆间的大陆泽,中间间隔瘿陶、堂阳、衡水诸县,显然不是一个统一的大湖。但据《元和郡县图志》记载,先秦时代的大陆泽,其范围当包括唐朝的巨鹿至陆泽之间的广大地区。其后,由于滹沱河冲积扇前缘扇体的发展,先秦时期统一的大陆泽才被分隔成东北和西南两个部分,《元和郡县图志》所载即反映分隔之后的大陆泽的基本形态。

东北部陆泽、鹿城之南的大陆泽在唐朝之后消失,不见于史书记载,其原因显然与它接近滹沱河,受滹沱河冲积扇前缘扇体覆盖以及北宋黄河北决的泥沙淤积有关。西南部巨鹿、昭庆间的大陆泽,在北宋大观二年(1108),黄河北决淹没了巨鹿城,波及隆平县(今河北隆尧),大陆泽也因而被黄河来沙所淤浅,湖底抬高,湖水顺着葫芦河(今滏阳河)向下游泄入今宁晋东南(《水经注》所载的低湖地区),储汇成为宁晋泊。

**(三) 河北平原中部湖泊变迁**

、文安洼一带存在一个地质构造凹陷地带。在《水经注》成书的北魏晚期,该区明确记载的湖沼有大渥淀、小渥淀、范阳陂、狐狸淀、大浦淀、阳城淀等。北宋时期,这一地质构造带的湖泊群发生了重大变化。北宋与辽在河北平原中部以白沟河(上游为拒马河,下游至今雄县北白沟镇折东经霸县北、信安镇北,东流至天津入海)为界,故白沟河又称界河。界河以北的永定河水系南流注入界河东去;界河以南即为白洋淀——文安洼低洼湖沼带。

北宋初年,为了防御辽人骑兵南下,人为地将滹沱河、葫芦河(今滏阳河)、永济渠等河水引入这一低洼地带,筑塘蓄水,形成一条西起今河北保定,东至海洋的淀泊带,南北最宽处达一百三五十里,最狭处也有八里十

---

[1] 李吉甫:《元和郡县图志》卷15《河东道四·邢州·钜鹿》,中华书局,1983年,第428页。

[2] 李吉甫:《元和郡县图志》卷17《河北道二·深州·鹿城》,中华书局,1983年,第486页。

里,深度三尺至一丈三尺不等,"深不可以舟行,浅不可以徒涉",史称"塘泺"。[①] 这条北宋北境的淀泊国防线的修筑,得于宋太宗淳化四年(993)雄州知府何承矩的建议,以后又陆续将沿边诸水引入塘泺,以补充淀泊的水量。宝元元年(1038)因天旱水枯,又将北面界河的水壅汇于塘泺。熙宁年间又引"徐、鲍、沙、唐等河,叫猴、鸡距、五眼等泉为之源,东合滹沱、漳、淇、易、涞等水,下并大河,于是自保州西北沈远泺,东尽沧州泥沽海口,几八百里悉为潴潦,阔者有及六十里者,至今倚为藩篱。"[②] 至此,河北平原南北一些湖泊,因主要河流都汇注于这一条湖沼带而逐渐枯涸。

北宋庆历八年(1048)以后,黄河三次北决,流经平原中部夺御河入海,前后60余年,侵犯塘泺,"浊水所经,即为平陆。"此外,导入塘泺的"漳水、滹沱、涿水、桑干之类,悉是浊流"[③],自然也带来大量泥沙。宋徽宗以后,塘泺"淤淀干涸,不复开浚,官司利于稻田,往往洩去积水,自是堤防坏矣[④]"。当海河水系河流泛涨时,塘泺地带积水四溢,一片汪洋,浩渺无际,人民不胜其害。

### (四)鲁西南平原地区的巨野泽变迁

先秦时期巨野泽被称为大野泽。汉武帝时,黄河决瓠,东注巨野泽,巨野泽水面当有所扩展。据《水经注》记载:"湖泽广大,南通洙、泗,北连清、济,旧县故城,正在泽中。"[⑤]《元和郡县图志》记载,泽东西达百里,南北竟达三百里,其面积仍然相当可观。

随着主要水源济水的枯断,巨野泽西南面的岸线逐渐内缩。10世纪初以来,河水多次从浚、滑一带决入鲁西南的曹、濮、单、郓州地区,巨野泽的西南部因受黄河泥沙的淤高,湖区向东北面相对低洼处推移。五代后晋开运元年(944)六月,黄河在滑州决口,侵入汴、曹、濮、单、郓五州之地,洪水

① 脱脱等:《宋史》卷95《河渠志五》,中华书局,1977年,第2359页。
② 沈括:《梦溪笔谈》卷13《权智》,中华书局,2015年,第236页。
③ 沈括:《梦溪笔谈》卷24《杂志》,中华书局,2015年,第430页。
④ 脱脱等:《宋史》卷95《河渠志五》,中华书局,1977年,第2363页。
⑤ 郦道元:《水经注校证》卷8《渭水》,陈桥驿校证,中华书局,2007年,第216页。

环梁山合于汶水。[1] 梁山原在巨野泽东北岸的陆地上,因巨野南部淤高,梁山周围相对低洼,故决水来时即蓄积于此,形成了历史上著名的梁山泊。宋天禧三年(1019)、熙宁十年(1077)两次河决,都从澶、滑东注梁山泊,湖面不断扩大,绵亘数百里。但河徙沙留,宋朝中叶人们已经指出梁山泊淤淀的事实。

金朝黄河河道南摆,梁山泊水退,泥沙淤出的滩地被附近居民开垦。金大定二十一年(1181)以后,官府曾在梁山泊括民田安置屯田户,"梁山泊水退地甚广,已尝遣使安置屯田。民昔尝恣意种之,今官已籍其地,而民惧征其租,逃者甚众。"[2] 可见,此时梁山泊已有大面积的土地可以开垦。元朝黄河多次决入,"有复巨野、梁山之意。"[3] 元末河决白茅,水势北侵安山。安山在梁山之北,可见由于梁山泊的湖底淤高,水体又向北推移。至明代前期,梁山泊还是一大片浅水洼地。

黄河河水携带的大量泥沙,它的决溢改道往往造成流经地区的湖沼消失。两宋之际的人为决堤,使黄河夺泗入淮,黄河下游河道逐渐向南摆动。元朝黄河河道更向南进入淮北平原,屡夺颍、涡、濉、泗等河入淮。黄河不断南决,造成淮河流域平原大部分地区都受到黄河泥沙的堆积的影响,洪水所到之处,良田被毁,河床淤浅,许多湖沼随之消失。黄河东南流对淮河流域的湖泊也产生巨大影响。

### (五) 山西汾河流域的湖泊变迁

黄河中下游地区的湖泊除了受黄河决溢影响,气候或植被破坏等也会造成湖泊的消失。屡见于先秦、汉、唐文献记载的汾河流域的昭余祁薮曾经是一个著名湖泊,在元朝时基本消失了。

据《水经注》记载,汾水流经大陵县东有一个面积颇大的湖泊,"汾水于县左地为邬泽。《广雅》曰:水自汾出为汾陂。其陂东西四里,南北十余里,陂南接邬。《地理志》曰:九泽在北,并州薮也。《吕氏春秋》谓之大陆。又

---

[1]　欧阳修:《新五代史》卷9《晋出帝纪》,中华书局,1974年,第94页。傅泽洪主编:《行水金鉴》卷9《河水》,文渊阁四库全书,台湾商务印书馆,1986年。

[2]　脱脱等:《金史》卷47《食货志二》,中华书局,1975年,第1047页。

[3]　宋濂等:《元史》卷65《河渠志二》,中华书局,1975年,第1620页。

名之曰沤洟之泽,俗谓之邬城泊。……出谷西北流,迳祁县故城南,自县连延,西接邬泽,是为祁薮也。即《尔雅》所谓昭余祁矣,贾辛邑也。"① 有学者疑"邬"或为"祁"之误。《元和郡县图志》在汾州介休县下言:"汾水,在县北十二里","邬城泊,在县东北二十六里。《周礼》并州之薮曰昭余祁,即邬城泊也。"② 《太平寰宇记》记载:"昭余祁,《吕氏春秋》云大陆,又名呕夷之泽。《周礼》并州薮,俗名邬城泊是。按薮自太原祁县连延西接至此。"③

这个屡屡见诸史书、规模不算太小的湖泊,至元朝已经基本消失。《元一统志》记载昭余祁薮,"在祁县东七里,旧已涸卤,至元二十一年浚凿为九池,得细水,岁溉民田顷亩间,及浸隄下树木。今其下立成汤祠,岁旱土人爆沙聚祠下,置瓶其上,以祷雨得水,累获其应。今池庙俱各不存。"④

# 第二节 ｜ 长江中下游地区的地表水资源变化

南方气候湿润,降水充沛,地表水资源丰富。河道和湖泊的变迁远没有北方地区剧烈。但是历史时期,长江中下游地区的河道和湖泊同样非一成不变。荆江河道及云梦泽、洞庭湖、鄱阳湖、太湖的自然环境都曾发生较大变化。

## 一、云梦泽的消失

关于荆江段长江水道变化及云梦泽变迁有多位学者撰文讨论。⑤ 先秦

---

① 郦道元:《水经注校证》卷 6《渭水》,陈桥驿校证,中华书局,2007 年,第 158~159 页。

② 李吉甫:《元和郡县图志》卷 13《汾水》,中华书局,1983 年,第 379 页。

③ 乐史:《太平寰宇记》卷 41《河东道二·汾州》,中华书局,2007 年,第 870 页。

④ 孛兰肹等:《元一统志》,中华书局,1966 年,第 115 页。

⑤ 谭其骧:《云梦与云梦泽》,《复旦学报》(社会科学版)1980 年第 S1 期。张修桂:《云梦泽的演变与下荆江河曲的形成》,《复旦学报》(社会科学版)1980 年第 2 期。

时期的云梦泽,在汉江和长江携带泥沙的填充下不断萎缩,秦汉时期云梦泽已被排挤至华容县南境。魏晋时期,荆江三角洲在向东延伸的同时,迅速向南扩展,从而迫使原来华容县南的云梦泽主体向下游方向的东部转移。后来云梦泽的主体移至华容县东。原来华容县南的云梦泽,则为新扩展的三角洲平原所代替。西晋时期,随着荆江三角洲的扩展、开发,华容县东南境,增设监利县(今县北)。

东晋时期,在今沔阳城关西北和城关附近分别增设云杜县和惠怀县。据《水经·涌水注》记载,在云杜、惠怀、监利一线以东,有大浐、马骨诸湖,在大浐湖东北,汉江通过沌水口分流,在今汉江分洪区储汇成太白湖。据史书记载,马骨湖位置相当于今洪湖及其附近地区。可见南朝时期,随着江汉陆上三角洲的东向扩展,云梦泽主体不断被迫东移,城陵矶至武汉的长江西侧泛滥平原,大部沦为湖泽。当时该地区唯一的州陵县的撤销,可能与此有关。必须指出,这一时期的云梦泽,今非昔比,范围不及先秦之半,深度也当较为平浅。

荆江三角洲北侧的云梦沼泽区,是自东晋时期江陵金堤的兴筑,荆门一带水流在此汇聚的结果,沼泽逐渐演变成一连串的湖泊。据《水经注·沔水》记载,有赤湖、离湖、船官湖、女观湖等。南朝以后,随着江汉三角洲的进一步扩展,原已平浅的云梦泽主体,在唐宋时期基本上已填淤成平陆,洪湖地区再次退湖为田。北宋初期,为了开垦和管理新成陆区的农业生产,在今监利县东北 30 千米设置玉沙县。历史上著名的云梦泽,基本上消失,大面积的湖泊水体,已为星罗棋布的湖沼所代替。伴随着云梦泽的消失,荆江河段逐渐摆脱了漫流状态,荆江统一的河床也塑造完成。

## 二、洞庭湖的形成

洞庭湖位于长江中游下荆江南岸,是我国第二大淡水湖。关于洞庭湖的演变过程已有多位学者做过论述[①]。

---

① 张修桂:《洞庭湖演变的历史过程》,《历史地理》1981 年创刊号。卞鸿翔主编:《洞庭湖的变迁》,湖南科技出版社,1993 年。周宏伟:《洞庭湖变迁的历史过程再讨论》,《历史地理论丛》2005 年第 2 期。

先秦至西晋时期,洞庭湖湖区是一个河网交错的平原景观。东晋南朝之际,随着人为因素的不断加强、荆江江陵河段金堤的兴筑,以及荆江三角洲的扩展和云梦泽的萎缩,在公安的油口下游的荆江南岸,开始出现景口、沧口两股长江分流汇合而成的强盛沧水,穿越沉降中的华容隆起的最大沉降地带,进入凹陷下沉中的洞庭沼泽平原,开始干扰洞庭水系,使洞庭地区的地表形态产生重大变化,由沼泽平原景观迅速演变为汪洋浩渺的大湖景观。即出现了《水经注·湘水》所谓"(洞庭)湖水广圆五百余里,日月若出没于其中"[①]。

唐朝,尽管洞庭湖区地面仍处于沉降状态,但是由于洞庭湖地区的泥沙沉积量并没有明显增加,洞庭湖、青草湖的面积较南朝时的"广圆五百余里"变化不大。据《元和郡县图志》记载,洞庭湖为"周回二百六十里",青草湖不过"周回二百六十五里",二湖相加周回仍是五百里。由此来看,唐中期时其面积较南朝时似乎没有明显地增加。约从唐末五代开始,今洞庭湖区的面积不断加大,始有"周极八百里"之说。

洞庭湖湖面形成和变迁有两大控制性因素:一是洞庭湖区的沉降速度,二是长江干流的来沙量。洞庭湖的早期扩展很快,是因为受长江干流的泥沙影响很小。唐后期至清初,洞庭湖能保持长时期的巨大水面,是因为这一时期洞庭湖地区的沉降速度与长江干流来沙的淤积速度大致处于平衡状态。

## 三、鄱阳湖的变迁

鄱阳湖是目前我国最大的淡水湖,为长江流域的一个重要集水湖盆,鄱阳湖自西向东接纳修水、赣江、抚河、信水,由湖口注入长江。根据湖盆地貌形态和历史情况,以老爷岭、杨家山之间的婴子口为界,鄱阳湖可分为鄱阳南湖和鄱阳北湖。历史时期鄱阳湖有一个从无到有、从小到大的变化过程。关于鄱阳湖形成过程谭其骧、张修桂有专文阐述。[②]

---

① 郦道元:《水经注校证》卷38《湘水》,陈桥驿校证,中华书局,2007年,第891页。
② 谭其骧、张修桂:《鄱阳湖演变的历史过程》,《复旦学报》(社会科学版)1982年第2期。

鄱阳湖的形成较晚,西汉初年(汉高帝六年,前201)在鄱阳湖中心地带设置枭阳县,属豫章郡。南北朝时期的刘宋永初二年(421)废罢。即在5世纪20年代枭阳县撤销以前,今天鄱阳湖的广大水体尚未形成。汪洋浩渺的鄱阳南湖,在5世纪以前,是一片河网变错、水路交通发达的平原地貌景观。隋唐以前,彭蠡泽的范围大体相当于今鄱阳北湖,并未超出婴子口,枭阳县所处的平原地带,仍未出现大面积水体。鄱阳湖地区的新构造运动具有强烈下沉的性质地貌景观,经长期沉降,逐步向沼泽化方向演变。至南朝隋唐时期,这一地区平原沼泽化可能已经相当严重,大部分地区不宜人们居住和从事农业生产。永初二年枭阳县的撤销,与此演化过程当有密切关系。

隋唐北宋时期,原先可以充分调蓄洪水的江汉平原地区的云梦泽,已经基本消失,江北的彭蠡古泽早被池陂大小的雷池取代,长江流域蓄洪能力显著下降。长江干流径流量急增,水位上升,除了部分分洪洞庭,大部分倾泻东下,在湖口一带又造成两种结果:一是分洪倒灌入彭蠡泽;二是顶托彭蠡泽出水。这两种结果的结合,使彭蠡泽不断扩展。因此,在唐末五代至北宋初期,彭蠡泽空前迅速地越过婴子口,向东南方扩张至枭阳县所在的平原地区,形成鄱阳南湖,大体上奠定了今天鄱阳湖的范围和形态。

## 四、太湖流域的变迁

太湖平原地处长江下游三角洲,西起茅山、天目山,南至杭州湾。考古发掘证明,太湖湖底普遍分布有新石器时代遗物和古脊椎动物化石,说明五六千年前,太湖地区仍为湖陆相间的低洼平原。随着新构造运动的作用,太湖周围地区不断下沉,而沿海地区泥沙的堆积,又使太湖平原逐渐向碟形洼地发展,最终形成了水面辽阔的大型湖泊,即先秦地理著作中所记载的震泽。

太湖水源主要来自发源于茅山、宜溧南部丘陵的荆溪和导源于天目山的苕溪。唐代以前,长江部分水流也通过胥溪合苕溪汇入太湖。太湖由淞江(今吴淞江)、娄江(流路大致上为今浏江)和东江(大致经今澄湖、白蚬湖一线东南入海)分泄入海,合称三江。随着太湖周围地区不断下沉和沿海边缘地区泥沙堆积而抬高,碟形洼地发育愈甚,向东泄水道也由此逐渐淤浅。反过来又加速了太湖平原的沼泽化。因此与太湖平原进一步沼泽化同时进行并互为因果的是三江的逐渐淤浅。唐朝以前,太湖地区的积水由三江排入大海。5 世纪时松江下游已排水不畅,大约到了唐朝,娄、东二江即已淤废,时人已难以确指故道所在。

唐宋时期,太湖分三条水道入海的格局未变,如北宋《吴郡图经续记》载,除了松江,还有昆山塘(今娄河)、常熟塘等。太湖的三条泄水道中,以吴淞江为主干。南宋时吴淞江下游河道呈现江身多曲,水道迂回,泄水不畅,久之积沙难去,江身淤浅。长江水面高,吴淞江水面低,吴淞江口淤积严重。

元朝,吴淞江下游河道以及江口段淤废不堪,因疏浚工程太大,一时不能见效。太湖之水不能畅排,三吴地区经常发生水灾。于是放弃对吴淞江下游的疏导,改引太湖水从刘家港入海。浏河替代了吴淞江成为太湖地区主要排水道。

太湖平原地处长江下游三角洲,其水系变迁与当地地质发育的历史、三角洲发育过程及人类生产活动有着密切的关系。在三江存在的初期,湖泊面积较小,以后由于三江系统发生淤塞,湖泊面积逐渐扩大。随着该地区的经济开发和人为因素在地貌变化中的作用加强,太湖平原逐渐形成河网化。由于围湖造田,湖泊面积又逐渐缩小。[①]

---

① 中国科学院《中国自然地理》编辑委员会编:《中国自然地理·历史自然地理》,科学出版社,1982 年,第 145~152 页。邹逸麟:《中国历史地理概论》,上海教育出版社,2005 年,第 52~55 页。

# 第四章

# 农业经济与生态环境

在人类社会发展过程中,自然生态环境因素发挥着巨大的影响力。近年来学术界在考察人类社会发展史时越发重视自然环境因素,学术研究出现了"人类回归自然,自然进入历史"的新变化,从人与自然、社会与环境的统一和互动去考察历史变化,成为一个崭新的视角。

农业经济是古代社会最主要的经济形态,大体可分为种植业和畜牧业两大部门。这两大部门的生产,都依赖动植物的自然生长获取产品。与动植物生长密切相关的水、温度等自然环境因素,在农业生产中起着关键作用。在漫长的人类发展史中,自然环境不仅为人类活动提供了广阔的舞台,而且是一个重要的角色。

魏晋至宋元时期,我国社会大致经历了两次由乱至治的发展过程。汉末战乱到隋朝统一以前为战乱分裂期。这一时期又可分为三个阶段:一是三国至西晋时期;二是东晋十六国时期,自晋室南渡(316)至南朝刘宋建立(420);三是南北朝时期,南方是宋、齐、梁、陈迭相更替,北方则继北魏统一之后,复分裂为东魏和西魏,随后代之而立的有北齐和北周。这期间政权更迭频繁,战乱不断。

北方自西晋"八王之乱"后，匈奴、羯、氐、羌、鲜卑诸少数民族大量涌入，在长达一个多世纪的时间里，众多政权纷攘而立，更替频繁，直到北魏时期才基本实现区域统一，进入一个相对稳定的时期；南方虽然也是政权频繁更替，但基本上还算安定。就农业发展来说，北方农业的基本态势是破坏与恢复，南方农业则是开拓和进步。隋唐的统一，使我国又一次进入了繁荣期。

第二次由乱到治的循环，大体即是由唐末战乱至元代的大统一。"安史之乱"后，唐朝由盛转衰，并最终在农民起义与藩镇割据的交困中灭亡，我国进入五代十国时期。虽然北宋政权完成了局部的统一，但也出现了辽、金、西夏等部族政权割据状态。13世纪，兴起于草原的蒙古部族最终实现了我国历史上的又一次大统一。

我国古代社会，经过秦汉一统几百年的发展，已经积累了丰富的农业生产知识和技术，朝廷在面对自然灾害所造成的危害时也积累了一定的经验；但是当自然环境迅速变化时，正常的社会经济生活以及政治、文化同样受到强烈的冲击，乃至引起社会政治、军事、经济、文化的剧烈变动，改变社会原有发展趋势。本章从历史时期自然环境变化入手，对魏晋至宋元近千年的农业经济发展与自然环境的互动关系略做梳理。

## 第一节 ┃ **从人口总量变化看农业经济的发展轨迹**

在农业生产力各要素中，生产技术的革新相对较为缓慢，而人口数量的变化则较为剧烈和明显。从事农业生产的人口数量变化，成为农业生产力变化的重要标志。人口数量的增长，在很大程度表明从事农业生产的劳动力数量的增加，农业生产力得到显著提高；反之，人口数量大幅度减少，农业生产、农业经济也就会随之凋零。

在古代农业社会，人们通过辛勤劳动获得农业产品，同时消耗数量巨大的粮食。人既是农产品的生产者,也是农业产品的消费者。人口数量的增加,既表明农业生产力的提高,也表明农业经济的发展达到一定水平,能够供养数量庞大的人口。人口是自然、社会和人类本身能动作用的复杂产物,人口数量的变化是自然环境的变化、人类从事物质生产能力以及通过一定的社会结构实现管理和控制能力变化的反映。

人口数量的发展是曲折的复杂的。魏晋至宋元时期,我国社会的人口数量经历了几次大起大落的过程,境内人口数量由数千万人,首次突破1亿人。但人口数量的发展并不是直线上升,而是经历了数次跌宕起伏。

我国古代没有现代意义上的人口普查,对古代社会人口数量的研究和讨论主要依据历代史籍中留下来的户口资料。古代户口统计主要目的是征收赋税,其户口统计中的人口数量并非实际人口数量。这些数据统计,有的朝代比较接近实际人口数量,有的朝代差距则比较大。所以,不加分析地引用古代史籍中的人口数据来说明古代社会的人口数量,往往会得出错误的结论。关于我国古代的人口的研究成果已经很丰富[1],本节依据已有的研究成果,对魏晋至宋元时期我国人口数量略做叙述。

## 一、魏晋南北朝时期的人口数量变化

魏晋南北朝时期,战乱频繁,政权户口统计数字极其匮乏,人口隐漏很严重,现有资料条件尚不能对这个时期的人口数量做出较为精确的分析,只能依据零散史料对其人口数量做粗略估计。

### (一) 三国人口数量估计

三国时期的人口数量,王育民做过具体的数量估计。[2]葛剑雄对王育民的估计略做修正,认为在原来的东汉疆域内,到三国末期至少应该有3 000万人口。[3]依据这一估计,可以得出在三国政权鼎立初期为东汉至三

---

① 葛剑雄:《中国人口史》第 1 卷(导论、先秦至南北朝时期),复旦大学出版社,2002年,第 424 页。

② 王育民:《中国人口史》,江苏人民出版社,1995 年,第 130 页。

③ 葛剑雄:《中国人口史》第 1 卷(导论、先秦至南北朝时期),复旦大学出版社,2002年,第 447 页。

国时期人口发展的一个谷底。参照西汉和以后各朝在正常情况下的人口增长率,可以将三国时期这一阶段的年平均增长率定为 4‰~5‰。根据这一增长率推算,东汉至三国的人口谷底大致在 2 224 万人至 2 361 万人。如果东汉的人口高峰以 6 000 万人计算,则人口损失高达 60% 以上。

人口数量巨大损失的原因主要是战乱、瘟疫和自然灾害。自黄巾军起义至三国鼎立局面的形成,天灾人祸持续了二三十年,覆盖了人口稠密的中原地区,造成的人口损失极其惨重。尽管史料中找不到确切的数据,但时人对这场浩劫的描绘也足可证明。如曹操《蒿里行》云:"白骨露于野,千里无鸡鸣。"[1]曹植《送应氏二首》云:"中野何萧条,千里无人烟。"[2]依据这些文学作品的描述,虽然不能对因人口急剧减少对农业经济造成的损失做具体分析,但白骨遍地、千里无人烟的景观,已经很好地说明了当时的农业经济已经处于崩溃的边缘。

三国鼎立局面形成后,各政权之间的战争虽仍未断绝,但一般都限于局部,主要在魏、蜀接界的祁山和秦岭一带,以及魏、吴相交的江淮之间,没有出现全国性或持续多年的战争。更主要的是,三国政权为了自己的生存,都采取了各种恢复农业生产的措施,如屯田、移民、开发边远地区等。各政权内部基本能保持稳定,统治集团中的权力斗争没有引起社会的动乱。农业经济开始缓慢恢复,同时人口数量也在渐渐地回升。

**(二) 西晋人口数量估计**

西晋时期,史籍中留下了户口统计,《晋书·地理志上》总序曰:太康元年(280),"平吴,大凡户二百四十五万九千八百四十,口一千六百一十六万三千八百六十三。"[3]这一户口数据出于正史,故常被引用来说明西晋时期的人口数量。前文已经推定了三国末期的人口总数至少已有 3 000万人,不可能到了太康年间反而下降如此大的幅度。

自东汉后期以来,户籍登记上的数字与实际的人口数量之间的差异,主要是由于世家大族荫庇大量人口,很大一部分人口没有纳入国家的户籍登记系统。西晋太康年间的户口登记制度,并没有有效地遏制或改变自东汉以来的

---

① 曹操:《曹操集》,中华书局,2013 年,第 4 页。

② 曹植:《曹植集校注》下册,赵幼文校注,中华书局,2016 年,第 3 页。

③ 房玄龄等:《晋书》卷 14《地理志》,中华书局,1974 年,第 406 页。

严重的人口隐漏现象,简单地将史籍中的人口数据看作人口总数是不可取的。

限于资料的匮乏,目前对西晋的人口数量只能做很粗略的估计。从太康元年到"八王之乱"演变为大混战的永康元年(300)之间,人口应有缓慢的增加。从三国末期约 3 000 万人口的下限开始,永康元年的实际人口可能达到 3 500 万人。

### (三) 东晋十六国人口数量估计

自永康元年(300)至永兴三年(306),西晋统治集团内部斗争趋于白热化,对朝政和皇位的争夺逐渐演变为不同集团之间的混战。统治集团的混战,削弱了政权对民众的控制,永宁元年(301)李特领导流民在益州暴动,建立了成汉政权。李特起义揭开了西晋末年流民起义的序幕,各地流民起义相继爆发,遍及东部的青、徐,以及江汉间的豫、荆等地。在流民起义的同时,内迁的各少数民族纷纷起来反抗西晋政权,304 年匈奴人刘渊在山西起兵,随后羯人石勒也在山东起兵。经历"八王之乱"的西晋政权,在流民起义及各少数民族政权的打击下灭亡,皇族成员司马睿在建康重建政权,偏安于东南,史称东晋。北方地区内迁的匈奴、鲜卑、氐、羌、羯等部族相续建立政权。

长达百余年的各政权、各部族之间对人口的争夺和仇杀,又一次造成了人口发展史上的谷底,人口数量急剧减少。经济发达的黄河中下游地区的民众遭受战乱,或迁徙或死亡,昔日繁华的中原地区,又一次陷入千里无人烟的景象。我国历史上又经历了一次人口的剧烈下降。

北方十六国时期,史籍中没有留下具体的户口统计资料。另外,各非汉族政权的户口统计的对象也不一样,各政权各政区变化纷纭,偶尔见诸史籍的个别户口数据,大多没有分析讨论的基础。故而无法推算出十六国时期的人口规模和数量。但是借助史籍中文字描述,有几点还是可以肯定的:就黄河流域战祸的规模和时间而言,加上种族对立引发的激烈冲突和残酷屠杀,十六国期间人口下降的幅度应大于两汉之际,而与东汉末年至三国初期大致相同。即北方地区的人口规模大体仅及原来的 1/4 左右,人口最低点大概降到 500 万至 600 万人[1]。

---

[1]　葛剑雄:《中国人口史》第 1 卷(导论、先秦至南北朝时期),复旦大学出版社,2002年,第 473 页。

十六国时期的战乱,造成中原人口大量外迁,除了迁往南方,还有不少人迁往河西、辽东等地。由于长期处于分裂状态,即使在大动乱之中,也出现过一些相对安定的政权或局部地区,成为迁移人口的归宿地。这些相对安定的地区,迁入的移民不仅得以生存,而且有一定的增殖,所以实际人口谷底比理论上估计值的最低点要高一些。在生产和生活条件非常简陋的情况下,恢复比开发要容易得多。黄河流域农业生产的恢复速度比长江流域新开发地区更为迅速,这又加快了人口的恢复速度。在十六国的百余年间,并非都是战争和动乱,更不是年年或处处都是天灾人祸,也出现过几段相对安定的时期,生产得到较快恢复,人口也可能有较大幅度的回升。所以就局部地区而言,完全可能达到甚至超过西晋时的实际人口数量。

在一些大量吸收移民又能保持安定的地区,人口会有大幅度增加。如河西,自西晋末开始就成为中原人尤其是关中人的避难场所。五凉(前凉、后凉、南凉、西凉、北凉)政权基本上未卷入中原的战事,河西走廊的农业得到发展,为人口增长提供了有利的条件。

偏安于东南的东晋政权疆域内,几乎没有发生过大的战乱和自然灾害。东晋政权建立后,统治区域内的人口,加上为避乱南迁的北方移民,人口总数应在 1 000 万人以上,葛剑雄《中国人口史》估定数据为 1 050 万人。考虑到江南地区经济开发刚刚开始,人口自然增长率估定为 4‰,那么,在东晋末年人口规模可达 1 578 万人[①]。

### (四) 南北朝时期人口数量估计

鲜卑族建立北魏政权以后,北方社会渐趋安定,农业经济得到逐渐恢复,人口数量也随之增长。

北魏发生 "六镇之乱" 前,人口数量达到顶峰。据《魏书·地形志》总序:"正光已前,时惟全盛,户口之数,比夫晋之太康,倍而已矣。"[②] 据今本《晋书·地理志》,各州郡合计数是 2 459 840 户,其倍数大致也是 500 万户。北魏实行均田制,户的作用大大高于口,户均口数的意义并不大,甚至在很多

---

① 葛剑雄:《中国人口史》第 1 卷(先秦至南北朝时期),复旦大学出版社,2002 年,第 464~465 页。

② 魏收:《魏书》卷 106《地形志》,中华书局,1974 年,第 2455 页。

情况下,只有户数而没有口数,所以对口数的估计至少应以每户 5 口为标准。即按照正史中的记载,北魏人口数应不低于 2 500 万人。北魏时期的户口隐漏比例尽管已经比西晋时下降,但还是有相当大的隐漏比例,关于北魏的户口隐漏以及某些人口不纳入户籍统计的事例,史籍中并不少见。所以,实际人口会超过户籍人口。

葛剑雄依据北魏政权从太延五年(439)灭北凉统一北方算起,到正光前的神龟二年(519),北魏经历了 80 年的恢复和发展,黄河流域农业经济是恢复性的增长,其速度较快,估定这一阶段的人口年平均增长率为 7‰,总增长可以达 1.75 倍。北魏人口的起点以低于十六国起点的 1 800 万人计,高峰数可达 3 150 万人,这应该是北魏人口高峰的下限。如果以 2 000 万人作为起点,高峰数应为 3 500 万人,这大致可以视为北魏人口高峰的上限。[①]

北魏末年的动乱,又造成人口的巨大损失。虽然未必达到如史籍所言的"生民耗减,且将大半"[②] 的程度,但幅度肯定是很大的。就北魏旧境的范围而言,东魏、西魏和北齐、北周时的人口总数还没有达到北魏的最高数字。北方人口发展处于一种停滞状态。由于北周灭北齐后的疆域已大大超过北魏,而南朝的陈政权已限于江南一隅,北朝的人口可能又在 3 000 万人以上了。

南朝刘宋时期的人口数量,虽然有《宋书·州郡志》所载刘宋大明八年(464)的户口数总计为 901 697 户、5 173 980 口的记载。[③] 但自东晋至陈朝的史籍中仅有此一处户口统计数据,无从比较。另外,刘宋政权虽然多次实行土断政策,使南迁移民户与土著一样纳入朝廷编户,但户口隐漏严重的基本状况并没有得到改变。仅依据《宋书·州郡志》记载,无法对刘宋时期的人口数量做出接近实际的估计。

根据东晋人口数量的估计,考虑人口自然增长率及东晋末仍有北方移民前来的因素,刘宋的人口高峰大致应出现在元嘉二十七年(450)攻魏失

---

①　葛剑雄:《中国人口史》第 1 卷(先秦至南北朝时期),复旦大学出版社,2002 年,第 475 页。

②　魏收:《魏书》卷 160《地形志》,中华书局,1974 年,第 2455 页。

③　梁方仲:《中国历代户口、田地、田赋统计》,上海人民出版社,1980 年,第 47 页。

败前的几年间。刘宋人口的最高峰可能超过东晋,达 1 800 万至 2 000 万人,而大明八年(464)的人口数也不会低于东晋人口的下限,在 1 500 万至 1 700 万人。泰始三年(467),淮北、淮西疆土尽归北魏,加上内乱不止,刘宋人口已不可能再有增加。

齐、梁、陈三朝也都没有留下比较可信的户口数字。据史料记载,从齐开始,南朝有过几段比较稳定的时期,最长的是梁武帝在位期间,有 44 年基本上是安定的,农业生产有比较大的发展。如果以年平均增长率 4‰ 来计算,人口可增长 1.19 倍;以年平均增长率 5‰ 计算,人口可增长 1.25 倍。齐朝的 20 年间虽已有些动乱,但大多数时间社会基本安定,人口应能恢复到刘宋大明年间的数量,那么到梁武帝末"侯景之乱"发生前夕,人口总数已经达到 1 800 万 ~2 100 万人的新高峰了。

从梁太清二年(548)开始的"侯景之乱"持续了 5 年,受害地区是南方经济最发达、人口最稠密的长江下游,加上在此期间发生的旱灾和蝗灾,人口损失极大。陈朝期间(557—589),随着农业经济的恢复,人口会有所增加,但很难弥补梁末十年间的巨大损失。陈朝的疆土多受北周的侵略,疆域比梁朝大为缩小,后期更只是以长江为北界。但史书所载陈后主降隋时仅有 50 万户、200 万口[①],显然离事实太远。陈朝境内的人口数要比南朝各代都低是事实,但人口总数应该有 1 500 万人左右。

从各时期人口数量这一因素来看,魏晋南北朝时期农业经济经发展是曲折的。自东汉末几近崩溃的边缘,经过三国时期的缓慢恢复,到西晋"八王之乱"前,农业经济达到顶峰。随后,黄河流域大部分地区的农业经济又陷入崩溃边缘状态。北魏建立后,北方社会渐趋安定,农业经济开始迅速恢复,至北魏六镇起义前达到顶峰。北魏末战乱,农业经济受到重创,此后又开始了缓慢的恢复。

南方地区,政权也有更迭,但总体而言社会安定,人口数量一直处于增长之中,农业经济也随着从事农业生产的人口增加一直处于稳步发展中。

---

① 杜佑:《通典》卷 7《食货七》,中华书局,1988 年,第 146 页。

## 二、隋唐时期的人口数量变化

### （一）隋朝人口数量估计

581 年，北周外戚杨坚登基为帝，建立隋朝。开皇九年（589）二月，隋军进入建康城，俘陈后主，结束了自西晋"永嘉之乱"以来南北分裂的状态，完成中国的大一统。隋炀帝的暴政，引发农民大起义，在隋末战乱中，李渊起兵攻入关中，618 年建立唐朝，隋朝灭亡。李渊父子剿灭在隋末战乱中出现的各方群雄，重建了统一的中央集权制国家。

隋唐时期是我国历史发展的一个高峰期，不但政治经济发达繁荣，而且创造了璀璨的文化成果。隋唐时期的人口数量，史籍中留下相对较多的资料。国内外学者对隋唐时期的户籍人口也做了较为充分考察，依据已有的研究成果对该时期人口变化略做叙述。

学界通常引用《通典·食货·历代盛衰户口》条，"按（周）大象中，有户三百五十九万，口九百万九千六百四"[1] 这一数据，来说明隋朝初年（579—580）具体的户口情况。但这一记载问题重重。此时北齐已被北周灭亡三四年，而北齐灭亡时户口数据史籍中有明确记载，据《周书·武帝纪》载：建德六年（577），"关东平，合州五十五，郡一百六十二，县三百八十五，户三百三十万二千五百二十八，口二千万六千八百八十六"[2]；《隋书·地理志》载："（北齐）泊乎国灭，州九十有七，郡一百六十，县三百六十五，户三百三万。"[3] 即北齐灭亡时有 300 余万户。故北周在灭亡北齐三四年后，仅有 359 万户，显然有误。冻国栋认为此处的记载或许是史籍传抄中出现的笔误，户数中的第一个"三"为"五"之误，口数中脱漏了"二千"。即北周大象年间，含北齐旧境的总户数似应为 559 万户，口数则为 29 009 604 口。[4]

隋朝经过隋文帝时期的经济发展，到了隋炀帝大业年间户口数，据《隋书·地理志》总序，有"户八百九十万七千五百四十六，口四千六百一万

---

① 杜佑：《通典》卷 7《食货七》，中华书局，1988 年，第 143 页。

② 令狐德棻等：《周书》卷 6《武帝纪》，中华书局，1971 年，第 101 页。

③ 魏徵、令狐德棻：《隋书》卷 29《地理志》，中华书局，1973 年，第 806 页。

④ 冻国栋：《中国人口史》第 2 卷（隋唐五代时期），复旦大学出版社，2002 年，第 128 页。

九百五十六"[①]。《隋书·地理志》未言明确切年代,《资治通鉴》以此项户口数系于大业五年(609)。统计隋志中各郡分计数有 9 070 404 户。此数据与总数相差不多。据此记载,隋大业五年(609)前后,隋全境著籍户数已达900 余万户,4 600 余万口。与隋初户数相比,增加了 300 多万户。

隋朝著籍户口增长的原因,除了社会较为安定,农业经济的持续上升,人口的自然增长率有所提高,编户的数量得以上升,还与当时朝廷加强人口登记管理制度有关。"大索貌阅"和"输籍定样"等措施使北方的户口隐漏现象大大减少。

南方由于新归入隋朝版图,户口隐漏现象依然较为严重。虽然史籍中的户口数量仍然不是隋朝实际的人口数量,但是这个数量已经超过魏晋以来人口数量的最高值。如果考虑南方的户口登记中依然严重的隐漏情况,那么,隋朝人口数量应该能达到 5 600 万 ~ 5 800 万人。即经过四百多年的反复,人口数量在隋又达到了东汉时的人口数量峰值。[②]

### (二) 唐朝人口数量估计

隋炀帝即位后,大兴土木,营建洛阳及各地的宫殿,开挖运河,滥用民力。尤其是对高句丽的用兵,征调民工造船运粮,严重损害了社会经济发展的基础。在隋末农民大起义的冲击下,隋朝灭亡。隋炀帝的暴政及隋末的战乱,再次造成人口大幅减少。

据史籍记载,唐贞观十三年(639)著籍户数为 3 041 871 户,口数为12 351 681 口。经过隋末战乱,唐初全国大部分地区著籍户口明显下降,其中最为突出的是黄河中下游地区。剑南、江南及岭南诸道受战乱影响较小,户口减损不像北方那样严重。唐初著籍户口数量大量减少,除了人口死亡,户口脱漏应该也是著籍户口减少的一个原因。

唐高宗永徽三年(652),唐全境著籍户数只有 380 万户。增长幅度虽不甚明显,但仍可见其回升的趋向。武后末年以降,户口数急剧增加。唐中宗神龙元年(705),全国著籍户数已达 6 156 141 户。以后继续增长,到天宝十三载(754)全国著籍户数少说已达 910 万户,与隋朝大业年间的户不相

① 魏徵、令狐德棻:《隋书》卷 29《地理志》,中华书局,1973 年,第 806 页。
② 葛剑雄:《中国人口发展史》,福建人民出版社,1991 年,第 147 页。

上下甚至有所超过,属唐朝著籍户口数的最高额。

天宝十三载户数是唐初贞观十三年户数的 3 倍。在此期间,黄河中下游地区经济迅速恢复,户口增长的幅度也最大。其他地区的人口较唐初也都有很大程度的发展,尤其是江南人口的大量增加,南方人口所占比重的上升是明显的。著籍户口和实际人口数量在唐代相差较大,唐朝逃户问题严重。据估计唐朝天宝年间的逃户大约在 300 万至 400 万户,占著籍户数的 30% 左右。"安史之乱"前夕唐朝人口数量应该超过隋朝人口峰值,达到约 9 000 万人。

"安史之乱"是唐朝由盛变衰的转折点,人口持续上升的势头到此中断。全国著籍户数至唐代宗广德二年(764)降为 290 万户,唐穆宗长庆(821—824)以后,全国著籍户口数日渐回升。唐敬宗宝历(825—826)中已接近 400 万户。唐文宗大和年间(827—835)户口数升至 4 357 575 户,开成四年(839)达 4 996 752 户,即近 500 万户。这是"安史之乱"后唐中央户部计账所掌握民户的最高数字。

唐末战事又起,直到唐亡,中央所掌握的著籍户口数字完全不见记载,全国民户数量无从推知。著籍户口数和实际人口数之间有很大差距,但是朝廷统计户口数的增加也可以在一定程度上说明,在唐末农民大起义爆发之前,北方户口比"安史之乱"期间和稍后一段时间有回升的迹象,而几乎没有受到战乱影响的南方的户口却一直在持续增长。因此全国的实际人口,应比著籍户口数字高得多。粗略估计唐朝后期,人口峰值应该在 6 000 万人左右。[1]

### 三、宋元时期的人口数量变化

在唐末农民大起义的冲击下,唐朝覆亡,我国又一次陷入大分裂时期。五代十国时期,战乱连续不断,生命和财产的损失巨大,我国的人口总数又一次大幅度下降。

后周时期,周世宗在位期间社会渐趋稳定,960 年,禁军将领赵匡胤发动兵变,建立宋朝,史称北宋。五代时期史籍中几乎没有留下任何的户口

---

[1]　葛剑雄:《中国人口发展史》,福建人民出版社,1991 年,第 163 页。

记载,关于五代时期的人口数量,可以用宋初人口数量进行推测。宋朝的人口问题引起很多学者的兴趣,也有大量的研究成果。

### (一) 宋辽人口数量估计

关于北宋初期人口,学界认为当以北周灭亡时的户口数为基础。《旧五代史·食货志》和《册府元龟》记载,在北宋代周的前一年,即后周显德六年(959),"总计检到"2 309 812户[①],《册府元龟》并注"淮南郡县不在此数"[②]。南唐建隆元年(960)与后周显德六年仅隔一年,并且史籍中未见有造成人口重大损失的自然灾害和战乱,故此数据可视为北宋建立之初的著籍户口数。从现存的史料来看,后周境内的户数应在230万至260万户左右,宋初南方割据政权共有230万余户,北汉有3.5万户,合计宋初实际户数为460万至480万户。[③]

宋太宗太平兴国四年(979)灭北汉,基本完成了统一,结束了自五代以来的割据分裂据局面。《太平寰宇记》成书于太平兴国五年(980)至端拱二年(989),除个别府州郡外,详载全国各地的主、客户的户数,这一数据无疑是研究宋朝初期全国各地人口状况的最基本的数据。据吴松弟统计,各地户数合计6 418 500户(北方户2 544 447、南方户3 874 053)[④]。

宋真宗景德元年(1004),宋、辽双方签订澶渊之盟,两国之间的较大规模的战争亦告结束。此后,宋朝为促进经济发展和人口恢复,采取了一系列积极有效的措施。人口增长的速度显著加快。《宋史·食货志》记载:"自景德以来,四方无事,百姓康乐,户口蕃庶。田野日辟。"[⑤] 宋仁宗时,梅询与宋仁宗对话中的一段话很好地说明了北宋前期人口的迅速增长,"自五代之季,生齿凋耗,太祖受命,而太宗、真宗休养百姓,天下户口之数,盖倍于

---

① 薛居正等:《旧五代史》卷146《食货志》,中华书局,1976年,第1947页。

② 王钦若等编:《册府元龟》卷486《邦计部·户籍迁徙》,凤凰出版社,2006年,第5814页。

③ 胡道修:《宋辽金元史论丛》第2辑《宋代人口的分布与变迁》,中华书局,1991年,第115页。

④ 吴松弟:《中国人口史》第3卷(辽宋金元时期),复旦大学出版社,2002年,第334页。

⑤ 脱脱等:《宋史》卷126《食货志》,中华书局,1977年,第4163页。

前矣。"①继宋真宗后,宋仁宗在位42年,经济持续发展,人口日益增长。《宋史·食货志》言:"天下生齿益蕃,辟田益广。"②宋仁宗嘉祐八年(1063)著籍户数已达1 246万余户。

宋朝人口增长率在真宗朝(1003—1021)高达13‰,仁宗朝(1021—1063)有所下降,为8.7‰。英宗朝(1063—1066)、神宗朝(1066—1083)增长率再次升高,分别为12‰和17‰。哲宗朝(1083—1100)再次降为8.8‰。徽宗朝人口增长率再次降低,徽宗即位初至有著籍户口记载的大观三年(1102—1109)增长率为4.3‰。北宋著籍户口数持续增长,至大观三年高达2 088万户。③

宋徽宗大观三年(1109)著籍户数为至今所能见到的宋代户数的最高数。由于该年距导致人口大幅度减少的"靖康之乱"的爆发之年(宣和七年,1125)尚有16年,可以认为宋朝人口的真正峰值的出现应在大观三年以后,"靖康之乱"爆发以前的宣和六年(1124)。以宋徽宗时的户年平均增长率推算,加上约7%的未列入主客户统计范围的户数(即禁军、厢军户,僧道户,少数民族户等),宣和六年约有2 340余万户,依每户平均5.4人计算,人口总数已经多达1.2亿人。④

五代时期,辽国夺取幽云十六州。北宋建立后,北宋与辽国以白沟为界,南北对峙。今山西繁峙、宁武一线以北地区,今河北保定、河间以北包括今北京、天津等地,均为辽国统治。以大同、北京为中心,辽国设西京道和南京道,西京道和南京道是辽国人口的主要分布区,这两道人口占辽国总人口的60%~70%。辽国人口数量的记载因史料缺失,只能做粗略估计。自辽宋澶渊之盟后,辽国社会安定,经济发展,人口增长,至辽祚帝天庆初,辽国人口应该达到峰值,估计应在140万户、900万人⑤。

### (二) 南宋人口数量估计

金朝建立,迅速攻灭了契丹辽政权,随后对北宋展开大规模的军事打

---

①　脱脱等:《宋史》卷301《梅询传》,中华书局,1977年,第9985页。

②　脱脱等:《宋史》卷173《食货志》,中华书局,1977年,第4156页。

③　吴松弟:《中国人口史》第3卷(辽宋金元时期),复旦大学出版社,2002年,第346~348页。

④　吴松弟:《中国人口史》第3卷(辽宋金元时期),复旦大学出版社,2002年,第352页。

⑤　吴松弟:《中国人口史》第3卷(辽宋金元时期),复旦大学出版社,2002年,第372页。

击,即"靖康之乱",迫使宋政权南迁。北宋灭亡,皇室成员赵构重建政权,统治区域仅限于南方。宋金以秦岭淮河为界南北对峙。"靖康之乱"造成北方人口财产的巨大损失,大量人口南迁。

宋高宗绍兴十一年(1141)宋金和约签订以后,战事趋于结束。但十几年的战乱,造成了江淮地区及汉水上游地区社会经济的严重破坏,人口损失极大。随着战乱的结束,社会经济开始缓慢恢复。到绍兴三十二年(1162),在"靖康之乱"中人口下降较多的诸路中,两浙、江西、湖南三路的户数均已超过北宋后期的宋徽宗崇宁元年(1102),江东、利州二路接近崇宁户数;但是淮东、淮西和湖北三路均不到崇宁户数的4/10。就南宋全境而言,绍兴三十二年的户数为1 162万余户,已为崇宁元年同一地域估计户数的95.3%。即宋高宗末年,南宋境内的人口数量已接近于北宋后期的水平。

宋金绍兴和议之后,虽然先后发生金海陵王南侵、宋隆兴北伐、宋开禧北伐、金宣宗南侵等一定规模的战争,但战争历时不长,往往几年便告结束。就区域而言,宋金对峙的战场基本局限在长江以北的江淮地区,这一地区的人口在战乱发生时经常遭受较大的损失,战后随着流民的回归和南北移民的迁入再开始恢复。但是,一场新的大战往往又使和平时期人口增长的成果荡然无存。所以这一带人口长期在低位徘徊。南宋的其他地区保持了长达百年左右的和平局面,有利于人口的发展。

南宋绍兴三十二年(1162)至淳熙十六年(1189)的户年平均增长率为3.9‰,如考虑淳熙以后人口密集各路人多地狭现象进一步加剧,人口增长率有所下降,将南宋的户年平均增长率估计为3.5‰,则嘉定十六年(1223)全境约有1 450万户。比这一区域的北宋崇宁元年的约1 220万户多18.9%,约增加230万户、1 200万～1 300万人。南宋时期仍有部分人口不列入朝廷主客户登记系统,即再加上7%未列入主客户统计范围的户数,南宋全境最高约有1 550万户。这个户数为南宋境内人口的峰值。

宋理宗宝庆三年(1227),蒙古军队乘攻灭西夏之余威,攻占利州路的关外诸州,威胁四川盆地内的成都府等三路及利州路的其他府州。此后南宋政权开始受到蒙古军队的侵扰,人口数量由增长转为下降。

### (三) 金朝人口数量估计

1115 年正月,女真族的完颜阿骨打称帝,国号大金。1125 年,金国攻灭辽国。随后金国几乎未做休整,便展开对宋朝的军事攻击,直至金熙宗皇统元年(1141)金宋达成绍兴和议。

辽金之间的战争及金对北宋的攻击,都出现大规模的屠杀行为。金军对今河北、山东、河南等地都有残酷的杀掠,"初,敌纵兵四掠。东及沂、密;西至曹、濮、兖、郓;南至陈、蔡、汝、颍;北至河朔,皆被其害。杀人如刈麻,臭闻数百里。淮、泗之间,亦荡然矣。"[1]北方民众为了生存纷纷南逃,在战乱破坏和民众南迁的影响下,黄河流域人口数量剧烈下降。时人庄绰讲述所见所闻:"建炎元年秋,余自穰下由许昌以趋宋城。几千里无复鸡犬。井皆积尸,莫可饮;佛寺俱空,塑像尽破胸背以取心腹中物;殡无完柩,大逵已蔽于蓬蒿;菽粟梨枣,亦无人采刈。"[2]金朝初年,北方人口损失极大,社会经济也受到重创。

金熙宗即位后,社会经济开始缓慢恢复。虽然皇统元年(1141)金宋双方才签订和约,但在此以前双方的军事行动已基本上限制在两国交界区域。金朝控制区域内,除了南部的今河南、关中以及山东南部仍有战争,其他地区都开始进入和平环境,有利于人口和经济的恢复。绍兴和议以后,战争停止,今河南、关中及山东南部也进入和平发展时期。

金朝经济快速恢复和发展,始于金世宗大定年间(1161—1189)。金海陵王撕毁绍兴和议,倾全国之力南侵失败被杀后,金世宗即位,采取一系列政策。《金史·世宗纪下》对金世宗一朝做了简明总结:"即位五载,而南北讲好,与民休息。于是躬节俭,崇孝弟,信赏罚,重农桑,慎守令之选,严廉察之责……孳孳为治,夜以继日,可谓得为君之道矣。当此之时,群臣守职,上下相安,家给人足,仓廪有余,刑部岁断死罪,或十七人,或二十人,号称'小尧舜',此其效验也。"[3]大定二十七年(1187),金朝著籍户数近 679

---

① 李心传:《建炎以来系年要录》卷 4,建炎元年四月庚申朔,中华书局,1988 年,第 87 页。

② 庄绰:《鸡肋编》卷上《金刚经之效应》,中华书局,1983 年,第 21 页。

③ 脱脱等:《金史》卷 8《世宗纪下》,中华书局,1975 年,第 179 页。

万户。[①] 中都(治今北京)、河北、河东、山东诸路人多地少矛盾突出,为了解决耕地问题,甚至将山东梁山泊黄河水退形成的退滩地也用以安排屯田。[②]

金章宗时期,社会经济持续发展,"承世宗治平日久,宇内小康。"[③] 泰和七年(1207),金朝著籍户数达 8 413 164 户,口数为 53 532 151 口。[④] 金朝的著籍户口中尚有一些户口并不包括在内,如分布在东北、西北等地的乣户等,这些人口估计也有二三百万。即金朝人口峰值应在 5 600 万人左右。金卫绍王即位后不久,新兴的蒙古族政权开始对金朝进行军事打击,金朝人口停止了增长的势头,开始大幅度损失。

在蒙古族政权对南宋和金朝军事打击前即 13 世纪初,我国南北方的人口总数量,已经超过了北宋时期的人口峰值。

### (四) 元朝人口数量估计

1206 年春,铁木真在斡难河(今鄂嫩河)源头召开"忽里勒台"(蒙古语:Khural,"大聚会"之意),被推举为成吉思汗,建立大蒙古国。这一新兴的政权极富扩张性,1211 年开始大举攻金。为避开蒙古军的兵锋,贞祐二年(1214)金朝将都城从中都(今北京)迁到南京开封府(今河南开封)。

蒙金战争持续时间长,为祸惨烈,造成人口财产巨大损失。史籍中对蒙金战乱的记载很多,"自贞祐元年(1213)冬十一月至二年春正月,凡过九十余郡,所破无不残灭。两河、山东数千里,人民杀戮几尽,金帛、子女、牛羊马畜皆席卷而去。屋庐焚毁,城郭丘墟矣。""鞑人贪婪,初无远略,既破两河,赤地千里,人烟断绝。"[⑤] 屠杀和掠夺被占领地区居民的行为较为普遍,时人刘因曾记述保州的屠城,"尽驱居民出……无老幼尽杀。"[⑥]

---

① 脱脱等:《金史》卷 46《食货志一》,中华书局,1975 年,第 1035 页。

② 脱脱等:《金史》卷 47《食货志二》,中华书局,1975 年,第 1047 页。

③ 脱脱等:《金史》卷 12《章宗纪四》,中华书局,1975 年,第 285 页。

④ 脱脱等:《金史》卷 46《食货志一》中华书局,1975 年,第 1037 页。刘浦江:《金代户口研究》,《中国史研究》1994 年第 2 期。吴松弟:《中国人口史》第 3 卷,复旦大学出版社,2002 年,第 380 页。

⑤ 李心传:《建炎以来朝野杂记》乙集卷 19《鞑靼款塞》,中华书局,2000 年,第 852 页。

⑥ 李修生主编:《全元文》卷 467《孝子田君墓表》,凤凰出版社,1998 年,第 441 页。

经过 20 余年的战乱,元太宗六年(1234),蒙古灭金。我国北方的人口数量也降至谷底。元太宗八年(1236)完成的乙未籍户,共得 110 万余户。这一数字仅是金代鼎盛时期的金章宗泰和七年(1207)841 万余户的 13%。蒙金战乱造成的人口下降幅度之大,在我国人口发展史上实属罕见。

蒙古灭金后,北方的社会经济并未开始恢复。灭金后,蒙古政权又开始了对南宋的大规模战争。初入中原的蒙古统治者对管理农耕区的社会经济还很陌生。连绵不断的战争,混乱的政治经济管理状态,北方在金朝灭亡后的二十余年间,社会经济恢复速度极缓。直到 1259 年蒙哥汗死于四川前线,其弟忽必烈于 1260 年三月在开平继汗位。忽必烈采用汉法,北方社会经济的恢复逐步展开。

中统二年(1261),《元史》记载天下户口数不足 142 万户。近十年的经济恢复后,至元七年(1270)籍户所得户数增加到近 194 万户。虽然忽必烈即位初期,以"户口增"作为地方官吏考核的标准之一,但至元七年户口数的大幅增长,显然并不只是人口的自然增长,户口数量的增加主要归因于逃户的著籍。

至元十二年(1275),史籍记载元朝户口数达 476 万户。但是这个数字包括了元朝新占领的南宋北部地区的户口数。至元十三年(1276),元军进占临安(今浙江杭州),南宋覆亡,元朝完成了全国的统一。元朝灭南宋时,南宋户口数为 1 174.6 万户[1],南北方合计户数为 1 370 多万户(北方户数采用至元十一年户数 196 万余户)。至元二十七年(1290)元朝对南宋旧境的户口做了新的统计,至元二十八年(1291)全国户数,其中内郡(北方)为 199.9 万余户,江淮四川为 1 143 万余户。[2] 至元三十年(1293)天下户为 1 400 余万户。[3] 元朝户口统计数字中并不包括一些边疆地区,如岭北的和宁路、云南行省、西藏及中书省北部的七路一府等地区,加上这些地区的户口,元朝人口数量在世祖末期应该在 7 500 万人以上。

元朝中期社会基本稳定,人口应继续增长,元朝人口峰值应在元顺帝

---

① 胡祗遹:《胡祗遹全集》卷 11《效忠堂记》,吉林文史出版社,2008 年,第 286 页。

② 宋濂等:《元史》卷 16《世祖纪十三》,中华书局,1976 年,第 354 页。

③ 宋濂等:《元史》卷 17《世祖纪十四》,中华书局,1976 年,第 376 页。

至正初年天下大乱以前。由于元朝在至元二十七年(1290)以后未进行户口统计,故元朝人口峰值只能依据人口自然增长率做粗略推定。比较合理的估计,至元末年到至顺初的人口增长率为3.9‰,至顺到至正年间的人口增长率为4‰~5‰,那么元朝人口峰值约有1 800万户、9 000万人左右。[①]至正中后期,吏治腐败,灾害频繁,各地饥民揭竿而起,农民战争席卷黄河流域和江淮各地,十余年间,人口数量急剧下降。明朝初年为恢复经济,朝廷多次向这些地区大规模移民。

通过对魏晋至宋元时期我国人口发展的脉络做的粗略梳理可知,在传统的农业经济社会,人口数量与从事农业生产的劳动力之间有着很高的正相关关系。人口数量大,从事农业生产的劳动力就多。当人口受到极大损失的时候,主要农耕区往往千里无鸡鸣,农业经济也极为萧条。从人口数量的变化来看,魏晋十六国时期是我国农业经济衰落期。南北朝时期开始恢复,尤其北魏统一北方后,黄河中下游地区农业经济的恢复为隋朝统一提供了基础。隋朝是自魏晋以来我国农业经济恢复发展的顶点。隋炀帝暴政及隋末战乱,北方的社会经济再次遭受沉重打击。唐初经济发展缓慢,武则天以后农业经济快速发展,至唐玄宗天宝年间,农业经济发展水平已经超过隋代。"安史之乱"后唐朝由盛转衰,"安史之乱"平定后唐朝的农业经济缓慢恢复,但再也没有达到天宝年间的水平。

魏晋至宋元时期,农业经济发展水平最高出现在两宋时期。虽然经两宋之际的战乱冲击,但是在南宋与金对峙的13世纪初期,社会经济发展水平并不低于北宋末期。蒙古族兴起,北方陷入长达数十年的战乱,我国社会经济发展的趋势再次改变,元朝在政治上建立统一政权,但经济发展水平始终未达到两宋时期的水平。这仅仅是依据历史上人口数量变化这一个因素,对千余年间农业经济的发展做最粗略的概括。

农业经济发展与气候的变化也密切相关。农业经济恢复繁荣时期,大多是气候变化史上的温暖期;而战乱频发,人口锐减,农业经济萧条时期,又往往是气候变化史上的寒冷期。这种对应关系,使我们在考察农业经济

---

① 吴松弟:《中国人口史》第3卷(辽宋金元时期),复旦大学出版社,2002年,第391页。

发展时,不仅要考虑社会政治因素,而且要考虑自然生态的变化。

## 第二节 ｜ 人口分布的区域变化与区域农业经济地位变化

魏晋至宋元时期,我国人口不但随着时间的变化在总量上有跌宕起伏的波动,而且在空间分布上也发生剧烈变化。人口空间分布上的变化,与区域农业经济发展及自然生态环境的变化的关系更为直接。

### 一、魏晋南北朝时期的人口分布与人口南迁

由于我们缺乏魏晋南北朝时期各地区人口分布资料,因此,借助东汉时期的记载可以知道大体分布情况。《后汉书·郡国志》记载了永和五年(140)全国以及各地的户口数,通过这个记载可以了解东汉中期人口空间分布。

依据永和五年的记载可知,南方的扬州、荆州、益州和交州人口数占全国人口数的 40%,北方的各郡国人口数占全国人口的 60%。这仅是一个粗略的计算,因为现今人们通常以淮河为界将我国分为南北两部分,徐州含有淮河以南的广陵郡。但是从这粗略的估计中也能看出,东汉中期北方人口数量远高于南方。具体而言,北方的人口主要集中在关东,即北自渤海湾沿燕山山脉,西以太行山、中条山为界,南自豫西山区循淮水,东抵海滨这一范围内。除此以外,关中平原、南阳盆地、成都平原、临汾运城河谷地区人口也很稠密,只是这些地区的地理范围远远小于关东地区。当然,关东地区也有人口密度相对较少的地区,如鲁中南山区、胶东丘陵地区及渤海湾西岸。

东汉末年的战乱,使北方的人口大量减少。随着三国鼎立局面形成及西晋的统一,北方人口缓慢恢复。西晋时期人口数量远远没有达到东汉时

期的人口峰值,虽然人口总量减少但人口分布格局与东汉相比并未有较大变化。[①]

魏晋南北朝时期,我国的自然气候转冷转干,严重制约了黄河中下游地区农业经济的恢复发展以及人口的增长,而气候转干转冷相对改变了南方过于湿热的环境,有利于农业开发和人口的自然增长,尤其是西晋"八王之乱"以后,大量北方人口南迁,更进一步促进南方农业经济的开发。南方的人口迅速增加,人口空间分布上的变化在此时期初露端倪。

为了逃避"八王之乱"及随后的少数民族政权之间的混战,中原民众纷纷南迁。由于晋朝皇室成员司马睿在南方重建晋政权,南方基本保持安定,吸引了大多数移民。在民众南迁的同时,还有大量移民迁至河西走廊、辽东及朝鲜半岛等局部平静的地区,一些民众则就近迁入相对安全的山区和边僻地方。但由于人口迁移主要是流向南方,且发生在永嘉年间(307—313),史称"永嘉南迁"。自永嘉以后又出现过多次人口南迁的高潮,直到5世纪后期的南朝刘宋泰始年间(465—471),大规模的人口南迁才告一段落。永嘉南迁的移民路线主要有东、中、西三线。

东线以淮河及其支流(包括当时入淮各水)汝、颍、沙、濄(涡)、睢、汴、泗、沂、沭等河流,以及沟通江淮的邗沟构成主要水路,辅以各水间陆路。今河南、山东和安徽、江苏北部的司、豫、兖、青、徐诸州民众大多由此线南渡,今山西、河北的并、冀、幽州的民众多数在渡过黄河后也循此线向南迁徙。由今河南和淮北渡淮的民众往往居留于淮南,或继续由陆路南下,渡江后定居于皖南、赣北沿江地带。由今山东、豫东而下的民众一般居于沿泗水的彭城、下相、淮阴一带,或渡淮居于苏北,或由邗沟南下广陵(治今扬州西北),过江至京口(治今镇江),聚居于江南。还有少数民众由山东或苏北航海至广陵或江南,甚至直接到达东南、南方沿海。东线迁徙路线的起点是西晋、十六国和北朝经济文化最发达、人口最稠密的地区,终点又是东晋、南朝政治中心所在和经济文化最发达地区,所以东线是最重要南迁路线。江淮间

---

① 具体数据可参见房玄龄等《晋书》卷14、卷15《地理志》(中华书局,1974年),梁方仲《中国历代户口、田地、田赋统计》甲表15《西晋太康初年各州郡国户数及每县平均户数》(上海人民出版社,1980年,第41~46页)。

和苏南、皖南是北方移民主要聚集区。

中线起点主要是洛阳和关中,分别由洛阳经南阳盆地,从关中越秦岭东南行经南阳盆地,由关中越秦岭至汉中盆地顺汉水而下,最后汇聚于襄阳,然后再沿汉水东南行。在今甘肃、陕西、山西和河南西部的秦、雍、梁、司、并的民众大多走此线,南迁后往往定居于襄阳、江陵等汉水流域和长江中游地区。也有一部分民众从南阳盆地东南越过桐柏山、大别山的隘口进入江汉平原。

西线汇聚了今甘肃、陕西、宁夏、青海境内的凉、秦、雍民众,他们穿越秦岭的栈道进入汉中盆地。继续南迁者循剑阁道南下蜀地,或部分利用嘉陵江水路,定居于沿线和成都平原。也有民众自今甘肃南部沿白龙江而东南行。在蜀地发生战乱时,部分民众又循长江东下,进入长江中下游。[①]

永嘉南迁人口的数量,谭其骧估计有90万人。葛剑雄略做修正,估计到刘宋大明(457—464)时期,北方移民及其后裔估计应在200万人以上。[②]当然,这个时期南迁人口的数量,现今学界还仅是较为粗略的估计。但无疑的是当时南迁人口占当时总人口的比例相当大。这些人口主要在长江中下游沿岸聚集,这也说明这些地区地广人稀,有大量的空闲土地供北方移民开发。

北方移民的迁入无疑促进了沿长江地区的农业开发,如皖南近江芜湖一带,本是江水宣泄之地,地卑蓄水,湖泊较多,土地肥沃,却有待开发。东晋以来,豫、并、兖诸州及江淮间民众南渡长江,侨寓于姑苏、芜湖一带。这些外来人口不仅给当地提供了劳力,而且带来了北方先进的生产技术,皖南近江的经济因此迅速发展了起来。南齐宣城太守谢朓有《郡内登望》诗

---

① 谭其骧的《晋永嘉丧乱后之民族迁徙》(《长水集(上)》,人民出版社,2011年)将移民南迁路线分为东西两线,胡阿祥的《东晋南朝侨州郡县的设置及其地理分布(下)》(《历史地理》1990年第9辑)分为五线,葛剑雄在综合各说基础上归纳为三线(《中国移民史》第2卷,福建人民出版社,1997年,第338~340页)。

② 谭其骧:《晋永嘉丧乱后之民族迁徙》,《长水集(上)》,人民出版社,1987年,第199~223页。葛剑雄:《中国移民史》第2卷(隋唐五代卷),福建人民出版社,1997年,第412页。

云:"溪流春谷泉","桑柘起寒烟",[①] 可见当时宣城郡一带经济已经达到一定水平。《陈书·宣帝纪》云:"姑熟饶旷……良畴美柘,畦畎相望,连宇高甍,阡陌如绣。"[②] 经济盛况可见一斑。除了皖南近江地区,其余的北方移民迁入区经济开发也取得明显成绩。

虽然《宋书·州郡志》记载的刘宋大明年间人口数量有很多问题,但是这一分区记载依然能反映刘宋政权统治下的人口大体分布情况。从《州郡志》记载来看,刘宋统治区域内人口相对稠密的地区主要有三个:一是长江下游南岸的建康和太湖流域各州郡,主要是三吴地区;二是长江中游的汉水流域和湘水流域各州郡,主要是荆州的南郡和南平、巴东三郡及湘州的广兴郡(即始兴郡,今韶关)等;三是位于四川盆地的益州,主要是蜀郡。这些地区中除了广兴郡,多数也是南迁移民迁入区。

安定的社会环境、优越的水热条件,以及广阔的可供开发的土地,都促进了当地农业经济的发展。经济的发展促使当地人口自然增长速度加快,为人口快速增长创造了条件。增加的人口转化为农业经济的劳力,又进一步促使经济发展。农业经济的发展和人口的增长会形成良性互动。但在魏晋南北朝时期,南方的人口数量,尚不能超过北方,人口分布上的北重南轻的局面尚未改变。此时期南方的经济开发,却为唐代以后南方经济的高速发展奠定了基础。

## 二、隋唐时期的人口分布与区域经济地位

### (一) 隋朝的人口分布

隋朝著籍户数达到 900 余万户,实际人口数量也与东汉时相当。隋朝人口数量成果是在北朝恢复的基础上取得的。《隋书·地理志》分区记载了全国各地的户口,通过该记载我们可以了解隋朝人口的空间分布。

《隋书·地理志》所列古"九州"诸郡县,以秦岭、淮河为界划分,则南方荆、扬、梁 3 州共有 100 郡,户数有 213.5 万余户;北方的雍、豫、兖、冀、青、徐六州有 90 郡,户数有 693.4 万余户,南北户数之比大抵是 1∶3,即北方

---

① 谢朓:《谢朓集校注》,中华书局,2019 年,第 7 页。
② 姚思廉:《陈书》卷 5《宣帝纪》,中华书局,1972 年,第 82 页。

占有相当 2/3 以上的人口。可见,人口分布上的北重南轻局面并未改变,甚至比东汉还有所加重。总户数在 100 万以上的有三州,即冀州、豫州、雍州。三州合计户数近 529 万户,已经超过全国总户数的一半。从各郡所辖县的平均户数来看,县均户数超过一万户的分别有兖州、青州、冀州、豫州。县均户数接近一万的尚有徐州,县均户数有 9 940 户。其次最高的为雍州,县均户数有 7 376 户。南方的荆州县均户数有 4 751 户,扬州县均户数有 3 509 户,最低的梁州户数仅有 2 779 户。[①] 隋朝户口密度较高的郡大都在汉晋南北朝以来经济相对发达的地区,尤其是黄河中下游地区的河南、河北和山东境内,其次是北方的关中平原以及渭、泾、洛、汾诸水河谷地带,南方的四川盆地、长江中下游地区平原人口密度也较高。即人口大都集中于平原、盆地以及较宽阔大河河谷地带。平原、盆地的边缘地区乃至江南的大部分山区人户稀少,这表明这类地区的开发与原有经济区之间仍有较大差距。

由《隋书·地理志》记载来看,隋朝人口主要分布在黄河中下游地区,而人口最稠密的地区依然是自汉朝以来的关东地区。北方广大的平原及河谷地带,虽然屡经战乱破坏,甚至存在千里无人烟的状况,但在社会安定以后,农业经济随即转入恢复状态,并且能取得较大的发展。

隋朝时期,南方由来已久的户口隐漏现象没有得到治理,著籍户口与实际人口数量差距较大。北方由于实行大索貌阅、输籍定样等政策,执行较严格的户口登记制度,人口统计数据更接近实际人口数量。考虑到南方户口隐漏情况,或许南北人口差距比《隋书·地理志》记载的数据显示的差距要小一些。南方经过汉魏以来的经济开发,沿江平原地区已经成为农业经济很发达的地区,但是广大的丘陵地带依然是地广人稀。如隋朝的建安郡,面积几乎相当于今福建全省,隋朝仅设有 4 个县。广大待开发地区的存在,使得自汉代以来人口数量上的南轻北重局面依然如故。

**(二) 唐朝初年的人口分布**

经过隋末战乱,我国的人口总数以及唐初的人口分布都发生了变化。

---

① 梁方仲:《中国历代户口、田地、田赋统计》甲表 22《隋各州郡户数及每县平均户数》,上海人民出版社,1980 年,第 59~68 页。

《旧唐书·地理志》记载了各郡的"旧领"户口数据,据学者考订,《旧唐书·地理志》中各郡"旧领"各县户口数据,反映的是唐贞观十三年(639)户口状况。据此记载可以了解唐初人口分布的大体情形。

隋朝人口稠密的北方,即唐朝的河北、河南、河东、关内四道,总户数在唐初只占全国总户数的 42%。户数最多的是剑南道,占全国总户数的 20.98%;其次是江南道,占全国总户数的 13.28%。北方的关内道,占全国总户数的 13.09%,河北道占总户数的 12.15%,都少于南方的江南道。南方的岭南道占 11.75%,高于北方的河南道 9.06% 和河东道 8.92%。[①]

唐朝贞观元年(627)把天下分为十道,若按地域可分为南方五道:剑南、江南、岭南、山南、淮南,北方五道:关内、河南、河北、河东、陇右。南方五道在隋朝同一地域内约有 226.5 万余户,唐初著籍户约 167 万余户,在隋朝所占比重为 25%,在唐朝贞观年间却达 54.94%。北方五道在隋朝约有 681 万余户,唐朝贞观年间有 137 万余户,所占比重隋朝为 75%,唐朝贞观年间降至约 45.06%。唐初南北方的总户数虽都有下降,但在全国总户数中所占的比重却迥异,南方呈上升趋势,北方大大下降。

唐初人口空间上的变化,表明隋末战乱给北方农业经济所造成的巨大破坏,隋炀帝的暴政及持续的战乱造成人口的大量减少,隋朝发展起来的北方农业经济再次遭受灭顶之灾。南方各道在隋末战乱中所受影响较小,社会经济持续发展。南方的人口所占比重增加,除了人口未受到战乱的损失,同时与隋末战乱中北方民众避乱迁移有关。

### (三) 唐朝天宝年间的人口分布

《旧唐书·地理志》记载了各郡"天宝"领县数量和户口数量。具体到天宝哪年的户口数,学界有不同认识,现今倾向于天宝十一载(752)各郡的户口数。[②]《新唐书·地理志》记载的户口数明言为天宝元年(742),实际是依据《旧唐书·地理志》记载的各郡"天宝"领县户口数改写而成,故了解盛唐时期人口的空间分布应以《旧唐书·地理志》记载的各郡"天宝"户口资料

---

① 刘昫等:《旧唐书》卷 38 至卷 41《地理志》,中华书局,1975 年。梁方仲:《中国历代户口、田地、田赋统计》,上海人民出版社,1980 年,第 78 页。

② 冻国栋:《唐代人口问题研究》,武汉大学出版社,1993 年,第 19~21 页。

为主,参照《新唐书·地理志》的记载。

据《旧唐书》《新唐书》两书的《地理志》记载,天宝年间位于秦岭、淮水一线之南的各郡州,总户数达 407 万余户,自贞观十三年至天宝十一载(639—752)户数年递增率约为 7.8‰;北方的各州郡总户数为 486 万余户,户数递增年率约为 11.47‰。北方的农业经济,已经修复了隋末战乱造成的创伤。经过唐朝前期百余年的发展,至唐朝鼎盛时期南北方的户口均有较大幅度增长。

天宝年间,全国 10 万户以上州府共 16 个,北方占 11 个,主要集中于河北、河南两道;南方仅占 5 个,除剑南道的成都府,主要分布于江南东道。7 万 ~10 万户的州府有 20 个,北方占 14 个,南方仅 6 个;5 万 ~7 万户州有 25 个,北方占 16 个,南方占 9 个。关于人口的密度,还可以从各郡州府领县的县均户数中得到说明。① 由此可见,北方的黄河中下游地区经过唐前期的恢复和发展,又成为全国人口分布最为稠密的地区。

天宝年间人口的空间分布上,密度最高的地区主要在北方黄河中下游地区,南方的成都平原及邻近地区、长江下游三角洲及浙东地区人口密度也很大。但黄河中下游地区面积广大,人口密度较高的州府数也最多,相比较而言,成都平原及邻近地区、长江下游三角洲与浙东地区面积要小得多。所以天宝年间,人口重心显然仍在黄河中下游地区。

北方人口虽多于南方,但与隋朝大业年间相比,南方人口增加的数量巨大,在全国总人口中所占比重明显上升。唐朝天宝年间北方的户数,仅为隋朝大业年间户数的 71.43%。

南方人口增长主要表现在江南东道的长江三角洲和浙东地区,江南西道(今江西)及皖南若干州府和剑南道几乎未受隋末战乱影响,人口持续增长,成都平原及邻近地区的益、简、蜀、彭、汉等州县均户数,与河北道的相、贝、洺、冀、沧、德、瀛等州,河南道的汴、曹、宋、亳、陕等州相当,均在 1.2 万户以上。但南方其他大部分地区,人户较为稀薄。

**(四) 唐朝中后期的人口分布**

"安史之乱"的八年激战,主战场在唐朝人口稠密的黄河中下游地区。

---

① 梁方仲:《中国历代户口、田地、田赋统计》,上海人民出版社,1980 年,第 86~94 页。

广大民众为避战乱,纷纷南迁。李白在《永王东巡歌》中描绘,此次民众南迁类似西晋末年的永嘉南迁,"三川北虏乱如麻,四海南奔似永嘉。"[①]"安史之乱"平息后,河北地区长期由藩镇割据,山南、河南、淮南、关中也时常发生节度使或军将叛乱事件,吐蕃东侵加剧了关中地区的混乱。因此,自"安史之乱"开始的北方民众向南方迁移,以逃避战乱与唐朝相始终。唐末及五代时期,北方政权更迭频繁,军阀混战。而同时期的南方各国,保境安民,社会相对稳定,对北方难民具有极大的吸引力。可以说,"安史之乱"以后北方民众的南迁直到北宋建立方才中止。

"安史之乱"后,北方地区的民众南迁,主要是迁入长江中下游地区;一是江淮地区,包括今安徽、江苏的淮河以南地区、长江以南的太湖流域和浙江北部地区,这一地区距黄河下游平原最近,迁入的民众也最多;二是迁入今安徽南部及江西北部,进入赣江流域;三是迁入荆南、湘水一带,即今湖北南部、湖南西部地区,这些民众大多来自唐两京地区,南迁路线大体经襄阳南下。关中地区的民众为避战乱,主要是翻越秦岭进入巴蜀地区。唐末五代时期,北方避乱的民众,开始大量迁入闽广以及江南丘陵地带。

唐代中后期户口数据,仅《元和郡县图志》有记载,但是该书记载的各州户数很不完备,一是部分州郡未申报户口,二是申报户口的郡州户口数字或有错误,三是传世的今本中多有缺失、或有具体的政治原因并不可靠。总而言之,唐朝中后期的人口分布只能做大概推测。

《元和郡县图志》记载,元和年间各道户数较之开元户数普遍下降,下降幅度最大的是河南、河北两道。南方各道的总户数虽少于开元时期,但所占比重远高于北方。具体而言,根据《元和郡县图志》记载并参照梁方仲的统计,元和户与开元户相比,关内除京兆府,元和各州户数平均仅约当开元户 1/3。河南道约存 1/5 至 1/10,唯濠州不减。河东道约存 1/3 至 1/5、1/6,只太原府人户基本仍旧,而隰州略增。河北道约存 1/3 至 1/10。山南道东部多有增加,襄州增 2 倍,郢、唐二州各 1 倍;山南道西部虽有减少,远远不到北方诸道州的程度。江南道虽减少多于增加,似多保存 1/3 至 1/2,江南

---

① 李白:《李太白全集》卷 8,中华书局,1977 年,第 427 页。

道西部诸州多有增加,洪州增加 2/3,饶州则增加 3 倍。其他如鄂州增加 1 倍,苏州增加 1/2。剑南道大都存 1/5 至 1/10 户数,成都也仅存 1/3。岭南道大部分州存 1/5 到 1/6,而广州、安南则都有增加。[1]

由此可见,淮河以北中原地区以及伊洛平原地区,因为战乱,户口锐减,东都(洛阳)由 20 余万户减为 1.8 万户,只有京兆府因为是首都尚维持 20 余万户的规模。河东战乱相对较少,减少的幅度也稍轻。南方淮河以南地区因战乱较少,户口减耗也较少,部分地区户口数字还有增加。与天宝时期人口的分布状况相比,南方各道所占的比重进一步增大。元和年间户口分布上的南多北少相差悬殊,这无疑表明南方经济的开发有了重大成果,但不应忽视的是这种差距还有一个客观因素,即北方尤其是河北道一带的割据势力和西北的沿边军州不申报户口或少申报户口。

## 三、宋元时期的人口分布

### (一) 北宋时期的人口分布

北宋初年人口分布,依据宋朝《太平寰宇记》作简略分析。《太平寰宇记》详细记载了全国各府州军的户口数,梁方仲考证其书所记为太平兴国五年(980)至端拱二年(989)间史实。此书所记各地户口数量,无疑是了解北宋初年人口分布的主要依据。《宋史·地理志》记载了崇宁元年(1102)户数和口数,此时距北宋灭亡仅有 25 年。《宋史·地理志》记载的户口数是我们了解北宋末年的人口分布主要依据。这两种史料,对各地户口的记载也有缺漏或错误,其中《宋史·地理志》缺载错误较为严重,有些地区户口数虽标"崇宁"年号,实为抄袭《元丰九域志》中的数据,即为元丰元年(1078)的户口数;有些地区甚至缺载。缺失、错误的数据可以用邻近地区人口数量或邻近地区的人口增长率来做推测,以补全数据从而分析人口分布情况。

《太平寰宇记》所记北宋全国户数为 641.85 万余户,其中北方各府州军共有 254.44 万余户,南方各府州军共有 387.4 万余户。北方占全国户数的比例尚不足 40%,南方占全国户数的比例超过 60%。即我国人口分布在盛

---

[1]　梁方仲:《中国历代户口、田地、田赋统计》,上海人民出版社,1980 年,第 96~113 页。

唐以前的南轻北重的局面,至宋朝初年已经彻底改变。当然宋初北方已经失去了幽云十六州,户口的统计范围有所减少,但这不足以导致人口分布上的根本性变化。宋朝初年,南方各府州军的户数已占全国总户数的60%以上,说明此时南方的农业经济开发已经取得重大成果,黄河中下游地区已不再是我国古代经济的中心区域。

北宋末年,人口户数上的南重北轻局面进一步加强。北方的户数增加至591.8万余户,增加了233%,可谓成果喜人。但是南方的户数增加更加迅猛,南方的户数增加为1 219.6万余户,增加了近315%。南方各地户数占全国总户数已达67.33%[①],所占比重进一步增大。北方所占比例则下降到32.66%。北宋百余年的发展,南北方经济上的差距进一步扩大。

当然,北宋北方的人口增长速度,受自然环境和社会环境的双重影响。北宋时期,在气候变化史上是一个温暖期,有利于北方人口的快速恢复,但是北宋时期的黄河进入了频繁决溢期,泛滥肆虐的洪水造成大量人口和财产损失,影响了北方的人口增长速度。宋仁宗时期全国户数增长率较低,或许是受了黄河在华北平原泛滥的影响。[②]另外,宋辽以白沟为界在华北平原上对峙,宋朝无险可守,利用地势制造塘泺也影响了华北平原地区经济发展,进而影响了人口的增长。

### (二)南宋时期的人口分布

北宋末年,女真族完颜阿骨打建立金国,灭辽国,继而进攻北宋。初入中原的金军烧杀掠夺,再次摧毁了北宋北方发展起来的社会经济。为了躲避战乱,北方民众掀起了第三次南迁高潮。两宋之际,宋金战乱造成了人口财产的极大损失,虽然金军铁蹄也曾踩躏长江以南部分地区,但是由于战乱时间较短,为祸最重的是北方以及淮河以南地区。

宋金绍兴和议之后,尤其是金海陵王南侵失败,宋金再次签订隆兴和议,我国历史上又迎来了一段时间不短的安定时期,南北社会经济再次进入恢复发展期。有关学者研究认为,南宋嘉定十六年(1223)的路级户口数

---

① 南北方户数据参见吴松弟的《中国人口史》第3卷(辽宋金元时期)表4–2《北宋南方、北方各府州军主客户户数》(复旦大学出版社,2000年,第122~135页)。

② 吴松弟:《中国人口史》第3卷(辽宋金元时期),复旦大学出版社,2000年,第351页。

据较为可信[1],可以作为了解南宋在宋金战争结束后、宋(蒙)元战争开始前,人口经过长期恢复发展后的空间分布数据。

南宋嘉定十六年(1223)的人口总数为南宋人口数量的峰值。在南宋所辖各路中,南宋初期绍兴三十二年(1162)户数在已经超过北宋崇宁年间的基础上,荆湖南路、江南西路和福建路的户数增加较多;两浙路、江南东路、成都府路、潼川路户数增加甚少。[2] 这说明南宋时期南方的经济开发已经向纵深发展,自然环境较优越的平原、盆地的农业发展已趋饱和。这种状况制约了人口增长,为避战乱迁入南方的北方移民,以及南方自然增长人口,只能去进一步开发自然环境相对差一些的丘陵地带。这种状况也可以从每平方千米的人口数得到反映,嘉定十六年(1223)南宋各路中人口最稠密的地区是成都府路,人口数多达57.8人/平方千米,其次是铜川路为38.9人/平方千米,四川盆地独特的地理环境使它远离战乱,成都平原上积累起了巨大的人口发展成果。再次是江南西路、两浙路、江南东路、福建路、荆湖南路各路均在22人/平方千米以上[3]。

北宋末年人口数量遭受巨大损失,南宋初年人口数量未得到恢复,南宋中期人口数量在低位徘徊的地区,主要是京西南路、淮南东路、淮南西路、荆湖北路。这些地区人口密度较北宋末年都大幅度下降。当然,这些地区的农业经济也没有恢复到北宋末年的水平。这些地区处于宋金对峙的前沿地带,在经济、政治、军事等多种因素的共同影响下,人口数量在遭受巨大损失后,恢复速度缓慢。

### (三)金朝的人口分布

金朝户数最高值出现在金章宗泰和七年(1207),著籍户数达841万余户。《金史·地理志》记载了各府州户数。金朝泰和七年的著籍户数已经比北宋崇宁年间的591.8万余户增加了42%。金朝泰和年间人口数量,是在

①　吴松弟:《中国人口史》第3卷(辽宋金元时期),复旦大学出版社,2000年,第140页。

②　梁方仲:《中国历代户口、田地、田赋统计》甲表39《宋元丰、崇宁、绍兴、嘉定四朝各路户口数的比较》,上海人民出版社,1980年,第161~163页。

③　梁方仲:《中国历代户口、田地、田赋统计》甲表40《宋各路人口密度》,上海人民出版社,1980年,第164页。

北宋末年中原地区惨遭战乱毁坏后，仅仅几十年发展恢复的。金朝人口恢复发展的速度之快、程度之高是绝无仅有的。

金朝所统辖的区域内，华北平原上的燕南、河北人口增加最为显著。燕南地区在辽朝时估计有 30 余万户，金朝泰和七年（1207）著籍户有 63 万余户；河北地区在北宋崇宁元年（1102）有 122 余万户，金朝泰和七年（1207）著籍户数有 215 余万户。代北地区在辽国时估计户数约有 18 余万户，金朝著籍户数约有 46 万余户。河东地区（今山西）在宋末约有 76 万余户，金朝著籍户数约有 111 万余户，增加也较显著。山东地区在金泰和七年著籍户数已接近北宋崇宁元年的水平，达 94%，关中地区稍差为 82%。河南地区在金朝著籍户口较北宋差距较大，北宋时约有户 105 万余户，金朝时仅约有 78 万余户[①]。河南地区在金朝时人口恢复缓慢，仅为北宋的 74%。

金朝的燕南、河北、河东和代北地区人口数量巨大增长，一个重要的原因就是辽政权灭亡，燕南、河北、河东和代北同属一个政权，政治安定，军事对峙局面消失，没有了战争杀掠对人口自然增长的破坏。金朝在人口发展上取得的成果，还有金世宗、金章宗时期社会安定及政治清明等原因。东北地区的猛安谋克户大量迁入中原地区，也是促使燕南、河北、河东地区人口大量恢复增加的一个重要的社会因素。

除了政治、社会因素，自然环境的变化也促使金朝时期华北平原地区人口高速增长。宋高宗建炎初年为阻金军南下，人为决堤，使黄河夺泗入淮。黄河河道退出华北平原，使华北平原免除了黄河决溢的危害，为人口恢复增长及农业经济的发展，提供了一个较好的自然环境。金朝灭辽国，整个华北平原都在其控制下。北宋与辽国以白沟为界对峙时期，为阻辽国骑兵南下，北宋在今西起保定东至海洋建立了 800 里长的淀泊国防线。金朝统治北方后，这些塘泺失去了军事价值，因设置塘泺而占用的土地被大量开发，农业经济得到发展，促使河北地区人口大量增加。

金朝所辖区域中的河南地区，北宋时期为京城所在地，人口相对稠密。宋金战争，给河南地区造成严重的人口损失，大量民众被迫北迁，或南逃，

---

① 北宋崇宁元年及金朝泰和七年各地区户数，参见吴松弟《中国人口史》第 3 卷（辽宋金元时期）表 9-1《各区域户数》（复旦大学出版社，2000 年，第 394 页）。

短短几年时间造成河南地区"几千里无复鸡鸣"。宋金和议以后,这一地区
是宋金对峙的前线地区,受战争因素影响远比其他地区大。河南地区人口
增长较为缓慢,还受一个自然环境的影响,就是黄河夺泗入淮以后,黄河决
溢泛滥影响了河南、山东西南部地区的人口增长和农业经济发展。

北方的黄河中下游地区,尤其今山西高原和华北平原地区的人口发
展,在金朝取得较为显著的成果,但是我国南北方人口数量上的南重北轻
的格局依然没有改变。南宋光宗绍熙四年(1193)有 1 230 万余户,时间上
较为接近的金朝泰和七年(1207)的 841 万余户。在这个时段我国南北方
共有 2 071 万余户,其中金朝(我国北方)仅占 40.6%。这个比例虽然比北
宋末年略有提高,但是也仅仅相当于北宋初年的水平。南北人口数量上的
差异,在很大程度上表明了农业经济上的差异,黄河中下游地区在国家经
济生活中的中心地位彻底丧失。

### (四) 元朝的人口分布

金朝中期,漠北的蒙古族兴起,1211 年成吉思汗率部攻金。蒙古军队
初入金境,重演了金军初入中原的情景,恣意杀戮,疯狂掠夺。金朝自金世
宗以来几十年积累起来的人口数量以及经济发展成果,又一次被战乱毁坏
殆尽。尤其是金宣宗贞祐二年(1214)七月,都城南迁汴梁以后,金朝廷对
北方地区的统治进一步削弱,蒙古攻金的步伐则逐步加快。1234 年正月,
蔡州城破,金朝灭亡。1227 年,蒙古灭掉了割据西北地区的西夏。蒙古和
西夏多次交战,西北地区原西夏控制区域内各地人口和社会经济也遭到巨
大损失。

经过 20 余年的蒙金战争,蒙古最终攻灭金朝。我国广大的北方被蒙
古控制,但是遭受战乱破坏的北方社会经济,并没有进入快速恢复期。初
入中原的蒙古政权对农耕区传统的统治方式比较陌生。窝阔台继承汗位
后,汉化了的契丹族人耶律楚材帮助蒙古恢复建立了一些适应汉地的统治
政策,这些政策在一定程度上减轻了习惯于游牧生活的统治集团对传统农
业经济的破坏。但窝阔台统治的后期,耶律楚材在政治上失势,他的努力
几近失败,经济恢复的步伐依然缓慢。当然,北方农业经济的恢复在一些
汉族世侯的统辖区域内还是有进展,北方正常的经济政治秩序直到 1260 年

忽必烈即汗位,执行汉化政策,才逐步建立。

从 1211 年蒙古攻金到 1260 年忽必烈即位,近半个世纪的战乱及蒙古的残暴统治,北方的社会经济遭受重创。元太宗八年(1236)籍户时,北方只有 110 万余户,蒙哥汗二年(1252)籍户时,共有 130 万余户。这个户口数字与金朝人口峰值相差悬殊。元世祖至元七年(1270)北方再次登记户口,忽必烈即汗位近十年,汉化政策已经初步建立起来,但是此时北方尚不足 194 万户,仅为泰和七年的 21.87%。由北方的人口数量变化,可见我国北方农业经济破坏之严重。

蒙古灭掉金和西夏以后,统治了广大的北方,诞生不久的蒙古政权的军事扩张性极强,兵锋直指南宋。蒙宋在西起四川东至淮南漫长的战线上,展开了旷日持久的争夺战。元世祖至元十年(1273),元军攻下襄阳,顺汉水南下,至元十三年(1276)进围杭州,南宋政权灭亡。虽然蒙(元)宋战争中,战乱的破坏已经较蒙金战争减轻,但是长时间的战争状态,也使交战地区社会经济遭受重创。元朝统一全国十余年后的至元二十七年(1290),朝廷统计南宋旧境的户口。至元二十八年(1291)全国户数,其中内郡(北方)199.9 万余户,江淮四川 1143 万余户。按这一统计数据计算,北方占全国总户数的 14.9%,其在整个国家经济生活中的地位进一步下降,几乎跌到谷底。

四川地区在两宋之际几乎未受到宋金战乱的影响,人口保持着自然增长。蒙古攻灭西夏后,乘胜攻占四川关外诸州。绍定四年、五年(1231、1232)间,抄掠入川,大肆杀掠。嘉熙元年(1237),蒙古军开始攻占四川的大规模军事行动,长达半个世纪的宋蒙(元)战争,造成了人口大量损失。宋朝几百年在安定社会环境中积累起来的巨大的人口数量,几乎损失殆尽。至元二十七年(1290),四川行省辖九路、三府,但在《元史·地理志》中的成都、广元、顺庆、重庆、绍庆、夔州六路府有 98 538 户、615 772 口。如果考虑元朝四川行省以及宋代属于利州路北部的元朝兴元路地区户口,在至元二十七年约有四五十万户。同一地域范围在南宋嘉定十六年(1223)有著籍户 259 万余户。宋元战争结束十余年后,四川地区户口仅相当于南宋中后期的 15%~19%。[①]宋元战争对四川造成的人口损害,几乎相当于金元战乱对我国北方造成的损害程度。

淮南和荆襄地区也是宋元交战的战场,这些地区原来也是宋金对峙交战区域。自北宋末年战乱以来,人口增长一直深受军事因素的制约。在南宋中期,该地区的人口数量也远未恢复到北宋末年的水平,宋元战争对该地区造成的人口损失反而显得不那么突出。淮南东路嘉定十六年(1223)有12.7万余户,至元二十七年则有 39 万余户;淮南西路嘉定十六年有 21.8 万余户,至元二十七年有 13.6 万余户;京西南路乾道九年(1173)有 47 829 户,嘉定十六年仅有 6 252 户,至元二十七年有 19 755 户;荆湖北路嘉定十六年有近 37 万户,至元二十七年有 113 万余户。[②]从户口数据来看,这些地区的户数在宋元战争后减少程度较四川地区要轻微得多。元朝统一以后,这些地区与金朝的原河南地区几乎统归江北河南行省管辖,政治统一,加上朝廷重农及屯田等措施,元朝河南行省经济有了较大发展。

南宋长江以南地区受到宋元战争的影响不大,至元二十七年时两浙路和江南东路户数已经有较大增加。两浙路至元二十七年有户 338 万余户,较嘉定十六年的 222 余万户增加了 52%;江南东路至元二十七年有户 174万余户,较嘉定十六年的 104 万余户增加 67%。宋嘉定十六年与元至元二十七年户数大体相等的是荆湖南路,略微减少的是江南西路、福建路、广南东路。从各地户数分布和变化来看,元朝江南三省中的江浙行省(两浙路、江南东路、福建路)的农业经济最为发达。这些地区在宋元战争中受到的损害最小,至元二十七年户数较南宋有大量增加。元朝的江浙行省是全国的经济中心。江南三省中江西、湖广行省在宋元战争中人口损失也较少,同样农业经济发展水平虽不及江浙行省,但也远远高于其他地区。

---

① 吴松弟:《中国人口史》第 3 卷(辽宋金元时期),复旦大学出版社,2000 年,第 549 页。
② 吴松弟:《中国人口史》第 3 卷(辽宋金元时期),复旦大学出版社,2000 年,第 143 页。

## 第三节 ｜ 农业经济区域的扩展及经济重心的变化

　　农业经济区域的不断扩展是我国古代农业经济发展的一个重要表现。秦汉时期,黄河流域的关中平原和黄河中下游平原是我国主要的农业经济区。长江流域只有地处上游的四川盆地得到了较好的开发,长江中下游地区尚地广人稀,经济发展水平不高,土地开发程度很低。魏晋南北朝时期,北方的黄河流域战乱频仍,农业经济遭受沉重打击;而此时的长江流域战乱相对较少,社会安宁。为了逃避战乱,北方人口大量南迁,为长江流域的经济开发提供了契机。农业经济区向长江中下游地区的不断扩展,是我国农业经济发展史中最受关注的事件。

　　长江中下游地区经过六朝时期的开发,到唐朝时已经显露出勃勃生机,宋元时期长江流域的农业经济地位已经超越了北方,居于国家经济生活的首要地位。长江中下游地区的农业开发,随着时间的推移,存在着一个自东向西、自北向南逐渐发展的过程。秦汉时期就得到初步开发的区域是太湖流域及宁绍平原地区,六朝时期太湖流域以西沿江平原地区农业经济获得飞速发展,唐宋时期长江支流的赣江、湘江流域及浙东福建等丘陵地区得到渐次开发。元朝统一中国后,农业经济南重北轻局面最终确立。

### 一、六朝时期南方农业生产的初步开发

#### （一）淮南地区农业经济的发展

　　淮南地区在自然环境上,与黄河流域存在明显差异,水热条件与江南相似;地理位置上接近黄河流域,故秦汉时期已经处于逐步垦辟阶段,已经有一定的基础。汉末战乱中,淮南也受到严重的冲击。六朝时期,随着南

北政权军事力量的消长,淮南地区的归属时有变化。控制江淮间广大平原的政权大多都实行过屯田政策,进行农业经济开发。

三国时期曹魏孙吴政权分统江淮地区。曹魏及司马氏的西晋政权,都在江淮间广兴屯田,进行农业生产的开发与恢复。建安十四年(209)曹操下令,"置扬州郡县长吏,开芍陂屯田。"① 其实早在建安五年(200),刘馥被任命为扬州刺史,就开始在淮南屯田。曹操"方有袁绍之难,谓馥可任以东南之事,遂表为扬州刺史。馥既受命,单马造合肥空城,建立州治……数年中恩化大行,百姓乐其政,流民越江山而归者以万数。于是聚诸生,立学校,广屯田,兴治芍陂及(茹)陂、七门、吴塘诸堨以溉稻田,官民有畜"②。

淮南更大规模的屯田是在曹魏的邓艾主持下进行的。为了储备军资攻灭孙吴,在邓艾主持下淮河南北大力发展屯田。"使艾行陈、项已东至寿春。艾以为田良水少,不足以尽地利,宜开河渠,可以引水浇溉,大积军粮,又通运漕之道。乃著济河论以喻其指。又以为……今三隅已定,事在淮南,每大军征举,运兵过半,功费巨亿,以为大役。陈、蔡之间,土下田良,可省许昌左右诸稻田,并水东下。令淮北屯二万人,淮南三万人,十二分休,常有四万人,且田且守。水丰常收三倍于西,计除众费,岁完五百万斛以为军资。六七年间,可积三千万斛于淮上,此则十万之众五年食也。以此乘吴,无往而不克矣。宣王善之,事皆施行。正始二年,乃开广漕渠,每东南有事,大军兴众,汎舟而下,达于江、淮,资食有储而无水害,艾所建也。"③

孙吴政权在其控制的长江以北地区也广设置屯田。吕蒙曾率军数次击败曹魏在淮西屯守的军队,同时孙吴军队在江北屯田据守。吕蒙在打败屯于皖城的曹魏蕲春典农谢奇后,孙权"赐寻阳(今湖北黄梅西南)屯田六百人"④。与吕蒙同时屯守的还有成当、宋定、徐顾等吴将。建安十九年(214),孙吴攻克曹魏屯田于皖城(今安徽潜江)的朱光,俘虏其屯田男女数万口,

---

① 陈寿:《三国志》卷1《魏书·魏武帝纪》,中华书局,1959年,第32页。
② 陈寿:《三国志》卷15《魏书·刘馥传》,中华书局,1959年,第463页。
③ 陈寿:《三国志》卷28《魏书·邓艾传》,中华书局,1959年,第776页。
④ 陈寿:《三国志》卷54《吴书·吕蒙传》,中华书局,1959年,第1276页。

孙吴江北的屯田扩大到皖城。诸葛恪"率众佃庐江、皖口"[1]。到魏明帝青龙三年(235),孙权"遣兵数千家佃于江北",有的屯田区有离军队驻地达数百里。[2] 皖城屯田一直持续到孙吴政权败亡前。

江淮地区虽为两政权军事对峙的前沿,但农业生产以屯田的形式得到部分程度的恢复和发展。西晋"八王之乱"时的永嘉四年(310),中镇东将军周馥以洛阳孤危,建议迁都于"运漕四通,无患空乏"[3]的寿春,这表明其时淮南经济稳定发展,给人留下了很深刻的印象。

永嘉南迁,来自北方的民众很多定居于淮南,淮南是主要的聚集区之一。大量人口的迁入,无疑为淮南江北地区的农业开发提供了充足的劳动力。但江北淮南地区在南北朝时期,依然是南北政权军事对峙前线。不同政权之间的军事攻伐对抗,都依赖淮南地区农业生产提供军需给养。

东晋末年及刘宋元嘉中,刘裕筹备对北方后秦的战争,大力发展淮南地区的农业生产,以期能就近获得军资。寿春附近的芍陂、盱眙以东的石鳖等水利设施,在东晋南朝时期多次得到维修整治。良好的水利设施使大量农田得到灌溉,农业生产得到发展,为南朝政权北伐以及抵御北方政权的南侵,提供充足的物质保障。

南朝后期,江淮地区被北方政权控制。《资治通鉴》记载,太清二年(548)八月,齐高澄派"辛术师诸将略江淮之北,凡获二十三州"。太清三年(549)岁末,"东魏尽有淮南之地"。高欢病故时,东魏河南大行台侯景反叛,为投靠建康政府,短时间内筹措稻谷百万石。[4] 短时间内能从淮南征收数量如此多的稻谷,反映出淮南的农业生产比汉代有了重大发展。

总之,六朝时期淮南地处南北政权军事对峙的前线,兵乱频仍,江淮间农业生产社会环境并不优越。即便如此,和秦汉时期相比,该地区农业生产的广度大为拓宽,芍陂、石鳖形成新的重要种植据点。[5]

---

[1]　陈寿:《三国志》卷64《吴书·诸葛恪传》,中华书局,1959年,第1432页。

[2]　陈寿:《三国志》卷26《魏书·满宠传》,中华书局,1959年,第725页。

[3]　房玄龄等:《晋书》卷61《周馥传》,中华书局,1974年,第1664页。

[4]　司马光:《资治通鉴》卷163《梁纪十九》,梁高祖太清三年十一月,中华书局,1956年,第5033页。

[5]　张泽咸:《汉晋唐时期农业》,中国社会科学出版社,2003年,第269页。

### (二) 江南平原地区的农业经济开发

长江下游沿江平原、长江三角洲地区及宁绍平原是长江以南开发最早的地区之一,农业经济发展水平也最高。以太湖平原为中心的吴郡,东汉永和五年(140)人口密度已达 18.9 人 / 平方千米,是扬州所辖各郡中人口密度最高的,也是南方地区除四川盆地的蜀郡外,人口最为稠密的地区。会稽郡人口密度在扬州所辖各郡中最低,仅有 2.53 人 / 平方千米[①];但会稽郡在汉代所辖地域广阔,所设县治主要集中在钱塘江口南岸的宁绍平原地区,故宁绍平原地区的人口密度与太湖平原相差并不悬殊。

钱塘江口南岸滨海平原地区开发历史悠久,春秋时期的越国就资以立国。经过秦汉时期的发展,宁绍平原的农业生产已经达到很高水平。汉朝时已有大型水利工程的修建。《通典·会稽郡》记载,东汉"顺帝永和五年,马臻为太守,创立镜湖。在会稽、山阴两县界,筑塘蓄水,水高(田)丈余,田又高海丈余。若水少,则泄湖灌田;如水多,则闭湖泄田中水入海,所以无凶年。其堤塘,周回三百一十里,都溉田九千余顷"[②]。这个古老水利工程至唐朝时仍然发挥大面积溉田的作用。汉朝在宁绍平原修建大型水利工程,说明这一地区农业生产水平逐步发展到较高级阶段。东汉末年战乱中崛起的孙氏父子,就是凭借着太湖流域和宁绍平原地区的经济实力得以立足江东,北抗曹魏西敌蜀汉,形成三足鼎立之势。

东汉末年黄河流域战祸惨烈,北方的世家大族为了生存纷纷渡江南迁。《三国志·吴书》记载:"雄杰并起,中州扰乱,肃乃命其属曰:'中国失纲,寇贼横暴,淮、泗间非遗种之地,吾闻江东沃野万里,民富兵强,可以避害,宁肯相随俱至乐土,以观时变乎?'其属皆从命……肃渡江往见策,策亦雅奇之。"[③]当时人们对长江三角洲地区经济发展水平已有较高评价。江东的孙氏政权即在鲁肃、周瑜等渡江大族的支持下发展起来。

三国时期孙吴政权为发展经济,在其控制的长江以南地区广兴屯田。

---

① 葛剑雄:《中国人口史》第 1 卷(导论、先秦至南北朝时期),表 9–3《东汉永和五年各郡国人口密度》,复旦大学出版社,2002 年,第 494 页。

② 杜佑:《通典》卷 182《会稽郡》,中华书局,1988 年,第 4832 页。

③ 陈寿:《三国志》卷 54《吴书·鲁肃传》,中华书局,1959 年,第 1267 页。

太湖流域及长江下游沿江平原地区的毗陵、丹阳郡是实行屯田的重点地区。建安八年、九年(203、204)前后，孙权以陆逊为海昌(今浙江宁海南盐官南)屯田都尉，在太湖平原东部经营屯田。其后又设屯田都尉于溧阳、典农校尉于毗陵(今江苏常州)，在长江以南太湖以北广兴屯田。毗陵典农校尉领有今江阴、无锡、武进、丹阳、丹徒等地，规模最大。赤乌(238—250)中，"诸郡出部伍，新都都尉陈表、吴郡都尉顾承各率所领人会佃毗陵，男女各数万口。"[1] 孙吴政权不仅在太湖流域开展屯田，政治中心建业周边也是屯田开发的重点地区。为了开发丹阳湖地区洼地平原，在江乘(今江苏句容北)、湖熟(今江苏南京南)设典农都尉，于湖(今安徽当涂南)设都农校尉以经营屯田。宣城、繁昌等地也设有屯田。

为了增加农业生产的劳动力和兵源，孙吴大规模征讨山越人，迫其迁出山区，或从事屯田或编入军队。山越人集中的丹阳、吴郡、会稽、新都，以及鄱阳、豫章等郡，也是屯田较为集中的地区。究其原因，既有征讨山越人的便利，同时又有利用被征服之山越人为屯田民的便利条件。[2]

孙吴的积极开发使长江下游平原地区农业生产水平得到进一步提升，江南丘陵地区的农业生产也得以开启。随着对山越人的征讨，县级官府建制在丘陵地区大量增加。谭其骧从浙江的县级建制的设置入手，对此经济开发做过论述。"由秦县可知先秦时代吴越民族生聚繁殖之重心在杭州湾两岸。西汉增五县，离杭州湾已渐远；浙西居其二，浙东居其三，此殆自然发展之结果。孙吴开辟二十三县，远者遂至于常山、松阳、瑞安，浙西之地于全省不过十之三，而辟县多至十二，此则须归功于贺齐、陆逊、诸葛恪诸人之开辟山越。"[3] 当然，孙吴在丘陵地区大量设县的情况，也存在于皖南和江西。江南丘陵地区的农业开发，在孙吴时期已经处于起步阶段。

西晋政权的统一，很快就被统治集团内部的"八王之乱"打破，北方又陷入了更惨烈的战乱，北方民众大量南迁。东部地区渡淮南来的北方民众，

①　陈寿：《三国志》卷52《吴书·诸葛融传》，中华书局，1959年，第1235页。
②　高敏：《中国经济通史(魏晋南北朝卷)》，经济日报出版社，1999年，第244页。
③　谭其骧：《浙江省历代行政区域——兼论浙江各地区的开发过程》，《长水集(上)》，人民出版社，1987年，第414页。

或在淮南定居,或进一步渡江南下,定居于江苏中南部、皖南、赣北的平原地区。中部地区南迁的民众,大多定居于长江中游江汉平原。北方民众的大量南迁,为南方的经济开发提供了的劳动力。东晋南朝时期,江南几乎没有发生长时期的大规模战乱,社会安定,经济持续发展。

东晋南朝时期,太湖流域的农业生产持续发展。渡江而来的北方民众有许多在太湖以北地区聚居,东晋政权在此设置南徐州以安置移民。东晋南徐州一带,正是孙吴设置毗陵典农校尉开展屯田的地区。大量民众在这一带定居说明,东晋初年仍有大量荒闲土地存在。北方移民的到来,进一步促进了太湖流域的农业生产的发展。当然,来自北方的民众也大量定居在建康附近及建康以南的今安徽沿江南北地区,甚至至今江西九江一带,故而存在着大量的侨州郡县。当然,没有设置侨州郡县的地区,并不是没有北方民众迁入。今浙江东南部地区丘陵地带(会稽、东阳、新安、临海、永嘉)也是北方大族大批迁入地区,甚至今福建、广东地区也都是重要的迁入区。由于迁入这些地区的北方民众呈分散状态,且迁入地区地广人稀,故而没有设置侨州郡县[1]。

农业生产稳定发展,离不开农田水利的兴修。长江下游平原地区在六朝时期广泛兴修农田水利。如"永嘉之乱"前,庐江人陈敏"据有江东,务修耕绩,令弟谐遏马林溪以溉云阳,亦谓之练塘,溉田数百顷"[2]。云阳在今江苏丹阳,练塘即练湖,这一水利工程虽然灌溉面积不大,却是这一地区早期修建完好的水利设施。东晋南朝时期,长江下游平原地区的各种水利设施兴修更加普遍。大兴四年(321),张闿为晋陵(治今江苏常州)内史,深感"所部四县并以水旱失田,闿乃立曲阿(今丹阳市)新丰塘,溉田八百余顷"[3]。江宁县西之"大桑浦,在县西十二里,可溉田,在蔡洲,通大江"。[4] 县东南有娄湖,孙吴时张昭所创,"溉田数十顷。"[5] 水利建设的开展,促进了农业经济

---

① 胡阿祥:《东晋南朝侨州郡县的设置及其地理分布》,《历史地理》第8、9辑,上海人民出版社,1990年。

② 李吉甫:《元和郡县图志》卷25《江南道·润州丹阳县》,中华书局,1983年,第592页。

③ 房玄龄等:《晋书》卷76《张闿传》,中华书局,1974年,第2018页。

④ 乐史:《太平寰宇记》卷90《江南东道二》,中华书局,2007年,第1779页。

⑤ 李吉甫:《元和郡县图志》卷25《江南道·润州上元县》,中华书局,1983年,第595页。

向纵深发展。

经孙吴和东晋的长期开发，南朝时，人们对江南平原地区农业生产的赞誉屡屡见诸史册。《宋书》总结云："考之汉域，惟丹阳、会稽而已。自晋氏迁流，迄于太元之世，百许年中，无风尘之警，区域之内，晏如也……地广野丰，民勤本业，一岁或稔，则数郡忘饥。会土带海傍湖，良畴亦数十万顷，膏腴上地，亩直一金，鄠、杜之间，不能比也。"① 南齐也有所谓"三吴内地，国之关辅，百度所资"② 的说法。可见，南朝时期长江下游平原地区已成为发达的农业经济区。

六朝时期，南方的经济开发取得了重大进展，但仅限于长江下游的沿江、沿海平原地区。广大的江南丘陵地区，甚至长江中游的汉江、湘江、赣江流域的平原地区，经济开发程度依然有限。东晋南朝时，江西地区农业正在逐步发展，北部鄱阳湖平原地区较为突出。但晋武帝时的桓伊、安帝时的刘毅等地方官员都有合并属县的请求。这说明江州（辖今江西、福建）"地广人稀，显示所在生产形势和发展速度都比吴越平原为差"③。

六朝时期，长江中游的汉江、湘江流域农业生产都有一定程度的发展，但总体的生产水平明显低于长江下游平原地区。三国时期孙吴为了稳固占据荆州，也在长江中游沿岸大力屯田，沿江低洼地区农田得到一定程度的开发。孙吴两度将政治中心移至长江中游的武昌，但是武昌周围农业生产并没有得到明显提高，经济上严重依赖江东地区的供应，"皓徙都武昌，扬土百姓溯流供给，以为患苦。"孙皓迁都武昌后，大臣陆凯在建言中，对武昌周围的经济有所说明："武昌土地，实危险而塉确，非王都安国养民之处，船泊则沈漂，陵居则峻危，且童谣言：'宁饮建业水，不食武昌鱼；宁还建业死，不止武昌居。'"④ 如果说汉朝荆楚并不比扬越差，经历六朝的大力经营，以江汉平原为依托的湖北地区农业经济发展速度，比依托吴越平原的建康地区相对滞后。其后，六朝人何尚之、沈约等一再指出："江左以来，扬州根本，

① 沈约：《宋书》卷54《列传第十四》，中华书局，1974年，第1540页。
② 萧子显：《南齐书》卷26《王敬则传》，中华书局，1972年，第482页。
③ 张泽咸：《汉晋唐时期农业》，中国社会科学出版社，2003年，第351~352页。
④ 陈寿：《三国志》卷61《吴书·陆凯传》，中华书局，1959年，第1401页。

委荆以阃外。"①江东经济优先的状况,自此长时期也未改观。

湘江流域农业生产水平尚低于江汉平原。《南齐书·萧嶷传》记载萧嶷在齐初任荆、湘二州刺史持节开府,"荆州资费岁钱三千万,布万匹,米六万斛……湘州资费钱七百万,布三千匹,米五万斛。"南朝齐时,从萧嶷资用费中,可以概见湘州所支钱、布、米等数量少于荆州,是知其经济发展次于荆州。②

## 二、唐宋时期南方农业经济的快速发展

南北朝时期,我国社会渐趋安定,北方的社会经济得到恢复,但南北方的经济发展程度、速度差距依然较大。南方的长江流域除下游三角洲平原外,其余地区农业生产尚处于初步开发阶段。充足的水热条件,不但没有成为促进农业生产高速发展的因素,而且在生产力没有得到明显改进时反而增加了开垦的难度。魏晋南北朝时期,气候变冷变干,有利于长江流域农业开发;同时北方黄河流域因为气候转冷、降水减少,农业生产不利因素凸显。但是自然气候因素仅是影响农业经济发展的一个条件,社会政治因素对农业经济的影响更直接、更重要。北朝后期自北魏孝文帝以来,通过均田制将黄河流域充足的土地资源和有限的人力资源有效结合起来,使农业经济的恢复得到了制度上的保证,社会经济和农业生产得到快速恢复;同时,我国的气候在此时逐渐转暖,对有着悠久开发历史的黄河流域农业生产起到了积极促进作用。

隋朝灭陈,完成大统一,其时也是北方农业经济得到充分恢复的体现的时期。隋朝的统一,为南北方社会经济的发展提供了和平稳定的环境。但隋炀帝的暴政及因之引发的隋末农民大起义,又一次将广大的北方地区推入了战乱的深渊。隋唐之际的战乱,几乎完全荡涤了自北朝以来黄河流域农业生产的恢复成果。前文已从隋末战乱造成的人口损失这个角度对此做了叙述,此处不再赘述。唐朝建立后,黄河流域农业经济又一次得到恢复。

---

① 沈约:《宋书》卷66《何尚之传》,中华书局,1974年,第4103页。

② 张泽咸:《汉晋唐时期农业》,中国社会科学出版社,2003年,第447、489页。

### （一）唐朝中期南方经济区域实力凸显

长江流域在隋唐之际的战乱中遭受的冲击较小,社会经济在六朝时期已取得初步发展的基础持续增长。但是即便如此,"安史之乱"以前,我国古代经济的重心依然在黄河流域,只是两大经济区之间的差距已经大大缩小。长达八年的"安史之乱",黄河中下游地区农业经济遭受巨大损失;且"安史之乱"后,唐朝失去了对原来富庶的河北地区的控制,中央的财政不得不依赖"安史之乱"中未受到战乱冲击的江淮地区。此后,自六朝以来经过长时期开发的长江流域农业经济实力得到彰显。下面对唐宋时期长江流域农业经济的发展状况略做叙述。

唐朝前期,长江流域的农业生产虽然有了长足发展,但总体实力远不及黄河流域。天宝八载(749)各道仓储粮正仓总数为 4 200 余万石。江南道为 97 万余石,仅为总数的 1/40,在全国十道中只占第五位。淮南道为 68 万余石,约为 1/60,在全国十道中占第六位。同年全国义仓储粮总数为 6 300 余万石。其中,江南道为 670 余万石,仅占 1/9,在全国十道中占第四位。淮南道,480 余万石,仅占总数 1/13,在全国十道中占第六位。该年粮食储量以黄河流域的河南、河北、河东诸道为最多。[①]"安史之乱"使黄河流域遭到惨重破坏,基本未受战乱影响的江淮地区经济实力相对上升,成为朝廷财政收入支柱。

"安史之乱"后,能否从江淮地区获取漕粮,甚至事关唐朝的生死存亡。早在唐肃宗至德元载(756)时,"安史之乱"期间第五琦在蜀中谒见唐玄宗时,就指出:"今方用兵,财赋为急,财赋所产,江、淮居多。"[②]第五琦的主张得到唐玄宗的支持,朝廷正是用他搜刮的江淮财富维持运转。

唐朝中后期,朝廷对南方依赖日甚一日。唐宪宗上尊号时的赦书言:"天宝以后,戎事方殷,两河宿兵,户赋不加,军国费用,取资江淮。"[③]唐德宗

① 杜佑:《通典》卷 12《食货十二》,中华书局,1984 年,第 291 页。
② 司马光:《资治通鉴》卷 218《唐纪三十四》,唐肃宗至德元年五月,中华书局,1956 年,第 6992 页。
③ 李昉等编:《文苑英华》卷 422《元和十四年七月二十三日上尊号赦》,中华书局,1966 年,第 2164 页。

时,关中严重缺粮,几乎发生兵变,情形危急,唐德宗与太子惶惶不可终日。当润州运米粮船到达长安后,唐德宗便欣喜如狂跑到太子那里分享这一好消息。①

"安史之乱"后,朝廷依赖江淮地区的经济实力维持中央官府的运转。但是江淮地区的经济发展水平并非整齐划一,赋税来源主要是长江三角洲地区太湖流域和宁绍平原地区。唐中后期,朝廷从南方每年漕运粮食数量大约维持在一百多万石。唐德宗贞元初年,元琇主管漕运,从浙东、浙西获取的漕粮在 75 万石。②可见,漕粮的大半来自长江下游的平原地区。太湖流域及宁绍平原地区的经济重心地位在唐朝已经初现端倪。

"安史之乱"后,唐朝著籍人口数量大幅下降,但是各地减少的程度并不相同。相比较而言,北方各州县著籍人口减损严重,而长江流域人口减少的幅度大大低于北方,甚至有些州的著籍人口反而有较大增长。人口的变化,在很大程度上反映农业生产的水平。据《元和国计簿》载:"见定户二百四十四万二百五十四。""每岁县赋入倚办,止于浙西、浙东、宣歙、淮南、江西、鄂岳、福建、湖南等道,合四十州,一百四十四万户。比量天宝供税之户,四分有一。"③即江淮等八道即有 144 万余户,占申户之州户口总数的 58.3% 以上。这八道的辖境基本包括了整个长江中下游地区。这八道的经济发展水平也存在着较大差异。农业生产水平最高的无疑是自六朝以来有着悠久开发历史的长江下游平原及宁绍平原地区,即浙西、浙东、宣歙三道。唐朝宰臣权德舆云:"江东诸州,业在田亩,每一岁善熟,则旁资数道。"④白居易曰:"当今国用多出江南,江南诸州苏最为大,兵数不少,税额至多。"⑤苏州在元和年间著籍户数多达 10 万余户,远远高于天宝年间的

---

①　司马光:《资治通鉴》卷 231《唐纪四十七》,唐德宗兴元元年五月,中华书局,1956年,第 7448 页。

②　欧阳修、宋祁:《新唐书》卷 53《食货志三》,中华书局,1975 年,第 1369 页。

③　王溥:《唐会要》卷 84《杂录》,中华书局,1955 年,第 1839 页。

④　权德舆:《权载之文集》卷 47《论江淮水灾上疏》,甘肃人民出版社,1999 年,第597 页。

⑤　李昉等编:《文苑英华》卷 422《苏州刺史谢上表》,中华书局,1966 年,第 3040 页。

76 000 余户[1]。这三道的其余各州元和年间的著籍户数,虽少于天宝年间,但减少的程度远逊于黄河流域的河南、河北等道。

唐中期以后,今长江中游的江西地区经济得到迅速发展。江南西道辖17州,其中的洪州(至今江西南昌)、饶州(治今江西波阳)、吉州(治今江西吉安)三州在元和年间著籍户数,远远高于天宝年间的最高数。洪、饶、吉三州,唐初贞观年间皆仅有万余户,天宝年间人口大幅度增加,其中吉州升至3.7万余户,饶州增加至4万余户,洪州增加至5.5万余户。元和年间在大部分地区著籍人口大幅减少的情况下,三州却都有不同程度的增加,特别是洪州竟增至近10万户。江西道的抚州,元和户数虽不及天宝年间的3万余户,但元和年间仍有2.4万余户,与开元年间的著籍户数相差无几。由唐中期后江西道人口增长情况可知,唐朝中期以后江西道的农业经济迅速发展。文人对江西道经济水平也多有称道,白居易云:"江西七郡,列邑数十,土沃人庶。今之奥区,财赋孔殷,国用所系。"[2]唐文宗大和三年(829)御史台奏文提到,江西湖南"地称沃壤,所出常倍他州"[3]。

长江中游江汉平原、洞庭湖平原及湘江谷地的农业经济水平,在唐朝中期以后似乎没有取得江西那样的发展成就。从人口数量来看,仅鄂州(治今湖北武汉)元和年间著籍户数为2.8万余户,超过天宝年间的1.9万余户。属山南东道的荆州(治今湖北江陵)元和年间著籍户数,今本《元和郡县图志》中失载。但是,《资治通鉴》有条史料,说明荆州在唐朝末年人口数量较多。唐僖宗乾符五年(878),王仙芝起义军进军荆南,因惧怕沙陀军,"焚掠江陵而去。江陵城下旧三十万户,至是死者什三四"[4],其余各州户数似乎未见有增长的记载。

① 著籍户数参见冻国栋的《中国人口史》第2卷(隋唐五代时期)第四章《隋唐五代的人口分布》中各道诸州府各阶段户数表(复旦大学出版社,2002年,第184~288页)。

② 白居易:《白居易集》卷55《翰林制诏二·除裴堪江西观察使制》,中华书局,1979年,第1156页。

③ 大和三年十月御史台:《请令孟珰兼往洪潭存恤奏》,董诰等:《全唐文》卷966,中华书局,1983年,第10030页。

④ 司马光:《资治通鉴》卷253《唐纪六十九》,唐僖宗乾符五年正月,中华书局,1956年,第8195页。

### (二)五代北宋时期南方经济持续稳定发展

唐末五代,我国又经历了一次长达几十年的战乱,但战乱对南北方社会经济的影响并不一致。北方的黄河流域自唐末战乱开始,走马灯式地经历了梁、唐、晋、汉、周五个朝代,直到后周政权建立后,社会才渐趋稳定。战乱频仍对北方的社会经济造成极大伤害。同时,南方的长江流域在唐末战乱中逐渐形成的各割据政权,为了生存大多注重经济恢复,各政权内部纷争相对较少,各政权之间也未发生长时间大规模的战争。南方割据政权的相对稳定,为长江流域农业经济发展提供相对较好的社会环境。

唐中期以后,长江中下游平原地区的农业生产已经取得显著成就,唐末五代长江以南的丘陵山区农业生产也得到进一步发展。吴和南唐统治江西时期,在丘陵山区设置新县。唐宪宗元和年间,江西设有38县,南唐时设有54县。浙江、福建山区在唐中期至北宋,也大量设置新县。浙江新置5县,福建新置12县。在丘陵山区增设新县,表明山区农业经济得到发展人口进一步增加。《元一统志》中记载,"新昌县,本东汉剡县。旧日地名南明,号石牛镇。梁开平二年吴越王钱镠以此地人物稍繁,始分剡县十三乡置新昌县,后并其乡为八。"[1]长江流域及其以南的山区、丘陵地带,在五代时期的醒目发展,构成了当时平原地区和丘陵山区农业经济协调发展的趋势[2]。

宋初,经过太祖、太宗两朝,建立起局部统一的中央集权制国家。宋朝消除了内部的割据因素,但面临着严重的外部威胁。随着北方契丹族、西北的党项族的兴起,宋朝不得不在北方布置重兵。仅依赖北方黄河流域的农业经济实力,不足以应付庞大的军事需求,宋朝财政支出依然依赖江淮流域的赋税收入。

宋朝建都汴梁(今河南开封),都城及北方驻军所需大量粮食,不得不主要从江淮地区征集。宋人陈傅良言:"本朝定都于汴,漕运之法分为四路。江南、淮南、浙东西、荆湖南北六路之粟,自淮入汴至京师;陕西之粟,自三门、白波转黄河入汴至京师;陈、蔡之粟,自闵河(惠民河)、蔡河入汴至京师;

---

[1] 孛兰肹等:《元一统志》,中华书局,1966年,第605页。

[2] 郑学檬:《中国古代经济重心南移和唐宋江南经济研究》,岳麓书社,2003年,第236页。

京东之粟,自十五丈河(广济河)历陈、济及郓至京师。四河所运,惟汴河最重。"[1]

经汴河输入汴梁的粮食数量,《文献通考》中有记载:"国初以来,四河所运粟未有定制。至太平兴国六年,汴河岁运江淮米三百万石,菽一百万石;黄河粟五十万石,菽三十万石;惠民河粟四十万石,菽二十万石;广济河粟十二万石。凡五百五十万石。非水旱大蠲民租,未尝不及其数。至道初,汴河运米至五百八十万石……大中祥符初,至七百万石。"[2]

宋朝每年从江淮征调500万到600万石的粮食,这些粮食在江淮六路如何分配,张邦基在《墨庄漫录》中记载了宋太宗淳化四年(993)的情况:"年额上供米六百二十万石,内四百八十五万石赴阙,一百三十五万石南京[京]畿送纳。淮南一百五十万石,一百二十五万石赴阙,二十万石咸平、尉氏,五万石太康。江南东路九十九万一千一百石,七十四万五千一百石赴阙,二十四万五千石赴拱州。江南西路一百二十万八千九百石,一百万八千九百石赴阙,二十万石赴南京。湖南六十五万石尽赴阙。湖北三十五万石尽赴阙。两浙一百五十五万石,八十四万五千石赴阙,四十万三千三百五十二石陈留,二十五万一千六百四十八石雍丘。"[3]从此记载来看,两浙和淮南贡献最大,其次是江西和江东,湖南、湖北则较差。

漕粮征集也大体反映了各地区的农业生产情况。宋朝从江淮地区调出数量如此多的粮食,说明江淮地区的农业生产已经达到很高水平。在长江以南地区,宋朝江西的农业发展成绩最为显著。两宋之际吴曾云:"本朝东南岁漕米六百万石,而江西居三分之一。盖天下漕米多取于东南,而东南之米多取于江西也。"[4]吴曾的说法,与张邦基的说法有较大差异,或许反映了不同时代漕粮征集情况的变化。与赣江流域相比,宋朝两湖地区农业经济发展虽然取得了长足进展,能提供近百万石的粮食,但农业生产的潜力远远没有发挥出来。相对于明朝以后两湖地区农业生产取得的巨大成就,

① 马端临:《文献通考》卷25《国用三·漕运》,中华书局,1986年,第245页。
② 马端临:《文献通考》卷25《国用三·漕运》,中华书局,1986年,第743页。
③ 张邦基:《墨庄漫录》卷4,孔凡礼点校,中华书局,2002年,第118页。
④ 吴曾:《能改斋漫录》卷13《唐宋漕运米数》,中华书局,1960年,第396页。

有"湖广熟,天下足"的谚语,北宋时期两湖地区的农业开发只是为以后发展奠定了基础。[①]

## 三、宋元时期农业经济"南重北轻"的确立

### (一)北宋时期北方的农业经济

五代时期,辽国攫取了幽云十六州,获取了进一步侵扰黄河中下游的前进基地。宋太宗太平兴国四年(979)六月,宋军乘灭北汉之胜势,进军燕京(今北京)试图收复被辽国占据的幽云十六州地区,在高梁河大败,撤回宋境。此后辽军展开了大规模报复,大肆侵扰北宋。宋辽战争时断时续持续了20余年,直到宋真宗显德元年(1004)澶渊之盟后,北方的战争才趋于平息。此后,宋辽以白沟为界在华北平原上南北对峙。当时北宋设置"塘泺",利用平原上的低洼地带蓄水阻止辽国骑兵的做法,极大改变了北宋时期华北平原的自然水文环境,对河北地区的农业生产造成极大消极影响。

北宋时期是我国历史上与唐朝相近的少有温暖期。气候变化上的温暖湿润期,有利于水热条件不太优越的北方农业生产的发展。降水的增多,也会使流经华北平原的黄河决溢频率增高。北宋时期是黄河决溢频繁期。朝廷为治理黄河水患投入大量人力物力,但宋朝黄河治理受对辽军事战略的影响,士大夫之间围绕治理的争执大大影响了治河的成效。治河方略失当,河患无从减轻,农业生产环境恶化;无休止地滥用民力、物力,又极大冲击了黄河中下游地区农业生产。

宋仁宗天圣四年(1026)八月,审刑院详议官太常博士馆陶王沿在上疏中曰:"宋兴七十年……然而北敌桀骜,数寇深、赵、贝、魏之间,先朝患征调之不已也,故屈己与之盟。然彼以戈矛为耒耜,以剽房为商贾,而我垒不坚、兵不练,徒规规于盟歃之间,岂久安之策哉?夫善御敌者,必思所以务农实边之计。河北为天下根本,其民俭啬勤苦,地方数千里,古号丰实。今其地十三为契丹所据,余出征赋者七分而已。魏史起凿十二渠,引漳水溉斥卤之田,而河内饶足。唐至德后,渠废,而相、魏、磁、洺之地并漳水者,屡遭决溢,

---

① 朱瑞熙、徐建华:《徐规教授从事教学科研工作五十周年纪念文集》,杭州大学出版社,1995年,第181~197页。

今皆斥卤不可耕。故缘边近郡数蠲税租,而又牧监刍地占民田数百千顷,是河北之地虽有十之七,而得租赋之实者四分而已。以四分之力,给十万防秋之师,生民不得不困也。且牧监养马数万,徒耗刍豢,未尝获其用。"[1] 从中可见,北宋黄河下游地区的农业生产深受政治、军事等社会环境制约及水文环境的改变,气候温暖湿润的变化并没有促进河北地区农业生产的大发展。北宋受军事、政治影响的还有关中和河东地区。宋朝在河北、河东与辽政权对峙,在陕西与西夏对峙,为防止辽和西夏的内侵,北宋在北部和西北部边境驻扎大批军队。北方地区的农业经济首先要先满足这些军队的军需给养,故文献中常见官府从南方筹集漕粮,而并不见北方粮食输往京师。

气候温暖湿润的北宋时期,北方因军事政治因素的影响,农业生产没有取得令人瞩目的成就。但是并不是说北方农业生产没有恢复和发展,北宋时期北方的农业生产并非乏善可陈。《文献通考·田赋四》记载宋神宗元丰初年各地的二税见催额,河北路数量达 9 152 000,遥遥领先,其次为京东西路合计 7 064 771。这些数额远远高于两浙路的 4 799 122、淮南路的 4 223 784。[2] 当然,宋朝财赋统计中使用的是复合单位——贯石匹两量斤束……宋朝财赋征收包括钱币、粮食、绢布、丝绵、杂色及马草等等,各种类之间价值相差悬殊,但是数量统加合计,故财赋征收的统计数据不能绝对化。但从这些数据来看,北方的农业生产并非凋敝。据有关区域经济研究成果,宋朝山东地区(大致相当于京东、西两路)社会经济在全国仍具有突出地位。[3]

气候温暖湿润,不但有利于北方黄河流域的农业生产,而且使适合农业生产的区域向北扩展。与北宋并存的辽国,在原来不太适宜农业生产的上京临潢府(今内蒙古巴林林东南)大力发展种植业,而且将种植业向北推

① 李焘:《续资治通鉴长编》卷 104,仁宗天圣四年八月,中华书局,2004 年,第 2415~2416 页。

② 马端临:《文献通考》卷 4《田赋四》,中华书局,1986 年,第 59~60 页。

③ 张熙惟:《论宋代山东经济的发展》,《山东大学学报》(哲学社会科学版)1993 年第 3 期。

广至更北的今蒙古境内的克鲁伦河和内蒙古境内海拉尔河流域。据《辽史·食货志》记载:"太宗会同初……以乌古之地水草丰美,命瓯昆石烈居之,益以海勒水之善地为农田。三年,诏以谐里河、胪朐河近地,赐南院欧堇突吕、乙斯勃、北院温纳河剌三石烈人,以事耕种。"[1]辽在北部边界地区推广种植业,至辽中期取得较大成效,"道宗初年……时西蕃多叛,上欲为守御计,命耶律唐古督耕稼以给西军。唐古率众田胪朐河侧,岁登上熟。移屯镇州,凡十四稔,积粟数十万斛,每斗不过数钱。"[2]

### (二) 宋金时期的南北方的农业经济

北宋末年,金朝建立。1125 年金攻灭辽政权,1127 年攻破东京汴梁,俘获宋徽宗和宋钦宗二帝。金军南侵对北方的社会经济造成极大的伤害。"靖康之后,金虏侵陵中国,露居异俗,凡所经过,尽皆焚爇。"[3]宋徽宗之子赵构即皇帝位重建宋朝廷,史称南宋。金朝为了彻底消灭宋朝。派兵追击宋高宗赵构,金军渡江,深入浙东的明州(今浙江宁波);为追击孟太后及南宋朝廷,深入江西万安。金军在东部大肆侵掠的同时,在西北也展开大规模军事行动,攻占关中地区。宋金之间大规模的战争,在 1141 年绍兴和议后基本结束。

两宋之际的战乱,不仅摧毁了北方的社会经济,而且江淮地区也未能幸免。为阻金军南下,宋朝决黄河大堤,致使黄河夺泗入淮。此后黄河改道,多次向南摆动,黄河的决溢泛滥,对淮河北岸的农业生产产生了极大的消极影响。自绍兴和议后,宋金以淮河为界,南北对峙。虽然大规模军事冲突结束,但边界地区并不安宁,短时间的军事冲突,如海陵王南侵、开禧北伐等军事行动,都使淮河流域社会经济恢复受到冲击。宋金对峙至元朝统一,淮河流域始终是南北政权军事交锋的重要战场,在自然环境和军事政治环境的影响下,淮河流域农业经济极其凋敝。唐宋时期,淮河流域的繁荣发达景象已经成为历史,仅存在于典籍文献中。

两宋之际,不仅有金军的烧杀抢掠,还有乘乱而起的溃兵及流民武装

---

① 脱脱等:《辽史》卷 59《食货志》,中华书局,1974 年,第 924 页。

② 脱脱等:《辽史》卷 59《食货志》,中华书局,1974 年,第 925 页。

③ 庄绰:《鸡肋编》卷中《绍兴军费》,中华书局,1983 年,第 76 页。

对社会经济的破坏。李心传有概括性记载："建炎四年,上自海道还会稽。时江、湖、荆、浙皆为金人所蹂,而群盗连衡以据州郡,大者至十余万,朝廷不能制。"[①]绍兴和议之后,社会渐趋稳定,江南的社会经济逐步得到恢复。宋金对峙时期,江南各地区的农业经济水平依然是自东向西逐渐下降,太湖流域及宁绍平原仍然是农业经济最发达的地区,江东西路次之,荆湖南北路再次之。除了东西间的差异,南宋时期长江以南区域各地区农业经济生产在纬度上也存在较大差距。随着两宋之际北方民众的大量南迁,福建地区的农业生产得到迅速发展[②],而岭南的珠江流域各地尚处于地广人稀、农业经济初步发展的阶段[③]。

在深受汉文化影响的金熙宗即位后,金朝的社会经济逐步进入恢复期。绍兴和议使宋金两国结束了敌对的战争状态。淮河以北的北方农业生产在金世宗、金章宗时期又一次达到了顶峰。我国东部南北方政权的分界线推至淮河一线,制约了淮河流域农业经济的恢复和发展,却有利于黄河中下游地区。黄河夺泗入淮,北方农业生产不再遭受黄河决溢的危害,为北方农业生产的恢复和发展提供了一个相对优越的自然环境。

金朝统治下的河北地区,经济恢复和发展的成果最为显著。至金章宗泰和七年(1207),河北路各州著籍户数高达215万余户,为北宋崇宁元年的176%。人口密度达20.6人/平方千米,远远高于北宋崇宁元年的11.7人/平方千米。仅次于江南的23.5人/平方千米,大大高于江西的17人/平方千米。与河北路紧邻的燕南地区(中都路,原辽国统治的华北平原北部)人口密度达到13.9人/平方千米,与福建的14.3人/平方千米相近。北方农业经济的恢复和发展,在当时文人的记述中也多有反映。金世宗时名臣梁襄在大定四年(1164)的上疏中言:"是时,河南、陕西、徐海以南,屡经兵革,人稀地广,蒿莱满野,则物力少,税赋轻,此古所谓宽乡也;中都、河北、

---

①　李心传:《建炎以来朝野杂记》甲集卷11《镇抚使》,中华书局,2000年,第222页。

②　郑学檬:《中国古代经济重心南移和唐宋江南经济研究》,岳麓书社,2003年,第263~303页。

③　[日]斯波义信:《宋代江南经济史研究》,方健、何忠礼译,江苏人民出版社,2012年,第106~110页。

河东、山东,久被抚宁,人稠地窄,寸土悉垦,则物力多,税赋重,此古所谓狭乡也。"[1]

### (三) 金元之际北方农业经济的再破坏

金中期,我国东部南北两大农业经济区并驾齐驱的态势,并没有继续保持下去。随着漠北草原蒙古的兴起和南侵,金朝世宗、章宗时期得以恢复和发展起来的华北地区农业经济再遭惨烈破坏。金卫绍王即位后不久,成吉思汗率领蒙古大军对金朝展开了大规模侵袭。初入中原的蒙古军队大肆烧杀抢掠,对农业经济造成极大破坏。除了战争中的杀戮,蒙古不熟悉农耕社会的统治,更进一步加剧了北方农业经济的残破。

忽必烈继位前,"汉地不治"情况相当严重。1234 年(乃马真后称制初年)"壬寅以还,民益困弊",到了 1249—1250 年(海迷失后称制期间)"民之困弊极矣"。[2]元人郝经曰:"比年以来,关右、河南北之河朔少见治具,而河朔之不治者,河东河阳为尤甚。"[3]忽必烈即位后,北方农业经济恢复才逐步展开。

元朝建立后,北方农业生产逐步恢复。在北方农业经济的支持下,元朝完成了国家统一。在统一战争中,江南地区尤其是长江下游地区的农业生产几乎没有受到太大的破坏。元朝统一后,我国东部南北两大农业经济区之间的差异极其明显。元中期各地税粮数量能很好说明各地区农业生产情况。北方的腹里(包括河东、河北、山东)的税粮数量为 227 余石,江浙行省(长江下游地区)的税粮数量为 449 万余石,江西行省的税粮数量为 115 万余石。国家统一使淮河流域及以西汉水流域不再受政治军事影响,农业生产得以快速恢复,元朝河南江北行省的税粮数量为 259 万余石。我国农业经济重心"南重北轻"形成。

---

① 赵秉文:《闲闲老人滏水文集》卷 11《保大军节度使梁公墓铭》,商务印书馆,1937年,第 155 页。

② 许衡:《许衡集》卷 7《奏疏》,中华书局,2019 年,第 290 页。

③ 郝经:《郝文忠公陵川文集》卷 32《河东罪言》,山西人民出版社,2006 年,第 447 页。

## 第四节　｜　水利兴修与农业经济

魏晋至宋元时期，人们对自然生态环境变化的认识还较肤浅，在自然生态环境变化对农业经济产生不利影响后，朝廷最主要的应对措施就是兴修水利。

我国古代主要的农业经济区，地处东部，深受季风影响，降水量自东南向西北逐渐减少。北方主要农耕区属于温带季风气候区，冬季寒冷干燥，夏季炎热多雨。降水量年内分布不均，冬春少雨雪，易形成干旱；降水集中在夏季，多暴雨，易形成洪涝。淮河以南地区属于亚热带季风气候区，降水充沛，水热资源丰富。降水受季风影响明显，雨热同期，利于农作物生长；降水量年内分配不均，年际变化大，水旱灾害频繁。

历史时期，气候虽有变化，但是降水量年内分配不均，年际变化较大的特点始终未发生大的改变。为了农业生产稳定发展，农户会自发地从事力所能及的蓄水和排涝工作，但是大型水利工程的兴修需要朝廷的积极参与，或组织民众，或提供技术、物资。在以分散的小农经济为主要生产形态的古代，组织民众兴修水利工程，就成为国家应对气候变化的主要活动。

### 一、魏晋南北朝时期的水利工程

魏晋南北朝时期，北方多战乱，而南方则相对安定，北方民众大批南迁，促进了长江下游地区农业生产的发展。南方加大水利工程的兴修力度，丰富的水热条件逐渐得到充分利用。北方在社会渐趋安定后，水利工程也逐渐得到恢复。

#### （一）淮河流域及以南地区的水利建设

魏晋南北朝时期，南北方的农业经济发展水平存在着明显差异。北方经济开发程度较高，但因战乱破坏严重；江南一带虽受战乱影响小，但经济发展程度低。因此,北方农业经济面临的主要工作是恢复,南方农业经济面临的主要任务是开拓,即开发土地。

秦汉时期,淮河流域农业经济有一定程度基础,但在汉末战乱中遭到破坏。淮河流域是南北政权对峙地区,曹魏与孙吴以及东晋南朝政权与北方政权,都在淮河流域展开激烈争夺。为了军事斗争的需要,对峙双方在淮河流域进行大规模的屯田。淮河流域农业田水利的发展与恢复也随着屯田的进行而展开。

淮河流域的农田水利建设,结合适应当地的自然环境,以塘堰灌溉工程的修复和建设为主。寿阳一带古老的水利灌溉工程芍陂,在魏晋及唐宋时期多次毁坏和修复。三国时期,邓艾在淮河流域的屯田,将该地区的水利建设推向高潮,史载:“修广淮阳、百尺二渠,上引河流,下通淮颍,大治诸陂于颍南、颍北,穿渠三百余里,溉田二万顷,淮南、淮北皆相连接。”[1]

长江中下游及其以南的广大地区,气候温暖,雨量丰沛,土地肥沃。在气候转冷转干时期,发展农业的优越条件得到彰显。自东汉末年以来,北方持续的大规模战乱,大量民众南迁,为南方农业开发提供了充足的劳动力。南方的农业经济及水利建设以前所未有的规模和速度向前发展,新的水利工程大量出现。

太湖流域虽然有着悠久的开发历史,但是在汉末以前,其农业生产水平仍远远落后于北方的黄河流域。魏晋南北朝时期,太湖流域得到进一步开发,水利建设也随着农业开发逐步兴修。太湖流域是一个典型的碟形洼地,除西部近山一带地势高昂外,绝大部分地区海拔近 2~5 米,夹在大湖、大江和大海之间。受此自然环境的制约,太湖流域的水利兴修,以修建堤塘保护农田不受湖水、海水侵蚀,以及排水防涝为主。

六朝时期,太湖流域最重要的水利工程是在东缘修筑了自平望至湖州九十里的狄塘。《太平寰宇记》引《吴兴记》言狄塘为“晋太守殷康所开,傍溉田千顷”,后来太守沈嘉又重新开浚,灌田 2 000 余顷,更名为吴兴塘。[2]

---

① 房玄龄等:《晋书》卷 26《食货志》,中华书局,1974 年,第 785 页。

② 王纮:《浙江通志》卷 55《水利四·湖州府》,商务印书馆,1985 年。李吉甫:《元和郡县图志》卷 26《江南道·湖州》,中华书局,1983 年,第 605 页。

获塘的塘岸实际上成了太湖东南缘的一条大堤,起着阻遏太湖泛溢的作用。

在宁绍平原地区,主要是不断完善永和五年(140)会稽太守马臻兴修的鉴湖。为了适应农业发展的迫切需要,朝廷不断改善鉴湖灌区的水利条件。约在西晋末或东晋初,贺循主持开凿河渠灌溉农田,《嘉泰会稽志》记载:"晋司徒贺循临郡,凿此以溉田。"[①]漕河全长逾200里,大体上与鉴湖堤平行。它实际上成了鉴湖灌区的一条总干渠。漕渠开凿后,改善了鉴湖的排灌条件,同时,由于漕渠与南北向的河流形成交错的格局,便利了相互之间的水量调节。因此,漕渠的开凿,为平原河网化的形成和发展奠定了基础,并成为整个河网中的骨干,将鉴湖调蓄的大量淡水,输送到纵横错列的河网,灌溉近万顷农田。

宁绍平原临海,海潮泛溢,严重影响农业生产,修塘拒潮成为必需的水利工程。宁绍平原北部沿海海塘何时开始修筑,史无明确记载。《新唐书·地理志》和《嘉泰会稽志》均记载会稽东北有防潮海塘,自上虞江抵山阴,百余里,以蓄水溉田。唐朝开元十年(722),李俊之又增修。这说明,会稽东北长达百余里的海防,在开元以前就已存在,但唐朝前期并无于此处创筑海塘的记载。故而东晋南朝时,系统的海塘工程似已基本形成。为宁绍平原农业发展起过重大作用的鉴湖,因为不断的围湖造田,到南宋时便消失[②]。

太湖以西的宁镇平原丘陵地区的农业经济,在魏晋南北朝时期也得到较快发展,见于记载的大型农田水利较多。东晋大兴四年(321)晋陵(治今镇江丹徒区)内史张闿主持兴建蓄水灌溉工程新丰塘。坐落在今丹阳城东北的新丰附近,又名新丰湖。《晋书·张闿传》记载,"时所部四县并以旱失田,闿乃立曲阿新丰塘。"工程建成后,"溉田八百余顷,每岁丰稔。"[③]新丰塘修建改变了"旧晋陵地广人稀,且少陂渠,田多恶秽"[④]的状况,促进了该地区农业生产的发展。

① 施宿等:《嘉泰会稽志》卷10《水》,中华书局,1990年,第6879页。
② 陈桥驿:《古代鉴湖兴废与山会平原农田水利》,《地理学报》1962年第3期。
③ 房玄龄等:《晋书》卷76《张闿传》,中华书局,1974年,第2018页。
④ 李吉甫:《元和郡县图志》卷25《江南道·润州丹阳县》,中华书局,1983年,第592页。

句容的东面和南面丘陵环绕,春夏暴雨,山水汇注,洪潦弥漫;天久干旱,则溪流涓涓,水源匮乏。相传三国孙吴赤乌二年(239),为了解除这种洪旱交织的矛盾,孙吴利用有利地势,修筑长堤,围成陂湖(即赤山塘),又名赤山湖,调蓄东南诸山溪来水,下通秦淮河,泄入长江,初步解除了该地区的洪涝威胁,并为湖下大片农田储备了比较充裕的灌溉水源,促进了句容、湖熟一带粮产区的形成。

东晋南朝时期赤山湖得到很好的修治,史载南齐明帝时(494—498),沈瑀主持修筑赤山塘,"所费减材官所量数十万。"[1]在建康(今江苏南京)周围兴修的小型陂塘还有很多,水利工程的兴修为江南地区农业生产和农业经济的发展提供了良好条件。

### (二) 北方的水利建设

三国时期曹魏在北方大兴屯田,范围极为广泛,西北地区的凉州、关中平原及华北平原都有分布。其中同孙吴接壤的江、淮地区,与刘蜀邻近的上邽、天水地区,以及水利条件较好土地肥沃的伊洛平原、沁水流域、漳水流域、淮河流域和军事战略意义的交通要道等地,都是曹魏屯田格外集中的地区。[2]曹魏推行屯田的地区,大多是农业生产较为发达的地区,水利基础好。

屯田过程中对农田水利的经营多数属于修缮性的工作。如曹魏在关中平原修成国渠,据《晋书·食货志》记载,青龙元年(233),"开成国渠自陈仓至槐里;筑临晋陂,引汧洛溉舄卤之地三千余顷,国以充实焉。"[3]成国渠位于渭北,始建于西汉。曹魏此次施工,是对原有工程的一次大规模扩建[4]。洛阳周围的屯田,是利用东汉时兴修的阳渠,并于太和五年(231)对原来的工程设施进行了改建,修筑千金堨,塞遏谷水,开凿五龙渠,引水灌田,从而将东汉"引洛水为漕"的阳渠改造为屯区农田服务的灌溉工程。在邺城周围的屯田,利用西门豹为邺令时兴修的引漳水利工程,兴修了天井堰。

---

① 姚思廉:《梁书》卷53《沈瑀传》,中华书局,1973年,第768页。
② 高敏:《魏晋南北朝史发微》,中华书局,2005年,第16~56页。
③ 房玄龄等:《晋书》卷26《食货志》,中华书局,1974年,第785页。
④ 汪家伦、张芳:《中国农田水利史》,农业出版社,1990年,第143页。

西晋短暂统一以后,西晋末年北方地区又陷入更大规模战乱。但是在社会趋于稳定时,保证农业生产的水利工程又会被恢复。如前秦的苻坚,恢复修缮关中的郑白渠灌溉工程。《晋书·苻坚传》载:"坚以关中水旱不时,议依郑白故事,发其王公以下及豪望富室僮隶三万人,开泾水上源,凿山起堤,通渠引渎,以溉冈卤之田,及春而成,百姓赖其利。"[1]

北魏实行均田制,调整了土地资源和人力资源的配置,同时朝廷大力提倡水利兴修。太和十二年(488),诏六镇、云中、河西及关内六郡,各修水田,通渠灌溉。太和十三年(489)诏诸州镇,兴修水利,通渠灌溉,并"遣匠者所在指授"[2]。在朝廷的大力推动下,北方的水利事业逐渐恢复和发展起来。北朝时期见于文献资料记载的农田水利修复工程共18项,都是对旧有灌溉工程的修复或改建,其中北魏时期的施工9项,东魏2项,西魏3项,北齐3项,北周1项。就地区分布而言,北魏水利施工的地点比较分散;东魏和北齐均定都城于邺,重点关注邺地周围及幽州灌溉工程的维修;而西魏和北周均定都城于长安,对关中地区及西北水利的修复比较重视。[3]

## 二、唐宋元时期的水利建设

### (一) 北方的水利建设

隋朝统一,结束了自汉末以来的分裂割据,重建了强大的中央集权制国家。政治上的统一,为经济发展创造了条件。隋朝因隋炀帝的暴政而覆亡,但开创的统一的局面为唐朝所继承,隋唐时期是我国历史上经济文化繁荣发达时期。

隋朝虽二世而亡,但是隋朝乘北周之盛,在水利建设上也颇有一些成就,著名的有山东兖州沂水的薛公丰兖泽、沁水的利民渠,在寿州整治芍陂,在蒲田立堤防、开稻田数千顷。[4]据学者统计,隋代兴建水利工程

---

① 房玄龄等:《晋书》卷113《苻坚传》,中华书局,1974年,第2899页。

② 魏收:《魏书》卷7《高祖纪》,中华书局,1974年,第165页。

③ 汪家伦、张芳:《中国农田水利史》,农业出版社,1990年,第183页。

④ 魏徵、令狐德棻:《隋书》卷50《薛胄传》、卷38《卢贲传》、卷73《赵轨传》、卷46《杨尚希传》,中华书局,1973年,第1318页、第1141~1144页、第1678页、第1252~1253页。

27 项。[1]

唐朝水利工程无论质量还是数量，都比前朝有了较大的提高。依据《新唐书·地理志》所记水利建设的数目为基础，补充两唐书的本纪、列传中记载，统计唐朝所兴修的水利建设共有 264 项。唐朝的水利建设分布具有明显的时段和地域特点。

"安史之乱"前修建的水利工程有 163 项，约占总数的 3/5；而"安史之乱"后的水利兴修数量只有 101 项。唐前期所兴修的 163 项水利工程中，北方五道（关内、河北、河东、河南、陇右）有 101 项，占总数的 2/3，南方五道（山南、淮南、江南、剑南、岭南）有 62 项，占总数的 1/3。北方的水利建设又以河北道最多有 54 项，其次是河南道有 20 项，河北、河南二道共有 74 项，占当时全国水利建设项目的 1/3，占全部北方水利建设项目的 2/3。

唐朝后期见于记载 101 项水利工程中，南方五道就有 76 项，其中以江南一道为最多，竟占 49 项，约全部南方水利建设总数的 2/3。与此同时，北方诸道的水利建设数字，骤然下降，河北道由前期的 54 项下降为 3 项，河南道由前期的 20 项下降为 7 项，河东道由前期的 16 项下降为 2 项。唐朝后期的各地水利建设数量，并列第二位的是淮南道，13 项；北方的关内道因都城所在，水利建设数量亦为 13 项。[2]

从唐朝水利建设的统计数字来看，"安史之乱"前北方是水利建设的重点区域。"安史之乱"后，除了关中地区水利建设依然有所发展，北方其余地区渐趋衰落，而南方水利建设速度大大加快。唐朝北方的水利建设主要集中在关内道及河东、河南、河北三道，这些地区都是古老的农业经济区，水利基础好，唐朝的水利兴修主要是恢复改造旧的水利工程，使之发挥更大效益。如在关中地区主要是改造前朝的郑白渠和成国渠，在河北地区改造古老的引漳灌区和太白渠（引滹沱河水的灌溉工程）。

宋朝北方（陕西、山西、河北、河南）的水利建设数量与南方（江苏、安徽、

---

[1]　冀朝鼎：《中国历史上的基本经济区和水利建设事业的发展》，中国社会科学出版社，1981 年，第 36 页。

[2]　水利建设数字统计参见邹逸麟的《从唐代水利建设看与当时社会经济有关的两个问题》（邹逸麟：《椿庐史地论稿》，天津古籍出版社，2005 年，第 72~80 页）。

浙江、江西、福建)相比数量上差距进一步拉大。[1] 宋朝北方水利建设除了对古老灌溉系统的修复和改建,水利建设的新的现象就是对河北地区塘泊水利的建设和开发。

修建塘泊防线,屯田实边,以遏制辽军南侵。这一主张首先由沧州节度副使何承矩在宋太宗端拱元年(988)的上疏中提出,得到采纳。经过广大军士的辛勤劳动,在海河下游的广阔区域,大兴塘泊水利,"兴堰六百里,置斗门,引淀水灌溉。"为了维持塘泊的一定水深,扩大塘泊防线的区域,宋神宗熙宁年间,引滹沱、胡卢、永济、漳河、唐河、沙河等 9 条河流入东线诸淀。西线地势较高,无淀泊可以利用,就开凿人工河渠与淀泊相连。宋仁宗明道二年(1033),根据刘平的建议,在顺安保定之间 150 里的广阔区域,"以引水植稻为名,开方田,随田塍四面穿沟渠,纵广一丈,深二丈,鳞次交错,两沟间屈曲为径路才令通步兵",西部形成了纵横错列的沟渠系统。北宋兴建塘泊工程的首要目的是蓄水以遏制契丹骑兵侵袭,其次是"屯田以实边",解决边防的军需供给。屯田区一般多"水陆兼种",但以水稻为主。[2]

水稻种植不仅分布于东部低湿地区,而且发展到西部地势较高的保州一带。宋真宗天禧四年(1020),卢鉴言:"保州屯田务自来逐年耕种水陆田八十顷,臣在任三年,开展至百余顷,岁收粳、糯稻万八千或二万石。"[3] 由于水稻产量较高,适宜多水的塘泊地区。因此,朝廷大力引导民间种植水稻。修建塘泊工程的目的在蓄水以限辽骑,稻田的开拓不免受到一定影响,但仍取得可喜的成就。北宋中期以后,由于河流携带的大量泥沙,尤其是黄河北泛,塘泊逐渐淤积失去了军事防线意义,纵横散布的塘泊逐渐被开拓为水陆农田。北宋利用淀泊水利发展稻作农业的实践,在农田水利史上留下了久远的影响。

宋朝北方水利发展史上另一个引人注目的事情是放淤。我国北方的许多河川,含沙量大,颗粒细,肥分高。早在先秦时期,人们就开始利用这类

---

① 冀朝鼎:《中国历史上的基本经济区和水利建设事业的发展》,中国社会科学出版社,1981 年,第 36 页。

② 脱脱等:《宋史》卷 95《河渠志》,中华书局,1977 年,第 2360 页。

③ 徐松辑:《宋会要辑稿》食货 63 之 42,中华书局,1957 年,第 6007 页。

河流的水沙资源滋润农田,育肥和改良土壤。熙宁时期,在宋神宗的支持和王安石等改革派的积极推动下,局部地区小规模淤灌实践迅速发展成为空前规模的放淤高潮,在华北大地上开创了广泛利用水沙资源的新局面。熙宁二年(1069),侯叔献建议,利用灌溉和放淤,开发汴河两岸万余顷不耕之地,这一意见被朝廷采纳。于是,放淤活动在开封、中牟一带拉开帷幕。此后淤田活动进一步活跃,规模日益扩大,并由京师周围逐渐向外推开。

由于淤过的农田"土细如面","极为润腻",不少地方的民众自愿出资,纷纷请求朝廷代为淤田改善土壤。《宋史·河渠志》记载:熙宁六年(1073),"阳武县民邢晏等三百六十四户言:'田沙咸瘠薄,乞淤溉,候淤深一尺,计亩输钱,以助兴修。'诏与淤溉,勿输钱。"[1] 放淤活动在朝廷的推动和民众积极参与下更广泛地开展。熙宁后期,黄河中游的天河水(川谷水)、涑水河,黄河下游干流和北岸的一些支流,以及海河水系的漳河、滹沱河、滏阳河等,都出现了较大规模的引水放淤。

放淤活动对土地的改造效果明显,但放淤活动改造的土地数量史籍记载不完整。《宋史·河渠志》记载了熙宁十年(1077)、元丰元年(1078)的淤田数据。"熙宁十年六月,师孟、琬引河水淤京东、西沿汴田九千余顷;七月,前权提点开封府界刘淑奏淤田八千七百余顷。""元丰元年二月,都大提举淤田司言:'京东、西淤官私瘠地五千八百余顷,乞差使臣管干。'许之。"[2] 由此推测,放淤活动惠及农田的数量巨大。宋朝北方大规模放淤活动,仅仅持续了十余年,随着王安石变法失败而结束。但是,民间小规模的放淤活动一直存在。

### (二) 南方的水利建设

中唐以后,南方蓬勃发展的水利建设因地理环境的差异,各地水利建设各有侧重。低湿洼地多以水网圩田的形式出现,丘陵平原以陂湖灌溉为主,东南沿海则构筑海塘及形式多样的挡潮蓄淡工程。其中太湖地区塘浦圩田的形成,是南方水利建设最突出的成就。

太湖地区四周高仰、中部低洼,形成以太湖为中心的碟型洼地。沿海

---

[1]　脱脱等:《宋史》卷95《河渠志五》,中华书局,1977年,第2370页。

[2]　脱脱等:《宋史》卷95《河渠志五》,中华书局,1977年,第2373页。

滨江的碟缘高地称为岗身地带,需开凿河港,引水灌溉;腹里洼地病涝,需筑堤作围,防洪除涝。塘浦圩田就是在这种特殊环境下,开发和利用水土资源过程中逐步发展起来的。六朝时期太湖地区的水利建设,已奠定了较好的基础。有规则的纵浦横塘的开凿和棋盘式圩田格局的形成,则是在中唐以后。

大范围内建设塘浦圩田,涉及水土矛盾的综合治理,绝非一县一乡的单薄力量所能进行,更不是一家一户所能办到,它的形成与唐朝中期太湖地区屯田的推行密切相关。据唐朝李翰《苏州嘉兴屯田纪绩颂》记载,当时在浙西设置了三大屯区,其中以嘉兴屯区规模最大,设有27屯。自太湖之滨到东南沿海,"广轮曲折,千有余里",都属于嘉禾屯区的范围。在朝廷统一组织指挥下,"画为封疆属于海,浚其畎浍达于川。"经过垦屯者有计划的开拓,在垦区内形成"畎距于沟,沟达于川。故道既湮,变沟为田……浩浩其流,乃与湖连。上则有涂,中亦有船。旱则溉之,水则泄焉。曰雨曰霁,以沟为天。俾我公私,永无饥年",基本形成了平原地区的河网化,实现了水旱无忧,旱涝有秋的要求。唐代宗广德元年(763),嘉禾屯区的粮食生产"数与浙西六州租税埒"。[1]

五代时期,吴越创设"撩浅军",着力于太湖塘浦圩田的养护管理。撩浅军亦称撩清军,创建于唐昭宗天祐元年(904),近万人在"都水营田使"统率下,分四路执行任务:一路着重浚治吴淞江及其支流,以保持太湖地区中路排水畅通;二路着重疏浚东南出海港浦;三路部署在杭州地区负责西湖的清淤、除草、浚泉,以及运河航道的疏治和管理;四路叫"开江营",分布于今常熟、昆山一带,担任太湖地区东北通江港浦的疏治和堰闸管理。终吴越之世,坚持不懈。[2]太湖塘浦圩田系统的有效维护,大大减轻了水旱灾害,促进了五代时期长江下游平原地区农业生产的发展。

南方的圩田获得更加广泛的发展,则是在两宋时期,尤其是在北宋后期。人口持续增长,粮食需求压力增大,为增加粮食生产,不得不大规模开

---

[1]　李翰:《苏州嘉兴屯田纪绩颂并序》,董诰等:《全唐文》卷430,中华书局,1983年,第4375页。

[2]　汪家伦、张芳:《中国农田水利史》,农业出版社,1990年,第255页。

发土地。另外,江东犁、龙骨水车的普遍应用,为圩田发展提供了可能。女真族兴起,占据淮河以北古老的农业经济区,宋朝廷退守东南,"全籍苏、湖、常、秀数郡所产之米,以为军国之计。"为了培植和扩大东南财赋基地,朝廷特别重视和倡导圩田的开发。宋朝圩田的发展,已经由太湖流域迅速扩张到青弋江、水阳江流域、宁绍平原,以及包括巢湖在内的皖北沿江一带。这些地区在政区上大体上分属于当时的江东、浙东、浙西和淮西四路。

宋朝以来江南大规模的围湖造田活动,扩大耕地面积,有效解决了人多地少的矛盾,满足了人口增长对粮食的需求。但是无限制地围湖造田,必然影响自然生态环境的平衡,产生防洪与灌溉的矛盾。宋人对此已有深刻认识,"江湖深广则潴蓄必多,遇水有所通泄,遇旱可资灌溉;傥或狭隘则容受必少,水则易溢,未免泛滥之忧,旱则易涸,立见焦枯之患。"因此,随着圩田活动的展开,反对围垦之声不绝于耳。反对者认为围湖垦田影响蓄泄,加重水旱灾害,得不偿失,要求禁围复湖。北宋时期朝廷一直鼓励围垦,但到南宋前期,由于强宗大族,垄断围区水利,"稍觉旱干,则占据上流,独擅灌溉之利,民田坐视无从取水;逮至水溢,则顺流疏决,复以民田为壑"[1],致使灾害频仍,农田歉收。因此,南宋一再发布禁止围湖造田的命令。当然,发布的禁令,并没有严格、一贯地执行,围湖造田一直持续。

低湿平原地区的河网化及围湖造田的同时,丘陵山地的土地开发和水利工程随着人口增长而发展起来。北宋中后期人口迅速增长,尤其是两宋之际北方人口大量南迁,南方平原地区土地开发殆尽,人们逐渐把开发的重点转向丘陵地区。在适宜的山坡上修建梯田,以修建塘坝作为灌溉水源的农田水利开发事业迅速兴起。宋朝的梯田普遍出现在福建、江西、浙江等丘陵地区。宋人方勺记载福建风土人情:"七闽地狭瘠而水源浅远,其人虽至勤俭而所以为生之具,比他处终无有甚富者。垦山陇为田层起如阶级,然每远引溪谷水以灌溉,中途必为之硙,不唯碓米,亦能播精。朱行中知泉州,有'水无涓滴不为用,山到崔嵬犹力耕'之诗,盖纪实也。"[2]范成大在《骖

---

① 鄂尔泰:《授时通考》卷 12《土宜门》,农业出版社,1991 年,第 233 页。
② 方勺:《泊宅编》卷 3,许沛藻、杨立扬点校,上海古籍出版社,1983 年,第 15 页。

鸾录》记述袁州(治今江西宜春)云："岭阪上皆禾田,层层而上至顶。"[1] 楼钥在经过冯公岭时赋诗感叹农人的辛苦:"百级山田带雨耕,驱牛扶耒半空行。不如身倚市门者,饱食丰衣过一生。"[2]

　　元朝时,江南地区受到的战争影响较小,人口持续增长,人地矛盾更加尖锐,丘陵山地的开发进一步发展。元朝记述农业科技的书籍《王祯农书》中对梯田有专门的章节论述,"夫山多地少之处,除磊石及峭壁例同不毛,其余所在土山,下自横麓,上至危巅,一体之间,裁作重磴,即可种艺。如土石相半,则必选石相次,包土成田。又有山势峻极,不可展足,播殖之际,人则伛偻蚁沿而上,耨土而种,蹑坎而耘。此山田不等,自下登陟,俱若梯磴,故总曰梯田。上有水源,则可种秔秫;如止陆种,亦宜粟麦。盖田尽而地,地尽而山,山乡细民,必求垦佃,犹胜不稼。"[3] 宋元时期,梯田不仅出现在南方,北方山地丘陵地区也开发梯田从事耕作。

　　山地丘陵开发的梯田,如无水源灌溉,只能种植耐旱的粟、麦;如种植高产的水稻,则要修建拦水蓄水的塘坝。南方丘陵山地拦水蓄水的工程,大体可分为两种:在山凹谷口筑堤,就近潴蓄地表径流者为"塘",也称为"陂";在山沟溪涧,分级筑堤截流,级级拦水者为"坝",也称为"堰""堨"。宋元时期,这类小型的塘坝工程普遍出现于丘陵地区,灌溉农田促进农业生产发展。据《淳熙新安志》记载,当时徽州歙县、休宁、祁门、婺源、绩溪、黟县6县共有陂塘2 206处,堨(坝)1 735处。[4]《王祯农书》记述:"南方熟于水利,官陂官塘,处处有之。民间所自为溪堨、水荡,难以数计,大可灌田数百顷,小可溉田数十亩。"[5] 这个记载正说明了宋元时期丘陵山区小型水利工程的普遍。

　　宋元时期大规模水利工程,还有黄河治理工程及在沿海地区修建防止的海塘工程,由于与农业生产的关系稍远,此不赘述。

---

　　①　范成大:《骖鸾录》,朱易安、傅璇琮、周常林等主编:《全宋笔记》第五编第七册,大象出版社,2012年,第40页。

　　②　楼钥:《楼钥集》卷6《冯公岭》,浙江古籍出版社,2010年,第140页。

　　③　王祯:《农书·农器图谱集之一·田制门》,农业出版社,1981年,第190~191页。

　　④　罗愿:《淳熙新安志》卷3~5,《宋元方志丛刊》,中华书局,1990年。

　　⑤　王祯:《农书·农器图谱集之十三·灌溉门》,农业出版社,1981年,第41页。

# 第五章

# 手工业与自然环境

在古代，农业的发展是以自然环境为基础的，手工业的发展也离不开自然环境。魏晋至宋元时期，手工业进一步发展，各部门都取得了长足的进步。受自然环境的影响，该时期手工业发展的同时，存在明显的盛衰变迁和地域差异。本章主要从水力加工业、桑蚕丝织业、矿冶业、制瓷业和造船业五个部门，对手工业与自然环境的关系做初步探讨。

## 第一节 | 北方水力加工业的兴衰与水环境变迁

粮食加工业是我国古老农业文明的基础之一和重要标志。它在粮食加工机械（工具）石磨盘、杆臼—手推磨、踏碓—畜力磨—水碓、水磨等不断发展的过程中，逐渐与农业分离，在魏晋南北朝水碓、水磨广泛使用时最后形成。[1]根据文献记载,东汉时期北方已开始使用水碓进行粮食加工,南北朝时期又出现了水碾和水磨。隋朝以后北方的水力加工业进一步发展,至唐朝达到极盛阶段。[2]

## 一、魏晋南北朝时期水力加工业发展概况

魏晋时期,利用水力进行粮食加工的设施仍然是水碓,水碓是一种靠水力带动石碓做垂直运动使谷物脱皮的水力加工工具。西晋时期的洛阳,水碓成为粮食加工的必需工具,它的使用提高了洛阳的粮食供应能力,水碓出现问题就会引起粮食供应出现困难。西晋末期,因战乱洛阳城外的千金堨毁坏,导致"水碓皆涸",朝廷"乃发王公奴婢手舂给兵廪,一品已下不从征者、男子十三以上皆从役。公私穷踬,米石万钱"。[3]一些官僚贵族、豪富之家因有利可图也经营水碓。例如西晋贵族王戎,"性好兴利,广收八方园田水碓,周遍天下。"[4]大富豪石崇有"水碓三十余区"[5]。刘颂任河内太守时,河内"多公主水碓"[6]。

北朝时期,水磨和水碾开始使用。北魏仆射崔亮奏请:"于(洛阳)张方桥东堨谷水造水碾磨数十区,其利十倍,国用便之。"[7]北齐时,高隆之为解决邺城的粮食加工问题,"凿渠引漳水周流城郭,造治水碾硙,并有利于时。"[8]一些寺院也经营水力加工,如北魏时洛阳景明寺"礭硙舂簸,皆用水功"[9]。可见,北朝时期利用水磨、水碾加工粮食至少在一些中心城市已比较普遍了。

值得注意的是,魏晋南北朝时期的水力加工业大多分布在洛阳周围和

---

① 梁中效:《试论中国古代粮食加工业的形成》,《中国农史》1992年第1期。

② 王利华:《古代华北水力加工兴衰的水环境背景》,《中国经济史研究》2005年第1期。

③ 房玄龄等:《晋书》卷4《惠帝纪》,中华书局,1974年,第101页。

④ 房玄龄等:《晋书》卷43《王戎传》,中华书局,1974年,第1234页。

⑤ 房玄龄等:《晋书》卷33《石苞传附石崇传》,中华书局,1974年,第1008页。

⑥ 房玄龄等:《晋书》卷46《刘颂传》,中华书局,1974年,第1294页。

⑦ 魏收:《魏书》卷66《崔亮传》,中华书局,1974年,第1481页。

⑧ 李百药:《北齐书》卷18《高隆之传》,中华书局,1972年,第236页。

⑨ 杨衒之:《洛阳伽蓝记校注》卷3《城南》,范祥雍校注,上海古籍出版社,1978年,第132页。

太行山东侧邺城以南的河内地区。北朝时期,水力加工逐渐以使用水碾和水磨为主,使用水碓的情况逐渐减少。[①]

## 二、唐朝北方水力加工业的兴盛

唐朝的粮食加工工具主要是碾硙,碾硙是利用水平运动进行脱粒、磨面的工具。根本日本学者西嶋定生的研究,唐朝的碾硙经营具有四个特点:碾硙是利用水利的大规模设施;作为营利事业经营;多数情况下是庄园经营的附属部分;生产内容以加工小麦粉为主。[②]由于水力加工的重大经济意义,水力加工成为水利官员行政事务的一项重要内容,水部郎中、员外郎之职是"掌津济、船舻、渠梁、堤堰、沟洫、渔捕、运漕、碾硙之事"[③]。

唐朝的水力加工业进一步发展,以关中地区最发达,尤其以郑渠、白渠及其支渠建设数量最多。由于水碾硙经营规模较大且需要占用水力,所以唐朝的水力加工业为有政治势力的官府、官僚贵族、富商大贾和寺院霸占。

第一,官府经营的碾硙业。[④]《册府元龟》记载:"其庄宅使从兴元元年至贞元二十年十月三十日已前,畿内及诸州庄宅、店铺、车坊、园硙、零地等。"[⑤]《唐大诏令集》记载:"应租庄宅使司产业庄硙、店铺所欠租斛斗草。"[⑥]"园硙"和"庄硙"即为官府庄园中的碾硙业。地方州府也经营碾硙业。元稹在《同州奏均田状》中云:"臣今便于(当州)近城县纳粟,官为变碾,取本色脚钱,州司和雇情愿车牛般载,差纲送纳。"[⑦]说明地方州府有为数较多的碾硙业作坊,在短时间内能加工出大量的粮食。

第二,官僚贵族、富商大贾经营的碾硙业。由于经营水力加工利润丰

①　王利华:《古代华北水力加工兴衰的水环境背景》,《中国经济史研究》2005年第1期。
②　[日]西嶋定生:《碾硙寻踪——华北农业两年三作制的产生》,刘俊文主编:《日本学者研究中国史论著选译》,中华书局,1992年,第360~362页。
③　欧阳修、宋祁:《新唐书》卷46《百官一》,中华书局,1975年,第1202页。
④　梁忠效:《唐代的碾硙业》,《中国史研究》1987年第2期。
⑤　王钦若等编:《册府元龟》卷491《邦计部·蠲复三》,凤凰出版社,2006年,第5566页。
⑥　宋敏求编:《唐大诏令集》卷86《咸通八年五月德音》,商务印书馆,1959年,第491页。
⑦　元稹:《元稹集》卷38《同州奏均田状》,冀勤点校,中华书局,1982年,第436页。

厚,一些官僚贵族、富商大贾纷纷霸占水力,设立碾砣。如高力士"于京城西北截沣水作碾,并转五轮,日碾麦三百斛"[1]。李林甫"京城邸第,田园水砣,利尽上腴"[2]。唐初"富商大贾竞造碾砣,堰遏费水,(郑、白)渠流梗涩"[3]。

第三,寺院经营的碾砣业。唐朝寺院经济膨胀,"膏腴美业,倍取其多,水碾庄园,数亦非少。"[4]唐初唐太宗赐予少林寺"田地卅顷,水碾一具"[5]。其他如普救寺"园砣田蔬,周环俯就"[6],定觉寺有水碾名三交碾[7]。

## 三、宋元以后北方水力加工业的衰落与水环境变迁

五代以后,北方地区的水力加工业渐趋衰落,文献中的相关记载远不及魏晋至唐朝时期多,但还有一些保留。此时水力加工业的主要分布区域由关中转移到太行山以东。至明清时期,北方地区的水力加工业已经彻底衰落了。[8]宋元以后北方地区水力加工业的衰落与该地区的水环境变迁密切相关。

水力加工业依靠水利资源加工粮食,借助水由高而低的冲击力使碓、碾砣运转,以达到给谷物脱粒和磨粉的目的。因此,水力加工业的发展需要丰富的水源和一定的地形条件,古代北方的水力加工主要分布在地势起伏的西部地区,一是关中及其以西地区,二是太行山东侧和豫西地区。[9]水碾砣的设置会影响渠水的流向和流量,有时还需要筑堰以保证水的冲击力,这些都会对农田灌溉造成不利的影响。魏晋南北朝时期就存在水碓与农田灌溉之间的用水矛盾,到唐朝,随着水力加工业进一步发展,水力加工业与农田灌溉等方面的用水矛盾更加突出。唐朝有四次规模较大的朝廷用行政

① 刘昫等:《旧唐书》卷184《宦官·高力士传》,中华书局,1975年,第4758页。

② 刘昫等:《旧唐书》卷106《李林甫传》,中华书局,1975年,第3238页。

③ 杜佑:《通典》卷2《食货二》,中华书局,1988年,第39页。

④ 刘昫等:《旧唐书》卷89《狄仁杰传》,中华书局,1975年,第2893页。

⑤ 裴漼:《少林寺碑》,董诰等:《全唐文》卷279,中华书局,1983年,第2834页。

⑥ 道宣:《续高僧传》卷30《道积传》,中华书局,2014年,第1218页。

⑦ 〔日〕圆仁:《入唐求法巡礼行记》卷3,顾承甫、何泉达点校,上海古籍出版社,1986年,第133页。

⑧ 王利华:《古代华北水力加工兴衰的水环境背景》,《中国经济史研究》2005年第1期。

⑨ 王利华:《古代华北水力加工兴衰的水环境背景》,《中国经济史研究》2005年第1期。

手段强制拆毁碾硙保证农田用水的行动,朝廷也通过制定法律来调整碾硙用水和灌溉用水的时间。[①] 唐朝关中地区曾有大面积的水稻种植,对首都地区具有重要的经济意义。中唐以前,朝廷为了保证关中地区的水稻种植,有多次用行政手段强制拆毁碾硙保证灌溉用水的行动。但晚唐以后,随着灌溉条件日益恶劣,发展水稻生产已无利可图,朝廷实际上放弃了拆毁碾硙保证水田灌溉的行动。[②] 到五代时期,后唐明宗下诏罢洛阳城南稻田务,"又诏罢城南稻田务,以其所费多而所收少,欲复其水利,资于民间碾硙故也",以集中水源方便水力碾硙加工。[③]

根据已有研究成果,汉唐时期,北方地区的水稻种植取得较大发展,关中、伊洛河流域、河内等地区形成多个较大的稻产区,但宋朝以后该区的水稻种植渐趋衰落,至元明清时期更加衰落,再无稳定的大片稻产区存在。[④] 结合上文可以发现这样一个现象:北方的水力加工业与水稻灌溉一直存在矛盾,但水力加工业发展兴盛时期正好是水稻种植发展兴盛时期;宋元以后,北方的水力加工业与水稻生产都走向衰落。二者是同步兴衰的关系。水力加工业和水稻种植都需要丰富的水源,当水环境良好、水资源较丰富时,二者虽然存在矛盾但可以并存发展;当水环境逐渐恶化、水资源逐步缺乏时,二者都走向衰落。

从东汉初期王景治河至唐朝晚期,黄河出现了大约有 8 个世纪的相对稳定时期。[⑤] 其间黄河虽也有多次决口,但没有发生大的改道,对北方的其他河流与湖泊影响较小。其时北方河流数量众多且径流量较大,很多河流

---

①　郭华:《唐代关中碾硙与农业用水矛盾及其解决途径》,《唐都学刊》2008 年第 1 期。

②　[日]西嶋定生:《碾硙寻踪——华北农业两年三作制的产生》,刘俊文主编:《日本学者研究中国史论著选译》,中华书局,1992 年,第 365 页。

③　薛居正等:《旧五代史》卷 43《唐书·明宗纪》,中华书局,1976 年,第 588 页。

④　邹逸麟:《历史时期黄河流域水稻生产的地域分布和环境制约》,《复旦学报》(社会科学版)1985 年第 3 期。张芳:《夏商至唐代北方的农田水利和水稻种植》,《中国农史》1991 年第 3 期。张芳:《宋元至近代北方的农田水利和水稻种植》,《中国农史》1992 年第 1 期。

⑤　谭其骧:《何以黄河在东汉以后会出现一个长期安流的局面——从历史上论证黄河中游的土地合理利用是消弭下游水害的决定性因素》,《学术月刊》1962 年第 2 期。

还可以通行漕运船只。[①] 历史时期华北平原的湖沼很多,分布很广。魏晋至隋唐时期,华北平原的整个湖沼布局还没有发生根本性的变化。[②] 由《水经注》的记载可以发现:除了黄淮海平原,太行山、伏牛山以西地区也有不少湖泊,其中在今山西境内有 12 个,豫西地区汝、颖、伊、洧诸水上游有 16个,关中盆地及其以西以北较大的陂、泽、池、沼也有十多个。[③] 在燕山—太行山—伏牛山一线以西的山前岩溶地带和高原深切河谷,还有相当丰富的泉水资源。[④] 总之,魏晋至隋唐时期,北方河流水量丰富稳定、湖泊沼泽和泉水数量众多,当时北方水资源仍然比较丰富,水环境总体良好。这是魏晋至隋唐时期北方水力加工业发展兴盛的自然基础。

自唐中叶起,黄河决溢次数显著增加,宋朝以后黄河决溢改道频繁,对黄河下游水系和湖泊造成严重破坏。[⑤] 北方地区的湖泊自宋元以后逐渐淤废,河流水量减少,水旱灾害频发,水环境日益恶化,水资源逐渐匮乏。水力加工业失去了发展的自然基础,随着水环境的日益恶化而逐渐衰落。

小麦种植的扩大客观上也推动了水力加工业的发展。魏晋至隋唐时期北方的小麦种植不断发展,在唐中叶以后主要粮食作物结构由“北粟南稻”逐渐变为“北麦南稻”。唐朝的碾硙经营就以加工小麦粉为主。与北方相对的,南方的水力加工业起步较晚,取得较大发展是在宋朝以后。[⑥] 南方的水环境较北方优越得多,水力加工业有其发展的自然基础,但发展较晚当与宋朝以后小麦种植在南方的推广有关,这里不展开叙述。

---

① 王利华:《中古华北水资源状况的初步考察》,《南开学报》(哲学社会科学版)2007年第 3 期。

② 邹逸麟:《历史时期华北大平原湖沼变迁述略》,《历史地理》第 5 辑,上海人民出版社,1987 年,第 25~39 页。

③ 王利华:《古代华北水力加工兴衰的水环境背景》,《中国经济史研究》2005 年第1 期。

④ 王利华:《古代华北水力加工兴衰的水环境背景》,《中国经济史研究》2005 年第1 期。

⑤ 郭豫庆:《黄河流域地理变迁的历史考察》,《中国社会科学》1989 年第 1 期。

⑥ 王利华:《古代华北水力加工兴衰的水环境背景》,《中国经济史研究》2005 年第1 期。

# 第二节 ｜ **桑蚕丝织业重心南移与生态环境**

黄河中下游地区曾长期是古代全国桑蚕丝织业中心,直到元明之际,随着该区丝织业的衰落和棉花种植的推广,以及江南地区丝织业的不断发展,桑蚕丝织业的生产重心转移到了江南地区。桑蚕丝织业重心南移与自然环境之间关系密切。

## 一、黄河中下游地区的桑蚕丝织业与桑蚕丝织业重心南移

### (一) 魏晋南北朝时期黄河中下游地区桑蚕丝织业概况

魏晋南北朝时期,太行山以东是桑蚕丝织业最发达的地区。史料中有很多因缺粮而用桑葚充粮的记载。前秦末年,燕、秦之间多年战乱,"幽、冀大饥,人相食,邑落萧条。燕之军士多饿死,燕王垂禁民养蚕,以桑椹为军粮。"[①] 北魏初,道武帝攻打中山,也是因"六军乏粮"而"取椹可以助粮"。[②] 孝庄帝时,赵郡"经葛荣离乱之后,民户丧亡,六畜无遗,斗粟乃至数缣,民皆卖鬻儿女。夏椹大熟,孝昞劝民多收之"[③]。贾思勰指出了收藏桑椹的重要性:"今自河以北,大家收百石,少者尚数十斛。故杜葛乱后,饥馑荐臻,唯仰以全躯命。数州之内,民死而生者,干椹之力也。"[④] 从这些记载可以看出当时该区桑树种植的普遍。

从税收角度也能反映出该区桑蚕丝织业的情况。如曹魏时征收户调,

---

① 司马光:《资治通鉴》卷 106《宋纪八》,孝武帝太元十年四月,中华书局,1956 年,第 3344 页。

② 魏收:《魏书》卷 32《崔逞传》,中华书局,1974 年,第 758 页。

③ 魏收:《魏书》卷 57《崔挺传附孝芬弟孝暐传》,中华书局,1974 年,第 1270 页。

④ 贾思勰:《齐民要术校释》卷 5《种桑、柘第四十五》,缪启愉校释,农业出版社,1982 年,第 231 页。

"户出绢二匹、绵二斤。"[1] 西晋制户调之式："丁男之户，岁输绢三匹，绵三斤，女及次丁男为户者半输。"[2] 北齐规定："率人一床，调绢一匹，绵八两。"[3] 该区的丝织品质量也是领先的，颜之推曰："河北妇人，织纴组绷之事，黼黻锦绣罗绮之工，大优于江东也。"[4]

### （二）唐朝河南、河北地区桑蚕丝织业

唐朝丝织品主要产区在河北、河南、江南、剑南四道。[5] 其中以黄河中下游的河北道、河南道的桑蚕丝织业最为发达。

唐中宗景龙二年(708)敕云："河南、北桑蚕倍多，风土异宜，租庸须别。自今以后，河南、河北蚕熟，依限即输庸调，秋苗若损，唯令折租，乃为常式。"[6] 可用丝织品折粮交税反映了河南、河北两道丝织业的普遍与发达。

《唐六典》将全国的绢分为八等，其中一等、二等的产地均属河南道，其余各等分属河南河北两道，虽也间有其他地区的州郡，但为数不多。[7] 可见河南、河北两道丝织业产品在质量方面的绝对优势，反映出该区丝织业的技术领先。

有学者根据《通典》对各地土贡品种和数量中关于丝织品的相关记载统计得出，就数量而言，河南有 1 160 匹，河北有 1 771 匹，共占全国总数 3 881 匹的 75.5%[8]，可见河南、河北两道丝织业产品在数量方面占有绝对优势。

此外，唐诗中的许多描写也侧面反映了河南、河北两道桑蚕丝织业的发达。[9] 此处不再一一列举。

---

① 陈寿：《三国志》卷 1《魏书·武帝纪》，中华书局，1959 年，第 26 页。

② 房玄龄等：《晋书》卷 26《食货志》，中华书局，1974 年，第 790 页。

③ 魏徵、令狐德棻：《隋书》卷 24《食货志》，中华书局，1973 年，第 677 页。

④ 颜之推：《颜氏家训集解》卷 1《治家》，王利器集解，中华书局，1993 年，第 51 页。

⑤ 邹逸麟编：《中国历史地理概述》，上海教育出版社，2005 年，第 272 页。

⑥ 张廷珪：《请河北遭旱涝州准式折免表》，李昉等编：《文苑英华》卷 609，中华书局，1966 年，第 3159 页。

⑦ 黄世瑞：《我国历史上蚕业中心南移问题的探讨》，《农业考古》1985 年第 2 期。

⑧ 程民生：《中国北方经济史》，人民出版社，2004 年，第 244 页。

⑨ 赵丰：《唐代蚕桑业的地理分布》，《中国历史地理论丛》1991 年第 2 期。

### （三）宋朝河北、京东地区<sup>①</sup>的桑蚕丝织业

唐宋之际经济重心南移,但桑蚕丝织业重心的南移与此并不同步。唐宋之际丝织生产的重要变化并不是北方丝织业的衰落,而是南方丝织业突飞猛进的发展。[②]

据考察,在河北、京东地区的 57 个府州中,都有桑蚕植养和丝帛生产。[③]《宋史·地理志》称:河北路"茧丝、织纴之所出"[④],京东路有"盐铁丝石之饶"[⑤]。契丹人也知道"河北东路民富蚕桑",称之为"绫绢州"。[⑥]河北西路南部地区遍植桑柘,卫州人杜常"跨驴读书,驴嗜草失道,不之觉,触桑木而堕,额为之伤"[⑦]。京东地区也是遍布桑柘,宋神宗熙宁年间赵忠政云:"今齐、棣间数百里,榆柳桑枣,四望绵亘,人马实难驰骤。"[⑧]北宋时朝廷获取绢帛的主要方式是预买绢帛法,由河北转运使李士衡创行;而夏税税粮折绢成为定制则是从京东推广开的。宋朝河北、京东地区的丝帛产量的突出地位由此可见。[⑨]就质量而言,最优质的丝织品也是产于河北和京东地区。

丝织品中以锦、绮和绫较为贵重,宋朝以绫当作租税缴纳者,仅有京东东路、京东西路、河北东路,且这三路数量最多,锦绮也是河北西路、京东东路占上风。[⑩]著名的定州刻(缂)丝和单州薄缣即出自河北、京东地区。《鸡肋编》载:

> 定州织刻丝,不用大机,以熟色丝经于木桛上,随所欲作花鸟禽兽状。以小梭织纬时,先留其处,方以杂色线缀于经纬之上,合以成文,若不相连,承空视之,如雕镂之象,故名刻丝。

---

① 宋代的河北、京东地区,大致相当于现在的河北中南部和山东中北部平原地区。

② 张泽咸:《唐代工商业》,中国社会科学出版社,1995 年,第 97 页。

③ 邢铁:《宋辽金时期的河北经济》,科学出版社,2011 年,第 205~206 页。

④ 脱脱等:《宋史》卷 86《地理志二》,中华书局,1977 年,第 2130 页。

⑤ 脱脱等:《宋史》卷 85《地理志一》,中华书局,1977 年,第 2112 页。

⑥ 脱脱等:《宋史》卷 299《张洞传》,中华书局,1977 年,第 9934 页。

⑦ 脱脱等:《宋史》卷 330《杜常传》,中华书局,1977 年,第 10635 页。

⑧ 李焘:《续资治通鉴长编》卷 235,神宗熙宁五年七月,中华书局,2004 年,第 5707 页。

⑨ 邢铁:《我国古代丝织业重心南移的原因分析》,《中国经济史研究》1991 年第 2 期。

⑩ 史念海:《黄河流域蚕桑事业盛衰的变迁》,《河山集(二集)》,生活·读书·新知三联书店,1963 年,第 268 页。

（单州薄缣）修广合于官度，而重才百铢。望之如雾著，故浣之亦不纰疏。[1]

总体看来，较之两浙等地，河北、京东地区仍然是全国丝织业生产中心。[2]

**（四）宋明时期北方的"棉盛丝衰"**

宋朝以后，北方的桑蚕丝织业开始衰落。把宋元明时期打通来看，这个时期北方和江南桑蚕丝织业发生此消彼长的变化，丝织业生产重心发生变迁，同时衣料用品由棉布逐渐取代了绢帛。北方桑蚕丝织业衰落的过程，同时是棉花棉纺业逐步推广的过程，二者是同步的。[3]

河北地区在元朝仍存在大面积的桑树，但明朝北方地区的棉花种植已经比较普遍，在北方税收中加上了棉花折布、课程棉布等科目。[4]明朝棉花有江花、浙花和北花三大类，其中"北花出畿辅、山东"[5]，畿辅和山东相当于宋朝的河北、京东地区，原来的桑蚕丝织业中心在明代成了三大植棉区之一，而桑蚕丝织业此时已经明显衰落了。[6]江南地区成为桑蚕丝织业的生产中心。

## 二、桑蚕丝织业重心南移的环境因素

宋元以后，北方棉花种植的普及是桑蚕丝织业重心南移的重要原因[7]，除此之外，环境变迁对桑蚕丝织业重心南移的影响也很值得注意。

相关研究表明，桑蚕的养殖、丝织的生产都依赖适宜的温度条件。[8]气候变化尤其是温度的变化，会对桑蚕丝织业造成较大的影响。根据竺可桢

① 庄绰：《鸡肋编》卷上《定州刻丝与各地工艺》，中华书局，1983年，第33页。
② 邢铁：《宋辽金时期的河北经济》，科学出版社，2011年，第220页。
③ 邢铁：《我国古代丝织业重心南移的原因分析》，《中国经济史研究》1991年第2期。
④ 张廷玉等：《明史》卷78《食货志二》，中华书局，1974年，第1894页。
⑤ 徐光启：《农政全书校注》卷35《木棉》，石声汉校注，上海古籍出版社，1979年，第963页。
⑥ 邢铁：《我国古代丝织业重心南移的原因分析》，《中国经济史研究》1991年第2期。
⑦ 邢铁：《我国古代丝织业重心南移的原因分析》，《中国经济史研究》1991年第2期。
⑧ 邢铁：《我国古代丝织业重心南移原因的补充》，姜锡东主编：《漆侠与历史学：纪念漆侠先生逝世十周年文集》，河北大学出版社，2012年，第319~320页。

的研究,近 5 000 年来气候经历了四次大幅度的变化,其中以 12 世纪即南宋时期的这次变化最为剧烈,形成了历史上最寒冷的时期。[①]自南宋到元明清的几个世纪,气候相对于前后都是寒冷的。其中南宋和元朝处于中世纪暖期转向小冰期的过渡时期。[②]桑蚕丝织业重心南移的关键时期正好也处于气候转向寒冷的时期,即中世纪暖期转向小冰期的过渡时期。

有学者依据竺可桢勾勒的魏晋至南宋气温变化曲线进行分析比对,发现黄河流域的蚕业盛衰基本上和该曲线相一致,温度高时蚕业兴盛,温度低时蚕业衰落。南宋以后气温一直偏低,黄河流域的蚕业随之一直衰落,再也没有超过南方。[③]当气候转向寒冷时,作物的冻害频率增加,当冻害频率高到一定值时,作物以退出一地分布的形式来响应气候的转变。[④]黄河流域桑蚕丝织业的衰落正是桑树对南宋以来气候转向寒冷的响应。

桑树是喜温植物,生长的适宜温度是 25℃ ~32℃,不能超过 35℃;气温每下降 1℃,光合作用的速度就降低 1/3;气温下降到 15℃的时候,桑树就停止生长。随着南宋以来气候转向寒冷,黄河流域的气候不再适宜桑树种植。同时,可以看到相似的现象:水稻是喜温植物,汉唐时期水稻在北方形成了多个稳定产区,但随着气候转向寒冷,宋朝以后北方的水稻种植逐渐衰落。[⑤]此外,柑橘、竹子等喜温植物,唐朝以前在北方很普遍,宋朝也减少了。这些植物的地域分布与桑树的变化是一致的,连起来看,问题就更清楚了。

宋元时期正值中国历史上的疫病高发期[⑥],疫病除了影响人的生命,对动物的养殖、植物的种植也会造成影响。桑树是多年生乔木,属于果树类,比庄稼和一般树木更容易出现病虫害,特别是常见的"金桑"病,一旦发生,不仅蚕不食

① 竺可桢:《中国近五千年来气候变迁的初步研究》,《考古学报》1972 年第 1 期。
② 葛全胜等:《中国历朝气候变化》,科学出版社,2011 年,第 440 页。
③ 黄世瑞:《我国历史上蚕业中心南移问题的探讨(续完)》,《农业考古》1987 年第 2 期。
④ 满志敏:《中国历史时期气候变化研究》,山东教育出版社,2009 年,第 90 页。
⑤ 邹逸麟《历史时期黄河流域水稻生产的地域分布和环境制约》,《复旦学报》(社会科学版)1985 年第 3 期。
⑥ [美]威廉·麦克尼尔:《瘟疫与人》,余新忠、毕会成译,中信出版社,2018 年,"译序"第 XVI 页。

患病桑叶,连桑树也会枯死。[1]宋朝史书中关于北方"虫食桑""金桑"的记载明显增多[2],桑树疫病发生的增多对北方桑蚕丝织业的衰落造成一定的影响。

唐宋以来,随着植被破坏加剧,黄河流域水旱灾害不断增多,生态环境不断恶化[3],对桑蚕丝织业造成影响。宋朝,植被破坏已经非常严重,北方除了甘肃,其他地方已经没有大面积森林了。森林植被的缺乏使桑树成为燃料的替代品。宋仁宗时期,澶州被迫砍伐了三四十万棵桑树。[4]黄河水患也对桑蚕丝织业构成威胁,贺铸在诗中写道:"带沙呻亩几经淤,半死黄桑绕故墟。"[5]旱灾同样对桑蚕丝织业造成破坏,大旱之时"万顷无寸苗……桑叶虫蚀尽"[6]。这些都进一步加剧了北方桑蚕丝织业的衰落。

## 三、桑蚕丝织业重心南移的环境影响

魏晋至隋唐时期,黄河中下游地区河流水量丰富稳定、湖泊沼泽和泉水数量众多,水旱灾害也较少。当时该地区水资源仍然比较丰富,水环境总体良好。宋元以后,黄河中下游地区湖沼逐渐淤废,河流水量减少,水旱灾害频发,水资源逐渐缺乏,水环境日益恶化。[7]黄河中下游地区的水环境由良好转为恶化与该区桑蚕丝织业由盛转衰在时间上基本是同步的。这种现象并不是偶然。桑树的种植可以避免水土流失,蚕粪可以作为肥料改良土壤。[8]宋元之前,黄河中下游地区遍布桑树。大片桑树具有保持水土、涵养水源的作用,这对该地区良好水环境的保持具有重要意义。宋元以后,随着桑

---

① 邢铁:《我国古代丝织业重心南移原因的补充》,姜锡东主编:《漆侠与历史学:纪念漆侠先生逝世十周年文集》,河北大学出版社,2012年,第319页。

② 脱脱等:《宋史》卷61~67《五行志》,中华书局,1977年。

③ 郭豫庆:《黄河流域地理变迁的历史考察》,《中国社会科学》1989年第1期。

④ 程民生:《中国北方经济史》,人民出版社,2004年,第697、699页。

⑤ 贺铸:《庆湖遗老诗集》卷9《过澶魏被水居民》,王梦隐、张家顺校注,河南大学出版社,2008年,第431页。

⑥ 郑獬:《郧溪集》卷24《陈蔡旱》,文渊阁四库全书,台湾商务印书馆,1986年,第332页。

⑦ 王利华:《中古华北水资源状况的初步考察》,《南开学报》(哲学社会科学版)2007年第3期。邹逸麟主编:《黄淮海平原历史地理》,安徽教育出版社,1997年。

⑧ [日]原宗子:《中国环境史在建立新世界历史中的任务》,王利华主编:《中国历史上的环境与社会》,生活·读书·新知三联书店,2007年,第57页。

蚕丝织业重心南移,黄河中下游地区棉花种植推广,原有的大片桑树消失,失去了保护环境的作用,该地区水环境逐渐恶化,水旱灾害频发。同时,宋元之后随着养蚕的减少,黄河中下游地区地力减退的现象也越来越明显了。

除此之外,还有一个现象值得注意,这就是麻类作物的种植。麻类作物有大麻、苎麻和葛麻等,其中大麻的适应性很强,在干燥炎热或高寒地区都能生长。

由于桑蚕丝织业对气候等自然条件的要求较高,在自然条件不适宜的地区就有麻类种植。北魏实行均田制即有桑田和麻田之分,规定在不适宜种桑的地区种麻。宋朝太行山以东的河北、京东地区桑蚕丝织业发达,而太行山以西地区植桑不多,普遍种有麻类作物。《宋史·地理志》称河西"寡桑柘而富麻苎"[1],地处陕西北部的银、坊、鄜、邠、庆、原、泾、绥等地都是产麻地,麻类作物的种植区域比桑柘向西延伸了许多。[2] 可以说,桑麻结合,因地制宜,是对各地不同环境的积极适应。


# 第三节　｜　宋朝矿冶业的发展与生态环境


矿冶业的发展因受矿产资源分布的制约而具有明显的地域性。魏晋至宋元时期,矿冶业不断发展,受矿物资源分布的影响,北方以铁矿为主,集中在黄河流域,南方主要为其他金属矿产,如银、铜、锡等。除金属矿产外,煤炭的开采使用也是该时期矿冶业发展的重要表现。矿冶业发展对生态环境造成了一定的破坏,集中体现在对森林植被的破坏。

## 一、宋朝河北地区的冶铁生产与环境破坏

铁是生产生活中不可缺少的金属,在金属矿产中占有最重要的地位。

---

[1]　脱脱等:《宋史》卷 86《地理志》,中华书局,1977 年,第 2138 页。
[2]　韩茂莉:《宋代桑麻业地理分布初探》,《中国农史》1992 年第 2 期。

北方黄河流域是历代冶铁生产的主要地区,集中分布于五大区域:燕山—太行山—嵩山山脉、山西山地、豫西山地、鲁中山地和关中盆地,其中以燕山—太行山—嵩山山脉为冶铁生产最为集中的区域。[①] 具体到宋朝,河北路是当时全国最重要的铁矿开采和冶炼地区。河北东路的邢州、磁州及相州所处的太行山南部脚下,历来是著名的铁产区,在宋朝仍很兴盛。[②] 沈括曰:"今河北磁、邢之地,铁与土半。"[③] 宋神宗元丰元年(1078),邢州綦村冶铁课为 2 173 201 斤,磁州武安固镇冶务铁课为 1 971 001 斤,是全国铁课最多的两个地区。[④] 其地位之重由此可见。

古代铁冶对森林有很大的依赖性,从春秋晚期至宋朝 1 500 多年间,铁冶盛衰与森林的荣枯有直接的联系。[⑤] 河北的邢、磁等州冶铁生产得益于附近太行山区丰富的森林资源所提供的燃料。但河北地区的冶铁生产也对环境造成了一定的破坏,森林遭到大量砍伐。宋朝北方地区的森林资源已经遭到较大的破坏,宋神宗曰:"方今天下,独熙、河山林久在羌中,养成巨材,最为浩瀚,可以取足。"[⑥] 可见,宋朝北方除了甘肃,其他地方已经没有大面积森林了。沈括曰:"今齐鲁间松林尽矣,渐至太行、京西、江南,松山太半皆童矣!"[⑦] 自太行山至河南一带的松林已所剩不多了。古代太行山区曾有丰富的森林资源,植被发育良好。[⑧] 宋朝该区森林面积的减少与森林资源的破坏、农田开垦、建筑消耗等因素相关,而手工业尤其是冶铁、制瓷对燃料的大量需求也是重要原因。冶铁要消耗大量的燃料,估计每座铁

---

① 郭声波:《历代黄河流域铁冶点的地理布局及其演变》,《陕西师大学报》(哲学社会科学版)1984 年第 3 期。

② 邢铁:《宋辽金时期的河北经济》,科学出版社,2011 年,第 109 页。

③ 李焘:《续资治通鉴长编》卷 283,神宗熙宁十年六月,中华书局,2004 年,第 6928 页。

④ 王菱菱:《宋代矿冶业研究》,河北大学出版社,2005 年,第 43~44 页。

⑤ 郭声波:《历代黄河流域铁冶点的地理布局及其演变》,《陕西师大学报》(哲学社会科学版)1984 年第 3 期。

⑥ 李焘:《续资治通鉴长编》卷 310,神宗元丰三年十二月,中华书局,2004 年,第 7528~7529 页。

⑦ 沈括:《梦溪笔谈》卷 24《杂志》,中华书局,2015 年,第 227 页。

⑧ 中国科学院《中国自然地理》编辑委员会编:《中国自然地理·历史自然地理》,科学出版社,1982 年,第 27 页。

炉的年耗林量是300多亩。[①] 宋朝前期,冶铁燃料主要是木炭,河北的邢、磁、相等州作为主要的冶铁基地,消耗大量的森林资源。从五代至北宋,仅河南林县一地就设有2个伐木场,每场有600人之多,木材用以冶铁烧瓷。[②] 相州的利城军铁冶"铁矿兴发,山林在近,易得矿炭"。然而由于大量砍伐附近山林,40年后"采伐山林渐远,经费浸大",产量大幅度下降。[③] 可见冶铁对森林资源的破坏程度之大。森林具有涵养水源、保持水土的作用,大量森林资源的破坏造成了该地区生态环境的逐渐恶化,唐宋以来该地区的水旱灾害逐渐增加,水环境不断恶化。

## 二、宋朝煤炭开采利用的积极意义

我国早在两汉时期就用煤作为燃料,而煤炭的大规模开采和广泛使用是自宋朝开始的,这与宋朝传统燃料出现危机有关。[④] 宋朝北方地区的森林资源已经遭到较大的破坏,森林资源的减少造成传统燃料木柴、木炭的短缺,北宋的开封、河北路等地都出现了燃料短缺的问题。[⑤] 木柴、木炭的短缺促进了煤炭的开采利用。宋朝煤炭被称为"石炭",其开采利用主要集中在北方地区,"今西北处处有之,其为利甚博"[⑥],"石炭自本朝河北、山东、陕西方出,遂及京师"[⑦]。河北的磁、相等州出产煤炭。根据考古发现,相州的一个煤矿是座技术先进、有数百名矿工的大矿。[⑧] 宋朝北方地区煤炭的使用已经比较广泛,《鸡肋编》载:"昔汴都数百万家,尽仰石炭,无一

① 郑学檬、陈衍德:《略论唐宋时期自然环境的变化对经济重心南移的影响》,《厦门大学学报》(哲学社会科学版)1991年第4期。

② 刘洪升:《唐宋以来海河流域水灾频繁原因分析》,《河北大学学报》(哲学社会科学版)2002年第1期。

③ 谢志诚:《宋代的造林毁林对生态环境的影响》,《河北学刊》1996年第4期。

④ 许惠民:《北宋时期煤炭的开发利用》,《中国史研究》1987年第2期。

⑤ 许惠民:《北宋时期煤炭的开发利用》,《中国史研究》1987年第2期。

⑥ 朱弁:《曲洧旧闻》卷4,中华书局,2002年,第137页。

⑦ 朱翌:《猗觉寮杂记》卷上,丛书集成初编,中华书局,1985年,第17页。

⑧ 河南省文化局文物工作队:《河南鹤壁市古煤矿遗址调查简报》,《考古》1960年第3期。

家然薪者。"①此言虽有夸张,但到北宋后期开封确实广泛使用煤炭。宋徽宗时开封增加了 20 多个官卖石炭场,并沿汴河增设了许多税收点,②反映了煤炭供应的普遍。除了官方,当时还有不少民间煤炭供应渠道和煤炭商。③

宋朝煤炭的开采利用具有重要的积极意义。北宋时期因薪柴短缺砍伐了很多桑树④,煤炭的开采利用解决了燃料短缺的问题,遏止了伐树之风,一定程度上减缓了森林资源的破坏,对生态环境具有积极意义。此外,矿冶业、制瓷业等手工业的发展需要大量的燃料,煤炭的使用促进了宋朝手工业的发展。尤其冶铁使用煤炭最多,磁、相等州同时是冶铁和产煤的重要基地。于是形成了这样一连串的关系:冶铁业发展消耗大量的森林资源,森林资源大量消耗造成燃料危机,燃料危机刺激煤炭的开采使用,煤炭的开采使用又推动冶铁业的发展。总之,宋朝煤炭的开采使用对于保护环境、促进手工业发展等都有积极意义。

## 第四节 | 魏晋至宋元时期制瓷业的发展与环境制约

魏晋至宋元时期是制瓷业发展的重要时期,制瓷业生产规模、数量和制作工艺等都显著扩大和提升,瓷窑分布于南、北方各地,各具特色。制瓷业的分布受土壤、水源、燃料等环境因素的制约,也正是不同的环境因素造就了各地瓷窑产品的不同特色。

---

① 庄绰:《鸡肋编》卷中《石炭》,中华书局,1983 年,第 77 页。
② 脱脱等:《宋史》卷 179《食货志下》,中华书局,1977 年,第 4362 页。
③ 程民生:《宋代地域经济》,河南大学出版社,1992 年,第 156 页。
④ 许惠民:《北宋时期煤炭的开发利用》,《中国史研究》1987 年第 2 期。

## 一、魏晋至宋元时期制瓷业的分布概况

魏晋南北朝时期,因长期受战乱破坏,北方制瓷业处于停顿状态,而南方则由于相对安定,制瓷业得到发展。南方的瓷窑主要分布在江浙一带,浙江上虞、余姚、绍兴一带的越窑,温州的瓯窑和金华的婺窑,江苏宜兴的均山窑等出产青瓷,各具特色。其他地区如湖北、四川、福建等,也有瓷窑分布。北方自北魏以来制瓷业有了一定的发展,山东淄博寨里窑是目前唯一已知的北方青瓷产地之一。[①]

唐朝瓷器出现了以越窑为代表的青瓷和以邢窑为代表的白瓷两个系统,即所谓"南青北白"。[②]唐朝南方著名的窑系或窑址有:以浙江慈溪上林湖地区为中心的越窑,金华地区的婺州窑,湖南湘阴的岳州窑、长沙窑,安徽淮南的寿州窑,江西丰城的洪州窑,四川邛崃的邛窑等。[③]北方地区比较著名的有:河北内丘一带的邢窑、曲阳窑,河南巩义的白瓷,陕西铜川窑、山东淄博窑等出产的黑釉瓷器。[④]

宋元时期制瓷业进一步发展,瓷窑遍布各地,有"五大名窑""六大瓷系"之说。有学者根据考古成果将宋元时期的制瓷业划分为多个区域[⑤],具体如表 5.1 所示。

**表 5.1　宋元时期的制瓷业情况表**

| | |
|---|---|
| 北方 | 河南中西部地区到关中地区,包括河南鲁山、宝丰、禹州、颊县、汝州、新密、宜阳、新安、巩义、荥阳等地的诸窑场和陕西铜川耀州窑 |
| | 太行山南段东、南麓地区,包括河北磁县磁州窑、河南修武当阳峪窑和鹤壁集窑等 |
| | 以河北定州为中心的区域,包括定窑、井陉窑,山西的平定窑和辽朝南部地区的窑场 |
| | 山西地区,包括霍州窑等 |
| | 山东地区,集中在淄博、枣庄和泰安一线 |

---

①　中国硅酸盐学会编:《中国陶瓷史》,文物出版社,1982 年,第 137~166 页。
②　邹逸麟编著:《中国历史地理概述》,上海教育出版社,2005 年,第 298 页。
③　齐东方:《隋唐考古》,文物出版社,2002 年,第 138 页。
④　中国硅酸盐学会编:《中国陶瓷史》,文物出版社,1982 年,第 203~212 页。
⑤　秦大树:《宋元明考古》,文物出版社,2004 年,第 281~288 页。

续表

| | |
|---|---|
| 南方 | 长江下游地区,包括浙江的越窑、龙泉窑、临安天目窑,安徽繁昌窑等 |
| | 长江中游地区,包括江西景德镇窑、吉安吉州窑、湖南长沙窑等。 |
| | 福建和广东地区,包括广东广州西村窑、惠州窑、潮州笔架山窑,福建闽南磁灶窑、建阳建窑等 |
| | 川渝地区,包括成都青羊宫窑、邛崃什方堂窑、江油青莲窑等 |

## 二、魏晋至宋元时期制瓷业分布的环境因素

制瓷业的发展依赖于一定的自然条件,其分布也受土壤、水源等环境因素的影响。具体说来,瓷窑的选址需要满足几个条件:有原料瓷土(由长石或长石质岩风化而成,含有石英、莫来石等成分的高岭土);靠近水源;燃料充足。制瓷业多分布在靠近水源、燃料充足、具有瓷土的地区,具有明显的地域性。魏晋至宋元时期,制瓷业分布集中的地区大都具备这些条件。

江西景德镇制瓷业的崛起得益于优越的自然条件:当地优质的高岭土、山区多马尾松柴、便利的水上交通。据研究,江西的瓷窑遗址大多分布在赣江、饶河、抚河、信江和修水五大水系沿岸[1],其中景德镇即在饶河的北支昌江流域。河北曲阳定窑的兴起也因当地具备发展制瓷业的条件,定州附近有优质的瓷土,其土质细腻,质薄有光,而且多为二次沉积形成。而其衰落与瓷窑的燃料木材遭到破坏性开采有关。[2]陕西铜川黄堡窑有漆水河自东北向西南流,附近有丰富的陶瓷黏土和耐火黏土,原料来源充足[3],唐宋时期发展成为西北地区的重要瓷窑。其他如广东广州西村窑、惠州窑、潮州笔架山窑等,都因具备有利的自然条件而成为著名的瓷窑。[4]唐朝越窑产品产量和质量的提高,得益于当地丰富的制瓷原料和燃料。[5]宋朝不少瓷窑也正是因为发现和找到了优质瓷土原料,因而烧出了质量相当高的瓷器。[6]

---

[1]　白宪波:《江西古代瓷业的分布及发展初步研究》,景德镇陶瓷学院硕士学位论文,2010年。

[2]　米玲、王彦岭:《唐宋时期定瓷的生产及其影响》,《河北学刊》2009年第5期。

[3]　齐东方:《隋唐考古》,文物出版社,2002年,第136页。

[4]　叶少明:《宋代广东的瓷窑》,《华南师范大学学报》(社会科学版)1987年第4期。

[5]　齐东方:《隋唐考古》,文物出版社,2002年,第138页。

[6]　冯先铭主编:《中国陶瓷》,上海古籍出版社,2001年,第435页。

原料、燃料等环境因素不同也会造成瓷窑产品的不同特色和不同质量。根据考古发现,湖南湘阴窑和岳州窑、江西丰城窑(洪州窑)等地,广东、四川等地出土的青瓷与江浙有明显的不同。湖南、广东的瓷器胎色呈红色、胎质松软,四川的瓷器呈黄绿色、釉色易脱落,主要因为这些窑址的原料是当地含铝量较高、含铁量较低的瓷土。江浙青瓷的瓷土较纯,含氧化硅达77%以上。福建福州和泉州出土的瓷窑产品,经分析氧化硅高达86.7%,烧出的成品也和江浙越窑不同,具有地方特色。[1]燃料不同也造成瓷器胎釉等方面的差异,南方烧窑燃料用松柴,松火力软而火焰长,烧制中窑内充满火焰,空气无进入余地,釉在熔融色时,受到还原作用。而北方用煤,煤火力强,火焰短,空气容易进入窑内,使其受到不同程度的自然氧化。所以南方青瓷呈色比较好,北方青瓷呈色略逊一筹。[2]宋朝几大名窑产品的不同特色当与各地瓷土成分不同、燃料不同等环境因素有关。

　制瓷业的发展也对环境造成一定的破坏,主要是烧制瓷器消耗大量燃料造成的植被破坏。制瓷耗费巨量木材是唐宋时期的特点,"大抵陶器一百三十斤,费薪百斤"[3],其中太行山和豫北、豫中山区的植被破坏比较典型。唐宋时期这一地区瓷窑分布集中,磁州窑、相州窑、修武当阳峪窑、鹤壁窑等瓷窑的燃料需求,消耗了大量的木材,制瓷业的发展成为该区植被破坏严重的重要原因之一。

# 第五节 ｜ 唐宋时期造船业发展的南北不平衡与环境制约

船舶作为水上交通及贸易运输的工具,在社会经济生活中起着重要作

---

① 罗宗真:《魏晋南北朝考古》,文物出版社,2001年,第41页。

② 邹逸麟编:《中国历史地理概述》,上海教育出版社,2005年,第298页。

③ 宋应星:《天工开物》卷7《陶埏》,钟广言注,广东人民出版社,1976年,第193页。

用。唐宋时期,随着社会经济的发展,造船业无论在技术、规模还是数量等方面都得到了很大的发展。然而造船业也因环境的制约而发展不平衡,北方的造船业远远落后于南方。本节主要通过考察唐宋时期造船业分布的南北差异,进一步探讨造船业发展的环境制约因素。

## 一、唐朝造船业的分布

总体来说,唐朝造船地域非常辽阔。自山东半岛至东南沿海多地,直至交州、广州以及江淮以南的众多地域,并溯江而上至剑南的沿江地区,经常是当时重要的造船基地。[①] 具体来说,唐朝的造船业主要分布在长江流域和东南沿海地区。

长江上游剑南道的造船业历史悠久,主要分布在长江流域诸州。唐初,李孝恭在夔州"大造舟楫,教习水战,以图萧铣"[②]。唐太宗为征伐高丽,派强伟"于剑南道伐木造舟舰,大者或长百尺,其广半之"[③]。

长江中游的造船业主要分布在洪州、江州、岳州和鄂州等地。唐太宗征伐高丽,"敕将作大监阎立德等诣洪、饶、江三州,造船四百艘以载军粮。"[④] 岳州也制造大量船只。《新唐书》记载:"聂彦章等率舟师复伐殷,攻岳州。许德勋、詹佶以舟千二百柁入蛤子湖玡山之南,为木龙锁舟,夜徒三百舸断杨林岸。"[⑤] "广德元年十二月二十五夜,鄂州失火,烧船三千艘。"[⑥] 三千艘船必定不是鄂州船舶的全部数量,可见船舶数量之多,当地应该有规模较大的造船业。

长江下游的造船业分布更为集中。唐太宗令"宋州刺史王波利等发江南十二州工人造大船数百艘,欲以征高丽"[⑦]。胡三省在注中认为,这十二州

---

① 张泽咸:《唐代工商业》,中国社会科学出版社,1995年,第94页。

② 刘昫等:《旧唐书》卷60《李孝恭传》,中华书局,1975年,第2347页。

③ 司马光:《资治通鉴》卷199《唐纪十五》,唐太宗贞观二十二年七月,中华书局,1956年,第6258~6259页。

④ 司马光:《资治通鉴》卷197《唐纪十三》,唐太宗贞观十八年七月辛卯,中华书局,1956年,第6209页。

⑤ 欧阳修、宋祁:《新唐书》卷188《杨行密传》,中华书局,1975年,第5459页。

⑥ 刘昫等:《旧唐书》卷37《五行志》,中华书局,1975年,第1367页。

⑦ 司马光:《资治通鉴》卷198《唐纪十四》,唐太宗贞观二十一年八月戊戌,中华书局,1956年,第6249页。

为宣、润、常、苏、湖、杭、越、台、婺、括、江、洪。① 由此可见长江下游造船业的集中。扬州是长江下游最大的造船中心。刘晏管理漕运,在扬州设十场造船,"置十场于扬子县,专知官十人,竞自营办。"②

东南沿海的泉州,山东半岛的胶东地区,大运河沿岸的宋州、汴州,以及岭南地区,也有造船业存在。③ 此处不再一一列举。

## 二、宋朝造船业的分布

宋朝造船业进一步发展,陕西路凤翔府,京东路密州,两浙路温州、台州、明州、婺州、苏州、镇江府,江南西路洪州、吉州、虔州、抚州,荆湖南路潭州、鼎诸州,以及福建路福州、泉州、漳州等,是两宋造船场的所在地,也是造船的中心。④ 张家驹对宋朝造船业的地理分布有细致的研究,宋朝造船业的直观分布情况如表 5.2 所示,根据张家驹的研究制成。

表 5.2　宋朝造船业地理分布表 ⑤

| 区域 | | 造船地 |
| --- | --- | --- |
| 北方 | | 陕西阳平、凤翔斜谷,山东,河北保州,甘肃镇洮军 |
| 淮浙 | 淮南 | 楚州、扬州、真州、泗州、高邮军 |
| | 两浙 | 杭州、明州、温州、处州、台州、平江府、婺州、江阴军 |
| 荆江 | 荆湖 | 潭州、衡州、鼎州、鄂州、新河口、洞庭湖 |
| | 江南 | 建康府、镇江府、池州、太平州、采石、虔州、洪州、吉州、江州 |
| 闽广 | 福建 | 泉州 |
| | 广南 | 广州、钦州、廉州 |
| 西川 | | 嘉州、泸州、叙州、黔州、眉州 |

由表 5.2 可以看出,宋朝的造船业主要分布在长江流域和东南沿海,北

---

① 司马光:《资治通鉴》卷 198《唐纪十四》,唐太宗贞观二十一年八月戊戌,中华书局,1956 年,第 6249 页。
② 王谠:《唐语林校证》,周勋初校证,中华书局,1987 年,第 61 页。
③ 姜浩:《隋唐造船业研究》,上海师范大学硕士学位论文,2010 年。
④ 漆侠:《宋代经济史(下)》,中华书局,2009 年,第 681 页。
⑤ 张家驹:《张家驹史学文存》,上海人民出版社,2010 年,第 338~342 页。

方地区分布很少。

## 三、唐宋时期造船业发展的南北不平衡与环境制约因素

通过考察唐宋时期的造船业分布情况,可以发现唐宋时期的造船业发展不平衡。具体说来,北方远远落后于南方,而南方以长江流域和东南沿海最发达,尤以江浙地区分布最为集中。唐宋时期造船业发展的南北不平衡,除了社会经济等因素,很大程度上受环境的制约,具体表现在南方和北方在自然水环境、森林植被等方面的差异。

受气候、地形等因素的影响,南方的自然水环境比北方优越得多。南方河湖众多且水量丰富,年际变化小,航运条件优越,船舶成为主要的交通工具之一,而北方河湖数量和水量都明显少于南方,枯水期长,航运条件不足,船舶在交通工具中不占主要地位,自然水环境的差异形成了"南船北马",这客观上也造成了南、北方造船业发展的不平衡。此外,造船业对水岸也有要求,"船场必须设置于水岸平坦又有斜坡之处,发洪水时不易被淹,枯水时也易下水,这样一来,船只造成后,才易于试航。"① 南方河湖众多,港岸优良,唐宋时期的造船场多分布在长江、鄱阳湖、洞庭湖、杭州湾等水岸。北方本来较缺乏适合建造船场的水岸条件,且唐宋时期北方的水环境开始发生变迁,河流决溢改道频繁,湖泊淤废,水旱灾害频发,水环境逐渐恶化,使得建造船场的条件更加恶劣。总之,北方缺乏造船业发展的自然水环境基础。

古代造船需要木材、铁钉、桐油等原材料,其中木材是造船所需的最主要材料。最适合制造舟船的木材是密度大、性质韧、能够经久不腐的乔木,楠木为首选,其次为樟木、杉木等。因此,造船业的发展受木材条件的制约,造船业发达之地都具有丰富的森林资源。

我国的森林分布很不平衡,存在着东部多、西部少,南部多、北部少的状况,森林更多地分布在长江流域及以南地区。② "唐朝江淮开发程度已很高,但中晚唐时苏、饶、湖、越、扬州及长沙、豫章的森林资源仍十分丰富,故

① 四川省文史馆主编:《巴蜀科技史研究》,四川大学出版社,1995 年,第 114 页。
② 刘锡涛:《从森林分布看唐代环境质量状况》,《人文杂志》2006 年第 6 期。

有'材干筋革,出自江淮'之称。"①《本草纲目》引唐人陈器藏《本草拾遗》曰:"江东(舟同)船,多用樟木。县名豫章,因木得名",并引用了颜师古的注云:"豫即枕木,章即樟木。"②唐末,田頵于宣州造战船曰:"我为舟于一用,不计其久,取木于境可也。"③长江上游也有丰富的木材资源。眉州洪雅县可暮山,"山多材木,公私资之。"④南州南川的萝缘山"在县南十二里,山多楠木,堪为大船"⑤。根据漆侠的研究,在宋朝,秦陇、两浙、江东路的皖南山区、江南西路和荆湖路都是盛产材木的地区。⑥结合上文可发现,盛产材木地区与造船业发达地区正好是重合的。

北方地区的森林资源,主要分布在秦岭、吕梁山、六盘山、陇山、岐山和太行山等山区。但是北方由于长期作为政治中心,加上大型土木建设、农垦和柴薪消耗等因素,森林资源在唐宋时期已经遭到极大的破坏。⑦而且北方出产的木材也不适合用于造船,"北方之木,与水不相宜。海水咸苦,能害木性,故舟船入海不得耐久,而又不能御风涛。"⑧所以,北方的造船业很难有所发展。

造船业受环境的制约,还体现在为适应不同的水运条件而出现了不同类型的船舶。长江上游航道素以水急滩险而闻名,为适应这种暗礁险滩密布的航道特点,川船多设计成平底型,船的两侧都造成鼓突的外形,借以增加船体的稳固性。长江中下游,江面扩宽,险滩减少,但受季风的影响,往往出现较大的风浪,所以出现大型平面船"吴船",其最突出的特点就是船

---

①　郑学檬:《中国古代经济重心南移和唐宋江南经济研究》,岳麓书社,2003年,第48页。

②　李时珍:《本草纲目》卷43《木部》,张守康、张向群、王国辰等主校,中国中医药出版社,1998年,第1947~1948页。

③　姜浩:《隋唐造船业研究》,上海师范大学硕士学位论文,2010年。

④　李吉甫:《元和郡县图志》卷32《剑南道·眉州》,中华书局,1983年,第808页。

⑤　李吉甫:《元和郡县图志》卷30《江南道·南州》,中华书局,1983年,第743页。

⑥　漆侠:《宋代经济史》,上海人民出版社,1987年,第666~680页。

⑦　程民生:《中国北方经济史》,人民出版社,2004年,第697~699页。

⑧　徐梦莘:《三朝北盟会编》卷176,炎兴下帙七十六,上海古籍出版社,1987年,第1278页上。

形宽广,船体扁平,方头而平底。[①]唐宋时期的漕运也根据长江和运河的深浅不同而使用不同的船分段运输。当时有"江船不入汴,汴船不入河,河船不入渭"的说法。[②]此外,根据当地的自然环境与资源情况,有些地区制造出一些有特色的船舶。如岭南地区缺乏铁钉桐油,因而制造藤舟,"皆空板穿藤约束而成。于藤缝中,以海上所生茜草,干而窒之,遇水则涨,舟为之不漏矣。"[③]

总之,唐宋时期造船业南北发展不平衡受环境制约。造船业需要大量的木材,对森林植被造成一定的破坏,但就当时而言,这种破坏是有限的,不是不可逆转的。

本章就水力加工业、桑蚕丝织业、矿冶业、制瓷业和造船业五个部门,对魏晋至宋元时期我国手工业与自然环境的关系进行了探讨。可以发现,古代手工业的发展也是以自然环境为基础的,环境的不同造成了各地手工业的发展差异,环境的变迁也会影响手工业的变迁。受环境因素的制约,经济重心的转移与手工业重心的转移不可能是完全同步的,如造船业重心一直处于南方,而冶铁和采煤业重心又一直处于北方。同时,手工业的发展对自然环境造成了影响,尤其是手工业获取原料、燃料对森林植被的破坏,但是不能刻意强调手工业对环境的破坏,在当时的生产力水平下,这种破坏还是有限的。总之,魏晋至宋元时期手工业发展对自然环境的依赖程度远远高于其对自然环境的破坏程度。

---

① 王赛时:《论唐代的造船业》,《中国史研究》1998 年第 2 期。
② 欧阳修、宋祁:《新唐书》卷 53《食货三》,中华书局,1975 年,第 1368 页。
③ 周去非:《岭外代答校注》卷 6,杨武泉校注,中华书局,1999 年,第 218 页。

# 第六章

# 区域生态环境

　　古人很早就懂得按照不同的生态环境来划分区域。大致成书于春秋战国时代的《尚书·禹贡》在其"九州"部分根据山川的位置和走向、土壤的颜色和品质、物产的差别等因素将全国划分为冀、兖、青、徐、扬、荆、豫、梁、雍九大地区。[①]"九州"的说法历代均作为经典来传承，并部分反映到各朝的行政区划中。如秦郡的设置对自然地理区块的割裂就较少，或一郡为一地理单元，或数郡共同占据一地理区域。[②]各区域间的生态环境差别，除了对划分行政区域有影响，还塑造了在不同区域下生活的人们的独特文化和民风。"中国戎夷，五方之民，皆有性也，不可推移"[③]，"凡民函五常之性，而其刚柔缓急，音声不同，系水土之风气。"[④]可见，在我国广袤的地理范围内存在着若干不同的区域，其间存在着经济、政治、文化等多层次的

---

　　① 阮元校刻：《尚书正义》卷6《禹贡第一》，中华书局，1980年，第146~153页。
　　② 周振鹤：《体国经野之道——中国行政区划沿革》，上海书店出版社，2009年，第92~93页。
　　③ 孔颖达正义：《礼记正义》，上海古籍出版社，2007年，第1338页。
　　④ 班固：《汉书》卷28下《地理下》，中华书局，1962年，第1640页。

差别。

在魏晋至宋元的漫长时段内,各区域生态环境固然受宏观环境变迁影响,但是在总体趋势一致的前提下,由于各区域地貌差异很大,因而生态环境各有特色。而且在这横跨千余年的历史发展中,各朝的兴衰、战乱、政治中心的转变等历史进程也会反作用于生态环境,这种人为因素的影响程度在各区域间是极不平衡的。因而,有必要分别探讨魏晋至宋元时期各区域的生态环境变迁及其与社会的互动关系。

## 第一节 | **区域自然环境的变迁**

进行分区域的生态环境研究,首要问题无疑是如何划定区域。划分的标准有很多,不同的标准会有不同的划分。最显而易见的是自然环境的差别,按照综合气候将我国划分为东部季风区、西北干旱半干旱区和青藏高寒区三个自然地理区及其下若干小区。[1] 这种气候的分野,古人早有感知,早在战国时,秦、燕的长城基本上就是沿着三区的分界线修筑[2],长城一线也大致是生产方式上农牧业的分水岭以及政治上中原政权与游牧政权的分界线。具体到东部季风区内,也可以大致由秦岭—淮河、南岭这两条自然界限划分为三个区域,区域间不但气候殊异,而且历史上的南北分裂时期也多以秦岭—淮河为界。在分区标准上还可以依照植物、物产的差别,司马迁依据各地物产而分出"山西""山东""江南"、龙门—碣石以北四个区域[3]。民族与文化也是一种划分标准,在古人看来"东方曰夷""南方曰

---

① 中国大百科全书总编辑委员会编:《中国大百科全书·中国地理》,中国大百科全书出版社,1993年,第660页。

② 周振鹤:《体国经野之道——中国行政区划沿革》,上海书店出版社,2009年,第85~87页。

③ 司马光:《史记》卷129《货殖列传》,中华书局,1963年,第3253~3254页。

蛮"西方曰戎""北方曰狄"。[①]方言的差别也反映了人群交流的界限,因而也是划分地域的标准之一,现代学者便依据西汉扬雄所著的《方言》一书所采撷的语言材料将西汉划分为若干方言区。[②]

如此多的标准,显然不能完全依照某一项来划分,既要参照气候中季风、热量等因素,也应考虑地貌上山川河流的阻隔,还应兼顾历史上行政区划的沿革,至于区域间生产方式的不同、文化上的分野,也均应考虑。好在这些划分标准有其内在联系甚至重合之处,才使我们有可能兼顾多种因素。限于篇幅,本章将分别叙述四大区域生态环境变迁的特点,分别是华北平原、长江中下游平原、关中平原以及塞北地区。

## 一、华北平原生态环境的变迁与经济重心南移

华北平原又称黄淮海平原,其范围"北抵燕山南麓,南达大别山北侧,西倚太行山—伏牛山,东临渤海和黄海,跨越京、津、冀、鲁、豫、皖、苏七省市"[③]。黄河、淮河、海河的冲击与沉淀对华北平原的形成作用巨大,因而得名。从气候上看,华北平原属于东部季风区,淮河以南属于"北亚热带湿润气候,以北则属于暖温带湿润或半湿润气候"[④],均适宜农业耕作。从该区域的历史来看,曹魏、西晋均定都洛阳;十六国中后赵建都于襄国(今河北邢台西南),后又迁都邺(今河北临漳);前燕先后定都蓟(今北京西南)、邺;后燕定都中山(今河北定州);南燕定都广固(今山东青州西北);北魏后期建都洛阳;东魏、北齐建都于邺;唐朝设东都于洛阳;后梁、后晋、后汉、后周以及北宋均建都开封,金后期迁都开封;元朝建都大都(今北京)。可见,该地区不仅开发较早,而且政治地位越来越重要。从地理来看,此区域北、西、南三面靠山,东面临海,区域内交通发达连为一体。华北平原有相近的气候条件、类似的经济生产,较为封闭的区域,更重要的是有着重要的政治地

---

① 阮元校刻:《礼记正义》卷 12《王制》,中华书局,1980 年,第 1338 页。

② 刘君慧等:《扬雄方言研究》,巴蜀书社,1992 年,第 9 页。

③ 中国大百科全书总编辑委员会编:《中国大百科全书·中国地理》,中国大百科全书出版社,1993 年,第 213 页。

④ 中国大百科全书总编辑委员会编:《中国大百科全书·中国地理》,中国大百科全书出版社,1993 年,第 214 页。

位,因而将其作为单独的区域首先考察。除了气温、植被变迁等,对本区域生态变迁影响极大的是黄河。

黄河流域横跨我国多个省区,但上游、中游地势落差较大,加之河两岸多山,水患并不严重。当黄河进入平原以后,地形落差变小,河水流速大大减慢,水中所携泥沙逐渐沉淀在河床中,年深日久抬高河床造成水患。因而,身处黄河下游的华北平原深受黄河水患的影响。关于黄河的改道与水患情况,本书其他章节已经提到,此处不再赘述。下面重点论述黄河水患对华北平原区域环境与人文的影响。

### (一) 黄河对华北平原湖泊的影响

黄河虽然径流量小,但是一年之中径流量变化率大,含沙量巨大。黄河在水量小的时候易泥沙沉积抬高河道,汛期洪水大涨,极易溢出河道,轻则决口,重则改道。由于黄河水中含有大量泥沙,因而泛滥的洪水流经其他河道、湖泊后会冲毁河道,淤浅湖泊,给环境造成极大伤害。"洪水遍及的范围,北抵海河,南达淮河,有时还逾淮而南,波及苏北里下河地区,纵横 25 万平方公里。海河以南的黄淮海平原,到处都受到过黄河水沙的灌注与淤淀。"[1]先秦时期,黄淮海平原上湖沼众多,邹逸麟将其统计为三个湖沼带:第一湖沼带在今天河南修武、郑州、许昌一线左右的黄河古冲积扇顶部;第二湖沼带在今河南濮阳,山东菏泽、商丘一线以东地区;第三湖沼带在河北邯郸至宁晋之间的太行山东麓冲积扇的前缘洼地。这些湖沼长期受河流冲淤,大部分较为平浅呈现湿地形态。[2]由于东汉以后黄河长期安流,魏晋至隋唐时期华北平原的湖沼仍然很多,据张修桂统计,淮河流域湖沼多达 110 个,其中人工陂塘居多;海河流域湖沼达 51 个;黄河流域有 35 个。[3]

唐末以后,形势大变,随着黄河下游进入不稳定期,决口、改道日渐增多,河北平原上的一些自古驰名的湖泊开始干涸。尤其是经历了宋、金、元数次易代战争,黄河下游早已面目全非。"古燕赵之壤,吾尝行雄、莫、镇、定间,求所谓督亢陂者,则固已废,何承矩之塘堰亦漫不可迹,渔阳燕郡之

---

① 邹逸麟主编:《黄淮海平原历史地理》,安徽教育出版社,1997 年,第 88 页。

② 邹逸麟主编:《黄淮海平原历史地理》,安徽教育出版社,1997 年,第 163 页。

③ 张修桂:《中国历史地貌与古地图研究》,社会科学文献出版社,2006 年,第 394 页。

戾陵诸堨,则又并其名未闻。豪杰之意有作兴废补弊者,恒慨惜之。"[1] 督亢
陂约相当于今天固安、新城一带,自战国时代此地水利便很发达,督亢成为
燕国最肥沃的土地之一,以致荆轲刺秦借献督亢地为名。《水经注》中也有
督亢泽之名[2],说明南北朝时期督亢仍然存在,可是到了元朝则湮没无闻。
何承矩为宋初将领,利用改造河北平原上的旧有池塘、湖沼、河流,限制契
丹骑兵,"今顺安西至西山,地虽数军,路才百里,纵有丘陵冈阜,亦多川渎
泉源,因而广之,制为塘埭,自可息边患矣。"[3] 这种水网纵横的地貌在元朝
也消失了。戾陵诸堨是和督亢相近的水利工程,北朝时尚可灌溉农田,"范
阳郡有旧督亢渠,径五十里;渔阳、燕郡有故戾陵诸堨,广袤三十里,皆废毁
多时,莫能修复。时水旱不调,延俊乃表求营造。遂躬自履行,相度形势,
随力分督,未几而就,溉田百万余亩,为利十倍,百姓赖之。"[4] 北朝时虽时有
干涸,但经过简单治理可以复原,到了元朝则只能"豪杰之意有作兴废补弊
者,恒慨惜之"罢了。

　　如果说河北平原所受之害只是改变了从前水网纵横、湖泊众多的地
貌,南宋初改道东南之后的黄河对黄淮平原则可以说是灾难深重。开封城
曾数次被淹没,宋朝开封城约在今日地表下十米。城市尚且如此,低洼的
河流、湖泊、池塘被淤就更好理解了。

　　由于黄河改道,淮河水系由独流入海变得混乱不堪,水系内的湖泊均
受影响。张修桂将其分为三类[5]:一是淤填消亡型,指由于泥沙淤积而逐渐
浅平,加之人工屯垦而最终湮没。以郑州、中牟之间的圃田泽为代表。圃
田泽在文献中早有记载。《尔雅》十薮条云:"郑有圃田。"[6]《周礼·职方氏》
载:"河南曰豫州,其山镇曰华山,其泽薮曰圃田。"[7]《元和郡县图志》载:"圃
田泽,一名原圃,县西北七里。其泽东西五十里,南北二十六里,西限长城,

① 苏天爵:《元文类》卷31《都水监事记》,商务印书馆,1936年,第408页。
② 郦道元:《水经注校证》卷12《巨马水》,陈桥驿校证,中华书局,2007年,第302页。
③ 脱脱等:《宋史》卷273《何承矩传》,中华书局,1977年,第9330页。
④ 李延寿:《北史》卷38《裴延俊传》,中华书局,1974年,第1377~1378页。
⑤ 张修桂:《中国历史地貌与古地图研究》,社会科学文献出版社,2006年,第409页。
⑥ 郭璞注:《尔雅注疏》卷7《释地第九》,上海古籍出版社,1990年,第110页。
⑦ 周公旦:《周礼正义》卷63《职方氏》,中华书局,1987年,第2654页。

东极官渡。上承郑州管城县界曹家陂，又溢而北流，为二十四陂。"[1]金代开始，圃田泽逐渐被开辟为农田，至明清，完全被垦为耕地，开封附近的其他湖泊也大致如此。二是移动消亡型，指来水源头变化，导致湖底淤高而使水体整体移动到周边低洼地带，最后随着水源改变而最终枯竭，如鲁西南平原上的巨野泽。三是潴水新生型，黄河改道造成的水文条件变化使得原先的一些无水洼地蓄水成为湖沼，洪泽湖为最显著代表。洪泽湖区域在宋朝以前只存在一些零星湖泊，黄河夺淮入海后将淮河河道淤塞，受阻之水东溢，将原有零星小湖和洼地连成片，形成洪泽湖。

北宋以后黄河的频繁改道对黄淮海平原的地貌造成了根本性改变，原有湖沼大量消失，使区域小的气候环境发生变化。而且，黄河洪水泛滥之后形成的荒地还为其他灾害提供了温床。

**（二）黄河决溢改道与蝗灾**

蝗灾是具有极大破坏作用的虫灾，而东亚飞蝗的主要发生基地正是黄淮海平原的冲积滩地、河间洼地和滨海平原。[2]最有利于蝗虫滋生的环境是低洼潮湿的荒芜滩地，而黄河的频繁决溢和改道恰恰提供了这种环境。

邹逸麟统计了蝗灾五大高发地区：渤海湾西岸地区、苏北低地及沿海地区、南四湖地区、豫北冀南鲁北地区、豫中地区。[3]这些地区中，除渤海湾沿岸外，其他四个地区均与黄河改道有关。

苏北沿海滩地是由夺淮入海的黄河所携泥沙淤积而成，形成大片荒芜滩地；苏北地区洪泽湖区域受上游来水限制，湖面随水量盈缩，因而形成季节性的荒芜滩地。这两种滩地均是蝗虫滋生的理想温床。南四湖指微山湖、昭阳湖、独山湖、南阳湖，是由于黄河侵夺泗水河道后因排水不畅而潴积成湖。这些湖泊普遍较浅，水量受降雨影响大，在枯水季形成的滩地容易滋生蝗虫。豫北冀南鲁北地区是黄河频繁改道所经之地，水系紊乱，形成若干低洼地带。由于黄河经常泛滥，土地无法得到有效利用，荒芜滩地很多，

---

①　李吉甫：《元和郡县图志》卷 8《河南道四》，中华书局，1983 年，第 203 页。

②　马世骏等：《中国东亚飞蝗蝗区的研究》，科学出版社，1965 年，第 264~269 页。

③　邹逸麟主编：《黄淮海平原历史地理》，安徽教育出版社，1997 年，第 78~80 页。

容易滋生蝗虫。豫中地区是颖河、沙河、贾鲁河交汇地带,河道间的洼地同样是蝗虫的滋生地。

据统计,宋元时期爆发蝗灾年数为 195 年,与之相比,隋唐五代时期为 61 年,魏晋南北朝为 48 年,汉朝为 55 年。蝗灾频率在前三个时段基本持平,而宋元时期则呈现爆发态势。[1] 这无疑是与适宜蝗虫滋生的地区增多有关。

### (三) 黄河对华北平原经济的影响

黄河的决口、改道对经济最直接的危害是洪水对村庄和农田的冲击,冲击过后形成了紊乱的水系和因排水不畅而日益盐碱化的土地,加之旱、蝗灾频发,经济受害严重。由于南宋初改道后的黄河主要在东南一带摆动,淮北地区成为华北平原受黄河危害最重的地区之一。淮北地区地势平坦,自古以来湖沼众多,水利资源丰富,是农业较早发达的地区。战国后期,陈、睢阳、寿春先后成为楚国的中心,秦末此区成为最早爆发反秦起义的地区。两汉时期淮北地区的颖川郡、陈留郡、淮阳国人口密度都超过平均水平。[2] 魏晋南北朝时期,淮北地区处在南北政权交界地带,战争对经济破坏严重,但政权不时兴办屯田以供军粮,而且一旦政权稳定,则农业便有所恢复。这说明该区自然环境还是适宜农业的。隋唐统一,该区农业优势显现出来,"荥阳古之郑地,梁郡梁孝故都,邪僻傲荡,旧传其俗。今则好尚稼穑,重于礼文,其风皆变于古。谯郡、济阴、襄城、颖川、汝南、淮阳、汝阴,其风颇同。"[3] "尚稼穑"说明该区农业发达。经历了唐后期及五代时期的战乱,淮北经济受到严重打击,但是自然环境依然优良,"自楚之北至于唐、邓、汝、颖、陈、蔡、许、洛之间,平田万里,农夫逃散,不生五谷,荆棘布野,而地至肥壤。"[4] 但是北宋末期以后,淮北这种优良的自然环境遭破坏,这固然是战乱频仍所致,但是与前代战乱后较快恢复不同,此后淮北在全国的经济地位呈持续衰落之势,户口垦田均未恢复到北宋水平,在全国经济中的地

---

① 邹逸麟主编:《黄淮海平原历史地理》,安徽教育出版社,1997 年,第 81 页。
② 葛剑雄:《西汉人口地理》附表图 7,人民出版社,1986 年,第 114 页。
③ 魏徵、令狐德棻:《隋书》卷 30《地理志》,中华书局,1973 年,第 843 页。
④ 苏辙:《栾城应诏集》卷 10《进策五道·民政下》,上海古籍出版社,1987 年,第 1690 页。

位更是相对下降。①黄河的危害是重要原因,最直接的影响是水系紊乱破坏了原来发达的水利工程,正如吴海涛所指出的:"元朝黄河经常在南堤决溢,泛滥于淮北地区。"②洪水泛滥造成的内涝影响农业生产,但是治水排涝又会影响农田灌溉,蓄水与排水的矛盾既然无法调和,那么恢复农业繁荣的目标也无法实现。

## 二、长江中下游平原的生态环境变迁与经济重心的确立

长江中下游平原,"位于湖北宜昌以东的长江中下游沿岸,系由两湖平原(湖北江汉平原、湖南洞庭湖平原总称)、鄱阳湖平原、苏皖沿江平原、里下河平原和长江三角洲平原组成。"③从行政区划上来看,主要包括湖北、湖南、江西、安徽及江苏五省。④此区跨江之南北,历史上行政规划分合无定。湖南、湖北在《尚书·禹贡》九州的分划中,大体属于荆州,原属诸蛮之一的楚人逐渐兴盛,此地也以荆楚知名。秦统一后设置南郡、黔中郡、长沙郡。汉高祖时期设置豫章郡(略相当于今江西),汉武帝时期隶属于扬州刺史部。汉武帝时期设置荆州刺史。两晋时期,江州大致在今江西境内。安徽、江苏的行政区划更是直到清代才确定。尽管在行政区划上,该地区显得支离破碎,但是共同点很明显。气候上该地区自然环境均属于亚热带季风气候,降水丰沛,区内河流、湖泊众多。历史沿革上,魏晋至宋元时期出现过多次南北对峙的局面,在南北分立的局面下该地区历来都是南方政权立足的根基和核心疆土。尤其重要的是,该地区虽然开发比黄河流域晚,但是环境更加优越,随着魏晋以后一批批的北方移民进入,经济日益发达,唐宋以后更是超过黄河流域成为我国的经济中心。正是基于以上几点原因,才将该地区作为单独的区域加以考察。

该地区较少剧烈的环境危害,气候条件、水文条件主要随着整体气候

① 吴海涛:《淮北的盛衰:成因的历史考察》,社会科学文献出版社,2005年,第62、70页。
② 吴海涛:《淮北的盛衰:成因的历史考察》,社会科学文献出版社,2005年,第92页。
③ 中国大百科全书总编辑委员会编:《中国大百科全书·地理卷》,中国大百科全书出版社,1993年,第50页。
④ 李孝聪:《中国区域历史地理》,北京大学出版社,2004年,第231页。

变化而改变,部分地貌的形成也受人为因素的影响。下文以经济发展与环境变迁为线索来叙述。

### (一) 魏晋至宋元时期长江中下游的气候变迁

三国早期,气候承接东汉以来变冷趋势。黄初六年(225)十月,曹丕行幸广陵(今江苏淮安)故城,欲在淮河边视察十余万士兵演习,因淮河水道冻结,水上军演被迫停止,"是岁大寒,水道冰,舟不得入江,乃引还。"[1] 据竺可桢考证,这是史书第一次记载淮河结冰。[2] 横贯中国东西的秦岭—淮河一线被认为是我国南北方的自然分界线,这一观点一直得到我国地理、气候等方面专家的认可。而千里长淮穿淮安城而过,正处在秦岭—淮河线上,淮河结冰的这一历史记载可谓是当时气候变冷的标志。

从初霜、终霜的日期来看,今长江中下游地区的初霜日期在公历 11 月 20 日至 30 日左右,终霜日期在 3 月 10 日至 20 日左右。[3] 魏晋时期的文献记载,孙吴嘉禾三年九月朔(234 年 10 月 11 日),"陨霜伤谷。"[4] 可见霜期至少比现代要提前 30 多天。嘉禾四年(235),"秋七月,有雹"[5],更是较为极端的天气。霜冻日期与秋季气温有着稳定的对应关系,分析表明,霜冻每提前 10 天,秋季气温平均降低 0.4℃。[6] 据此推算,嘉禾三年(234)前后,长江中下游地区的气温要比今天低 1℃到 3℃。魏晋南北朝时期,气候寒冷除了体现在霜期延长,还体现在冬季异常寒冷。东晋孝武帝太元二十一年(396),"十二月,雨雪二十三日。"[7] 刘宋元嘉二十九年(452),"自十一月霖雨连雪,太阳罕曜。三十年正月,大风飞霰且雷。"[8] 南朝萧齐建元三年(481)十一月,"雨雪,或阴或晦,八十余日,至四年二月乃止。"[9] 这些记载的虽都是极端天气,也说明南北朝南京附近的长江下游气候寒冷。据竺可桢推算,

---

① 陈寿:《三国志》卷 2《魏书·文帝纪》,中华书局,1959 年,第 85 页。

② 竺可桢:《中国近五千年来气候变迁的初步研究》,《考古学报》1972 年第 1 期。

③ 满志敏:《中国历史时期气候变化研究》,山东教育出版社,2009 年,第 155 页。

④ 陈寿:《三国志》卷 47《吴书·吴主传二》,中华书局,1959 年,第 1140 页。

⑤ 陈寿:《三国志》卷 47《吴书·吴主传二》,中华书局,1959 年,第 1140 页。

⑥ 满志敏:《中国历史时期气候变化研究》,山东教育出版社,2009 年,第 155 页。

⑦ 房玄龄等:《晋书》卷 29《五行下》,中华书局,1974 年,第 876 页。

⑧ 沈约:《宋书》卷 99《二凶劭传》,中华书局,1974 年,第 2426 页。

⑨ 萧子显:《南齐书》卷 19《五行志》,中华书局,1972 年,第 371 页。

魏晋南北朝时期南京冬季气温约比现代低 2℃。[①] 正是因为气温较低,冬季河湖冰层较厚,才使得刘宋孝武帝大明六年(462),"五月丙戌,置凌室,修藏冰之礼"[②] 有了可能。

隋唐时期气候存在波动,"并不存在一个稳定的气候温暖期"[③]。以 8 世纪中叶为限,前半期的气温虽没有更多证据说明温暖,但至少和现代气温持平,后半期则天气明显转寒。唐末的一些诗歌也说明了长江中下游的寒冷天气,"天外晓岚和雪望,月中归棹带冰行"[④],说明河流、湖泊结冰已很常见。五代至北宋,气候依然冷暖不定,既有温暖的证据,也有寒冷的证据。如雍熙二年(985),九江"大江冰合,可胜重载"[⑤]。天禧二年(1018),湖南南部"永州大雪,六昼夜方止,江、溪鱼皆冻死"[⑥]。北宋末年至南宋中期,则较明显地呈现寒冷趋势,宋徽宗政和元年(1111)冬,太湖地区"河水尽冰"[⑦],洞庭山之橘树全部冻死。宋高宗绍兴二年(1132)冬,太湖再次结冰,洞庭山至湖岸间"蹈冰可行"[⑧]。绍兴五年(1135)冬,江汉地区"冰凝不解,深厚及尺"[⑨]。元朝文献中的寒冷记载也比比皆是,元文宗天历二年(1329),"冬大雨雪,太湖冰厚数尺,人履冰上如平地,洞庭柑橘冻死几尽。"[⑩]

尽管本区域的气候变化总体上符合整体气候变迁的趋势,尤其是在寒冷期,经常出现结冰、果树冻死等现象,但是由于本区纬度较低,旧有气温比较高,即便遇到寒冷期大幅降温,气候仍然比黄河流域要优越一些。正如郑学檬指出,"气候变化的幅度会随纬度增高而增大,因而北方气候变化幅

① 竺可桢:《中国近五千年来气候变迁的初步研究》,《考古学报》1972 年第 1 期。

② 沈约:《宋书》卷 6《孝武帝纪》,中华书局,1974 年,第 129 页。

③ 满志敏:《中国历史时期气候变化研究》,山东教育出版社,2009 年,第 184 页。

④ 崔道融:《镜湖雪霁贻方干》,彭定求等编:《全唐诗》卷 714,中华书局,1960 年,第 8209 页。

⑤ 脱脱等:《宋史》卷 5《太宗纪二》,中华书局,1977 年,第 77 页。

⑥ 脱脱等:《宋史》卷 62《五行志一下》,中华书局,1977 年,第 1342 页。

⑦ 陆友仁:《研北杂志》卷上,文渊阁四库全书,台湾商务印书馆,1983 年,第 390 页。

⑧ 庄绰:《鸡肋编》卷中《中原避祸南方者遭遇之惨》,中华书局,1983 年,第 64 页。

⑨ 李心传:《建炎以来系年要录》卷 98,绍兴六年二月庚戌,中华书局,1988 年,第 1866 页。

⑩ 陆友仁:《研北杂志》卷上,文渊阁四库全书,台湾商务印书馆,1983 年,第 390 页。

度大于南方,所以两宋时气候转寒所导致的生长期缩短,南方没有北方严重。"[1] 研究表明,气温每变化1℃,产量变化约为10%[2]。南北温差导致作物收成大异,"大率淮田百亩所收,不及江浙十亩。"[3] 而且,从农作物种类来看,小麦的种植需要经历一个低温阶段(1℃—2℃),第二年才能抽穗开花,称为春化作用。[4] 长江中下游流域原有气温较高,并不适宜小麦生长,北宋以后的寒冷环境反倒促使小麦种植带的南移。南宋初年,江、浙、湖、湘"竞种春稼,极目不减淮北"。[5] 在稻业影响不大的情况下,小麦种植也被推广,寒冷天气并未真正危害长江中下游的农业,这为唐宋时期经济中心的南移提供了物质保障。

**(二) 人口增长与大量圩田开发对环境的影响**

魏晋至宋元时期,长江中下游地区的发展经历了由初步开发、逐渐发展、最后成为全国经济中心的过程。与经济发展相伴随的是北方人口的不断南迁。北方人口南迁第一次高潮的诱因是西晋末的"永嘉之乱",统治阶层的内乱加上游牧民族的内迁引发了长时间的战乱,迫使黄河流域大量人口南迁。西晋的灭亡和江东东晋政权的建立更加推动了北方人口的南迁。由于十六国时期各民族在北方建立的政权往往旋生旋灭,动荡的局势使移民的浪潮延续了一百多年。史念海指出,"南迁人口之多,竟占到黄河流域及其附近地区原来人口的十分之六七。"[6] 经过这次移民高潮,南朝中期,"我国南北方人口之比可能已为4∶6。"[7] 隋朝的统一结束了南北朝分裂战乱的局面,唐朝更是维持了较长时间的稳定局面,这使得北方经济得以恢复。但是"安史之乱"爆发后,战乱频仍,移民之风又起,至唐末军阀混战时期,又形成一次移民南方的高潮。北宋初,南方人口已经超过北方,此后南

---

①　郑学檬:《中国古代经济重心南移和唐宋江南经济研究》,岳麓书社,2003年,第39页。

②　张家诚:《气候变化对中国农业生产的影响初探》,《地理研究》1982年第2期。

③　虞俦:《尊白堂集》卷6《使北回上殿札子》,线装书局,2004年,第525页。

④　中国大百科全书总编辑委员会编:《中国大百科全书·农业卷》,中国大百科全书出版社,1993年,第123页。

⑤　庄绰:《鸡肋编》卷上《各地食物习性》,中华书局,1983年,第36页。

⑥　史念海:《中国历史人口地理和历史经济地理》,台湾学生书局,1991年,第42页。

⑦　邹逸麟:《中国历史人文地理》,科学出版社,2001年,第149页。

方人口数量在总人口数量中所占比例持续升高,至元朝达到顶点。[1]日益增多的人口使得南方人地矛盾逐渐尖锐起来。北宋沈括指出,"江南大都皆山也,可耕之土皆下湿,厌水频江"[2],一针见血地说明了问题的根源,即长江下游缺乏耕地,开辟新土地只能从水边河岸中寻求,这样,圩田作为长江中下游平原上耕地的一种主要形式就应运而生。

关于圩田形制,南宋杨万里有详细说明:"江东水乡,堤河两涯而田其中,谓之'圩'。农家云:圩者,围也。内以围田,外以围水。盖河高而田反在水下,沿堤通斗门,每门疏港以溉田,故有丰年而无水患。"[3]其原理是筑有防水堤的田地。堤有闸门,平时闭闸御水,旱时开闸放水入田,因而旱涝无忧。大规模的圩田构筑始于三国时期,孙吴景帝永安三年(260),丹阳都尉严密"建丹杨湖田,作浦里塘"[4]是较早的圩田记载。至建衡元年(269),丹阳附近已开辟圩田一百多万亩。[5]南朝后期,圩田更加发达,已经呈现"良畴美柘,畦畎相望,连宇高甍,阡陌如绣"[6]的景观。经过唐朝和五代十国的发展,宋朝圩田呈现新的发展态势,出现了联圩的形式。"太平州黄池镇福定圩周四十余里,延福等五十四圩周一百五十余里,包围诸圩在内,芜湖县圩周二百九十余里,通当涂圩共四百八十余里。"[7]"包围诸圩"之语明显表明这是包含诸多小块圩田的大圩。大圩区域更大,堤防更牢固,大大提高了圩田生产的安全性。

长江中下游河湖众多,江边、湖滩附近容易形成大量低洼肥沃的土地,这是建立圩田的有利条件,此区域日益膨胀的人口数量也推动着圩田的开发。但是这种利用土地的形式对自然环境构成了较大的危害。首先,大量开发圩田改变了区域的水文环境,容易引起水患,唐末就有人质疑圩田

---

① 邹逸麟:《中国历史人文地理》,科学出版社,2001年,第151~152页。

② 沈括撰:《万春圩图记》,四川大学古籍整理研究所编:《全宋文》卷1690,上海辞书出版社、安徽教育出版社,2006年,第326页。

③ 马光祖修:《景定建康志》卷37《圩丁词十解》,中华书局,1990年,第1946页。

④ 陈寿:《三国志》卷64《吴书·濮阳兴传》,中华书局,1959年,第1451页。

⑤ 庄华峰:《古代江南地区圩田开发及其对生态环境的影响》,《中国历史地理论丛》2005年第3期。

⑥ 姚思廉:《陈书》卷5《宣帝纪》,中华书局,1972年,第82页。

⑦ 脱脱等:《宋史》卷173《食货志上一》,中华书局,1977年,第4186页。

"害大而利小者,其以湖为田之谓欤"①。宋朝圩田导致水害的例子也不鲜见,"山水无以发泄,遂至冲决圩埠"②,"(圩田)横截水势,不容通泄,圩为害非细。"③ 其次,圩田,尤其是大型的联圩,大量占据湖边滩地,使湖区急剧缩小,雨季蓄洪能力大大减低,一些大湖调节洪峰的能力降低,容易诱发水旱灾害。最后,围湖造田对湖泊内原有的生物种群有着极大危害,南宋徐次铎主张退耕还湖,"使湖果复旧,水常弥满,则鱼鳖虾蟹之类不可胜食,茭荷菱芡之实不可胜用,纵民采补其中,其利自博。"④

不过,圩田这种生产方式获利较大,既能解决人多地少的矛盾,又能使朝廷从中得到赋税收入,因而尽管屡有"废圩田"之论,但始终未能阻挡圩田的发展。南宋绍兴五年(1135),江东帅臣李光言:"明、越之境,皆有陂湖,大抵湖高于田,田又高于江、海。旱则放湖水溉田,涝则决田水入海,故无水旱之灾。本朝庆历、嘉祐间,始有盗湖为田者,其禁甚严。政和以来,创为应奉,始废湖为田。自是两州之民,岁被水旱之患。余姚、上虞每县收租不过数千斛,而所失民田常赋,动以万计。莫若先罢两邑湖田。其会稽之鉴湖、鄞之广德湖、萧山之湘湖等处尚多,望诏漕臣尽废之。其江东、西圩田,苏、秀围田,令监司守令条上。"⑤ 于是诏诸路漕臣议之,其后议者虽称合废,竟仍其旧。

### 三、关中平原的自然环境变迁与灌溉水网

关中平原又名渭河平原或渭河盆地,"位于陕西省中部,介于秦岭和渭北北山(老龙山、嵯峨山、药王山、尧山等)之间。西起宝鸡,东至潼关,海拔约325~800米,长约300公里。"⑥气候上属于半湿润气候,适宜农业发展。"关中"之得名甚早,"因在函谷关和大散关之间(一说函谷关、大散关、武

---

① 吕延祯:《练湖碑铭》,董诰等:《全唐文》卷871,中华书局,1983年,第9117页。

② 徐松辑:《宋会要辑稿》食货7之43,中华书局,1957年,第4927页。

③ 徐松辑:《宋会要辑稿》食货61之118,中华书局,1957年,第5932页。

④ 施宿等:《嘉泰会稽志》卷13《镜湖》,中华书局,1990年,第6985页。

⑤ 脱脱等:《宋史》卷173《食货志上一》,中华书局,1977年,第4183页。

⑥ 中国大百科全书总编辑委员会:《中国大百科全书·地理卷》,中国大百科全书出版社,1993年,第121页。

关和肖关之间),古代称'关中'。春秋战国时为秦国故地,号称'八百里秦川'。[1] 由于四面皆有关隘之险,又有道路相连,所以既可闭关自成一体,又可借之以治天下。

> 夫关中左殽函,右陇蜀,沃野千里,南有巴蜀之饶,北有胡苑之利,阻三面而守,独以一面东制诸侯。诸侯安定,河渭漕挽天下,西给京师;诸侯有变,顺流而下,足以委输。此所谓金城千里,天府之国也。[2]

关中平原具有适宜的自然环境和重要的战略地位,自西周开始,秦、西汉、隋、唐等多个朝代在此建都,是对我国历史有重要影响的区域,因而作为单独区域加以考察。

关中平原范围较小,区域的气候变迁主要受宏观气候变迁影响,特点并不突出。该地区在历史上,尤其是宋朝以前,是以政治中心而知名。其政治地位的必要条件,除了山河之险,还有发达的农业,而农业发展离不开灌溉水网的建立,因而发达的水利工程是本区最值得注意的环境因素,下文将围绕水利开发与生态环境的关系展开叙述。

**(一) 关中平原的自然环境与水利开发**

关中平原年降水量能达到 550~700 毫米,但是区内各地降雨量并不平均,西部略多于东部,凤翔年降水量达 638.6 毫米,而郃阳则只有 352.4 毫米。而且一年中降水时间并不平均,夏季降水量约占年降水量的 1/2。即便如此,由于夏季降雨形式多为短时间暴雨,地面难以保持水分,因而也有旱情出现。春季由于降雨少,气温升高快,春旱对农作物威胁尤其严重。因而,李令福在分析了关中气候后指出:"这种气候特征给人工灌溉提出了迫切要求。"[3]

关中平原土壤类型为黄土,富含钙、钾、磷、硫等矿物元素,无机质含量较其他类型土壤丰富,适宜农业耕作。美国地质学者葛勒石指出:"(黄土)

---

[1]　中国大百科全书总编辑委员会:《中国大百科全书·地理卷》,中国大百科全书出版社,1993 年,第 121 页。

[2]　司马迁:《史记》卷 55《留侯世家》,中华书局,1963 年,第 2044 页。

[3]　李令福:《关中水利开发与环境》,人民出版社,2004 年,第 4 页。

在农业上有非常重要的性质,因为气候干燥,土壤肥料流失很少,故常保有一定的肥力,借风力陆续送来许多新黄土而使农业不断收获。这种情形,正与埃及借尼罗河的泛滥冲来许多肥土而使埃及农业不断发达一样。"[1] 何炳棣也肯定了黄土的自我加肥能力[2],指出:"黄土颗粒的风化程度甚低,内中矿质大都保留,相当肥沃,而且土质较松,宜于原始耕垦。"[3] 不过,黄土也有不利之处,由于含有可溶性盐,黄土土质容易在低洼地带盐碱化,形成大片不适宜耕作的土地。《史记》记载郑国渠的意义:"渠就,用注填阅之水,溉泽卤之地四万余顷,收皆亩一钟。"[4] 指出引河水冲刷、淤灌治理盐碱土地是打造灌溉网络的动力之一。

关中平原由于特殊环境,进一步发展经济必须建立灌溉水网,而关中河流众多也为水利工程的建立提供了有利的客观条件。渭河是区域内最主要的河流,宝鸡峡以下河道开始由西向东贯穿关中平原,至潼关附近汇入黄河。渭河水量丰沛,现代的年径流量达54亿立方米。[5] 除了渭河干流,泾河、北洛河等主要支流也有很大的灌溉意义,泾河现代的年径流量达21亿立方米,战国末期郑国渠即为开凿泾水而成。[6] 北洛河现代的年径流量达9亿立方米,早在西汉就建立了著名的龙首渠。[7]

渭河及其支流水量丰富,除了水量,地势走向也对水利工程的建设有影响。以渭河为例,南岸和北岸有极大差别。南岸靠近秦岭因而坡度很陡,河间原面狭窄,因而只能建设小型水利工程;北岸地势较为开阔,按李令福研究,可分为东、中、西三部分,中部泾水与洛水之间的区域最为适合修建

①　[美]葛勒石:《中国区域地理》,谌亚达译,正中书局,1947年,第53页。

②　何炳棣:《华北原始土地耕作方式:科学、训诂互证示例》,《农业考古》1991年第1期。

③　何炳棣:《黄土与中国农业的起源》,香港中文大学出版社,1969年,第179页。

④　司马迁:《史记》卷29《河渠书》,中华书局,1963年,第1408页。

⑤　中国大百科全书总编辑委员会:《中国大百科全书·地理卷》,中国大百科全书出版社,1993年,第502页。

⑥　中国大百科全书总编辑委员会:《中国大百科全书·地理卷》,中国大百科全书出版社,1993年,第268页。

⑦　中国大百科全书总编辑委员会:《中国大百科全书·地理卷》,中国大百科全书出版社,1993年,第33页。

水利工程,历代主要引水渠都建于此区域。[1]

郑国渠是该地区较早修建的有重大影响的水利工程。《史记》载:"韩闻秦之好兴事,欲罢之,毋令东伐,乃使水工郑国间说秦,令凿泾水自中山西邸瓠口为渠,并北山东注洛三百余里,欲以溉田。中作而觉,秦欲杀郑国。郑国曰:'始臣为间,然渠成亦秦之利也。'秦以为然,卒使就渠。渠就,用注填阏之水,溉泽卤之地四万余顷,收皆亩一钟。于是关中为沃野,无凶年,秦以富强,卒并诸侯,因命曰'郑国渠'。"[2] 正是因为修建了郑国渠,关中才真正成为旱涝保收的"沃野"。西汉继续大规模地开发水利,有龙首渠、六辅渠、白渠等主要水渠,进一步完善了关中的灌溉水网。东汉至南北朝时期,虽有小规模建设,但主要是对原有渠系的修补,创建不多,是关中水利的中衰时期。隋唐时期,除了修复用于灌溉的旧渠,一个重要举措就是完善都市水利和漕运水利。因为此时经济重心逐渐南移,关中水网的功能逐渐从重于灌溉转向重于都市用水和物资运输。宋朝以后经济重心南移大势已定,加之政治中心已不在关中,因而用于都市用水和运输的水利工程日渐衰落。

### (二)关中平原的水利开发对生态环境的影响

关中平原的水利开发既受制于环境因素,又反过来对环境有所影响。首先,众多水利工程的修建最直接的影响在于改变了原有的水量分布。渭河及其支流泾河、北洛河水量丰沛,到了夏季更是流量巨大,尤其是遇到短时间暴雨时甚至容易引发洪涝灾害。而渭北地区正好处在山南水北,原是关中最干旱的地区,随着郑国渠的修建及汉代对泾水、洛水的进一步开发,这一带由旱塬变为含水量丰富的沃土,乃至可以种水稻,主要记载西汉长安附近农业生产技术的农书《氾胜之书》记载:"冬至后一百一十日可种稻。"[3]

除了人为分配水量,修建大渠还对河流、湖泊的形态有巨大影响。以郑

---

① 李令福:《历史时期关中农业发展与地理环境之相互关系初探》,《中国历史地理论丛》2000年第1期。

② 司马迁:《史记》卷29《河渠书》,中华书局,1963年,第1408页。

③ 氾胜之:《氾胜之书辑释》,万国鼎辑释,农业出版社,1963年,第121页。

国渠为例,它在泾水岸开口,自西向东,循渭北之原而行,东至洛水。可是,包括泾水、洛水在内的渭河支流流向均为西北至东南,最后汇入渭河,在泾水和洛水之间还有清水、浊水等支流,郑国渠自西向东流无疑会对这些河流产生影响。现代在修建交叉水道的时候,或建立类似立交桥的渡槽,或修建地下隧洞,但是这些办法在古代工程条件下是无法实现的。郑国渠的处理办法是"横绝",其具体方法存在争议,现代学者多认为是采取了"平面交叉"的形式[1],即通过建水坝或导流堰的方式将常流量引入渠道,将汛期洪水经退水渠泄入下游河道。李令福进一步证实了这种方法的可行性,指出:"诸河出北原后因地形关系皆形成一个洪积扇区,当时河床发育不完全,河滩平广,多漫流,容易横截,或在扇形边缘开渠引水也顺应地势,比较便利。当然,拦河之坝也可以是溢流坝,洪水时可漫溢而过。"[2]史料记载也可证实这种判断,北魏时期的刁雍建议:"今求从小河东南岸斜断到西北岸,计长二百七十步,广十步,高二丈,绝断小河。二十日功,计得成毕,合计用功六十日。小河之水,尽入新渠,水则充足,溉官私田四万余顷。"[3]"绝断小河。二十日功,计得成毕",清楚地表明了在渭河北岸特殊的地势下开展这种工程并不困难。这种工程可以把沿途诸河之水都汇入渠中,使得延渠流量渐增,保证了渠道长途输水的水量。而且,经过郑国渠"横绝"之后,这几条河流的下游河道日渐干涸,河道经过整治之后可获得近 10 万亩的肥沃土地。[4]

除了改变原有河流流向,水利工程带来的淤灌效应使得许多湖泊日渐消失。渭河是黄河的最大支流,同时是黄河泥沙的主要来源,而泾水又是"渭河来沙量最多的支流"[5],自古泾水号称浑浊,汉代俗谓"泾水一斗,其泥

　　① 西北大学历史系考古专业《郑国渠》编写组:《郑国渠》,陕西人民出版社,1976 年,第 17~18 页。

　　② 李令福:《关中水利开发与环境》,人民出版社,2004 年,第 46 页。

　　③ 魏收:《魏书》卷 38《刁雍传》,中华书局,1974 年,第 868 页。

　　④ 西北大学历史系考古专业《郑国渠》编写组:《郑国渠》,陕西人民出版社,1976 年,第 22~24 页。

　　⑤ 中国大百科全书总编辑委员会:《中国大百科全书·中国地理》,中国大百科全书出版社,1993 年,第 268 页。

数升"。郑国渠的主要水源便是泾水,郑国渠对下游的淤灌效应可想而知。《三辅黄图》所记载的众多湖泊至唐朝已经大大减少,今日甚至连其遗址都难以确定。淤灌除了通过淤平湖泊对关中水系和地形造成影响,还改变了土壤的类型和分布。在各大灌区长期进行淤灌形成了被称作"灌淤土"的特色土壤[①],甚为肥沃。

## 四、塞北地区与气候变化的影响

我国疆域广大,在东部季风区之外,还有大片受大陆性气候影响的干旱半干旱地区,这些地区广泛分布着许多以游牧为生的民族。自战国开始,秦、燕、赵等诸侯逐渐在农业区域边缘修筑长城作为防御和限制游牧民族的屏障。秦统一后修整各国北方的长城连为一线,从此成为中原与北方草原的界限,长城以北一般称为塞北地区。塞北大部分地区环境基本不适宜农耕,在古代生产力低下的条件中更是如此,因而生产方式主要为大范围的游牧,很难用行政区划来区分,一般来说包括今宁夏、甘肃、内蒙古、河北北部,广义来说还包括辽宁、吉林、黑龙江等地区。历史上该区域是游牧民族的舞台,秦汉时期匈奴是蒙古草原的主人,匈奴被汉朝击败西迁之后,余部内附,鲜卑占据大草原。鲜卑建立北魏统一我国北方后,草原逐渐被柔然占据。北朝末期,突厥崛起并统一草原,隋唐时期突厥、薛延陀、回纥、黠戛斯相继勃兴。唐末五代时期,契丹兴起,并建立辽朝。12世纪,蒙古崛起,并逐步击败周围政权最终建立元朝。塞北地区虽然与中原农耕区在气候、环境和生产方式上有着巨大差别,但是历史发展和中原息息相关,因而在叙述该地区环境演变与历史的关系时,需要和中原的历史联系起来。魏晋至宋元时期,北方游牧民族数次大规模南迁,和塞北地区环境演变有很大关系。

### (一)魏晋至宋元时期游牧民族的南迁

从魏晋到宋元的漫长时间里,出现了多次游牧民族南迁的高潮,其形式既有南侵建立政权,也有依附于中原朝廷生活于塞下,这取决于中原朝

---

① 王吉智、马玉兰、金国柱编:《中国灌淤土》,科学出版社,1996年,第2页。

廷与游牧民族的实力对比。

魏晋南北朝时期是游牧民族南迁的一个高潮，南迁人口数量多而且民族种类多，主要有匈奴、乌桓、羌、氐、鲜卑。匈奴的历史悠久，战国末期趁中原诸侯战乱发展壮大，不但统一蒙古草原，而且占据河套地区，与秦汉持续了长时间的战争，直到东汉前期才被彻底击败。汉朝将内附的南匈奴安排在缘边五原、云中、定襄、朔方、雁门、上谷、代、北地八郡，此后匈奴不断南迁，至三国时期已经聚集于并州中部汾水流域。西晋末年，西晋的统治阶层爆发"八王之乱"，贵族刘渊趁机占据并州建立政权，是为汉（后改前赵）。同时期，附属匈奴的羯人建立后赵政权；氐族建立前秦和后凉政权；羌族建立后秦政权。在匈奴及其附属民族纷纷内迁之后，塞外草原和残存匈奴部落逐渐被鲜卑所占据。不过鲜卑部落联盟较为松散，虽自东汉末便统一草原，但每每随着杰出首领的去世而分裂。鲜卑慕容部先后建立前燕、后燕、西燕、南燕等政权，鲜卑拓跋部建立代国，鲜卑乞伏氏建立西秦，鲜卑秃发氏建立南凉。在纷乱的十六国时期，大多数政权都是旋起旋灭。其中影响最大的是鲜卑拓跋部，在前秦灭亡后重建政权，是为北魏，并逐渐统一北方。这次游牧民族南迁高潮的特点是民族众多，来势迅猛。尤其值得注意的是，各族均建立了政权，这和东汉以后诸族内附塞下接受汉文化熏陶时间较长有关。

唐朝前期，塞北草原上的游牧民族主要是突厥人，唐初东突厥趁中原战乱不断骚扰北部沿边地带。唐朝于唐太宗贞观四年（630）一举平定东突厥并俘获大量部众，与之前各朝处理内附游牧民族的办法一样，唐朝将这些突厥部众安排在东至辽宁、西至宁夏的沿边地带。生活在塞下的突厥人时叛时服，唐高宗调露元年（679），大量内附突厥人逃往漠北重建突厥政权，维持了几十年，大为唐患，直到唐玄宗天宝三载（744）被回纥灭亡，剩余突厥人再次南迁附唐。唐朝前期国势强盛，尽管突厥屡次南侵，但并不能入塞为害，只能栖身塞下。此后形势有所转变，一方面中原承平日久兵不习战，另一方面边塞地区聚集了大量的内附少数民族，而且驻守边塞的唐军融入了大量的游牧民族成分。内外军事力量的不平衡最终在玄宗天宝十四载（755）爆发，安禄山、史思明率领东北内附民族为主的军队发动叛乱，并很快深入到唐朝的腹心地带,长安、洛阳皆被攻占。唐朝平定叛军也依靠西北民族为主的朔方军。"安史之乱"时军乱迭起,唐朝疲于应付,而且西部吐蕃趁机劫掠,最后只得将安史降将安置于河北,自此唐朝直到亡国也没能恢复对河北的控制。除了大量周边民族通过战争涌入内地,北部缘边地带更是民族成分复杂,至唐末发展出以沙陀为核心的多民族混合的军事集团,在五代发挥了重大影响。唐朝时期的游牧民族内迁,虽极大冲击了唐朝的统治,但是并没有能力建立自己的政权,这是与魏晋南北朝时期极大的不同。

由于塞北地区已经逐渐被游牧民族实际控制,五代时期石敬瑭将东北长城沿线以幽州、云州为中心的诸多州郡正式割让给契丹,北宋时期河北成为抗辽前线。北宋末年,东北崛起的金国以迅猛的态势相继攻灭辽国和北宋,自此形成了又一个民族内迁的高潮,包括女真族在内的东北民族随战争进行逐渐定居于中原,而且终金朝一代,这种迁移是持续进行的,直到金末,由于蒙古的压力,仍留在东北的女真族甚至以整个州府的形式迁往内地。随着蒙古的兴起,游牧民族又开始了新一轮的内迁高潮,由于蒙古军力强盛,不仅向南灭金、西夏和南宋,而且不断西征,建立了空前辽阔的大帝国。因为蒙古的疆域广大,东西陆上交通畅通,因而参加内迁的民族之多、范围之广,都是前所未有的。既有东北地区的契丹、女真,朝鲜半岛的高丽,又有西北地区的西夏,西域地区的畏兀儿、哈剌鲁、康里、阿而浑、阿速人,纷纷随蒙古军队而迁移。这次迁移不仅遍布我国北方,还随着蒙古军队的出征、镇戍,扩展到南方的广大地区。

**(二)塞北地区的环境变迁与游牧民族南迁动力**

游牧生活的特点是逐水草而居,在一个地方放牧一段时间后必须转移新的牧场,一是适应四季变化,二是给草场自然恢复的时间。游牧方式主要有三种:一是在几个水草丰美的牧场上进行循环式的游牧;二是在山地区域夏季居凉爽的高山牧场,冬季居于较为温暖的山脚牧场,按季节作上下迁移;三是在漠南(大致为今内蒙古地区)、漠北(大致为今蒙古国地区)按照冬夏季节南北迁徙,冬季居于较温暖的漠南,夏季居于凉爽的漠北。这种游牧的生产形式机动性强,但有不可克服的弱点。游牧经济较为简单,产出多为畜牧产品,日常生活所需的铜、铁、布匹、丝绸以及大量日常生活用品和贵族享受的奢侈品均不能自给。游牧经济对自然环境的依赖更大,比农业生产更容易受到灾害的影响。持续的旱灾,甚至一场暴风雪,都会导致牲畜大量死亡,使牧民陷入困境。因而,塞北游牧民族与中原是息息相关的,尤其是通过正常贸易无法获得必需品和遭遇重大自然灾害时,剽悍的游牧骑兵频频南下也就不足为奇了。考察历次游牧民族的大规模南侵,大都是和气候的剧烈变迁有关。

魏晋南北朝时期是我国历史气候上的寒冷期,竺可桢指出,"东汉时代即公元之初,我国天气有趋于寒冷的趋势。"[1] 隋唐时期总体则比较温暖,"第六世纪末至第十世纪初,是隋唐(589—907)统一时代。中国气候在第七世纪的中期变得和暖。"[2] 北宋末年,"十二世纪初期,中国气候加剧转寒。"[3] 寒冷对塞北区域来说,由于其纬度较高,变冷的趋势和程度应该会更为明显,这几个时期的冷暖变化恰好可以对应游牧民族与中原王朝的盛衰。南北朝时期是各个游牧民族纷纷进入中原的时期,恰好对应魏晋南北朝寒冷期,农耕区域缩小,牧区南移,中原王朝势弱。隋唐盛世国力强盛,不断击败北方游牧民族,是中原王朝武功大盛时期,恰好对应隋唐温暖期,农耕区域扩大,同时塞北环境也不那么严酷,游牧人南下欲望不大。北宋末开始,金、蒙古等相继南下占据中原,直至元朝建立统一王朝,这与北宋末期开始的寒冷期是分不开的。

日本学者西冈秀雄更加宏观地指出,地球上气候的寒暖变化存在着700年的周期:公元前14、前13世纪为气候的温暖期,此时殷朝强大;前4和前3世纪为寒冷期,北方匈奴强大,中原地区必须筑长城防备;4、5世纪为历史上民族大迁徙时期,也是气候寒冷的时期。8世纪为气候温暖期,正值唐朝盛期;12世纪为寒冷期,北方游牧民族女真、蒙古强盛,进入黄河流

---

① 竺可桢:《中国近五千年来气候变迁的初步研究》,《考古学报》1972年第1期。
② 竺可桢:《中国近五千年来气候变迁的初步研究》,《考古学报》1972年第1期。
③ 竺可桢:《中国近五千年来气候变迁的初步研究》,《考古学报》1972年第1期。

域统治全中国。[①]

以上对我国历史上比较有特色的四个区域做了简单的考察。在划分区域的依据上,没有单独依照某一标准,而是综合考虑当地气候、地形、政区和历史等。华北平原、长江中下游平原、关中平原、塞北地区四个区域分别代表了我国区域历史发展的特点。

第一,黄河与华北平原。华北平原的形成是以黄河为主的水系冲击作用的结果,可以说是黄河造就了华北平原;但是进入历史时期后,一方面出于黄河自身特性,另一方面由于人类行为,黄河中下游的决口、改道也为华北平原带来无尽灾难,也可以说华北的衰败缘于黄河。总之,黄河对这个区域的影响是重大和深远的,华北平原的地形地貌、环境变迁、经济发展都受制于黄河,历朝历代也都为修河进行过无数争论并定下无数制度。可以说华北平原的政治、经济、文化都与黄河有关。

第二,王权与关中平原。关中平原在汉唐之间由于其特殊的环境一直是国家建都的首选之地,这缘于其险固的地理和易耕的土地,四塞之险是自然所赐,而易耕之地则主要出自人为。关中平原自战国时期开始便积极修建水利工程,此后汉代不断扩建,魏晋南北朝水利工程的数量有所下降,至隋唐水利工程的数量再度达到高峰,宋元之后政治中心远离关中,水利也不复往日辉煌。可以说,关中水利工程变迁的过程同时也是政治地理演进的过程。

第三,经济重心南移与长江中下游平原。经济发达是长江中下游平原的最大特色。由于在初民社会中稻作经济的发展难于黄土上粟作经济,因而该地区的开化比黄河流域晚,但是其自然条件的优越性随着历史的发展逐渐显现出来。魏晋南北朝时期的移民开发了南方经济,隋唐时期关中已经极为依赖该地区的粮食供应,宋元时期该地区更无疑是全国的经济中心。该地区几乎未成为过全国性的政治中心,其历史发展主要以经济为中心展开,因而着重于经济行为与地貌的关系展开叙述。

第四,游牧与塞北地区。塞北地区范围极广,这部分与其说是地区的

---

① 〔日〕西冈秀雄:《气候 700 年周期说:寒暖的历史》,李克让主编:《中国气候变化及其影响》,海洋出版社,1992 年,第 444 页。

历史,不如说主要是叙述塞北地区内生活着的、流动性极强的游牧民族的历史。他们与中原王朝的关系,最主要也最为引人注目的,无疑是其不断的南迁。

# 第二节 ｜ 战争、疫病及政治中心迁移对区域生态环境的影响

不同区域的历史发展受当地生态环境的限制很大。但是生态环境在宏观上左右历史演进趋势的同时,重大的历史进程会对局部生态环境造成很大的影响,其中影响尤为显著的是战争、疫病及政治中心的迁移,本节分而述之。

## 一、战乱对区域环境的破坏

### (一) 战争对城市的破坏

魏晋南北朝时期,除了西晋有过 50 余年短暂的统一,其余时间大都战乱不已,是我国历史上少有的动荡年代之一。长期的战争破坏了社会的正常秩序,中心城市或因为财富聚集、或因为地处交通要道,而成为主要的攻击对象,残酷的战争让城市迅速残破。东汉末军阀混战,洛阳作为都城首当其冲,董卓"悉烧宫庙官府居家,二百里内无复孑遗。又使吕布发诸帝陵,及公卿已下冢墓,收其珍宝"[1]。董卓死后,部将李傕、郭汜对城市的危害也不小,"董卓虽诛,而李傕、郭汜作乱关中。"[2]其后李、郭二人又互相攻伐,"李傕、郭汜斗长安中,傕迫劫天子,移置傕坞,尽烧宫殿、城门、官府、民舍,放兵寇钞公卿以下。"[3]董卓之乱使以洛阳、长安为代表的中心城市几成废

---

① 范晔:《后汉书》卷 72《董卓传》,中华书局,1965 年,第 2327~2328 页。

② 范晔:《后汉书》卷 73《陶谦传》,中华书局,1965 年,第 2366 页。

③ 范晔:《后汉书》志 13《五行一》,中华书局,1965 年,第 3275 页。

墟,在曹操迎汉献帝之前,"宫室烧尽,百官披荆棘,依墙壁间。州郡各拥强兵,而委输不至,群僚饥乏,尚书郎以下自出采稆,或饥死墙壁间,或为兵士所杀。"[1]都城只是中原城市衰败的一个表征,宛城、徐州等"名都空而不居,百里绝而无民者,不可胜数"[2]。

经过三国时期各方长期对峙,西晋统一不久又爆发了长达六年之久的"八王之乱",中原再遭涂炭,史称:"神器劫迁,宗社颠覆,数十万众并垂饵于豺狼,三十六王咸陨身于锋刃。祸难之极,振古未闻。"[3]

北方战乱的同时,东晋、南朝较为稳定,兴起了一批城市,史载:"荆城跨南楚之富,扬部有全吴之沃。"[4]建康、京口、山阴、寿春、襄阳、江陵、成都、番禺都日渐繁荣,尤其是建康(建业),自三国至南朝均定都于此,尤为发达。但是由于门阀士族之间的斗争和军阀混战,都城也时常遭到兵火破坏。东晋初期,王敦作乱,"诸将与敦战,王师败绩。既入石头,拥兵不朝,放肆兵士劫掠内外。"[5]其后又有苏峻之乱,"苏峻反,攻焚宫室。"[6]"与王师战,频捷,遂据蒋陵覆舟山,率众因风放火,台省及诸营寺署一时荡尽。遂陷宫城,纵兵大掠,侵逼六宫,穷凶极暴,残酷无道。"[7]孙恩、卢循起义也造成很大破坏,"烧仓廪,焚邑屋,刊木堙井,虏掠财货。"[8]南朝最严重的破坏是南梁的"侯景之乱","引玄武湖水灌台城,城外水起数尺,阙前御街并为洪波矣。又烧南岸民居营寺,莫不咸尽。"[9]建康附近经此乱后,"千里绝烟,人迹罕见,白骨成聚如丘陇焉。"[10]

隋唐时期,经历了初期的战乱后,唐朝开启了盛世。唐前期虽也有唐对突厥、高句丽的战争和武周时期镇压异己的战争,但对中原地区的破坏

---

① 范晔:《后汉书》卷9《孝献帝纪》,中华书局,1965年,第379页。
② 范晔:《后汉书》卷49《仲长统传》,中华书局,1965年,第1649页。
③ 房玄龄等:《晋书》卷59《东海王越传》,中华书局,1974年,第1627页。
④ 沈约:《宋书》卷54《沈昙庆传》,中华书局,1974年,第1540页。
⑤ 房玄龄等:《晋书》卷98《王敦传》,中华书局,1974年,第2559页。
⑥ 房玄龄等:《晋书》卷13《天文下》,中华书局,1974年,第370页。
⑦ 房玄龄等:《晋书》卷100《苏峻传》,中华书局,1974年,第2629页。
⑧ 房玄龄等:《晋书》卷100《孙恩传》,中华书局,1974年,第2633页。
⑨ 姚思廉:《梁书》卷56《侯景传》,中华书局,1973年,第844页。
⑩ 李延寿:《南史》卷80《贼臣侯景传》,中华书局,1975年,第2009页。

并不大,直到"安史之乱"才打破了盛世繁荣的景象。叛军自河北南下,今山东、河北、河南地区首当其冲,"自禄山召祸,瀛、博流离,思明继衅,赵、魏堙厄,以至农桑井邑,靡获安居,骨肉室家,不能相保。"[1] 据统计,"安史之乱"前博州(约今山东聊城地区)的户口为 52 631 户,战后仅为 2 430 户,降幅高达 95%。[2] 作为首都的长安、洛阳落入敌手,破坏严重,而且在唐与回纥联军击败安庆绪,收复长安、洛阳后,回纥军队视之为贼境,想要纵兵大掠,唐朝勉强劝说其不掠长安,但允许其洗劫洛阳,"初收西京,回纥欲入城劫掠,广平王固止之。及收东京,回纥遂入府库收财帛,于市井村坊剽掠三日而止,财物不可胜计。"[3] "严庄挟安庆绪弃东京北度河,回纥大掠东都三日,奸人导之,府库穷殚,广平王欲止不可,而耆老以缯锦万匹赂回纥,止不剽。"[4] "安史之乱"打乱了唐军在西北的防务部署,吐蕃乘虚而入,甚至一度占据长安,"广德元年九月,吐蕃寇陷泾州。十月,寇邠州,又陷奉天县。遣中书令郭子仪西御。吐蕃以吐谷浑、党项羌之众二十余万,自龙光度而东。郭子仪退军,车驾幸陕州,京师失守。"[5] 外患渐渐平息之后,唐朝又受困于内部的藩镇叛乱,甚至有乱兵占据长安的情况,"泾原兵叛,銮驾幸奉天。"[6] 唐末黄巢起义,逼近长安,"尚让、林言率前锋由禁谷而入,夹攻潼关,官军大溃,博野都径还京师,燔掠西市。"[7] 起义军进入长安后,"富家皆跣而驱,贼酋阅甲第以处,争取人妻女乱之,捕得官吏悉斩之,火庐舍不可赀,宗室侯王屠之无类矣。"[8] 经过反复战乱,有唐一代极为繁盛的长安、洛阳一蹶不振,再没能恢复到原有盛况,其中战争破坏是一方面,同时政治中心转移也使得两地的繁荣不再。

隋唐时期,开封处于江淮地区向关中运输物资的咽喉要道,因而逐渐

---

①　刘昫等:《旧唐书》卷 141《田承嗣传》,中华书局,1975 年,第 3838 页。

②　孙涛、张晋光:《论安史之乱对山东经济发展的影响》,《临沂大学学报》2012 年第 1 期。

③　刘昫等:《旧唐书》卷 195《回纥》,中华书局,1975 年,第 5199 页。

④　欧阳修、宋祁:《新唐书》卷 217 上《回纥上》,中华书局,1975 年,第 6116 页。

⑤　刘昫等:《旧唐书》卷 196《吐蕃上》,中华书局,1975 年,第 5237 页。

⑥　刘昫等:《旧唐书》卷 200《朱泚传》,中华书局,1975 年,第 5387 页。

⑦　刘昫等:《旧唐书》卷 200《黄巢传》,中华书局,1975 年,第 5393 页。

⑧　欧阳修、宋祁:《新唐书》卷 225 下《黄巢传》,中华书局,1975 年,第 6458 页。

发展起来,五代北宋时期更是成为都城<sup>①</sup>,日渐成为北方最重要的地区。但是五代兴亡战争、金灭北宋、蒙古灭金的战争均对开封有着极大破坏。后晋末年,契丹攻破开封后,张彦泽"纵兵大掠,贫民乘之,亦争入富室,杀人取其货,二日方止,都城为之一空"<sup>②</sup>。契丹军队驻扎中原的时段内,"纵胡骑四出,以牧马为名,分番剽掠,谓之'打草谷'。丁壮毙于锋刃,老弱委于沟壑,自东、西两畿及郑、滑、曹、濮,数百里间,财畜殆尽。"<sup>③</sup>金灭北宋时的杀掠有过之而无不及,"自城初破,金人虽数令不得卤掠,然擅下城,执弓箭枪刀于贵家富室劫金帛、驮马、子女,每数十人作队者甚众。小人辈因缘为奸,或为指纵,或髡发皂裳,效其号呼,秉炬公肆虏掠。"<sup>④</sup>妇女多"蓬首垢面,自毁形容,或入井,或自缢,半死半活而弃在旁者不可胜数"<sup>⑤</sup>。蒙古灭金之时,开封城内"满城萧然,死者相枕,贫富束手待毙,遂至人相食"<sup>⑥</sup>。

**(二) 战争对植被、水系的破坏**

攻城略地的战争除了直接摧残了繁华的城市,对森林、植被的破坏也是剧烈的;而且战争时期无暇顾及水利工程的维护和修缮,甚至掘河灌城的记载比比皆是。

行军作战破坏森林。作战讲求"出其不意、攻敌不备",因而原始森林茂盛的山道往往成了进军的选择路线,"伐山开道"的记载史不绝书。东汉光武帝建武八年(32)春,"歙与征虏将军祭遵袭略阳,遵道病还,分遣精兵随歙,合二千余人,伐山开道,从番须、回中径至略阳,斩嚣守将金梁,因

---

① 五代的各国中只有后唐建都洛阳。

② 司马光:《资治通鉴》卷285《后晋纪六》,齐王开运三年,中华书局,1956年,第9322页。

③ 司马光:《资治通鉴》卷286《后汉纪一》,高祖天福十二年,中华书局,1956年,第9334~9335页。

④ 汪藻:《靖康要录笺注》卷14,靖康元年闰十一月,王智勇笺注,四川大学出版社,2008年,第1426页。

⑤ 汪藻:《靖康要录笺注》卷14,靖康元年闰十一月,王智勇笺注,四川大学出版社,2008年,第1425页。

⑥ 毕沅:《续资治通鉴》卷166,理宗绍定五年,中华书局,1957年,第4526页。

保其城。嚣大惊曰：'何其神也！'"①宋朝余卞"阴选死士三千人,夜衔枚绕
出贼背,伐山开道,漏未尽数刻,入渠阳。黎明整众出,贼大骇,尽锐来战,
奋击大破之"②。

行军开道还只是临时性的破坏,具有偶然性,但是驻军乱砍滥伐就具
有长期持久的特点。"安史之乱"爆发后,唐朝西北大片领地丧失,吐蕃乘
虚而入,岐陇一带成为前线,唐朝大臣沈亚之指出:

> 岐陇所以可固者,以陇山为阻也。昔其北林僻木繁,故胡戎不
> 得为便道。今尽于斩伐矣,而蹈者无有不达,且又虚兵之号,与实
> 十五。又有非战斗而役,入山林,伐麋鹿黑磨麝豪豕,是徭者居十之
> 三。窃盗险障,剃繁取材,斤声合叫,不息于寒暑,是徭者居十之四。
> 发蓄粟金缯文松大梓奇药言禽薰臭之具,挽辕于陆,浮筏于渭,东抵
> 咸阳入长安,部署相属,是徭者居十之二。③

军队原本以边防为任务,却砍伐树木、猎取珍禽异兽,既破坏了环境,
也削弱了战斗力。

驻边军队除这种非正常的经营外,也需要自力更生解决部分给养。"加
陇右节度支度营田观察、临洮军使,移镇良原。良原古城多摧圮,陇东要地,
虏入寇,常牧马休兵于此。元谅远烽堠,培城补堞,身率军士,与同劳逸,
芟林薙草,斩荆榛,俟干,尽焚之,方数十里,皆为美田。"④良原属泾州⑤,位
于西北缘边地带,属半干旱气候,可是因为驻军屯田的缘故而破坏了原有
植被。

边境对峙地带需要修建堡垒要塞,也只能就地取材。北宋建立后,西
北党项族一直时叛时服,北宋仁宗朝开始,西夏与宋爆发了几次大规模的
战争,北宋在西北的驻军也开始增多,在经历了数次大战之后,双方战线逐
步稳定,北宋采取广泛修建堡寨步步为营的战略方针。堡寨的规模和州

---

① 范晔:《后汉书》卷15《来歙传》,中华书局,1965年,第587页。

② 脱脱等:《宋史》卷333《余良肱传附子余卞传》,中华书局,1977年,第10717页。

③ 沈亚之:《西边患对》,董诰等:《全唐文》卷737,中华书局,1983年,第7610页。

④ 刘昫等:《旧唐书》卷144《李元谅传》,中华书局,1975年,第3918页。

⑤ 刘昫等:《旧唐书》卷38《地理一》,中华书局,1975年,第1405页。

治、县治相比并不大,"砦之大者周九百步,小者五百步;堡之大者二百步,小者百步。"①对比西北的一些州城,如北宋洮州城,"北城周四里,楼橹十七;南城周七百步,楼橹七。"②又如秦州"东西广城四千一百步,高三丈五尺。"③可见堡寨的规模无法和州城相提并论,但是堡寨数量极多,据估计,北宋在宋夏对峙地带通常会维持400~500个堡寨。④修建如此多的堡寨、营房及堡寨周边屯垦边民的房屋,无不需要大量的木材。因而堡寨虽然在宋夏战争中起到了巩固边防的作用,但对西北植被的破坏也是无法弥补的。

在激烈的战争中,战争双方无所不用其极,自然力也被借用当作军事手段,在对付河流附近地势低洼的城市时,决水灌城成为广泛采取的手段。汉末军阀混战,曹操攻袁术时,"术退保封丘。遂围之,未合,术走襄邑,追到太寿,决渠水灌城。"⑤曹操攻吕布时,也采取这个手段,"(荀攸)与郭嘉说曰:'吕布勇而无谋,今三战皆北,其锐气衰矣。三军以将为主,主衰则军无奋意。夫陈宫有智而迟,今及布气之未复,宫谋之未定,进急攻之,布可拔也。'乃引沂、泗灌城,城溃,生禽布。"⑥南北朝时期例子更多,"帝遣大将军赵贵帅师援王思政。高岳堰洧水以灌城,颍川以北皆为陂泽,救兵不得至。六月,颍川陷。"⑦"梁复遣曹义宗众数万围荆州,堰水灌城,不没者数板。"⑧"东魏将高岳、慕容绍宗等围王思政于颍川,贵率军援之,东南诸州兵亦受贵节度。东魏人遏洧水灌城,军不得至,思政遂没。"⑨"材官将军宋嶷降贼,因为立计,引玄武湖水灌台城,城外水起数尺,阙前御街并为洪

①　脱脱等:《宋史》卷334《徐禧传》,中华书局,1977年,第10723页。
②　李焘:《续资治通鉴长编》卷404,哲宗元祐二年,中华书局,2004年,第9699页。
③　尹洙:《河南先生文集》卷4《秦州新筑东西城记》,《宋集珍本丛刊》第3册,线装书局,2004年,第362页。
④　程龙:《北宋西北战区粮食补给地理》,社会科学文献出版社,2006年,第66页。
⑤　陈寿:《三国志》卷1《魏书·武帝纪》,中华书局,1959年,第10页。
⑥　陈寿:《三国志》卷10《魏书·荀攸传》,中华书局,1959年,第323页。
⑦　李延寿:《北史》卷9《周本纪上》,中华书局,1974年,第326页。
⑧　令狐德棻等:《周书》卷18《王罴传》,中华书局,1971年,第291页。
⑨　令狐德棻等:《周书》卷16《赵贵传》,中华书局,1971年,第262页。

波矣。"[①] "陈将吴明彻进兵围之,堰泗水灌城,而皮景和等屯于淮西,竟不赴救。明彻昼夜攻击,城内水气转侵,人皆患肿,死病相枕。从七月至十月,城陷被执。"[②]

唐朝时期的战争也不例外,郭子仪等九节度使兵围安庆绪于相州,乾元二年(759),"诸将同围相州。是时筑堤引漳水灌城,经月余,城不拔。"[③] "子仪之围已固,筑城穿壕各三重,楼橹之盛,古所未有。又引水以灌城下,城中水泉大上,并皆满溢。"[④]

宋初攻北汉,"临城南,谓汾水可以灌其城,命筑长堤壅之,决晋祠水注之。遂砦城四面,继勋军于南,赞军于西,彬军于北,进军于东,乃北引汾水灌城。"[⑤] 宋蒙交兵时,"宋夏贵帅舟师十万围正阳,决淮水灌城,几陷,帝遣塔出往救之。"[⑥]

元末,"察罕帖木儿遂移兵围益都,环城列营凡数十,大治攻具,百道并进。贼悉力拒守。复掘重堑,筑长围,遏南洋河以灌城中。"[⑦]

从史籍中比比皆是的记载可以看出,破坏河道淹灌城池的军事手段贯穿我国历史,从使用地域上看,遍布关中、山东、江淮等地,可以说有战争之地即有掘水灌城之策。这种战争方式对水系的破坏是不言而喻的,这种破坏在魏晋至隋唐黄河安流期的影响似乎还只是一时一地,但是经过宋朝以后的黄河不稳定期之后,出于军事目的以水阻敌的影响就更深远了,宋末黄河大改道便是缘于东京留守杜充的掘河放水。

## 二、疾疫对区域环境的影响

《宋史》云:"民之灾患大者有四:一曰疫、二曰旱、三曰水、四曰畜灾,岁

---

① 姚思廉:《梁书》卷 56《侯景传》,中华书局,1973 年,第 844 页。

② 李百药:《北齐书》卷 32《王琳传》,中华书局,1972 年,第 435 页。

③ 刘昫等:《旧唐书》卷 109《李嗣业传》,中华书局,1975 年,第 3300 页。

④ 刘昫等:《旧唐书》卷 200《安禄山附子安庆绪传》,中华书局,1975 年,第 5373 页。

⑤ 脱脱等:《宋史》卷 2《太祖纪二》,中华书局,1977 年,第 28~29 页。

⑥ 宋濂等:《元史》卷 135《塔出传》,中华书局,1976 年,第 3273 页。

⑦ 宋濂等:《元史》卷 141《察罕帖木儿》,中华书局,1976 年,第 3388 页。

必有其一,但或轻或重耳。"[1] 这里将疫病列为四害之首,可见其影响民生之巨。疫病的直接作用对象是人和牲畜,对环境的影响也主要是通过对人群的作用来实现的,尤其对中心城市的生态环境影响剧烈。

**(一)魏晋至宋元时期疫病概览**

魏晋至宋元时期的史书对疫病的记载甚众。魏文帝黄初四年(223),"三月。宛、许大疫。死者万数。"[2]"是月大疫,洛阳死者太半。"[3]"襄阳大疫,死者三千余人。"[4] "冬十月,大疫,死者十二三。"[5] "是岁,江东大疫,死者过半。"[6] "是春,淮南大饥,军中疫疠死者十三四。"[7] 贞观十年(636),"关内、河东大疫。十五年三月,泽州疫。十六年夏,谷、泾、徐、戴、虢五州疫。十七年夏,潭、濠、庐三州疫。十八年,庐、濠、巴、普、郴五州疫。二十二年,卿州大疫。"永徽六年(655)三月,"楚州大疫。永淳元年冬,大疫,两京死者相枕于路。占曰:'国将有恤,则邪乱之气先被于民,故疫。'"景龙元年(707)夏,"自京师至山东、河北疫,死者千数。"宝应元年(762),"江东大疫,死者过半。"贞元六年(790)夏,"淮南、浙西、福建道疫。"元和元年(806)夏,"浙东大疫,死者太半。"大和六年(832)春,"自剑南至浙西大疫。"开成五年(840)夏,"福、建、台、明四州疫。"咸通十年(869),"宣、歙、两浙疫。"大顺二年(891)春,"淮南疫,死者十三四。"[8]

疾疫总是和战争、饥荒相伴。"宪距守经年,救援不至,城中疾疫太半。"[9]"又大疾疫,兼以饥馑,百姓又为寇贼所杀,流尸满河,白骨蔽野。刘曜之逼,朝廷议欲迁都仓垣,人多相食,饥疫总至,百官流亡者十八九。"[10]"初,鄄城之拒守也,男女口垂十万,闭垒经年,疾疫死者十七八,皆积尸于床下,

① 脱脱等:《宋史》卷 431《邢昺传》,中华书局,1977 年,第 12799 页。
② 沈约:《宋书》卷 34《五行五》,中华书局,1974 年,第 1009 页。
③ 房玄龄等:《晋书》卷 3《武帝纪》,中华书局,1974 年,第 65 页。
④ 房玄龄等:《晋书》卷 5《孝怀帝纪》,中华书局,1974 年,第 121 页。
⑤ 房玄龄等:《晋书》卷 6《元帝纪》,中华书局,1974 年,第 156 页。
⑥ 刘昫等:《旧唐书》卷 11《代宗本纪》,中华书局,1975 年,第 271 页。
⑦ 刘昫等:《旧唐书》卷 20《昭帝本纪》,中华书局,1975 年,第 746 页。
⑧ 欧阳修、宋祁:《新唐书》卷 36《五行三》,中华书局,1975 年,第 956~957 页。
⑨ 房玄龄等:《晋书》卷 57《罗宪传》,中华书局,1974 年,第 1552 页。
⑩ 房玄龄等:《晋书》卷 26《食货志》,中华书局,1974 年,第 791 页。

而生者寝处其上,每屋辄盈满。叡料简隐恤,咸为营理,于是死者得埋藏,生者反居业,百姓赖之。"① 侯景之乱时,"众号百万,连营相持,已月余日,城中疾疫,死者太半。"②

疫病还经常和暑湿相联。"王濬之克武昌也,充遣使表曰:'吴未可悉定,方夏,江淮下湿,疾疫必起,宜召诸军,以为后图。'"③

大疫之时影响极广,甚至朝堂也险为之空。"永和末,多疾疫。旧制,朝臣家有时疾,染易三人以上者,身虽无病,百日不得入宫。至是,百官多列家疾,不入。彪之又言:'疾疫之年,家无不染。若以之不复入宫,则直侍顿阙,王者宫省空矣。'朝廷从之。"④

### (二) 疫病与开封的城市环境

历史上大规模的疫病或因为水旱、或因为战争而频繁发生,造成极大危害。纵观历史上的大疫,北宋、金时期的开封疫病可以说是疫病与城市环境交相影响的典型。

开封地处黄河下游,容易出现水旱灾害。孙关龙指出,疾疫往往和水旱灾害并行,据其统计:"历史大疫主要发生在长江中下游和黄河中下游地区……(两地区历史大疫总数)相加共为 373(地)次,占历史大疫总地域次数的 73.71%,接近 3/4。"⑤

除了水旱频发、人口稠密,气候也是影响疫病的重要因素。本来四季皆有流行性的疫病,"四时皆有疠疾,春时有痟首疾,夏时有痒疥疾,秋时有疟寒疾,冬时有漱上气疾。"⑥ 但是,宏观气候上的冷暖变迁也有影响。温暖期多雨容易形成涝灾,寒冷期则容易形成旱灾,而旱—疫、涝—疫、寒—疫、

---

① 姚思廉:《梁书》卷 12《韦叡传》,中华书局,1973 年,第 221 页。

② 姚思廉:《梁书》卷 56《侯景传》,中华书局,1973 年,第 845 页。

③ 房玄龄等:《晋书》卷 40《贾充传》,中华书局,1974 年,第 1169 页。

④ 房玄龄等:《晋书》卷 76《王彪之传》,中华书局,1974 年,第 2009 页。

⑤ 孙关龙:《中国历史大疫的时空分布及其规律研究》,《地域研究与开发》2004 年第 6 期。

⑥ 《周礼注疏》卷 5《天官·疾医》,阮元校刻:《十三经注疏》,中华书局,1980 年,第 1436 页。

热—疫等皆为相联的灾害链条。[①]

另外,黄河、长江下游地区人口数量多、密度大,因而疫病传播速度更快。隋唐大运河的开通使汴州成为沟通江淮、联系南北的交通要道,尤其是到了唐朝后期,经济重心南移之势明显,加之河北、山东为安史余孽所控制,唐朝在财政上对江淮地区更加依赖,汴州的地位愈发重要。五代至宋朝除后唐外均建都开封,首都有众多的官员和大量的军队,而且商旅辐辏。因而,经过长期稳定的发展之后,到北宋末期开封已经成为北宋人烟最为稠密的地区,这也为疫病暴发提供了条件。

梁庚尧指出城市环境与瘟疫的关系:"归结而言,卫生环境的恶化,导致城市里疾疫容易发生。污秽、垃圾的长期堆积,难以清除,助长了病菌与病媒的滋生,只要有病者出现,很容易就引发流行;水旱灾之后,问题尤其严重,因为旱灾则污秽更加难以为水流冲离,水灾则造成污水泛滥;而城市人口的众多、民居的密集,以及人们经常出入酒楼、茶馆、瓦子、勾栏等公共场所,又使得疾病容易传染。饮用水源的污染,也导致民众即使居家不出,也会经由日常的饮食而得病。再加上商业的兴盛,商人经常来往于各地城市之间,又是酒楼、茶馆的常客,更使得疾疫容易从一处城市传往另一处城市,扩大了流行的范围。"[②] 这段话虽然是针对南宋,但是所分析的原理也适用于北宋城市。

北宋东京地区爆发过数次大疫,周宝珠和石清秀统计如下[③]:分别在宋太宗淳化三年(992)六月;淳化五年(994)六月,"都城大疫,分遣医官煮药给病者"[④];宋真宗咸平六年(1003)五月,"京城疫,分遣内臣赐药"[⑤];宋仁宗天圣五年(1027);宋仁宗至和元年(1054)正月,"京师大疫,令太医进方,

① 孙关龙:《中国历史大疫的时空分布及其规律研究》,《地域研究与开发》2004年第6期。

② 梁庚尧:《南宋城市的公共卫生问题》,彭卫等主编:《20世纪中华学术经典文库·历史学·中国古代史卷(中)》,兰州大学出版社,2000年,第416页。

③ 周宝珠:《宋代东京研究》,河南大学出版社,1992年,第683~684页。石清秀:《北宋时期的灾患及防治措施》,《中州学刊》1989年第5期。

④ 脱脱等:《宋史》卷5《太宗纪二》,中华书局,1977年,第94页。

⑤ 脱脱等:《宋史》卷7《真宗纪二》,中华书局,1977年,第122页。

内出犀牛角二本,析而观之,其一通天犀也,内侍李舜卿请留供帝服御,帝曰:'吾岂贵异物而贱百姓哉.'立命碎之"[1];宋仁宗嘉祐五年(1060)五月,"京师大疫,贫民为庸医所误死者甚众,其令翰林医官院选名医于散药处参问疾状而给之"[2];宋英宗治平二年(1065),"今夏厉疫大作,弥数千里,病者比屋,丧车交路"[3];宋哲宗绍圣元年(1094)四月,"诏有司具医药治京师民疾"[4]。

除最后一次靖康二年的大疫外,其他几次都是在较为和平的时期出现,北宋朝廷可以采取一些手段对疫情加以干预。处理疫情最直接的手段是派遣御医治疗、开出药方、提供药物,宋仁宗甚至将"通天犀"也拿来救治百姓。"通天犀"为珍贵药材,传说"得真通天犀角三寸以上,刻为以鱼,而衔之以入水,水常为人开,方三尺。"[5]姑且不论皇帝这种行为的实效如何,其表率作用巨大。

除了在大规模疾疫爆发后采取措施,北宋朝廷还注意防患于未然,对孤苦无依的病人甚至乞丐都有一定的福利措施,如"福田院""安济坊"和"漏泽园"。"神宗熙宁二年(1069)闰十一月二十五日,诏:"京城内外值此寒雪,应老疾孤幼无依乞丐者,令开封府并拘收,分擘于四福田院住泊,于见今额定人数外收养。仍令推判官、四厢使臣依福田院条贯看验,每日特与依额内人例支给与钱养活,无令失所。至立春后天气稍暖日,申中书省住支。所有合用钱,于左藏库见管福田院钱内支拨。"[6]除福田院外,还有安济坊,"今京师虽有福田院,所养之数未广,隆寒盛暑,穷而无告,及疾病者或失其所,朕甚悯焉。可令开封府依外州法居养鳏寡孤独,及置安济坊,以称朕意。"[7]除了照顾孤苦无依的患者,对于那些病死而无人收葬的情况,朝廷也有制度,置"漏泽园","州县有贫无以葬或客死暴露者,甚可伤恻。昨元

---

① 李焘:《续资治通鉴长编》卷176,仁宗至和元年正月,中华书局,2004年,第4248页。

② 李焘:《续资治通鉴长编》卷191,仁宗嘉祐五年五月,中华书局,2004年,第4622页。

③ 李焘:《续资治通鉴长编》卷206,英宗治平二年,中华书局,2004年,第4985页。

④ 脱脱等:《宋史》卷18《哲宗纪二》,中华书局,1977年,第340页。

⑤ 葛洪:《抱朴子内篇》卷17《登涉》,张松辉译注,中华书局,2011年,第573页。

⑥ 徐松辑:《宋会要辑稿》食货68之128,中华书局,1957年,第6317页。

⑦ 徐松辑:《宋会要辑稿》食货68之130~131,中华书局,1957年,第6318~6319页。

丰中,神宗皇帝尝诏府界以官地收葬枯骨。今欲推广先志,择高旷不毛之地,置漏泽园。凡寺观寄留轊椟之无主者,若暴露遗骸,悉瘗其中。县置籍,监司巡历检察。"[1] 福田院、安济坊、漏泽园等制度当然不能完全解决贫苦百姓的疾病与丧葬问题,但是这些措施一定程度上起到了净化城市环境、抑制病菌传播的作用。

承平时期,朝廷可以通过一些措施将疫病的影响力所能及地降到最低,但是遇到战争,尤其是长期的围城作战时,面临紧迫的局势,这些措施就被朝廷抛在脑后了。围城的封闭环境、密集的人口、粮食的短缺、饮用水的污染、死尸得不到及时处理等诸多因素都对疫病流行产生影响,爆发大疫也就不足为奇了。"建炎元年三月,金人围汴京,城中疫死者几半。"[2] 金末迁都于汴京,蒙古围城之日,"汴京大疫,凡五十日,诸门出死者九十余万人,贫不能葬者不在是数。"[3]

疫病的爆发使人口大量减少,城市环境大大受损,疫病之后人口流亡,城市很难恢复旧观。

## 三、政治中心对区域环境的影响

政治中心的确立需要考虑多种因素:统治者拥有稳固的政治势力,区域经济发展水平能供养首都,区域与外界的交通状况能方便地掌控天下等。区域生态环境,虽也在考虑之列,但充其量只是因素之一罢了,如北宋建立之初,太祖喜爱洛阳"山川形胜,乐其风土,有迁都之意"[4]。"山川形胜"属于地理环境,"风土"大意指气候物产和人文环境,这些均应属于生态环境因素,宋太祖喜爱洛阳的环境想要迁都,但是朝臣立即列举了多种因素加以反对:"京邑凋弊,一难也。宫阙不完,二难也。郊庙未修,三难也。百官不备,四难也。畿内民困,五难也。军食不充,六难也。壁垒未设,七难也。千乘万骑,盛暑从行,八难也。……东京有汴渠之漕,岁致江、淮米数百万

---

① 徐松辑:《宋会要辑稿》食货 68 之 130,中华书局,1957 年,第 6318 页。

② 脱脱等:《宋史》卷 62《五行一下》,中华书局,1977 年,第 1370 页。

③ 脱脱等:《金史》卷 17《哀宗纪上》,中华书局,1975 年,第 387 页。

④ 文莹:《玉壶清话》卷 7,郑世刚、杨立扬点校,中华书局,1984 年,第 65 页。

斛,都下兵数十万人,咸仰给焉。陛下居此,将安取之?且府库重兵,皆在大梁,根本安固已久,不可动摇。若遽迁都,臣实未见其便。"① 可见,交通运输条件、军事部署条件是牵制宋太祖迁都的主要原因,"风土""山川"只能退居其次了。

虽然政治中心的确定不取决于环境,但是政治中心确立后大批的官员和数量庞大的驻军及其家属随之而来,加上本地居民、外来商贾,这是一个庞大的数字。历朝都城基本上均为全国人口规模最大的城市,众多的人口的居住生活必然会对区域的植被造成改变,而且为满足首都的经济、交通等需求,会大量修建和维护水渠、运河,这都对旧有水系的面貌有所改变。这些均属建设性行为。一旦政治中心迁移,该区域不再负担都城的任务后,人口数量会逐渐下降,原有经济、交通的需求也消失,水渠、运河也许还存在,但是规模会小得多。

魏晋到宋元时期,中原的都城大体上经历了自西向东、然后再向北的转移过程,下面分别以长安、开封为例,以水利工程为主,探讨政治中心对环境的影响。

**(一) 长安**

关中平原建都的历史可以追溯到西周镐京、秦朝咸阳,至战国后期已经拥有了像郑国渠这样的大型水利工程。西汉在周、秦经营关中的基础上建都长安,先后兴修了大批水利工程,如龙首渠、六辅渠、白渠等。东汉建都洛阳,长安虽仍作为西都存在,但是兴修水利的动力大不如前,新建工程只有规模不大的樊惠渠,而且原有工程的维修恢复也极为缓慢,原有漕渠等以运输为主的工程更是没有必要恢复了。在很长一段时间里,郑国渠、白渠、成国渠这些著名大渠均处于废弃无水状态。

东汉末军阀混战之后,长安彻底残破,无论城池还是水利工程都是如此。曹魏统一北方后为恢复生产,对水利工程有小规模修缮,"青龙元年,开成国渠,自陈仓至槐里筑临晋陂,引汧洛溉舄卤之地三千余顷,国以充实焉。"②

---

① 李焘:《续资治通鉴长编》卷17,太祖开宝九年四月,中华书局,2004年,第369页。
② 房玄龄等:《晋书》卷26《食货志》,中华书局,1974年,第785页。

十六国北朝时期,政权更迭频繁,但也有一些建都关中的政权进行了一些有益的建设。前秦建都长安,"坚以关中水旱不时,议依郑白故事,发其王侯已下及豪望富室僮隶三万人,开泾水上源,凿山起堤,通渠引渎,以溉冈卤之田。及春而成,百姓赖其利。"[1]

北魏进取心较强,重视生产的恢复,魏孝文帝太和十二年(488)下诏,"五月丁酉,诏六镇、云中、河西及关内六郡,各修水田,通渠溉灌。"[2] 即便如此,同时期郦道元所著《水经注》在记载郑白渠时仍称"今无水"[3]。而且,这个时期长安并不是政治中心,城市用水不多,西汉原为城市供水的昆明池虽经修缮,"发长安五千人浚昆明池"[4],但主要用于灌溉,而且规模与西汉不可同日而语。北魏还议及重修漕渠,但也不了了之,"诏从之,而未能尽行也。"[5]

西魏、北周建都长安,尤为重视关中水利的恢复。西魏大统十三年(547),"开白渠以溉田。"[6] 北周在同州地区开龙首渠引洛河灌溉,"州东有龙首渠,宇文周保定初所凿,盖导洛河以资灌溉处也。"[7]

总的来看,魏晋南北朝时期虽然偶有政权定都长安,但是由于战事频仍,政权更迭快,并无太大精力重整关中水利,新修工程极为少见,旧渠修复也进展缓慢,灌溉水平远不及汉代。由于城市衰落,都市用水工程也只是部分恢复了昆明池,但规模极小。运河方面则漕渠始终未能修复。

隋唐结束了南北朝长期的分裂局面,"李唐承宇文氏'关中本位政策',其武力重心即府兵制偏置于西北一隅。"[8] 因而,终李唐一代,首都始

---

① 房玄龄等:《晋书》卷113《苻坚载记上》,中华书局,1974年,第2899页。

② 魏收:《魏书》卷7《高祖纪》,中华书局,1974年,第164页。

③ 郦道元:《水经注校证》卷19《渭水》,陈桥驿校证,中华书局,2007年,第455页。

④ 魏收:《魏书》卷4下《世祖纪四下》,中华书局,1974年,第93页。

⑤ 魏收:《魏书》卷110《食货志》,中华书局,1974年,第2860页。

⑥ 李延寿:《北史》卷5《魏本纪》,中华书局,1974年,第180页。

⑦ 顾祖禹:《读史方舆纪要》卷54《陕西三·同州》,贺次君、施和金点校,中华书局,2005年,第2602页。

⑧ 陈寅恪:《唐代政治史述论稿》,生活·读书·新知三联书店,2001年,第334页。

终在长安。全国性的政治中心在几百年后又回到关中平原。而随着政治中心的回归，关中水利工程的发展又迎来了西汉以来的一轮新的高潮，主要体现在灌溉水渠的发达、运河交通的发达和城市用水水系的发达三个方面。

第一，在灌溉水网上，渭北泾河、洛河之间是传统的灌溉区域，"唐代的引泾灌溉系统以白渠为主，经过多次修复、改建与扩大，唐代中后期白渠发展成南北中三条干渠的较完备的灌溉体系，设三限闸、彭城堰，分水设施齐全，干支斗渠配套，灌溉范围广大，奠定了宋元明清乃至今日引泾灌溉渠系的规制。"[1] 据李令福估计，至唐高宗永徽年间，三白渠的灌溉面积达 1 万余顷，达到了古代史上的高峰。[2] 还有在渭北泾河以西的水利工程，如修复成国渠，"俗号渭白渠，言其利与泾白相上下，又曰成国渠。"[3] 龙门渠是建立在渭北洛河与黄河之间的一条重要渠道，这个区域因为地形复杂而且黄河水含沙量多，即便西汉也没能开发，唐朝则成功地解决了这个问题，"自龙门引黄河，溉田六千余顷。"[4] 关中各地遍修水利，乃至可以种稻，"开元初，姜师度为刺史，引洛水及堰黄河以灌之，种稻田二千余顷。"[5]

第二，政治中心的确立使长安重新成为全国最繁荣的城市。隋朝的大兴城、唐朝的长安城均位于龙首原南坡，南北长 8 651 米，东西长 9 721 米，周长约 37.6 千米。其规模约为明清长安城的十倍，盛唐时期长安城人口能达 70 余万人。"长安城的供水是我国历史上规模最大和成功的典型之一，它巧妙地把各用水部门联系起来，也是个综合利用的典型。"[6] 长安城的饮用水主要是井泉，洗濯用水利用部分渠水，但是人工引来的渠水对地下水有补充作用，尤其是冬春之际降水较少、地下水位低的时候，渠水对地下水位的补充作用是不容低估的。长安城内引水渠主要有四条：龙首渠、黄渠、

---

① 李令福：《关中水利开发与环境》，人民出版社，2004 年，第 176~177 页。

② 李令福：《关中水利开发与环境》，人民出版社，2004 年，第 192 页。

③ 宋敏求：《长安志》卷 14《县四·兴平》，三秦出版社，2013 年，第 427 页。

④ 王溥：《唐会要》卷 89《疏凿利人》，中华书局，1960 年，第 1619 页。

⑤ 李吉甫：《元和郡县图志》卷 2《关内道》，中华书局，1983 年，第 38 页。

⑥ 郑连第：《古代城市水利》，水利电力出版社，1985 年，第 52 页。

清明渠、永安渠,除了供市民洗濯和补充地下水的功能,还为长安城内大量
园林池沼提供水源。曲江园始建于隋朝,唐朝加以扩建并引渠水注入,是
城内规模最大的园林,也是长安最负盛名的公共游览胜地。还有皇家专用
园林芙蓉园,有夹城直通大明宫。除了大型公共园林,还有大量私家园林
的用水也由渠水负责。据不完全统计,长安城有 140 余处园林[1],加上宫禁
之中的园林,如此多的园林极大地美化了城市的环境,保证如此大量的池
沼用水,这均应拜渠水所赐。

第三,关中地区虽号称"天府之国",但是毕竟地域狭小,西汉武帝时已
经难以供应首都需要,因而开凿了自长安直通黄河的人工运河,负责漕运
关东粮食,是为槽渠。隋朝统一并定都长安,关中在隋朝重新成为全国性
的政治中心后,很快就出现衣食供给的问题,"时天下户口岁增,京辅及三
河,地少而人众,衣食不给。议者咸欲徙就宽乡。"[2] 因而,"引渭水,自大兴
城东至潼关,三百余里,名曰广通渠。转运通利,关内赖之。"[3] 隋末战乱,漕
运因而废弛。唐初草创,运输量小,也不须漕渠。唐前期遇到关中粮食不继
之时,自天子以下多次"就食"洛阳。唐玄宗时期开始修复汉、隋旧运河,"以
长安令韦坚代之,兼水陆运使。坚治汉、隋运渠,起关门,抵长安,通山东租
赋。乃绝灞、浐,并渭而东,至永丰仓与渭合。又于长乐坡濒苑墙凿潭于望
春楼下,以聚漕舟。"[4]

唐朝长期定都长安,有修建水利工程的动力,而且能够持续地对水利
工程进行维护,加之隋唐时期整个中国气候转暖,降水增多也是有利因素。
总之,气候条件与政治条件相结合造就了长安城市的优美环境。

自五代开始,长安不再作为首都,城市规模因此急剧缩小,城市园林用
水、运河的规模也因此大规模减小。虽然在政权稳定时期能够恢复部分中
小型灌溉工程,但是规模无法达到隋唐时期的水平。

---

[1]　李令福:《关中水利开发与环境》,人民出版社,2004 年,第 212 页。

[2]　魏徵、令狐德棻:《隋书》卷 24《食货志》,中华书局,1973 年,第 682 页。

[3]　魏徵、令狐德棻:《隋书》卷 24《食货志》,中华书局,1973 年,第 684 页。

[4]　欧阳修、宋祁:《新唐书》卷 53《食货志三》,中华书局,1975 年,第 1367 页。

## （二）开封

开封地区建都的历史很早,战国时是魏国的都城,但是公元前 225 年秦灭魏后,开封便湮没于历史之中,一直到隋朝都最多只是州县治所一级的小城。随着经济重心的南移和大运河的修建,汴州逐渐重要起来,并日渐成为控制运河交通,防遏河北、山东跋扈藩镇的重要据点。五代后梁开始在此建都。北宋建立后这里成为全国性的政治中心。可见,开封逐渐成为首都,运河交通的作用功不可没,而开封附近运河的主要水源来自于黄河,因而可以说黄河造就了开封。但是黄河极不稳定,政治中心在此的时候可以组织人力维护黄河、疏通运河,而随着政治中心的转移,北宋开封城逐渐被黄河的泛滥所淤没。政治中心转移与开封附近黄河水患的关系密切。

唐朝,黄河大部分时期尚属于安流期,有记载的黄河泛滥波及开封的只有一次,唐玄宗开元十四年(726),"天下州五十,水,河南、河北尤甚,河及支川皆溢,怀、卫、郑、滑、汴、濮人或巢或舟以居,死者千计。"[1] 五代时期黄河逐渐进入泛滥期,决口渐多,其间有一次涉及开封,"滑州河决,漂注曹、单、濮、郓等州之境。"[2]

北宋,黄河决口日益频繁,"北宋 168 年间,黄河决溢的年份达到 73 个,平均两年多就有一次",其中"在开封府决溢的有七次"[3]。宋太祖乾德三年(965)"开封府河决,溢阳武"[4],开宝五年六月(972)"河又决开封府阳武县之小刘村"[5];宋太宗太平兴国二年(977)"河溢开封等八县"[6],太平兴国八年(983)"宿州睢水涨,泛民舍六十里。是夏及秋,开封、浚仪、酸枣、阳武、封丘、长垣、中牟、尉氏、襄邑、雍丘等县河水害民田"[7],淳化二年(991),"汴水溢"[8];宋仁宗嘉祐三年(1058),"广济河溢,原武县河决,遣官行视民田,

① 欧阳修、宋祁:《新唐书》卷 36《五行志三》,中华书局,1975 年,第 931 页。
② 薛居正等:《旧五代史》卷 82《晋书八·少帝纪二》,中华书局,1976 年,第 1090 页。
③ 程遂营:《唐宋开封生态环境研究》,中国社会科学出版社,2002 年,第 59 页。
④ 脱脱等:《宋史》卷 61《五行志一上》,中华书局,1977 年,第 1319 页。
⑤ 脱脱等:《宋史》卷 61《五行志一上》,中华书局,1977 年,第 1320 页。
⑥ 脱脱等:《宋史》卷 4《太宗纪一》,中华书局,1977 年,第 56 页。
⑦ 脱脱等:《宋史》卷 61《五行志一上》,中华书局,1977 年,第 1322 页。
⑧ 脱脱等:《宋史》卷 5《太宗纪二》,中华书局,1977 年,第 87 页。

振恤被水害者"①；宋神宗元丰五年(1082)，"河决郑州原武埽，溢入利津、阳武沟、刀马河，归纳梁山泺"②。

　　这些决口并未给开封带来太大威胁，为保护政治中心而积极防护是重要原因。宋太宗淳化二年(991)，汴河决口，宋太宗亲自率近臣堵塞决口，"汴水决浚仪县，坏连堤，泛民田。上昧旦乘步辇出乾元门，宰相、枢密使迎谒于路，上谓曰：'东京养甲兵数十万，居人百万，转漕仰给在此一渠水，朕安得不顾！'车驾入泥淖中，行百步，从臣震恐。"③皇帝亲历险境，表明了朝廷对开封附近河患的重视，首都聚集了"甲兵十万，居民百万"更说明了治河的重要意义。在治河办法上，强调责任制，宋太祖"令开封大名府、郓、澶、滑、孟、濮、齐、淄、沧、棣、滨、德、怀、博、卫、郑等州长吏，并兼本州河堤使"④。宋太宗下诏："长吏以下及巡河主埽使臣，经度行视河堤，勿致坏隳，违者当置于法。"⑤宋真宗下诏："诏缘河官吏虽秩满，须水落受代。知州、通判每月一巡堤，县令、佐官迭巡，转运使勿委以他职。又申严盗伐河上榆柳之禁。"⑥可见，宋朝皇帝极为重视河堤防护。

　　开封在运输上的实际作用重大，因而除了防治黄河泛滥，利用黄河之水通运，也是宋朝极为关注的。汴河是开封附近重要的引黄运输、灌溉的河流，"汴河，自隋大业初，疏通济渠，引黄河通淮，至唐，改名广济。宋都大梁，以孟州河阴县南为汴首受黄河之口，属于淮、泗。每岁自春及冬，常于河口均调水势，止深六尺，以通行重载为准。岁漕江、淮、湖、浙米数百万，及至东南之产，百物众宝，不可胜计。"⑦汴河分流大量黄河之水，除运输、灌溉外，对治理黄河也是有益的，"开汴之时，大河旷岁不决，盖汴口析其三分之水，河流常行七分也。"⑧由于大量引黄河水，因而汴河之水的泥沙含量同样很

---

①　脱脱等：《宋史》卷12《仁宗纪四》，中华书局，1977年，第243页。

②　脱脱等：《宋史》卷92《河渠志二》，中华书局，1977年，第2287页。

③　李焘：《续资治通鉴长编》卷32，太宗淳化二年六月，中华书局，2004年，第716页。

④　李焘：《续资治通鉴长编》卷8，太祖乾德五年正月，中华书局，2004年，第186页。

⑤　脱脱等：《宋史》卷91《河渠志一》，中华书局，1977年，第2259页。

⑥　李焘：《续资治通鉴长编》卷61，真宗景德二年十月，中华书局，2004年，第1369页。

⑦　脱脱等：《宋史》卷93《河渠志三》，中华书局，1977年，第2316页。

⑧　脱脱等：《宋史》卷94《河渠志四》，中华书局，1977年，第2332页。

丰富,用其淤灌盐卤之地,"大河源深流长,皆山川膏腴渗漉,故灌溉民田,可以变斥卤而为肥沃。朕取淤土亲尝,极为润腻。"[1]正由于汴河水泥沙量多,需要定期清淤,"国朝汴渠,发京畿辅郡三十余县夫岁一浚。祥符中,阁门祗侯使臣谢德权领治京畿沟洫,权借浚汴夫,自尔后三岁一浚,始令京畿民官皆兼沟洫河道,以为常职。久之,治沟洫之工渐弛,邑官徒带空名,而汴渠有二十年不浚,岁岁堙淀。"[2]可见,宋初清淤还是很严格的。

总之,北宋政治中心在开封,注重整治开封城附近的黄河,使得北宋时期开封水患不严重。引黄河水的汴河在灌溉、运输上作用极大,反过来也促进了首都区经济的发展。

黄河淤积、河床加高是自然发展的趋势,而整治河道则系于朝廷制度,但制度终归决定于人和政治形势,随着北宋末年的战乱,这些制度自然废弛。而且,南宋初年东京留守杜充人为决河,形成影响深远的黄河大改道,自此包括开封在内的整个黄河下游地区深受水害,环境极大改变。汴河淤塞几成平地,南宋楼钥出使金国,"自离泗州,循汴而行,至此河益堙塞,几与岸平。车马皆由其中,亦有作屋其上。"[3]开封附近的良田也渐渐盐碱化、沙化,正如《河南杞县志》所述:"昔之饶腴,咸成碻卤,尽杞之地,皆为石田。"[4]

进入历史时期以来,环境的发展演变固然继续按照其自有规律运行,但是人类的活动已经不可避免地掺入其中。即便在古代生产力低下的条件下,重大的历史进程由于能够动员起数量巨大的人力物力,因而对环境的影响仍不可低估。

魏晋至宋元是我国历史上战争密度最高的一个时期,而且既有改朝换代的战争,又有南北政权间的战争,还有民族战争;形式上既有旷野作战,又有江河水战,更有城市围攻作战。战争对区域环境的危害首先体现在对

---

① 脱脱等:《宋史》卷95《河渠志五》,中华书局,1977年,第2374页。

② 沈括:《梦溪笔谈》卷25《杂志》,中华书局,1957年,第239页。

③ 宋继郊编撰《东京志略》卷19《河陂·汴河》,王晟等点校,河南大学出版社,1999年,第652页。

④ 乾隆《河南杞县志》卷7《田赋志·地亩》,成文出版社,1976年,第476页。

城市的破坏上。长期艰苦的围城作战消耗了城市内的资源,破坏了城市的建筑,大幅度减少了城市的人口,战后的荒芜阻碍了城市的正常发展。尤其是在魏晋南北朝时期,残酷的战争彻底改变了战国到汉朝形成的城市体系和中原地带的城市景观。战争的双方为争取胜利而不择手段,砍伐、焚烧山林会破坏植被,决水灌城会破坏水系,这些都会部分改变区域的地貌和景观。

政治中心的确定和迁移并非是战争、疾疫这样的剧烈突发事件,往往是长时间的、和平的过程,但对区域环境的影响尤为巨大。战争或疾疫的影响只是一时一地,如果遭遇兵火、疾疫的地区有足够的发展动力,那么恢复的速度很快,反之则会一蹶不振。在古代的社会条件下,政治中心所在是刺激地区发展的主要动力之一,州治、县治无疑是一州一县最为繁华之地,而作为全国性政治中心的首都更将成为全国首屈一指的区域。长安、开封历史上均经历过毁灭性的打击,但均能在恢复建都的条件下重新达到巅峰。同样,其逐渐衰败也是因为政治中心彻底转移。

# 第三节 | 人为因素对区域环境的改造和适应

战争、疾病和政治中心的迁移虽有人为因素,但主要是受宏观的历史发展过程影响,如政治中心迁移受我国历史上经济重心南移趋势的影响,因而并不是个别君主或重臣所能左右的,北宋太祖欲迁都洛阳而未果就是明证。政治中心人口众多,又是战争、疾病的高发区域,因而这些因素对环境的影响可以说并非完全按照主观意愿来进行。然而,一朝一代的人为因素确有改变环境的能力,北宋对河北水网的改造就是有意改变环境的事例。人对自然的改造能力终究有限,尤其是在古代生产力低下的条件下,改造自然的手段相对贫乏,对新环境、新气候,人们能做的主要是逐渐适应,"瘴气"就是古人适应新环境的事例。

## 一、北宋对河北水网的改造及黄河流向之争

受生产力水平的限制,古代人对自然的影响方式和能力均有限,对河流加以因势利导的改造是不多的大规模影响生态的方式之一。改造水系用于灌溉、运输的情况前文多已叙述,而且灌溉、运输等功能影响深远,合理设计的水利工程一经修建,历代均有修补。这里着重考察限于一时一地的具体原因而对水系加以改造的事例。这种改造多出于政治、军事目的,并不能持久,是随着政治、军事形势而改变的,北宋对河北地区水网的改造就是其中的典型。

### (一) 对河北塘泺的建设与改造

北宋时期的外患主要来自北部的辽国和西北的西夏。其中,西夏国力较弱,虽然在宋仁宗时期进攻之势咄咄逼人,一度威胁关中地区,但是终究对北宋的存亡构不成威胁。而北部的辽国则大不相同,国力强盛,在五代后晋时就曾入主中原。而且,中原赖以抵挡北方游牧民族的长城一线险要之地早已落入契丹之手。北宋统一后,试图夺回长城一线,但均以失败告终。宋太宗雍熙三年(986)北伐失败标志着宋辽之间的战略平衡开始向辽国倾斜,此后直到北宋末年,北宋再未组织起收复幽州的攻势。辽国骑兵不断南侵,河北地区成为战场,而河北平原无险可守,辽国的军队随时可以南下直捣北宋都城。

在严峻的国防形势下塘泺防线逐渐提上议事日程,程民生指出,塘泺"是由众多的河流、沟壕、堤堰连接的湖泊群、草泽地和一些水田所构成的水系"[1]。宋太宗端拱元年(988),何承矩最早向宋太宗建议创设塘泺来限制辽国骑兵,"若于顺安寨西开易河蒲口,引水东注至海,东西三百余里,南北五七十里,滋其陂泽,可以筑堤贮水为屯田,以助要害,免蕃骑奔轶。俟期岁间,塘注关南诸泊淀水,播作稻田。其缘边州军地临塘水者,止留壮城军士,不烦发兵广戍。收水田以实边,设险固以防塞,春夏课农,秋冬备寇。"[2] 从

---

① 程民生:《北宋河北塘泺的国防与经济作用》,《河北学刊》1985年第5期。

② 赵汝愚:《宋朝诸臣奏议》卷105《上太宗论塘泊屯田之利》,北京大学中国中古史研究中心校点整理,上海古籍出版社,1999年,第1130页。

设计来看,塘泺可以起到诸多作用,首要的功能无疑是限制"蕃骑奔轶";其次,有了塘泺的阻挡,只需在险固之地设防便可,可以减少边境戍兵人数;最后,塘水还可溉田,可以种稻获利。这个一举数得的建议很快得到批准和落实。

> 淳化四年壬子,以何承矩为制置河北缘边屯田使,内供奉官阎承翰、殿直段从古同掌其事,以黄懋为大理寺丞,充判官。发诸州镇兵万八千人给其役,凡雄莫霸州、平戎破虏顺安军兴堰六百里,置斗门,引淀水灌溉。初年,稻值霜不成。懋以江东霜晚,稻常九月熟,河北霜早,又地气迟一月,不能成实。江东早稻以七月熟,即取其种课令种之,是年八月,稻熟。始,承矩建水田之议,沮之者颇众,又武臣亦耻于营葺佃作。既而种稻又不熟,群议益甚,几罢其事。及是,承矩载稻穗数车,遣吏部送阙下,议者乃息。自是苇蒲、赢蛤之饶,民赖其利。①

塘泺最初以屯田的形式出现,经过逐渐发展,到宋真宗时期,静戎军王能奏:

> 于军城东新河之北开田,广衰相去皆五尺许,深七尺,状若连锁,东西至顺安、威虏军界,必能限隔戎马,纵或入寇,亦易于防捍,仍以地图来上。上召宰相李沆等示之,沆等咸曰:"沿边所开方田,臣僚累曾上言,朝廷继亦商榷,皆以难于设防,恐有奔突,寻即罢议。今专委边臣,渐为之制,斯可矣。乞并威虏、顺安军皆依此施行。且虑兴功之际,敌或侵轶,可选兵五万人分据险要,渐次经度之。"是日,诏静戎、顺安威虏军界并置方田,凿河以遏敌骑。②

这样,以屯田为名义的水网防线逐渐成形。

塘泺用水来自湖泊、河流,"自何承矩以黄懋为判官,始开置屯田,筑堤储水为阻固,其后益增广之。凡并边诸河,若滹沱、葫芦、永济等河,皆汇

---

① 李焘:《续资治通鉴长编》卷 34,太宗淳化四年三月,中华书局,2004 年,第 747 页。
② 李焘:《续资治通鉴长编》卷 55,真宗咸平六年十月,中华书局,2004 年,第 1214 页。

于塘。"① 建设成熟之后的塘泺范围很大。

其水东起沧州界,拒海岸黑龙港,西至乾宁军,沿永济河合破船淀、灰淀、方淀为一水,衡广一百二十里,纵九十里至一百三十里,其深五尺。东起乾宁军、西信安军永济渠为一水,西合鹅巢淀、陈人淀、燕丹淀、大光淀、孟宗淀为一水,衡广一百二十里,纵三十里或五十里,其深丈余或六尺。东起信安军永济渠,西至霸州莫金口,合水汶淀、得胜淀、下光淀、小兰淀、李子淀、大兰淀为一水,衡广七十里,或十五里或六里,其深六尺或七尺。东北起霸州莫金口,西南保定军父母砦,合粮料淀、回淀为一水,衡广二十七里,纵八里,其深六尺。霸州至保定军并塘岸水最浅,故咸平、景德中,契丹南牧,以霸州、信安军为归路。东南起保安军,西北雄州,合百世淀、黑羊淀、小莲花淀为一水,衡广六十里,纵二十五里或十里,其深八尺或九尺。东起雄州,西至顺安军,合大莲花淀、洛阳淀、牛横淀、康池淀、畴淀、白羊淀为一水,衡广七十里,纵三十里或四十五里,其深一丈或六尺或七尺。东起顺安军,西边吴淀至保州,合齐女淀、劳淀为一水,衡广三十余里,纵百五十里,其深一丈三尺或一丈。起安肃、广信军之南,保州西北,畜沈苑河为塘,衡广二十里,纵十里,其深五尺,浅或三尺,曰沈苑泊。自保州西合鸡距泉、尚泉为稻田、方田,衡广十里,其深五尺至三尺,曰西塘泊。②

塘泺的管理上,"河北屯田司、缘边安抚司皆掌之,而以河北转运使兼都大制置。"③ 管理的内容分为两部分,一方面是经济上屯田的收益,由屯田司负责,另一方面是防务,由缘边安抚司负责,河北转运使负全责。无论是屯田还是防遏辽国,最根本的塘泺中的水位深浅,要维持其"深不可度马,浅不可载舟"④。这样既可以防御骑兵又可以防御舟师。"凡水之浅深,屯田

① 李焘:《续资治通鉴长编》卷112,仁宗明道二年三月,中华书局,2004年,第2608页。

② 脱脱等:《宋史》卷95《河渠志五》,中华书局,1977年,第2358~2359页。

③ 脱脱等:《宋史》卷95《河渠志五》,中华书局,1977年,第2358页。

④ 宋祁:《景文集》卷44《御御戎论篇四》,文渊阁四库全书,台湾商务印书馆,1986年,第403页。

司季申工部。"① 在具体测量方式上，"立木为水则，以限盈缩。"② 而且对盗掘塘水的行为等同于盗掘堤防，"怀敏奏立法依盗决堤防律。"③

河北北部除西部靠近山地无法建立外，大部分地区都有深浅不同的塘泺，虽然也有"霸州至保定军并塘岸水最浅"的地段，但是毕竟将机动性强、出没无常的辽国骑兵限制在几个固定的通路上，便于进行防御。辽国指责宋朝"营筑长堤，填塞隘路，开决塘水，添置边军。既潜稔于猜嫌，虑难敦于信睦"④。辽国的指责是此项工程效用的最好说明。但是这种出于国防目的的水系的建立完全系于人为，需要长时间精细维护。北宋末期由于河北长期的承平局面，维护塘泺的诸项制度日益衰败，塘泺也逐渐淤塞，宋末与金国作战之时已经不能发挥作用了。尽管如此，北宋塘泺仍是出于政治目的人为改变环境的典型。

### （二）黄河流向之争

黄河中下游以善淤、善决著称，治理黄河对历朝均是重大考验。北宋除正常治理黄河之外，对如何治理还有其政治、军事的用意。

1. 北宋黄河自然的流势走向

从唐朝后期开始，河患逐渐增多，决口地点多在黄河末段，唐昭宗景福二年（893），黄河在棣州境内（今山东滨州惠民境内）改道北流入海，此后决口次数日渐频繁，而且随着下游河道慢慢淤高，决口地点也慢慢上移，最为集中的在滑州、澶州地段。滑澶段是黄河下游最为狭窄的河段之一，"自孟抵郓，虽有堤防，唯滑与澶最为隘狭。"⑤ "澶、滑堤狭，无以杀大河之怒，故汉以来河决多在澶、滑。"⑥ 北宋初年，这个地段极易发生决口，宋仁宗景祐元年（1034），"河决澶州横陇埽。庆历元年（1041），诏权停修决河。自此久不复塞，而议开分水河以杀其暴。"⑦ 这次决口之后朝廷没有进行封堵，逐渐形

① 脱脱等：《宋史》卷 95《河渠志五》，中华书局，1977 年，第 2358 页。
② 李焘：《续资治通鉴长编》卷 117，仁宗景祐二年十月，中华书局，2004 年，第 2761 页。
③ 李焘：《续资治通鉴长编》卷 117，仁宗景祐二年十月，中华书局，2004 年，第 2761 页。
④ 李焘：《续资治通鉴长编》卷 135，仁宗庆历二年三月，中华书局，2004 年，第 3230 页。
⑤ 脱脱等：《宋史》卷 91《河渠志一》，中华书局，1977 年，第 2259 页。
⑥ 脱脱等：《宋史》卷 326《郭谘传》，中华书局，1977 年，第 10530 页。
⑦ 脱脱等：《宋史》卷 91《河渠志一》，中华书局，1977 年，第 2267 页。

成新的河道,河水自横陇埽北流,经过今河南清丰、南乐,进入河北大名,约在今河北馆陶、山东冠县一带折向东北,然后经今山东聊城、高唐、平原一带,下游分成数股,经棣、滨二州之北入海,是为历史上著名的横陇河。黄河自此永远离开了汉代以来流经千年的京东故道,有向北迁移之势。横陇河淤积速度极为惊人,十几年后,宋仁宗庆历年间已经淤塞严重,重大改道已成必然。

宋仁宗庆历八年(1048),黄河在澶州商胡埽再次决口,"河决商胡埽,决口广五百五十七步。"[1] 这次决口引起黄河走势的又一大变化。此后,黄河流经大名、恩、冀、深、瀛、永静等地,流向东北,合御河经进入今天津地区汇合海河入海。自此黄河流向大变,为向北流淌经渤海湾西岸入海的开始,是为"北宋黄河北派"。由于当时在军事形势上宋辽在河北对峙,黄河的京东故道或者横陇道均不从辽境经过,而这次改道后黄河北派穿越宋辽边境,对边境军政形势产生了影响,引发了北宋朝野对如何进一步整治黄河的极大争议。

2. 北宋朝廷坚持回河东流的意见

宋仁宗庆历八年(1048)黄河决口之后,立即便有大臣提议要求堵塞决口恢复京东故道,"判大名贾昌朝请下京东州军兴葺黄河旧堤,引水东流,渐复故道,然后并塞横垅、商胡二口,永为大利。"[2] 但是由于商胡埽决口甚大,当时未能堵塞,"天圣中,滑州塞决河,积备累年始兴役,今商胡工尤大,而河北岁饥民疲,迫寒月,难遽就也。且横垅决已久,故河尚未填阏,宜疏减水河以杀水势,俟来岁先塞商胡。"[3] 其后朝廷派员核算工程量。

> "与京西转运使徐起、河北转运使崔峄,自横垅口以东至郓州铜城镇,度地高下使河复故道,为利甚明。凡浚二百六十三里一百八十步,役四千四百九十万四千九百六十工。"议虽上,未克行也。[4]

因其工程过于巨大而未能实施。除了贾昌朝主张复京东故道,李仲昌主张恢复横陇河:

---

① 脱脱等:《宋史》卷91《河渠志一》,中华书局,1977年,第2267页。
② 李焘:《续资治通鉴长编》卷165,仁宗庆历八年八月,中华书局,2004年,第3965页。
③ 李焘:《续资治通鉴长编》卷165,仁宗庆历八年八月,中华书局,2004年,第3965页。
④ 李焘:《续资治通鉴长编》卷166,仁宗皇祐元年二月,中华书局,2004年,第3987页。

> 自商胡之决，大河注金堤，浸为河北患。其故道又以河北、京
> 东饥，故未兴役。今河渠司李仲昌议欲纳水入六塔河，使归横陇
> 旧河，舒一时之急。其令两制至待制以上、台谏官，与河渠司同
> 详定。①

这两种主张皆是引河复故道。

> 走六塔河一道曾付诸实行，黄河庆历后，初自横陇，稍徙趋德博，
> 后又自商胡趋恩冀，皆西流北入海。朝廷以工夫大，不复塞。至和中，
> 李仲昌始建议，开六塔河，引注横陇，复东流。周沆以天章阁待制为
> 河北都转运使，诏遣中官与沆同按视。沆言今河面二百步，而六塔渠
> 广四十步，必不能容，苟行之，则齐与博、德、滨、棣五州之民，皆
> 为鱼矣。时贾文元知北京，韩康公为中丞，皆不主仲昌议，而富韩公
> 为相，独力欲行之。康公至以是击韩公。然北流既塞，果决，齐、博
> 等州民大被害，遂窜仲昌岭南，议者以为韩公深恨。②

富弼为相，与贾昌朝在政治上有矛盾，"先是，弼用朝士李仲昌策，
自澶州商湖河穿六漯渠，入横垅故道。北京留守贾昌朝素恶弼，阴约内
侍武继隆，令司天官二人俟执政聚时，于殿庭抗言国家不当穿河于北方，
致上体不安。"③ 这大概是富弼不选择贾昌朝方案的原因。这次回河失败
之后，"议者久不复论河事。"④ 其后宋仁宗末年"河流派别于魏之第六
埽，曰二股河，其广二百尺。"⑤ 自此黄河分为两股，经二股河为东流，也称
"东派"，北宋后来两次"回河之议"着眼点都在于断北派而全河借二股
河东流。

宋神宗即位后，"回河"之事又提上议程，变法派王安石和反变法派司
马光不约而同赞同回河东流，只是对回河之事的缓急有分歧。司马光主张
缓行，顺应自然水势而辅以人力。

---

① 脱脱等：《宋史》卷91《河渠志一》，中华书局，1977年，第2269页。
② 叶梦得：《石林燕语》卷8，宇文绍奕、侯忠义校，中华书局，2006年，第120页。
③ 脱脱等：《宋史》卷313《文彦博传》，中华书局，1977年，第10260页。
④ 脱脱等：《宋史》卷91《河渠志一》，中华书局，1977年，第2273页。
⑤ 脱脱等：《宋史》卷91《河渠志一》，中华书局，1977年，第2273页。

时二股河东流及六分,巩等因欲闭断北流,帝意向之。光以为须及八分乃可,仍待其自然,不可施功。王安石曰:"光议事屡不合,今令视河,后必不从其议,是重使不安职也。"庚子,乃独遣茂则。茂则奏:"二股河东倾已及八分,北流止二分。"张巩等亦奏:"丙午,大河东徙,北流浅小。戊申,北流闭。"诏奖谕司马光等,仍赐衣、带、马。[①]

但是,东流黄河仍不稳定,决口不断,"大抵熙宁初,专欲导东流,闭北流。元丰以后,因河决而北,议者始欲复禹故迹。"[②]宋神宗时期的回河努力仍未能实现黄河稳定的东流。

宋哲宗即位之初,重臣文彦博、吕大防重新提出回河之议,"元祐初,文彦博、吕大防以前敕非是,拔吴安持为都水使者,委以东流之事。"[③]但是东流之河造成很大灾害,"然是时东流堤防未及缮固,濒河多被水患,流民入京师,往往泊御廊及僧舍。诏给券,谕令还本土,以就赈济。"[④]黄河东流之水为灾的原因在于,"今访闻东流向下,地形已高,水行不快。既闭断北流,将来盛夏,大河涨水全归故道,不惟旧堤损缺怯薄,而阚村新堤,亦恐未易枝梧。兼京城上流诸处埽岸,虑有壅滞冲决之患。"[⑤]尽管北宋朝廷调集人力物力,勉强维持黄河东流,但终于宋哲宗元符二年(1099),"河决内黄口,东流遂断绝。"[⑥]宋哲宗时期黄河东流的努力也告失败。

无论从北宋以来的黄河流势,还是从历次回河东流终告失败来看,黄河北流都更符合黄河自然发展的趋势。不过,北宋君臣锲而不舍的回河努力也不是无用的劳民伤财,与主张维护北流者着眼于尊重黄河的自然流势不同,回河东流的意义更侧重北宋的国防安全。首先,黄河北流流经御河会将其淤塞,而河北驻军军粮多由御河运输,一旦淤塞,后果严重。其次,

---

①  脱脱等:《宋史》卷91《河渠志一》,中华书局,1977年,第2278页。
②  脱脱等:《宋史》卷92《河渠志二》,中华书局,1977年,第2288页。
③  脱脱等:《宋史》卷93《河渠志三》,中华书局,1977年,第2306页。
④  脱脱等:《宋史》卷93《河渠志三》,中华书局,1977年,第2307页。
⑤  脱脱等:《宋史》卷93《河渠志三》,中华书局,1977年,第2308页。
⑥  脱脱等:《宋史》卷93《河渠志三》,中华书局,1977年,第2309页。

黄河会淤浅河北塘泺防线,使得河北中部无险可守。最后,也是最重要的,黄河东流可以成为开封北部又一道防线,而如果黄河向北流入辽境则河之险与辽共有。

3. 北宋朝野主张维护北流的意见

面对黄河北流的态势,北宋朝野产生了分歧,一派主张顺应黄河北流的趋势,另一派则主张通过人力使黄河恢复东流。维护北流一派的观点,较早反对回河的欧阳修指出,"河本泥沙,无不淤之理。淤常先下流,下流淤高,水行渐壅,乃决上流之低处,此势之常也。然避高就下,水之本性,故河流已弃之道,自古难复。臣不敢广述河源,且以今所欲复之故道,言天禧以来屡决之因。"[1] 这是从水流特性上来说的,黄河东流故道经过长时间的积累,河床早已淤高,并不适应黄河继续流淌,人为地使黄河恢复故道并不能持久。再者,针对第一次回河努力的"六塔河方案",欧阳修指出不仅可能性小而且费用巨大。

又商胡初决之时,欲议修塞,计用梢芟一千八百万,科配六路一百余州军。今欲塞者乃往年之商胡,则必用往年之物数。至于开凿故道,张奎所计工费甚大,其后李参减损,犹用三十万人。然欲以五十步之狭,容大河之水,此可笑者;又欲增一夫所开三尺之方,倍为六尺,且阔厚三尺而长六尺,自一倍之功,在于人力,已为劳苦。云六尺之方,以开方法算之,乃八倍之功,此岂人力之所胜?是则前功既大而难兴,后功虽小而不实。[2]

以如此巨大的费用来进行如此不稳定的工程,是欧阳修极力反对回河的原因。

顺应水势、爱惜民力是反对回河者的主要观点,如宋哲宗时期,范祖禹上书论回河不便时指出:"水性趋下,自祖宗以来,河决以次向西,此则地势东高西下,其理不疑。商胡故道,已行三十余年,堤防日增,如筑垣居水,淤填积久,其地必高,此不待见而可知,今北流千余里,欲使复为平陆,故道千余里,欲使复为洪流,恐非人力之所能也。四渎者,天地所以节宣其气,

---

① 脱脱等:《宋史》卷91《河渠志一》,中华书局,1977年,第2270页。
② 脱脱等:《宋史》卷91《河渠志一》,中华书局,1977年,第2271页。

如人之血脉,不可壅遏。今北流已九年,岂非天意有定,就下趋海,乃是地形顺便。今来回河,上违天意,下逆地理,骚动数路,几半天下,枉害兵民性命,空竭公私财力,投之洪流,不知纪极,非徒无益,更取患害。已上是河不可回之理"[1]。

针对回河东流的国防意义,维护北流者也不以为然,范百禄认为:

> 塘泺有限辽之名,无御辽之实。今之塘水,又异昔时,浅足以褰裳而涉,深足以维舟而济,冬寒冰坚,尤为坦途。如沧州等处,商胡之决即已淀淤,今四十二年,迄无边警,亦无人言以为深忧。自回河之议起,首以此动烦圣听。殊不思大吴初决,水未有归,犹不北去;今入海湍迅,界河益深,尚复何虑? 藉令有此,则中国据上游,契丹岂不虑乘流扰之乎? 自古朝那、萧关、云中、朔方、定襄、雁门、上郡、太原、右北平之间,南北往来之冲,岂塘泺界河之足限哉。臣等窃谓本朝以来,未有大河安流,合于禹迹,如此之利便者。其界河向去只有深阔,加以朝夕海潮往来渲荡,必无浅淀,河尾安得直注北界,中国亦无全失险阻之理。且河遇平壤滩漫,行流稍迟,则泥沙留淤;若趋深走下,湍激奔腾,惟有刮除,无由淤积,不至上烦圣虑。[2]

在范百禄看来,河北水网的防御意义并不大,而且即便黄河北流入辽境,北宋也有上游之利。

苏辙从历史的角度分析,指出"交接夷狄,顾德政何如耳",即通过自身威德震慑夷狄,而不仅仅依靠些许地险。这种看法看似磅礴大气,言之在理,可是德政之说较为空虚,并不实际。

> 方今回河之策,中外讲之孰矣。虽大臣固执,亦心知其非,无以借口矣。独有边防一说,事系安危,可以悚动上下,伸其曲说。陛下深居九重,群言不得尽达,是以迟迟不决耳。昔真宗皇帝亲征澶渊,拒破契丹,因其败亡,与结欢好。自是以来,河朔不见兵戈几百年矣。

---

[1]　黄淮、杨士奇等编:《历代名臣奏议》卷251《水利》,上海古籍出版社,1989年,第3297页上。

[2]　脱脱等:《宋史》卷92《河渠志二》,中华书局,1977年,第2296~2297页。

陛下试思之，此岂独黄河之功哉。昔石晋之败，黄河非不在东；而祥符以来，非独河南无虏忧，河北亦自无兵患。由此观之。交接夷狄，顾德政何如耳。未闻逆天地之计性，引趋下之河，升积高之地，兴莫大之役，冀不可成之功，以为设险之计者也。[1]

范祖禹针对黄河北流淤浅塘泊防线的说法加以辩论：

> 塘泺淤浅，非因河决所致。熙宁中，先帝以塘水多堙废，常遣监司以巡历为名，案行检视。此乃积年不修，然先帝亦未遑疏浚也。且朝廷与契丹通好，几及百年，岂是塘水能限胡寇，乃朝廷恩信深结其心，每岁馈遗金帛，虏贪厚利，所以不动。若其弃好背盟，何路不可入寇，岂塘泊所能捍御，朝廷亦何尝恃此以为险固。[2]

这段话分析了塘泊防线淤浅的一个原因是年久失修，无疑是正确的。不过，他将宋辽之间的和平局面完全归因于"馈遗金帛""恩信深结其心"，则失之迂阔。辽国肯以岁币的方式接受与北宋的和平，正是因为双方军事实力大体呈现均势。以未出现大规模战争为由否定边防建设，是本末倒置的逻辑。

李华瑞指出："主回河东流者属于那些比较实际的人士，他们持续地警告宋辽关系上的潜在危机，提醒巩固国防的必要。虽然反对回流者们的驳论言之凿凿，但是他们只是反复重申契丹人不会这样做，不会那样做，一再强调辽宋间已存在几十年乃止上百年的盟好，而并未设计出比回河东流者更有说服力的防边方案或措施。换句话说他们不能打消最高统治集团对辽朝武力的顾虑和由此而来的巨大恐辽症。没有发生辽的入侵，并不等于说辽的入侵威胁不存在。"[3]正是由于北宋决策者这种对现实国防局势的实际认识，并一直不懈地改造水网、加强河北防线，才维持了与辽国的长期和平局面。

---

① 黄淮、杨士奇等编:《历代名臣奏议》卷 250《水利》,上海古籍出版社,1989 年,第 3287 页。

② 黄淮、杨士奇等编:《历代名臣奏议》卷 251《水利》,上海古籍出版社,1989 年,第 3298 页。

③ 李华瑞:《宋夏史研究》,天津古籍出版社,2006 年,第 153 页。

## 二、瘴气与环境

不同区域有不同的地形、地貌、植被、土壤、水文条件和气候条件,以古人改变自然的能力,最多只能对植被、水系施加影响,其他因素,尤其是气候条件,是古人无法控制和影响的。在无力改变客观生态环境背景下,人们进入陌生地区后更多地只能逐渐适应当地环境,这个适应的过程也是人与新环境中种种陌生因素磨合的过程。魏晋至宋元,中原人口有过多次南迁高潮,南方因此渐次得到开发,同时,陌生地域的未知疾病给迁入者带来直接的威胁,经常出现在史籍中的"瘴气"就是其中的典型。

瘴气具体是一种什么疾病,学界至今仍未有一个统一的认识[1],但无疑是古代中原人深入南方后才罹患的一种疾病,是南方特有生态环境下才有的。值得注意的是,中原人较少涉足、还没有完全被开发的地方,瘴气严重,而中原移民迁居已久的地方则"瘴气"渐消。从科学上讲,这是移民逐渐适应当地环境而较少罹患当地传染病;从文化上讲,这是南方新开发地区逐渐从蛮荒之地转变为文化昌明之地的一种象征。魏晋至宋元时期,一波一波中原移民不断涌入,南方广大地区渐次开发,瘴气的范围也越来越向南迁徙。

### (一)文献中记载的瘴气影响范围

#### 1. 魏晋时期之前

魏晋时期之前的历史文献中极少"瘴气"的记载,甚至连东汉时期收字极多的《说文解字》中也都没有"瘴"这个字。文献对这个时期的记载中只有不多的几处提到"瘴气"。建武二十年(44)秋,"振旅还京师,军吏经瘴疫死者十四五。"[2]记载的是马援征交趾之事。征讨交趾叛乱"南

---

① 一般认为,瘴气是温暖湿润地区疾病的总称,具体更多指恶性疟疾,代表性论著如龚胜生的《2000年来中国瘴病分布变迁的初步研究》(《地理学报》1993年第4期),左鹏的《汉唐时期的瘴及瘴意象》(荣新江主编:《唐研究》第8卷,北京大学出版社,2002年,第257~276页)。

② 范晔:《后汉书》卷24《马援传》,中华书局,1965年,第840页。

州水土温暑,加有瘴气,致死亡者十必四五。"① 汉末,公孙瓒在送别被徙日南的故人时曰:"昔为人子,今为人臣,当诣日南。日南多瘴气,恐或不还,便当长辞坟茔。"② 同样把日南当作多瘴气的危险之地。这几则事例虽然贯穿东汉,时间跨度很大,但是所述瘴气地域交趾、日南均为极南的交州一带。

两汉政治稳定的时间长,中原居民并没有向南方大规模地迁移,南方的开发程度并不太高,汉朝对广大南方的统治只是局限在若干据点的点状控制上,因而,贬谪罪人、进军平叛成为中原人深入南方的主要机会。正因如此,即使没有其他地区的瘴气记载,也不能否定其他地区没有瘴气,且从文献中也可以约略看出中原人士对南方风土的看法。"昔颛顼氏有三子,死而为疫鬼:一居江水,为疟鬼。"③ 这虽是传说,但也必有其相应背景。西汉司马迁也指出:"江南卑湿,丈夫早夭"④,显然认为南方江淮一带不适宜居住。而且稍晚的魏晋时期,左思在《三都赋》中描述吴蜀之地时云:"摧惟庸蜀与鸲鹊同窠,句吴与鼁鼃同穴,一自以为禽鸟,一自以为鱼鳖。山阜猥积而崎岖,泉流迸集而映咽,隰壤瀸漏而沮洳,林薮石留而芜秽。穷岫泄云,日月恒翳。宅土熇暑,封疆障疠。"⑤ 总体来说,整个江淮、四川之地皆被视作"障疠"之地。因而,龚胜生推测:"战国西汉时期的瘴病分布北界可能在秦岭淮河一线,而长江流域为重病区。"⑥

### 2. 魏晋南北朝时期

该时期的文献中对瘴气的记载稍多一些。北魏和平元年(460),魏文成帝征讨吐谷浑,"诏征西大将军、阳平王新成等督统万、高平诸军出南道,南郡公李惠等督凉州诸军出北道,讨吐谷浑什寅……西征诸军至西平,什寅走保南山。九月,诸军济河追之,遇瘴气,多有疫疾,乃引军还,获畜二十余

① 范晔:《后汉书》卷86《南蛮传》,中华书局,1965年,第2838页。

② 范晔:《后汉书》卷73《公孙瓒传》,中华书局,1965年,第2358页。

③ 干宝:《新辑搜神记》卷16《三疫鬼》,汪绍楹校注,中华书局,1979年,第189页。

④ 司马迁:《史记》卷129《货殖列传》,中华书局,1963年,第3268页。

⑤ 萧统编:《文选》卷6《魏都赋》,中华书局,1977年,第108~109页。

⑥ 龚胜生:《2000年来中国瘴病分布变迁的初步研究》,《地理学报》1993年第4期。

万。"① 其地在今青海地区,而且时间已到九月,气温不可能很温暖,这种"瘴气"显然与南方温暖地区的瘴气不同,这更说明"瘴气"被广泛用于陌生地区的未知疾病。

北齐时期,"士文至州,发摘奸吏,尺布斗粟之赃,无所宽贷,得千人奏之,悉配防岭南。亲戚相送,哭声遍于州境。至岭南,遇瘴厉死者十八九。"②

东晋后期,"广州包带山海,珍异所出,一箧之宝,可资数世,然多瘴疫,人情惮焉。唯贫窭不能自立者,求补长史,故前后刺史皆多黩货。"③

南朝萧梁时期,"及交州土豪李贲反,逐刺史萧谘,谘奔广州,台遣子雄与高州刺史孙冏讨贲。时春草已生,瘴疠方起,子雄请待秋讨之,广州刺史新渝侯萧暎不听,萧谘又促之,子雄等不得已,遂行。至合浦,死者十六七。"④

从以上事例中可以看出,魏晋南北朝时期,瘴气的情况与之前有所不同。萧梁时期,交州仍有瘴气,萧暎不顾春季有瘴气的情况贸然催促进兵,结果死伤惨重。不过,《南齐书》记载:"土有瘴气杀人。汉世交州刺史每暑月辄避处高,今交土调和,越瘴独甚。"⑤ 齐、梁二朝为时甚短,基本属于同一时期,因而,似又说明,交州地区较之汉代瘴气减轻许多,反而越州地区成为瘴气的重灾区。除越州外,广州也是知名的瘴气之地。

值得注意的是,这个时期战乱不断,虽有向南方移民的高潮,但对南方的开发程度不应估计过高。而且,不断有新的游牧民族占据中原,对刚刚进入中原的游牧者来说,所有新环境都容易染病,所以才有青海瘴气之说,而且在他们看来,中原之地也容易染疾。北魏原建都代北(今大同地区),但是粮食供应紧张,所以有迁都中原之意。崔浩进言:"今国家迁都于邺,可救今年之饥,非长久之策也。东州之人,常谓国家居广漠之地,民畜无算,号称牛毛之众。今留守旧都,分家南徙,恐不满诸州之地。参居郡县,处榛林之间,

① 魏收:《魏书》卷5《高宗帝纪》,中华书局,1974年,第118~119页。
② 李百药:《北齐书》卷15《厍士文传》,中华书局,1972年,第199页。
③ 房玄龄等:《晋书》卷90《吴隐之传》,中华书局,1974年,第2341页。
④ 姚思廉:《陈书》卷8《杜僧明传》,中华书局,1972年,第135页。
⑤ 萧子显:《南齐书》卷14《州郡志上》,中华书局,1972年,第267页。

不便水土,疾疫死伤,情见事露,则百姓意沮"① 可见,地处中原的邺地,在北魏统治者看来也是"不便水土,疾疫死伤"。

总之,魏晋南北朝时期政权更迭频繁,史书中记载的瘴气区域分布并无明显规律。

3. 隋唐宋时期

该时期史料丰富,对瘴气的记载也空前多了起来。四川盆地是瘴气多发地带,安史叛军占据长安后,唐玄宗逃往蜀中,李泌曰:"南方地恶。"② 诗人元稹曾罹患瘴气,有诗作:"三千里外巴蛇穴,四十年来司马官。瘴色满身治不尽,疮痕刮骨洗应难。"③ 四川向东的两湖地区也是瘴气分布的主要地区,杜甫的诗句"北风吹瘴疠"④,反映了鄂西南的施州也有瘴气;"瘴云终不灭……峡中都似火,江上只空雷"⑤ 反映了鄂西峡州也有瘴气。王维的诗句"青草瘴时过夏口"⑥ 说明夏口(即今武汉地区)有瘴气。今湖南地区更是瘴气遍地,如杜甫诗中写道的"春生南国瘴"⑦、"江南瘴疠地"⑧;李绅有诗句"衡山截断炎方北,回雁峰南瘴烟黑。"⑨ 这些均反映湖南的瘴气。白居易的诗句"烟尘三川上,炎瘴九江边"⑩ 说明江西北部的九江地区也有瘴气。浙江也有瘴气分布,不过在南方温州地区,张子容的诗句"炎

---

① 魏收:《魏书》卷 35《崔浩传》,中华书局,1974 年,第 808 页。

② 司马光:《资治通鉴》卷 218《唐纪三十四》,唐肃宗至德元载九月,中华书局,1956年,第 6999 页。

③ 元稹:《酬乐天见寄》,彭定求等编:《全唐诗》卷 416,中华书局,1960 年,第 4592 页。

④ 杜甫:《郑典设自施州归》,彭定求等编:《全唐诗》卷 221,中华书局,1960 年,第 2336 页。

⑤ 杜甫:《热三首》,彭定求等编:《全唐诗》卷 230,中华书局,1960 年,第 2529 页。

⑥ 王维:《送杨少府贬郴州》,彭定求等编:《全唐诗》卷 128,中华书局,1960 年,第 1297 页。

⑦ 杜甫:《北风》,彭定求等编:《全唐诗》卷 233,中华书局,1960 年,第 2569 页。

⑧ 杜甫:《梦李白二首》,彭定求等编:《全唐诗》卷 218,中华书局,1960 年,第 2289 页。

⑨ 李绅:《逾岭峤止荒陬抵高要》,彭定求等编:《全唐诗》卷 480,中华书局,1960 年,第 5463 页。

⑩ 白居易:《忆洛下故园》,彭定求等编:《全唐诗》卷 433,中华书局,1960 年,第 4791 页。

瘴苦华年"<sup>①</sup>就是明证。浙江之南的福建瘴气分布更广,漳州州治本在漳水岸边,后来因为瘴气严重才迁到今地。<sup>②</sup>云南、贵州、广东、广西四地在唐朝仍是瘴气泛滥之地。据统计,唐朝半数以上的贬谪官员都流放到这个地区<sup>③</sup>,白居易的诗句"瘴地难为老……官多谪逐臣"<sup>④</sup>就是生动的写照。广西北流境内"鬼门关"以南更是瘴气严重的地区,就如杨炎《流崖州至鬼门关作》描写的:"一去一万里,千知千不还。崖州何处在,生度鬼门关。"<sup>⑤</sup>

龚胜生指出:"大巴山南及邛崃山以东的地域都有瘴病分布,是瘴病分布最北和最西的地区……大巴山及长江以南,邛崃山、大雪山和横断山脉以东的广大地域,而以大庾岭—衡山—鬼门关一线以南尤甚。"<sup>⑥</sup>可以看出,淮河流域、长江中下游平原北部已经基本没有瘴气的记载,这是和汉魏时期最大的区别。

### 4. 宋朝以后

宋朝两广地区瘴气情况有所好转,尤其是北部桂林地区,"二广惟桂林无之,自是而南皆瘴乡矣。"<sup>⑦</sup>至少桂林地区瘴气有所减轻。明清时期瘴气范围更加缩小,"明代瘴病主要分布在今闽、浙、湘、赣、滇、黔、桂、粤诸省,且主要在南岭山地及其以南地区。清代的情况和明代差不多,岭南仍是主要的瘴病分布区,而岭北仅深山老林区有零星分布。……与隋唐五代时期相比,该时期的瘴域北界有较大幅度的南移,瘴域南界也从海岸线向内陆有较大幅度的退缩,范围是大大地缩小了,而且就是这些有瘴病分布的地

---

① 张子容:《永嘉作》,彭定求等编:《全唐诗》卷116,中华书局,1960年,第1176页。

② 顾祖禹:《读史方舆纪要》卷99《福建五·漳州府》,贺次君、施和金点校,中华书局,2005年,第4542页。

③ 龚胜生:《2000年来中国瘴病分布变迁的初步研究》,《地理学报》1993年第4期。

④ 白居易:《送客春游岭南二十韵》,彭定求等编:《全唐诗》卷440,中华书局,1960年,第4898页。

⑤ 杨炎:《流崖州至鬼门关作》,彭定求等编:《全唐诗》卷121,中华书局,1960年,第1213页。

⑥ 龚胜生:《2000年来中国瘴病分布变迁的初步研究》,《地理学报》1993年第4期。

⑦ 范成大:《桂海虞衡志》,《范成大笔记六种》,孔凡礼点校,中华书局,2002年,第128页。

区,瘴害也没有隋唐乃至宋时期那样严重了。"[1]

### (二) 瘴气的本质与衍生意义

瘴气既是一种疾病,也是一种致病因素。不过,如果瘴气是一种普遍存在于各时段各地区的疾病,那么,不应该迟至《后汉书》,"瘴"字才出现在史籍中。而且,《后汉书》作于南朝时期,很难说其中是否有南朝时人的观念。再者,文献中所记瘴气疾病的出现都是中原人深入南方之后所致,并非当地人的疾病。因而,瘴气的产生与移民有着不解的关系,魏晋南北朝时期是历史上第一次中原人大规模南迁的高潮,北方移民身处南方的新环境,瘴气病也就随之而生。

古人很早就认识到人的身体与自然环境是相适应的,《灵枢经》记载:

> 黄帝问于伯高曰:愿闻人之肢节,以应天地奈何? 伯高答曰:天圆地方,人头圆足方以应之。天有日月,人有两目。地有九州,人有九窍。天有风雨,人有喜怒。天有雷电,人有音声。天有四时,人有四肢。天有五音,人有五脏。天有六律,人有六府。天有冬夏,人有寒热。天有十日,人有手十指。辰有十二,人有足十指、茎、垂以应之;女子不足二节,以抱人形。天有阴阳,人有夫妻。岁有三百六十五日,人有三百六十节。地有高山,人有肩膝。地有深谷,人有腋腘。地有十二经水,人有十二经脉。地有泉脉,人有卫气。地有草蓂,人有毫毛。天有昼夜,人有卧起。天有列星,人有牙齿。地有小山,人有小节。地有山石,人有高骨。地有林木,人有募筋。地有聚邑,人有䐃肉。岁有十二月,人有十二节。地有四时不生草,人有无子。此人与天地相应者也。[2]

这里面将人的身体、脾气、感觉、行为与自然现象一一对应,甚至结为夫妻、不能生育等行为都有自然现象与之对应。这种将人体与自然相比拟的说法,虽然有生搬硬套之嫌,但它至少说明了古人对人与环境的一种看

---

[1]　龚胜生:《2000 年来中国瘴病分布变迁的初步研究》,《地理学报》1993 年第 4 期。

[2]　河北医学院校释:《灵枢经》卷 10《邪客第七十一》,人民卫生出版社,1964 年,第 220~221 页。

法。这种看法在文献中并不是孤立,《淮南子》也记载:

> 天地以设,分而为阴阳。阳生于阴, 阴生于阳。阴阳相错, 四维
> 乃通。或死或生, 万物乃成。蚑行喙息, 莫贵于人。孔窍肢体, 皆通
> 于天。天有九重, 人亦有九窍。天有四时以制十二月, 人亦有四肢以
> 使十二节。天有十二月以制三百六十日, 人亦有十二肢以使三百六十
> 节。故举事而不顺天者, 逆其生者也。[1]

正因为人体与自然紧密联系,因而自然变化是主要致病因素。

> 天有六气, 降生五味, 发为五色, 徵为五声, 淫生六疾。六气曰
> 阴、阳、风、雨、晦、明也。分为四时, 序为五节, 过则为菑。阴淫
> 寒疾, 阳淫热疾, 风淫末疾, 雨淫腹疾, 晦淫惑疾, 明淫心疾。[2]

各地区不同的自然环境所化育出来的人的身体、性情、智力状况也不同。

> 土地各以其类生, 是故山气多男, 泽气多女, 障气多喑, 风气多
> 聋, 林气多癃, 木气多伛, 岸下气多肿, 石气多力, 险阻气多瘿, 暑
> 气多夭, 寒气多寿, 谷气多痹, 丘气多狂, 衍气多仁, 陵气多贪, 轻
> 土多利, 重土多迟, 清水音小, 浊水音大, 湍水人轻, 迟水人重, 中
> 土多圣人。"[3]

> 轻水所多秃与瘿人, 重水所多尰与躄人, 甘水所多好与美人, 辛
> 水所多疽与痤人, 苦水所多尪与伛人。[4]

笼统地就南北地域的水土来看,东汉王充指出"河北地高",西晋张华则指出:"南方太阳,土下水浅,其人大口多傲。北方太阴,土平广深,其人广面缩颈。"[5]南北朝后期的颜之推也提道:"南方水土和柔,其音清举而切诣,

---

① 何宁:《淮南子集释》卷 3《天文训》,中华书局,1998 年,第 282~283 页。
② 阮元校刻:《春秋左传正义》卷 41《昭公元年》,中华书局,1980 年,第 2025 页。
③ 何宁:《淮南子集释》卷 4《坠形训》,中华书局,1998 年,第 338~340 页。
④ 吕不韦:《吕氏春秋集释》卷 3《尽数》,许维遹集释,中华书局,2009 年,第 67 页。
⑤ 张华:《博物志校证》卷 1《五方人民》,范宁校证,中华书局,1980 年,第 12 页。

失在浮浅,其辞多鄙俗。北方山川深厚,其音沉浊而鈋钝,得其质直。"[1]

可见,水土上北方深厚、南方轻薄,与之相对应,北方干爽、南方卑湿。司马迁指出:"江南卑湿,丈夫早夭。"[2]晋葛洪指出:"中州高原,土气清和。"[3]直到隋朝,仍有"江南之俗,火耕水耨,土地卑湿"[4]的说法。

生活于气候干燥的中原地区的人们,身体已经适应了这气候,初到南方卑湿之地,整个的自然环境大变,必然容易罹患疾病,这是瘴气产生的实质原因。

瘴气实质是陌生环境因素造成人体的不适应。过去人们往往以为,中原地区开发较早,是中华古文明主要的诞生之地,夏、商、周诸文明的中心皆是在黄河流域。南方开发较晚,直到春秋战国时期,占据江淮之地的楚国仍被视为"蛮",为中原诸国鄙视。瘴气恰恰主要发生在南方温暖潮湿之地,这不由得使人将瘴气与蛮夷、落后、未开化之地相联系。因而,左鹏指出:"在华夏(汉)文化占主导地位之前,瘴情在南方各地的轻重差异,在一定程度上反映了此地为华夏(汉)文化所涵化的深浅","瘴情的轻重有无所代表的意义,也就是华夏(汉)文化对南方各地影响程度的大小。换言之是历史时期北人南迁过程中潜移默化的影响。"[5]

## 第四节 | 混乱时局与南北方区域生态环境的变动

魏晋至宋元是我国历史上较为动荡的历史时期,尽管有唐、宋、元这样

---

① 颜之推:《颜氏家训集解》卷7《音辞第十八》,王利器集解,中华书局,1993年,第473页。

② 司马迁:《史记》卷129《货殖列传》,中华书局,1963年,第3268页。

③ 葛洪:《抱朴子内篇校释》卷17《登涉》,王明校释,中华书局,1996年,第306页。

④ 魏徵、令狐德棻:《隋书》卷24《食货志》,中华书局,1973年,第673页。

⑤ 左鹏:《宋元时期的瘴疾与文化变迁》,《中国社会科学》2004年第1期。

的统一王朝,但割据与分裂局面频频出现,尤其是南北朝时期和唐末五代十国时期,均为时间较长的大分裂时期。改朝换代和割据政权间的政治、军事斗争异常激烈,成为影响这个时期生态环境变动的主要人为因素,下面分南北方分别论述。

## 一、混乱时局中的北方

在生产力水平还没有摆脱手工作业影响的魏晋至宋元时期,农业投入基本上来自人力、畜力。这种在较稀缺的资源环境下不断增加劳动力投入以提高总收益的经济模式,其平衡一旦被破坏,农业生产往往不进反退,灾疫亦常常随之发生。曹魏黄初四年(223)春正月,魏文帝南征孙吴,吴军"疠气疾病,夹江涂地"[1]。魏军不得不撤军,回返途中疫病被魏军带到河南,导致次年春南阳和许昌大疫。晋元康六年(296)八月,关中氐和马兰羌反晋,掠寇天水、略阳、扶风、始平、武都、阴平等郡。同年十一月,安西将军夏侯俊与建威将军周处率军进讨氐帅泾县齐万年,梁王屯驻好畤(今陕西乾县),一时关中大乱。是月"关中饥,大疫"[2],或曰"关中饥疫"[3]。元康九年(299),因氐羌之乱而致的关中之祸,"暴兵二载,征戍之劳,老师十万,水旱之害,荐饥累荒,疫疠之灾,札瘥夭昏。"[4]东晋大兴三年(320),征东大将军刘岳从长安出镇洛阳,中途"会三军疫甚"[5]被迫屯军渑池。永和七年(351)四月,刘显杀石祗及诸胡帅,中原大乱,"戎、晋十万数,各还旧土,互相侵略及疾疫死亡,能达者十二三。"[6]再冉为赵国丞相的时候,"与羌、胡相攻,无月不战。赵所徙青、雍、幽、荆四州之民及氐、羌、胡、蛮数百万口,以赵法禁不行,各还本土;道路交错,互相杀掠,其能达者什有二、三。中原大乱,因以饥疫,

① 陈寿:《三国志》卷2《魏书·文帝纪二》,中华书局,1959年,第83页。
② 房玄龄等:《晋书》卷4《惠帝纪》,中华书局,1974年,第94页。
③ 司马光:《资治通鉴》卷83《晋纪五》,晋惠帝元康九年,中华书局,1956年,第2625页。
④ 房玄龄等:《晋书》卷56《江统传》,中华书局,1974年,第1532页。
⑤ 房玄龄等:《晋书》卷103《刘曜载记》,中华书局,1974年,第2868页。
⑥ 沈约:《宋书》卷24《天文志》,中华书局,1974年,第714页。

人相食,无复耕者。"[1]隆安元年(397)八月,北魏将领拓跋珪率军从鲁口(今河北饶阳境)进攻常山郡(今石家庄)之九门城,"时大疫,人马牛多死。帝问疫于诸将,对曰:'在者才十四五。'是时中山犹拒守,而饥疫并臻,群下咸思还北。"[2]此次疫灾,"军中大疫,人畜多死。"[3]永初三年(422)夏四月,魏太宗幸成皋城,观虎牢;闰四月,北魏军队攻克虎牢,但"士众大疫,死者十二三"。景平元年(423)三月,北魏叔孙建以3万骑兵进攻东阳城(今山东青州),同年四月,瘟疫开始在魏军中流行,"时天暑,魏军多疫",因"兵人疫病过半",叔孙建撤兵。宋文帝元嘉二十八年(451),徐、豫、青、冀、二兖六州"经寇"之后,"居业未能,仍值灾涝,饥困荐臻。"[4]南齐高帝建元二年(480)二月,魏军攻寿阳,"肥、徐、豫边民尤贫遭难者。"[5]《魏书·封懿传》载:"肃宗初……授平北将军、瀛州刺史。时大乘寇乱之后,加以水潦,百姓困乏。(封)回表求赈恤,免其兵调,州内甚赖之。"[6]

五代十国时期,北方处于一连串的战乱中,朝代更迭频繁。宋元时期,大规模的军事破坏亦是史不绝书,如宋太宗雍熙三年(986)北伐,"遂使七十州生聚,困于馈运之劳;二十万师徒,翻作迁延之役。"[7]澶渊之盟以前,辽夏交侵。辽国骑兵以攻为守,岁岁侵扰,于河北平原飘忽纵横,择肥而噬,宋军不但疲于奔波,而且往往寡不敌众。由于连年战争,原本为宋朝首富的幽燕地区元气大伤。宋太宗至道元年(995),数万辽骑又自西北入寇。北宋对西夏的战争亦然,且因馈运路远艰难,更是大不容易。宋真宗咸平二年(999)开始,宋夏大动干戈,展开了以麟州、府州、延安府、庆州、环州、原州、渭州和灵州为主的攻守战。宋夏缔和时期,西边表面平静而实则暗潮汹涌,夏国君主李德明属下的党项诸部时常叛服于宋、夏之间,此外还有回鹘与

①　司马光:《资治通鉴》卷99《晋纪二十一》,晋穆帝永和七年,中华书局,1956年,第3115~3116页。

②　魏收:《魏书》卷2《太祖纪》,中华书局,1974年,第30页。

③　司马光:《资治通鉴》卷109《晋纪三十一》,晋安帝隆安元年,中华书局,1956年,第3456页。

④　沈约:《宋书》卷5《文帝本纪》,中华书局,1974年,第83~101页。

⑤　萧子显:《南齐书》卷2《高帝纪下》,中华书局,1972年,第36页。

⑥　魏收:《魏书》卷32《封懿传》,中华书局,1974年,第761页。

⑦　宋敏求:《宋大诏令集》卷94《责曹彬等谕中外诏》,中华书局,1962年,第346页。

吐蕃蠢蠢欲动,争胜河西。

在此绵延不绝的大规模军事破坏之过程中,战区既大,则兵差尤为繁重,兵差的影响也随而增大,各地负担兵差之额亦不断增高。至于旌旗所至之劫掠,大军过后之疫疠丛生,自属当然之结果。对此,已有学者做过统计:魏晋南北朝时期,有 65 年发生瘟疫流行,其中大疫 25 年,与军事行动有关的 10 次。隋唐五代时期,有 58 次瘟疫流行,其中大疫 13 次,与征战有关的 11 次。宋朝,有疫病流行 100 次,其中大疫 18 次,与战争有关的 11 次。元朝,有 38 年发生疾疫,其中大疫 12 次,与战争有关的 5 次。[①]在空间分布上,疫灾范围有逐步扩大的趋势,疫灾重心有由北向南迁移的趋势。具体而言,三国时期的疫灾重心在今河南,西晋时期的疫灾重心在陕西与河南,东晋以后的疫灾重心在江苏。

总体来看,经济相对发达、人口相对稠密、战争相对频仍的黄河中下游地区、长江中下游地区,以及它们之间的淮河流域是魏晋南北朝时期疫灾的主要流行区域。唐朝至元朝时期,疫灾主要发生在黄河中下游、江淮之间及长江中下游地区,华南地区很少有疫灾流行,且疫灾都与战争有关。其中,长江三角洲和今开封地区为全国一级疫灾中心,成都、西安、洛阳、长沙为次一级疫灾中心。[②]

我国古代的农民经济本就脆弱,一旦遭遇天灾,即一发而不可收拾。况且战争之际,人工往往毁坏各种防灾设备,以至酿成奇祸;其中尤以决河攻敌之事,最足为代表。譬如,晚唐至北宋末的河患便有不少是军阀混战期间,人为扒堤,以水代兵而造成的。唐肃宗乾元二年(759),史思明侵河南,守将于长清县界边家口决河东至禹城县。[③]长清、禹城二县皆为齐州属县。此次人工决河致使禹城县城沦溺。唐末乾宁三年(896),朱全忠为了保卫他占领的滑州城,决堤使河水分两股夹滑州城而东,散漫千余里,淹没了大片

①　李文波编:《中国传染病史料》,化学工业出版社,2004 年,第 10~16 页。

②　龚胜生、叶护平:《魏晋南北朝时期疫灾时空分布规律研究》,《中国历史地理论丛》2007 年第 3 期。龚胜生、刘卉:《北宋时期疫灾地理研究》,《中国历史地理论丛》2011 年第 4 期。

③　乐史:《太平寰宇记》卷 19《河南道·齐州》,王文楚等点校,中华书局,2007 年,第 387 页。

农田。[1]后梁贞明四年(918),梁军曾在杨刘(今山东东阿)决河水以限唐兵。[2]
龙德三年(923),梁军又在酸枣(今延津)决河水使东经曹州(今山东菏泽、
曹县一带)、濮州(今河南濮阳一带)至于郓州(今山东郓城、巨野、东平一带)
以限唐兵。北宋初年,为了阻止辽兵南下,在今河北一带决堤放水,制造"无
人区",从而导致沼泽水洼地带形成。

南宋建炎二年(1128),东京留守杜充为了阻止金兵南下,在滑县李固渡
(今河南滑县西南沙店集南三里许)西,人为决堤,使黄河经李固渡东流经滑
县之南、濮阳、东明之间,再经鲁西南的巨野、嘉祥、金乡一带流入泗水,从
此黄河离开了《山经》《禹贡》《汉志》中流经浚、滑地区的故道,自此之后,
黄河"数十年间,或决或塞,迁徙无定"[3]。结果决河并未挽回北宋灭亡的命
运,却使黄河从此离开了历时数千年东北流向渤海的河道,改由山东汇泗
入淮为常,造成黄河历史上的一次重大改道。黄淮平原湖沼演变的转折点,
便是从宋金之际这次黄河南泛开始的。

金元之际,黄河有两次人为改道:一次是1232年蒙古军围攻金朝归德
府,久攻不克,蒙古军遂于归德凤池口(今河南商丘西北)人为决河,意欲以
水代兵,结果河水夺淮水入泗。[4]另一次是1234年宋军入汴(今河南开封),
蒙古军引军南下,决开封城北20余里黄河水以灌宋军,河水由此南决,夺涡
水入淮。[5]这是历史上黄河第一次走涡水。元朝的黄河河道更向南摆,进
入淮北平原,屡屡夺颍、涡、濉、浍等河入淮。通常数股同时并存,互为主次,
决口频繁,漫流无定。

百姓平日在军事骚乱与苛征之下,贫穷且无以为生,抵抗天灾的能力
早已丧失殆尽,战争过程中的人为决口,又直接摧毁了原有的防灾设施。一
遇到水灾巨浸滔天,无所措手,怎能免于死亡!而事发之后多不加修补,由
此而生的河患不仅为数不少,且贻祸后来。例如,龙德三年(923)的河患,

---

① 薛居正等:《旧五代史》卷1《梁书·太祖纪一》,中华书局,1976年,第17页。

② 薛居正等:《旧五代史》卷28《唐书·庄宗纪二》,中华书局,1976年,第391页。

③ 脱脱等:《金史》卷27《河渠志》,中华书局,1975年,第669页。

④ 脱脱等:《金史》卷116《石盏女鲁欢传》,中华书局,1975年,第2543页。

⑤ 顾祖禹:《读史方舆纪要》卷47《河南二·开封府》,贺次君、施和金点校,中华书局,
2005年,第2145页。

虽在次年由后唐发兵修筑,但直到同光三年(925)才算把酸枣的决口堵住。[①]
元朝至正年间的鲁西南地区方圆数千里,皆罹其害,"民老弱昏垫,壮者流
离四方。"[②]灾害延续了7年之久,直到至正十一年(1351),才在贾鲁主持下
开始了治河工程。由此观之,则这一时期战争对北方生态环境之破坏,则
无须赘言。

## 二、混乱时局中的南方

社会经济的溃败是掠夺战争的直接结果,其中,尤以农业方面所受的
打击为最甚。故而,在这一时期,南方的战乱虽少于北方,但不时出现的干
戈扰攘,对社会环境和自然环境也产生了不利影响。如北魏末年,因为"李
特起义""侯景叛梁"这样的大乱,华中地区一度"千里绝烟,人迹罕见,白
骨成聚如丘陇焉。"[③]"安史之乱"以后的150余年中,江南地区灾荒的记载
达40余次,尤其是唐宪宗元和到唐文宗开成35年间,共有灾荒33次,几
乎已是无年不灾,无年不荒。在相同的地理环境和变化不大的气候条件下,
江南灾荒猛增,主要源于军阀混战。唐肃宗上元元年(760),宋州刺史淮西
节度副使刘展引兵渡江南下,攻占润州(今江苏镇江),转而占领昇州(今江
苏南京),西攻宣州(今安徽宣城),东下苏州、湖州,江南富庶之地自隋朝以
来第一次遭到了大规模的战火蹂躏。平卢都知兵马使田神功在金帛子女
的诱惑下,南下与刘展混战于江南。"安、史之乱,乱兵不及江、淮,至是,其
民始罹荼毒矣。"[④]这一年的江南,本就少雨遭旱,军阀的混战杀掠和豪夺,
大大降低了江南百姓抵抗自然灾害的能力,使江南的农业生产遭到了毁灭
性的破坏,"处处空篱落,江村不忍看。无人花色惨,多雨鸟声寒。黄霸初
临郡,陶潜未罢官。乘春务征伐,谁肯问凋残。"[⑤]朝廷不仅没有安抚满目疮

---

① 薛居正等:《旧五代史》卷61《唐书三十七·张敬询传》,中华书局,1976年,第821页。

② 宋濂等:《元史》卷66《河渠志三》,中华书局,1976年,第1645页。

③ 李延寿:《南史》卷80《侯景传》,中华书局,1975年,第2009页。

④ 司马光:《资治通鉴》卷222《唐纪三十八》,唐肃宗上元二年,中华书局,1956年,
第7104页。

⑤ 李嘉佑:《自常州还江阴途中作》,彭定求等编:《全唐诗》卷206,中华书局,1960年,
第2155页。

痩的江南,反而变本加厉,赋税有增无减。唐上元二年(761),元载在江南追逼八年悬欠租庸,"不问负之有无,资之高下,察民有粟帛者发徒围之,籍其所有而中分之,甚者十取八九。"① 以至于百姓相聚山泽为盗。战乱加上苛政,浙东一带爆发了袁晁领导的农民起义,波及太湖平原的常州、苏州一带,于是,唐朝江南的这场旱灾演变成大面积的、持久的灾荒,"大旱,三吴饥甚,人相食。"② 由于饿殍相枕,人啖其肉,又酿成了宝应元年(762)的大疫,目睹了这次灾荒发生的常州刺史独孤及详细记录了这一惨状:"大疫,死者十七八,城廓邑居为之空虚,而存者无食,亡者无棺殡悲哀之送。大抵虽其父母妻子,亦啖其肉,而弃其骸于田野。由是道路积骨相支撑枕籍者,弥二千里。《春秋》以来不书。"③ 很明显,上元至宝应年间的江南有旱、疾、疫并发,是兵祸和苛政共同导致的恶果。唐代宗时,频发的战争对生态环境的破坏依然存在,"西有番夷之寇,南有羌戎之聚。岁会戎事,城出革车,子弟困于征徭,父兄疲于馈饷。赋益烦重,人转流亡,荒田既多,频岁仍俭,户口凋耗,居民萧然。"④

宋朝不仅要镇压内部持续不断的农民起义,而且和周边少数民族政权之间的战争时断时续,这些战争尽管大多在北方进行,但大量难民涌入战乱较少的南方,增加了南方爆发疾疫的可能性。正如南宋真德秀所言:"安庆光州流民,自池州渡江而趋饶信者,前后相续,臣提举尝以奏闻,长淮以北,方寻干戈,而淮土自不熟,此去流移,必多本道,沿江诸州,未免首被其害,丁卯戊辰饥疫之祸,近在目前。"⑤ 真德秀所言不无道理,战争过后往往"流离满野,道殣相望,或趋乡镇,或集郡邑,或聚都城,安置失所,赈济寡术,九重万里,呼无门,三五为群,死无虚日,千百一冢,埋藏不深,掩盖不厚,时至春和,地气转动,浮土塌陷,白骨暴露,血水汪洋,死气、尸气、

① 司马光:《资治通鉴》卷222《唐纪三十八》,唐肃宗宝应元年,中华书局,1956年,第7119页。

② 独孤及:《昆陵集》卷19《吊道殣文并序》,上海书店,1989年。

③ 独孤及:《昆陵集》卷19《吊道殣文并序》,上海书店,1989年。

④ 代宗:《给复巴蓬等州诏》,董诰等:《全唐文》卷47,中华书局,1983年,第526页。

⑤ 真德秀:《西山先生真文忠公文集》卷6《奏乞倚阁第四第五等人户夏税》,上海书店,1989年。

浊气、秽气、随地气上升……"[1] 如此情形,爆发各种流行性传染病是很正常的。宋孝宗隆兴二年(1164),金兵南下,占领濠州、滁州,兵临长江,淮甸二三十万民众为了躲避战争,纷纷逃往江南。由于无处安身,流民只得在山谷等地结庐而居,结果是"暴露冻馁,疫死者半,仅有还者亦死"[2]。这些患疫的流民还把疾疫传播到了两浙路,致使当地居民也感染疾疫。这场因战乱引发的疾疫一直持续到了第二年即乾道元年(1165)。因为浙江的大水灾,临安和绍兴府出现大量饥民,疾疫再次爆发,并迅速波及两浙路全境。对此次饥疫,叶适作了详尽的记述:"某照去岁,虏入两淮,所残破处,安丰、濠、盱眙、楚、庐、和、杨凡七郡,其民奔迸渡江求活者,几二十万家,而依山傍水相保聚,以自固者,亦几二十万家,今所团结即其保聚下流徙者,虽不能尽任其中,在其大约已十余万家矣。其流徙者,死于冻、饿、疾疫,几殚其半。"[3] 这些尸体对环境的污染和破坏无疑比和平时期更大、范围也更广。许翰上书曰:"臣伏见畿甸,戎马以来,战士僵仆,居民流亡,今兵既解,所宜矜恤,陛下圣慈,哀痛元元,比已诏,降度牒召人掩骼埋胔,然犹道涂暴露,久未尽藏,恐伤士卒之斗心,亦损天地之和气,春晴熏蒸,化为疠疫。"[4] 战后饥荒和疾疫盛行往往与此有关。所以,古语"大兵之后,必有大疫",是对战争诱发的疫病灾难现象的真实总结。有学者统计,宋朝统治三百多年的时间里,仅江南地区疾疫流行就多达 150 多次,平均两年即爆发一次,有的地方已达到一年一次或一年数次,其流行次数显著多于其他地区。[5] 疾疫大多是急性传染性流行病,其爆发既与一定社会条件下的地理环境、气候异常、自然灾害等自然因素有关,也与战乱等社会因素密不可分。

元朝在征伐西夏、金和宋的过程中,以及随后进攻安南、缅甸和日本的

---

① 周扬俊:《温热暑疫全书》卷 4《附北海林先生题喻嘉言疫论序》,上海科学技术出版社,1990 年,第 31 页。

② 脱脱等:《宋史》卷 62《五行志》,中华书局,1977 年,第 1370 页。

③ 叶适:《水心先生文集》卷 2《安集两淮申状》,上海书店,1989 年。

④ 许翰:《襄陵文集》卷 5《乞加恩死事疏》,文渊阁四库全书,台湾商务印书馆,1986 年,第 875 页。

⑤ 袁冬梅:《宋代江南地区疾疫成因分析》,《重庆工商大学学报》(社会科学版)2007 年第 4 期。

战争中,还有元顺帝内乱时,都发生过疫灾。在这些对内和对外战争中,疫灾范围广、规模大。首先,与战争中死亡人数的不断增加有关。由于大量死尸不能及时掩埋,病菌极易繁殖和生长。其次,因军队士兵长期作战,流动又快,生活环境和供给较差,体力下降,免疫力降低,极易被疫病侵袭。军中爆发的瘴疾就是由此引发的。最后,蒙古人有屠城的习惯,杀戮之后,扬长而去,在当地留下成堆的且极易滋生传染性病毒的尸体,因被感染而夺去的生命比战争中的还要多。尹廷高《永嘉书所见》便是这幕惨剧的凝练之作:"况遭疫疠苦,十病无一痊。死者相枕籍,活者难久延。"[1] 可以说,战争是引发元朝疫灾的主要诱因。据统计,元朝疫病,确凿记载和战争有关的有三四十次,几乎占疫病总数一半,而且疫灾多发于战争的早期(1226—1305)和晚期(1351—1368)。随着征战地域的扩张,疫灾范围也逐渐扩展。1258年,宪宗蒙哥侵宋时军中发生了炎瘴,这场疫病不但推迟了战争的进程,也使宪宗第一次征宋受挫。1259年,宪宗征四川时,战争最激烈,疫病也更为严重,甚至宪宗本人都死在了被疫病围困的军中,随后主张撤兵的重臣顾虑最多的也是疫情发展。1275年,伯颜征宋时,战斗异常激烈。民众四处惊慌流散,无房屋遮蔽风寒,食不果腹,大量人员拥挤一起,死者无处掩埋,为疫灾的爆发提供了条件。军中的疫病还传播到了民间,"三尺席莒连雨夜,杵声才歇哭声来。"[2] 元朝后期,政治腐败,统治集团争权夺利,农民战争爆发。流离失所的百姓在饱受饥饿之苦的同时,还要长途迁移,在这一过程中,人体免疫力不断下降,大量户外尸体不能及时掩埋,又加速了疫病的传播。可见,元朝早期和晚期的疫灾,主要是由战争这一人为因素而导致的,是人与人之间社会关系失调的产物。元中期(1305—1351)的疫灾,则主要是由天气的异常变化造成的。竺可桢在《中国近五千年来气候变迁的初步研究》一文中,通过对史载物候资料的研究,认为元朝时期属于气候上的暖期,却是处在两个寒冷期之间较为短暂的暖期之中。[3] 气候的变暖必然导致气候带的北移和等降水线的北移和西移,气候过渡带的气候变化剧烈,

① 顾嗣立:《元诗选》,中华书局,1987年,第331页。
② 王恽:《秋涧集》卷24《录役者集》,中华书局,1985年,第307页。
③ 竺可桢:《竺可桢文集》,科学出版社,1979年,第475~480页。

反而更加深了灾害生成机制的复杂性。

战争尤其是大规模的战乱是导致灾疫的重要因素之一。魏晋至宋元时期，随着时间的推移，因战争整体南移，灾疫发生地区亦由北方黄河流域逐步向南推移。由战争的频次决定，魏晋南北朝为灾疫高发期，唐宋时期大体属于灾疫低发期，元朝的灾疫，则较以前任何朝代都要严重。[①] 魏晋南北朝时期灾疫高发，首先是由于大批军队长途行军十分疲惫，加之水土不服；其次是大量南迁的北方民众，一时无法适应南方的湿热天气和多瘴气的恶劣环境，许多人因此染病；再次是当时人们的不良卫生习惯，易导致疾疫肆虐；最后是这一时期各国都主要忙于战争和巩固既得利益，用于灾疫防治和灾疫后的补救措施很不完善。与魏晋南北朝时期的瘟疫高发相比，唐宋时期属于瘟疫低发期，是相对于魏晋南北朝和元朝的灾疫高发而言。若将北宋与唐朝相比，北宋的瘟疫发生率是每 9.7 年一次，较之唐朝的 12 年一次显著增高。[②] 而且在唐宋低发期当中，也有部分阶段呈现高发特征，如"安史之乱"后，由于局部战事不断，官员敷衍塞责，国家机器运转失灵，小灾往往恶变为大疫，酿成严重疫情。再如宋初的 994—1010 年间灾疫也呈高发之势，当与人口激增、北方战事不断、军队调防增多以及流民流动加剧密切相关。元朝，与战乱相伴的生态环境恶化、恶劣生存条件下的聚居人口增加、大规模人口流动频繁等，都导致乃至促发了疫病的爆发和流行，所以，战争、饥馑、疾疫密不可分，对当时生态环境产生重要的影响。

---

① 邓云特：《中国救荒史》，商务印书馆，2011 年，第 31 页。
② 陈丽：《唐宋时期瘟疫发生的规律及特点》，《首都师范大学学报》(社会科学版) 2009 年第 6 期。

# 第七章

# 自然灾害

　　自然灾害是在一定历史条件下,不可抵抗的自然力对人类自然生存环境、物质财富乃至生命活动的直接破坏和戕害。自有人类社会以来就存在着自然灾害,在一定程度上说,人类社会的历史也是人类同各类自然灾害作斗争的历史。自然灾害的发生主要是自然的因素,比如:太阳黑子活动的强弱,直接影响着地球的寒暑与旱涝;水旱灾害的发生多和气候的波动有内在联系;沙尘天气的出现往往和植被破坏、水土流失存在着因果关系。一方面生态环境的恶化能够造成自然灾害,另一方面自然灾害又可以改变某一地区的生态环境,或者加剧生态环境恶化的速度和程度。例如,水灾可以冲走地表肥沃的土壤层,造成水土流失;地震可以造成地裂、地陷、海啸等,甚至可以从根本上改变某地的地形、地貌。应该指出的是,自然灾害作为天灾,从来就不是真正纯自然的,往往掺杂着人为的因素。人为的因素也会诱发自然灾害的发生,影响着危害的程度。例如人类对自然的盲目开发是导致自然灾害影响扩大和升级的重要原因;政治原因导致水利工程的失修,造成水旱灾害;在灾害发生后,救灾措施不力会使灾害进一步蔓延。特别是随着社会的发展,人类对自然干预程度的加深,人类活动对自然灾害的反作用越来越显著。

我国自古就是一个自然灾害多发的国家。魏晋至宋元时期是我国自然灾害史上一个重要阶段,这一时期的自然灾害主要有水灾、旱灾、蝗灾、疫灾、地震、火山爆发、霜雪、风灾等。其中水、旱灾害是最普遍、最突出的自然灾害。无论从发生次数,还是从危害程度来看,水、旱灾害都超过了其他灾害。魏晋至宋元时期,自然灾害在种类上与前代相比大同小异,但呈现出新的特点。总的来看,这一时期自然灾害密集,受灾地区不断扩展,程度日益加深。特别是在五代、宋朝,黄河结束了自东汉以来长期安流的局面,改道泛滥成为常态,黄河水患成为困扰历朝的重大社会问题。另外,魏晋至宋元的不同历史时期,自然灾害表现出较强的时代差异和地区差异。以蝗灾为例,魏晋南北朝时期蝗灾主要分布在淮河以北的黄河流域,唐朝时开始向江南一带蔓延,到南宋时江南一带成为全国蝗灾的重灾区。

俗话云"大灾之后必有大疫",疫灾与其他自然灾害存在着伴生和派生关系。虽然自然灾害不能直接导致瘟疫,但能改变病原体生存环境,可使病原体短期内大规模繁殖,并削弱受灾人群的抵抗力,从而间接诱发瘟疫流行。具体来说,地震、干旱、蝗灾、洪涝、战争、饥馑与疫灾关系十分密切,特别是干旱—蝗灾—饥荒—疫灾灾害链最为常见。我国自古以农立国,农耕文明最大的特点就是人们过着相对集中的定居生活,集中定居为疫病流行提供了人口条件,这使得我国疫灾区域的扩展很大程度上受制于农耕区域的拓展。我国农耕区域的扩展是由黄河中下游平原向南、向西、向北扩展,我国疫灾区域的扩展也是如此:先秦时期,疫灾区域主要为黄河中下游平原;汉晋时期,疫灾向南扩展到长江干流一线;唐宋以后,疫灾区域扩展到整个长江流域和闽浙地区;元朝以后,疫灾区域进一步扩展到两广、云南。[①]

---

① 龚胜生:《中国疫灾的时空分布变迁规律》,《地理学报》2003 年第 6 期。

# 第一节 ｜ **魏晋南北朝时期的自然灾害**

魏晋南北朝是我国历史上的乱世,这一时期诸国林立,大欺小,强凌弱,彼此间经常发生战争,同时是自然灾害的多发期。据《中国救荒史》一书统计,此时期共发生各类自然灾害 619 次。三国、两晋时期,总计 200 年中,遇灾 304 次,其中旱灾 63 次,水灾 56 次,风灾 54 次,地震 53 次,雨雹之灾 35 次,疫灾 17 次,蝗灾 14 次等。南北朝时期,总计 169 年中,遇灾 315 次,其中水灾和旱灾各 77 次,地震 40 次,风灾 33 次,霜雪之灾 20 次,雨雹之灾 18 次,蝗灾、疫灾各 17 次。①《中国灾害通史(魏晋南北朝卷)》一书统计此时期灾害共 1 151 次。魏晋时期灾害有 534 次,其中旱灾 112 次,水灾 102 次,地震 98 次,风灾 72 次,瘟疫 50 次,雹灾 49 次,蝗灾 28 次,冻灾 23 次。南北朝时期灾害有 617 次,其中水灾 139 次,旱灾 125 次,震灾 102 次,风灾 78 次,冻灾 54 次,虫灾 37 次,沙尘 31 次,雹灾 26 次,瘟疫 25 次。②

由于各学者所掌握、使用的资料不同,对各自然灾害的认定也存在差异,因此在灾害次数的统计上,差别较大。但从中能发现一些共性:这一时期自然灾害频发,次数众多;以水、旱灾害居首。《中国救荒史》一书的统计中,魏晋南北朝时期水灾 133 次,占总灾害的 21.49%;旱灾 140 次,占总灾害的 22.62%,两者合计占总数的 44.11%。《中国灾害通史(魏晋南北朝卷)》一书的统计中,魏晋南北朝时期水灾 241 次,占总数的 20.94%;旱灾 237 次,占总数的 21.42%,两者合计占总数的 42.36%。我国历史上多水、旱灾的特点,是由我国地理位置和气候特点决定的。我国地处东亚,东南毗邻浩渺

① 邓云特:《中国救荒史》,商务印书馆,2011 年,第 17~19 页。

② 张美莉、刘继宪、焦陪民:《中国灾害通史(魏晋南北朝卷)》,郑州大学出版社,2009 年,第 16~17、128 页。

无际的太平洋,西部则是号称"世界屋脊"的青藏高原,具有独特的地理位置。冬季受来自高纬内陆(蒙古、西伯利亚地区)西北季风的影响,盛行极地大陆气团,寒冷干燥;夏季则受来自太平洋暖湿海洋气团影响,盛行东南季风,高温多雨。由于受海洋性季风气候和大陆性气候双重影响,两者的强弱对比决定了气候的具体状况。大陆性季风气候控制时,气候干旱;海洋性季风气候控制时,则带来丰沛的降水。降雨主要集中在夏秋两季,很容易造成洪涝灾害。

## 一、水灾

水灾,即水患,是指久雨、暴雨或山洪暴发、河水泛滥等使广大人民生命、财产和农作物等遭受破坏和损失的灾害。水灾是我国历代以来最主要的自然灾害之一。《管子·度地篇》把水灾与旱灾、风雾雹霜、疠、虫并列为五害,并认为:"五害之属,水最为大。"[1] 水灾按照形成原因,大致分为暴雨洪水、融雪洪水、冰凌洪水、山洪及溃坝洪水等,另外海啸、风暴潮等也可以引起洪水灾害。暴雨、久雨等是魏晋南北朝时期水灾的主要原因。这一时期的帝王诏令多次提到"霖雨过度,水潦洊溢"[2],"霖雨弥日,水潦为患"[3],"雨水猥降,街衢泛溢"[4] 等。在我国古代,凡连雨三天以上者称为"霖",一般来说,北方连续三天以上的大雨,皆足以成灾。

晋武帝咸宁三年(277)九月,"兖、豫、徐、青、荆、益、梁七州大水,伤秋稼。"[5] 其中仅荆州五郡,据奏报被大水冲走达 4 000 余家。梁天监二年(503)六月,太末、信安、安丰三县大水。梁国都建康(今江苏南京)毗邻长江,位于长江南岸,由于地势较低,排水不畅,屡屡遭受大水威胁。天监六年(507)八月,建康大水,洪水淹没了皇帝出行的御道,水面高达 7 尺。次年五月,建康又大水。下雨从该年七月开始,直到十月才停。天监十二年(513)四月,

---

① 黎翔凤:《管子校注》,中华书局,2004 年,第 1054 页。

② 萧子显:《南齐书》卷 3《武帝本纪》,中华书局,1972 年,第 53 页。

③ 沈约:《宋书》卷 5《文帝本纪》,中华书局,1974 年,第 92 页。

④ 沈约:《宋书》卷 6《孝武帝纪》,中华书局,1974 年,第 127 页。

⑤ 房玄龄等:《晋书》卷 3《武帝纪》,中华书局,1974 年,第 68 页。

建康大水。中大通五年(533)五月,建康大水,御道甚至可以行船。《魏书·高祖本纪》记载北魏孝文帝太和九年(485)秋,京师平城(今山西大同)及全国13个州镇暴雨成灾;南豫、朔二州大水,各杀千余人。由于数州水灾,饥馑荐臻,以致有人卖鬻儿女。"后齐河清二年(563)十二月,兖、赵、魏三州大水。"① 按照一般规律,洪水多发生在夏秋两季,冬季十二月的大水是十分少见的。翌年六月庚子,大雨,昼夜不息,至甲辰,山东大水,人多饿死。武平六年(575)八月,山东诸州大水。次年七月,大霖雨,水涝,漂没民户甚多。

除了暴雨成灾,还有河流泛滥成灾,这常常是由暴雨引发的。《晋书·五行志》记载,魏文帝黄初四年(223)六月,"大雨霖,伊洛溢,至津阳城门,漂数千家,杀人。"② 津阳门是洛阳城门。伊阙左壁上的铭文记载了此次洪水暴发事件:"黄初四年六月二十四日辛巳,大出水,举高四丈五尺,齐此已下。"③ 此石刻铭文到北魏郦道元时仍存在,郦道元推测这铭文就是用来记录洪水涨落高度的。南朝宋元嘉十八年(441)五月,"江水泛溢,没居民,害苗稼。"④ 北齐后主天统三年(567)秋,"山东大水,人饥,僵尸满道。"⑤ 但论造成灾害之严重,还是梁武帝时期淮堰的决口。由于梁军久攻北魏寿阳城不下,有人向梁武帝萧衍献计,请在淮水筑堰以灌寿阳。梁武帝采纳了这个建议,遣材官将军祖暅、水工陈承伯等,相地筑堰,南起浮山(今安徽枞阳境内),北抵巉石,依岸培土,合脊中流,出动民工及士卒共20余万人。从天监十三年(514)仲冬开始,直至次年孟夏初步完工。不料一夜风雨大作,淮河暴涨,澎湃奔腾,竟将费时半年多、好不容易筑成的堤堰,冲毁殆尽。但梁武帝仍不死心,又下令重筑,至天监十五(516)年四月,淮堰始成。淮堰长9里,上广四十五丈,下广140丈,高20丈,栽种杞柳等树,军垒列居其上。时值季秋,淮水盛涨,不幸又再次发生,在洪水的冲击下淮堰轰然崩溃,声如雷鸣,震动300余里。洪水翻腾咆哮,凡沿淮城戍及村落兵民约十万余人,

---

① 魏徵、令狐德棻:《隋书》卷22《五行志》,中华书局,1973年,第622页。
② 房玄龄等:《晋书》卷27《五行志》,中华书局,1974年,第812页。
③ 郦道元:《水经注校证》卷15《伊水》,陈桥驿校证,中华书局,2007年,第378页。
④ 沈约:《宋书》卷33《五行志》,中华书局,1974年,第957页。
⑤ 李百药:《北齐书》卷8《后主纪》,中华书局,1972年,第100页。

都被洪水裹挟,尸骸无存。① 淮堰的两次溃堤,是天灾,也包含人祸的因素。

我国有漫长的海岸线,沿海特别是在东南沿海地区,常有海啸等引发的水灾。例如孙吴太元元年(251)八月,"大风,江海涌溢,平地深八尺,吴高陵松柏斯拔,郡城南门飞落。"② "吴高陵"即孙坚陵墓,在今江苏丹阳西。大风引起江水、海水上涌,地面积水深达八尺,甚至高陵陵墓上的松柏都被大风连根拔起。孙吴建都建业(今南京)、东晋、南朝建都建康(今南京),石头城为其军事重镇,故址在今南京西清凉山上,北缘长江,南抵秦淮河口,东部毗邻大海,在暴风暴雨的激荡下,自东晋永和七年(351)以来,有多次"涛水入石头"的记载,晋穆帝永和七年(351)七月,"涛水入石头,溺死者数百人。"③ 晋孝武帝太元十七年(392)六月,"涛水入石头,毁大航,漂船舫,有死者。京口西浦亦涛入杀人。永嘉郡潮水涌起,近海四县人多死。"④

从时间上看,魏晋南北朝时期水灾主要集中在夏、秋两季,特别是六月至九月,这几个月为高温多雨的季节,降雨特别集中,且强度较大,故易发生洪涝灾害。从地区分布来看,水灾主要集中在黄河、长江和淮河流域,其中又以长江中下游为甚。有学者统计这时期水灾,长江流域96次,黄河流域40次,淮河流域10次,其他地区35次。⑤ 其中长江流域占水灾总数的53%,远远高于黄河流域。魏晋南北朝时期,黄河中上游植被还较好,水土流失尚不严重,黄河自东汉以后长期安流,因此这一时期黄河水患并不严重。而长江中下游地区,地势低洼,水网密布,排水不畅,很易形成洪涝灾害。正如史书所言:"地多污泽,泉流归集,疏决迟壅,时雨未过,已至漂没。"⑥ 对此西晋名臣杜预亦指出,"今者水灾东南特剧","洪波泛滥"。⑦

① 司马光:《资治通鉴》卷148《梁纪四》,梁武帝天监十五年四月,中华书局,1956年,第4623~4624页。
② 陈寿:《三国志》卷47《吴书·吴主传》,中华书局,1959年,第1148页。
③ 房玄龄等:《晋书》卷8《穆帝纪》,中华书局,1974年,第197页。
④ 房玄龄等:《晋书》卷27《五行志上》,中华书局,1974年,第817页。
⑤ 甄尽忠:《论魏晋南北朝时期的水灾与救助》,《华北水利水电学院学报》(社会科学版)2010年第5期。
⑥ 沈约:《宋书》卷99《二凶传》,中华书局,1974年,第2435页。
⑦ 房玄龄等:《晋书》卷26《食货志》,中华书局,1974年,第787页。

## 二、旱灾

我国是一个传统的农业社会,农作物的生长对水依赖很强。特别是在古代,许多地方靠天吃饭,一旦发生旱灾,农业生产便受到威胁。大面积长时期的干旱,往往造成田地龟裂,赤地千里,农业减产,甚至绝收。晋怀帝永嘉三年(309)三月丁卯,"大旱,江、汉、河、洛皆竭,可涉。"[①]长江、汉水、黄河、洛水几条大河在旱灾下,水位猛降,人们竟然可以徒步趟过去。陈太建十二年(580)春,连续不下雨至四月。水旱侵袭常常造成饥荒,有时发生饿死人的惨剧。南朝宋孝武帝大明七年(463),东诸郡大旱,粮价猛涨,米价一升甚至高达数百钱,京城建康亦至百余,饿死者十有六七。[②]梁天监元年(502),大旱,米斗五千,人多饿死。梁太清三年(549)七月,"九江大饥,人相食者十四五。"[③]

再看北朝一些例子。北魏延兴三年(473),11 个州镇发生大旱,相州百姓饿死者 2 845 人。[④]北魏景明二年(501)三月,青、齐、徐、兖四州大饥,民死者万余口。次年,河州大饥,死者 2 000 余口。[⑤]北魏神龟元年(518),春正月,幽州大饥,民死者 3 799 人。东魏天平四年(537),并、肆、汾、建、晋、绛、秦、陕等诸州大旱,人多流散。北齐天保九年(558)夏,大旱,文宣帝高洋在邺都附近的西门豹祠祈雨,但没有灵验,于是恼羞成怒,命人将西门豹祠拆毁,并将西门豹坟墓掘开。[⑥]北齐河清二年(563)四月,并、晋以西五州旱。当时史书屡屡提到诏书掩埋骸骨的记载,如孝文帝太和五年(481)四月,以旱故,诏所在掩骸骨。景明三年(502)二月,宣武帝"以旱故,诏州郡掩骸骨"[⑦]。正始三年(506)五月,又"今时泽未降,春稼已旱。或有孤老馁疾,无

---

① 房玄龄等:《晋书》卷 5《孝怀帝纪》,中华书局,1974 年,第 119 页。
② 沈约:《宋书》卷 7《前废帝纪》,中华书局,1974 年,第 143 页。
③ 姚思廉:《梁书》卷 4《简文帝纪》,中华书局,1973 年,第 105 页。
④ 魏收:《魏书》卷 7《高祖纪上》,中华书局,1974 年,第 140 页。
⑤ 魏收:《魏书》卷 8《世宗纪》,中华书局,1974 年,第 193、195 页。
⑥ 李百药:《北齐书》卷 4《文宣帝纪》,中华书局,1972 年,第 64 页。
⑦ 李延寿:《北史》卷 4《世宗宣武帝纪》,中华书局,1974 年,第 133 页。

人赡救,因以致死,暴露沟堑者,洛阳部尉依法棺埋"[1]等。虽然没有提到具体死亡人数,但从朝廷正式下诏州郡掩埋来看,死亡人数当多。

魏晋南北朝时期旱灾主要集中在夏、秋两季。这两个季节是水灾的高发期,同时也是旱灾的高发期。夏季气温高,农作物生长旺盛,需水量大,同时蒸发很快,如果无雨或少雨,则易形成干旱。干旱又分为初夏旱(5—6月)和伏旱(7—8月)。初夏旱主要发生在河南、河北、关中等北方地区。伏旱则主要发生在长江中下游地区,河北北部也经常出现。有时旱灾持续时间很长,少则两三个月,多则七八个月,并多次出现春夏连旱、夏秋连旱和冬春连旱等跨季度干旱的现象。

我国存在着几个明显的干旱中心:黄淮海干旱区、东北干旱区、长江流域干旱区、华南干旱区和西南干旱区。其中关中东部、晋南、冀中、冀南、鲁西、豫中、豫北、皖北和苏北是全国受旱最多的地区。当然,旱情最严重的地区莫过于西北。具体到魏晋南北朝时期,从地区分布来看,有学者统计旱灾次数,江南地区达80次,而北方达102次,北多于南。这主要与北方降水较少,而蒸发迅速有直接关系。特别是黄河流域在这一时期经历了我国五千年来历史最长、最严重的干旱期。[2]

北魏孝文帝迁都洛阳,主要是为了进一步接受中原汉文化,但原来的都城平城(今山西大同)周围地区频繁的自然灾害,特别是旱灾也是一个不容忽视的重要原因。平城地处塞外,人口稀少,气候寒冷干燥,无霜期很短,粮食收成主要靠秋收。正常年份尚可勉强支应,一旦遭遇天灾,常常造成粮荒。例如明元帝神瑞二年(415),由于连年霜旱,云中、代郡百姓大量饿死,饿殍遍野,人心浮动,一时朝野上下主张迁都邺城的呼声很高,只是由于权臣崔浩极力反对,才没有迁都。虽然这次迁都没有成功,但从一个侧面可以看出当时旱灾之严重。孝文帝即位后,旱灾连年不断,并有多次发生在平城。如太和十一年(487),"大旱,京都民饥","郊甸间甚多馁死者"[3],可

①　魏收:《魏书》卷8《世宗纪》,中华书局,1974年,第202页。
②　王邨、王松梅:《近五千余年来我国中原地区气候在年降水量方面的变迁》,《中国科学(B辑)》1987年第1期。
③　魏收:《魏书》卷110《食货志》,中华书局,1974年,第2856页。

见粮荒已达到极其严重的程度。这样的情况下,很难供养庞大的官僚队伍和军队,迁都势在必行。

北魏末年,河北流民大起义,也与河北当地频繁的旱灾有关。孝明帝正光年间,河北地区频遭旱灾,"炎旱频岁,嘉雨弗洽,百稼燋萎"[1],"饥馑积年,户口逃散"[2]。北魏孝昌元年(525)六月,六镇起义失败后,北魏把平城及六镇兵民二十多万人迁往河北地区就食,这些北镇流民的涌入,更加剧了当地的灾情,土客矛盾迅速激化。这些流民在路上饥饿困苦,辗转来到河北,仍无处就食,受尽了虐待和不公正的待遇,在愤怒之下,终于揭竿而起,发动了起义。

### 三、蝗灾

蝗灾是生物灾害的一种,在我国古代是与水、旱并列的三大自然灾害之一。明人徐光启对水、旱、蝗三灾引发的灾荒做过一番比较,他说:"凶饥之因有三:曰水、曰旱、曰蝗。地有高卑,雨泽有偏被;水旱为灾,尚多幸免之处,惟旱极而蝗,数千里间草木皆尽,或牛马毛幡帜皆尽,其害尤惨,过于水旱也。"[3] 蝗虫种类很多,古人对此有很细致的区分:食苗心曰螟,食根曰螽,已长翅者为蝗(又名螽),未长翅者为蝻(或称为蝝,即蝗的幼虫)。笼统而言,这些都可以称为蝗。我国古代史籍中所涉及的蝗虫种类以飞蝗为主,且多为东亚飞蝗。影响蝗虫生长繁殖的因素有气候、土壤、食物等,但以气候最为重要。不论蝗蝻或成虫,在不正常的温度条件下,其活动能力会降低,进而产卵繁殖受影响。东亚飞蝗的起点发育温度为15℃,蝗蝻的起点发育温度为20℃,成虫的适宜发育温度为25℃~34℃[4]。有学者将我国历史上发生的蝗灾按月份进行统计,发现蝗灾在四月至八月发生率最高,尤其以六月、七月为甚,夏蝗要高于秋蝗,这说明蝗虫活动与气温高低有着密切

---

① 魏收:《魏书》卷9《肃宗纪》,中华书局,1974年,第233页。

② 魏收:《魏书》卷15《昭成子孙列传》,中华书局,1974年,第380页。

③ 徐光启:《农政全书校注》卷44《荒政》,石声汉校注,上海古籍出版社,1979年,第1299页。

④ 马世骏:《东亚飞蝗在中国的发生动态》,《昆虫学报》1958年第1期。

的关系。[①]飞蝗的卵和螟的幼虫,都隐藏在地下及稻根深处,它们的发育成长,有赖于温度的增高。如果上年冬季严寒,那么蝗卵幼虫大部分会被冻死;如果平日雨量充沛,也可冲杀虫蛆,破坏虫卵。反之,如果夏令酷热,雨量减少,蝗螟幼虫处在高温下繁殖十分迅速。

蝗灾是魏晋南北朝时期重要的自然灾害。《中国救荒史》统计此时期蝗灾31次。章义和统计此时期至少有43个蝗灾发生年,占年代总数(220—589)的11.65%,大约9年中就有1年发生蝗灾。根据他的统计,三国曹魏时期有2个蝗灾发生年,西晋时期有6个,东晋时期有12个。南北朝时期,南朝境内有4个蝗灾发生年,北朝则有20个,北朝远远高于南朝。[②]南北降雨量的差别是一个重要原因。

一般来说,"蝗为旱虫,故飞蝗之患多在旱年。"[③]蝗灾多与旱灾相联系,大多发生在旱灾之后。当旱灾发生后,地表干涸龟裂,河滩裸露,河流水位下降,为蝗虫的繁殖、生长提供了适宜的条件。晋惠帝永宁元年(301),12个郡国大旱,其中6个伴随发生了蝗灾。[④]宋文帝元嘉三年(426),"秋,旱且蝗。"[⑤]北齐天保九年(558)夏,大旱,山东大蝗。蝗虫食性很杂,啮食各类庄稼,不仅吃苗草树叶,而且连根也不放过,会造成粮食减产乃至绝收,危害很大。蝗虫采取群集性活动,群飞群食,不仅善于跳跃,而且具有较强的飞翔能力,在吃完一个地方后,又会迁飞至另一个地方,飞翔距离可达数十千米至上百千米,从而使蝗灾进一步扩散和蔓延。例如,晋怀帝永嘉四年(310)五月,"大蝗,自幽、并、司、冀至于秦雍,草木牛马毛鬣皆尽。"[⑥]这次蝗灾开始发生在今北京、河北北部和山西太原一带,后又向西扩展到陕西。蝗虫在食尽禾本植物后,最后发展到啃噬牛毛、马毛,将牛毛、马毛也都吃得一

① 陆人骥:《中国历代蝗灾的初步研究——开明版〈二十五史〉中蝗灾记录的分析》,《农业考古》1986年第1期。
② 章义和:《魏晋南北朝时期蝗灾述论》,《许昌学院学报》2005年第1期。
③ 陈崇砥:《治蝗书》,转引自章义和《魏晋南北朝时期蝗灾述论》,《许昌学院学报》2005年第1期。
④ 房玄龄等:《晋书》卷4《惠帝纪》,中华书局,1974年,第99页。
⑤ 李延寿:《南史》卷2《宋文帝纪》,中华书局,1975年,第39页。
⑥ 房玄龄等:《晋书》卷29《五行志下》,中华书局,1974年,第881页。

干二净。蝗害区域之广,来势之凶猛,危害之烈,实在令人瞠目结舌。晋愍帝建兴四年(316)和五年(317)的蝗灾属于连续性蝗灾。建兴四年六月,大蝗,"中山、常山尤甚……河朔大蝗,初穿地而生,二旬则化状若蚕,七八日而卧,四日蜕而飞,弥亘百草。唯不食三豆及麻。并冀尤甚。"[1]七月,河东平阳大蝗,民流殍者什五六。其后不久,北方又连续爆发蝗灾,尤以前秦建元十八年(382)五月的蝗灾为甚。《资治通鉴》记载:"幽州蝗生,广袤千里。"[2]苻坚遣散骑常侍刘兰持节为使者,发动青、冀、幽、并诸州百姓扑除蝗虫。可是经过一个秋冬的扑除,成效甚微,以至刘兰为人所参,下狱治罪。

北魏时期的蝗灾以孝文帝太和六年至八年(482—484)的连续性蝗灾最为严重。《魏书·灵徵志》记载,太和六年八月,"徐、东徐、兖、济、平、豫、光七州,平原、枋头、广阿、临济四镇,蝗害稼。"次年四月,"相、豫二州蝗害稼。"太和八年四月,"济、光、幽、肆、雍、齐、平七州蝗。"北齐时期,则以天保八年至九年(557—558)的蝗灾为害最烈。范围包括北齐境内黄河以北六州、黄河以南13个州以及都城邺城附近8个郡。都城邺城,群蝗飞起来,铺天盖地,声如风雨,竟然一度遮住了太阳,令人触目惊心。[3]

魏晋南北朝时期的蝗灾北朝重于南朝,若进一步而言,北方又以冀州最为严重,其次是青、兖、徐诸州,再次是司、雍、并、幽诸州。从发生年的数量来看,长江流域仅次于青、徐、兖地区,但烈度不可相提并论,且发生点较为分散。值得注意的是,西北的凉州、河州一带也是蝗灾频发地区。按照现行的行政区域来看,河北、山东、河南、陕西、江苏是该时期蝗灾频发地带。[4]

## 四、疫灾

瘟疫是由于一些强致病性微生物(如细菌、病毒)引起的传染病,威胁人的健康与生命。它在我国古代史料中早有记载,如《周礼》记载:"疾医掌

---

①　房玄龄等:《晋书》卷104《石勒载记上》,中华书局,1974年,第2725~2727页。
②　司马光:《资治通鉴》卷104,孝武帝太元七年五月,中华书局,1956年,第3300页。
③　李百药:《北齐书》卷4《文宣纪》,中华书局,1972年,第64页。
④　章义和:《魏晋南北朝时期蝗灾述论》,《许昌学院学报》2005年第1期。

养万民之疾病,四时皆有疠疾。"①《吕氏春秋·季春纪》记载:季春"行夏令则民多疾疫"②。说明先秦时期人们对瘟疫的认识已经达到了一定水平,认为瘟疫一年四季皆可发生,主要原因是时令之气的不正常,是由"非时之气"造成的。

《中国救荒史》统计魏晋南北朝时期疫灾 34 次,而《中国灾害通史(魏晋南北朝卷)》统计达 75 次。疫灾在发生频率和危害程度上虽然不及水、旱灾害,但仍不容小觑。疫灾变化与气候变化关系密切,而魏晋南北朝时期,处于我国历史上第二个寒冷期。③ 寒冷期往往为疫灾频繁期,气候越寒冷,疫灾越频繁,寒冷期越长,疫灾频繁期也越长。3—6 世纪的魏晋南北朝寒冷期形成了我国历史上第一个疫灾高峰。④ 魏晋南北朝疫灾高峰期的形成,既与当时气候寒冷、极端气候事件(主要是干旱)频繁有关,也与战乱连绵、人口大规模迁移有关。该时期是我国历史上的大动乱时期,无论是三国时期的干戈扰攘,还是西晋末年的"永嘉之乱"和五胡乱华,都导致大批民众的跨区域的人口大迁徙。人口大迁徙既为瘟疫流行提供了便利的传播途径,也为瘟疫流行造成了大量的易感人群,导致瘟疫频繁发生。

东汉建安二十二年(217),发生了一次大疫。疫情持续时间之长、死亡人数之多,是以前历史上少见的。曹丕《与吴质书》中云"昔年疾疫,亲故多离其灾",提到的就是这场大疫。"家家有强尸之痛,室室有号泣之哀。或阖门而殪,或举族而丧者。"⑤ 著名的医学界张仲景家族就是直接的受害者,其家族共有 200 余人,其中感染疫病而死的就有 2/3。"建安七子"的徐干、陈琳、应场、刘桢都死于这场大疫。曹魏政权建立后,见诸记载的疫病大多发生在京师洛阳。京师为当时政治、经济和文化中心,灾情自然为朝廷所关注,对其记载自然较多,当然也与京师人烟辐辏,特别是流动人口很多有很大关系。例如,黄初四年(223)三月,大疫;魏明帝青龙二年(234)夏四月,

① 《周礼注疏》卷 9《疾医》,阮元校刻:《十三经注疏》,中华书局,2009 年,第 323 页。
② 吕不韦:《吕氏春秋集释》卷 3《季春纪》,许维遹集释,中华书局,2009 年,第 65 页。
③ 竺可桢:《中国近五千年来气候变迁的初步研究》,《考古学报》1972 年第 1 期。
④ 龚胜生:《中国疫灾的时空分布变迁规律》,《地理学报》2003 年第 6 期。
⑤ 司马彪:《后汉书志》17《五行五》,中华书局,1982 年,第 3351 页。

大疫。青龙三年(235)正月,京都大疫。齐王芳正始十年(249)秋,又爆发了疫病,著名的玄学家王弼死于这次疫病,时年只有 24 岁。

西晋是疫情大暴发的时期,波及范围广,伤亡惨重。晋武帝咸宁元年(275)十一月,大疫,京城洛阳死者十万人。《晋书·武帝纪》则云这次大疫,"洛阳死者太半。"① 由于疫病流行,以致晋武帝在咸宁二年(276)春正月,被迫取消了元旦朝会。当时京师人心惶惶,许多人选择了远出避难。《晋书·庾衮传》云:"咸宁中,大疫,二兄俱亡,次兄毗复殆,疠气方炽,父母诸弟皆出次于外。"庾衮不忍离开,冒着被传染的危险,照料兄长庾毗,"如此十有余旬,疫势既歇,家人乃反。"② 晋惠帝以后,疫病又呈蔓延之势。元康二年(292)冬十一月,大疫,元康六年(296)十一月关中饥,大疫。次年七月,雍、梁州大旱,又引发疾疫,米斛万钱。到了晋怀帝永嘉年间,由于自然灾害、战乱,加上饥荒等,疫病呈现出大暴发的态势。永嘉初年,"时关中饥荒,百姓相噉,加以疾疠,盗贼公行。"③ 永嘉四年(310)十一月,襄阳大疫,死者3 000 余人。永嘉六年(312),又大疫。故《晋书·食货志》云:

> 至于永嘉,丧乱弥甚。雍州以东,人多饥乏,更相鬻卖,奔逬流移,不可胜数。幽、并、司、冀、秦、雍六州大蝗,草木及牛马毛皆尽。又大疾疫,兼以饥馑,百姓又为寇贼所杀,流尸满河,白骨蔽野。刘曜之逼,朝廷议欲迁都仓垣,人多相食,饥疫总至,百官流亡者十八九。④

晋孝武帝太元四年(379)冬,暴发瘟疫,一直持续到次年五月,有许多人一家都死于疫病。进入南北朝后,宋元嘉四年(427)五月、孝武帝大明元年(457)四月和大明四年(460)四月,"京邑疾疫。"⑤ 梁武帝天监二年(503)六月,"东阳、信安、丰安三县水潦","是夏,多疠疫"。⑥《魏书·太祖纪》记载,

---

① 房玄龄等:《晋书》卷 3《武帝纪》,中华书局,1974 年,第 65 页。
② 房玄龄等:《晋书》卷 88《庾衮传》,中华书局,1974 年,第 2280 页。
③ 房玄龄等:《晋书》卷 37《南阳王模传》,中华书局,1974 年,第 1097 页。
④ 房玄龄等:《晋书》卷 26《食货志》,中华书局,1974 年,第 791 页。
⑤ 沈约:《宋书》卷 34《五行志五》,中华书局,1974 年,第 1010 页。
⑥ 姚思廉:《梁书》卷 2《武帝纪中》,中华书局,1973 年,第 39 页。

道武帝皇始二年(397),"时大疫,人马牛多死"①。献文帝皇兴元年(467)夏,因为天旱和黄河决口,致使黄河沿岸27个州郡发生饥荒,不久就发生了"天下大疫"的惨况。及至次年十月,"豫州疫,民死十四五万。"②北齐武平年间,秦州刺史陆杳被陈朝军队包围百余日,"城中多疫疠,死者过半。"③陆杳本人可能也是感染疫病而亡。

南北朝时期,南北政权对峙。大致而言,北朝由于军力强盛,基本上处于主动攻击的地位,而南朝大多处于守势。北魏太武帝拓跋焘时,甚至一度饮马长江,威胁刘宋首都建康。但是北朝军士在南征中由于长期征战,特别是不服当地水土,加之气候湿热熏蒸,尸体得不到清理,极易腐烂,在这种环境下,人们很容易感染疫病。这大大削弱了北朝军队的战斗力。明元帝泰常八年(423)闰四月,北魏军队攻占虎牢关后,"士众大疫,死者十二三。"④同年,明元帝派遣刁雍与叔孙建率领5万余人,共同进攻青州,因"兵人不宜水土,疫病过半"⑤。自然灾害引发的瘟疫不仅在人类中传播流行,而且会引发牲畜疫病。如北魏太和十一年(487),"大旱,京都民饥。加以牛疫,公私阙乏,时有以马驴及橐驼供驾挽耕载。"⑥当时耕牛是农民种田的主要工具,牛疫的发生势必影响农业生产,给农民造成损失。

## 第二节 ｜ 隋唐五代时期的自然灾害

589年,隋文帝灭陈,结束了近400年的分裂割据局面,重新统一了全国。南北的统一,为经济文化的发展创造了条件,特别是唐朝出现了"贞观

---

① 魏收:《魏书》卷2《太祖纪》,中华书局,1974年,第30页。
② 魏收:《魏书》卷112《灵徵志上》,中华书局,1974年,第2916页。
③ 李延寿:《北史》卷28《陆俟附陆杳传》,中华书局,1974年,第1019页。
④ 魏收:《魏书》卷3《太宗纪》,中华书局,1974年,第63页。
⑤ 魏收:《魏书》卷38《刁雍传》,中华书局,1974年,第806页。
⑥ 魏收:《魏书》卷110《食货志》,中华书局,1974年,第2856页。

之治"和"开天盛世"两个我国历史上著名的盛世。唐朝以大一统的格局、强盛的国力、开放进取的精神、相对完备的制度和宏大的气魄在我国历史上具有特殊的地位,是我国古代的鼎盛时期。但在强大的背后,是频繁的自然灾害。经济文化的高度发展与频繁的自然灾害,构成了隋唐时期的两副面孔。邓云特指出,"总的来说,在唐朝将近三百年的统治中,灾害的侵袭,几乎没有间断,其次数的频繁和猛烈的程度,都要超过前代。"[1] 根据他的统计,隋朝 29 年统治中有大灾 22 次,其中水灾 5 次,旱灾 9 次,地震 3 次,风灾 2 次,蝗、疫、饥各 1 次。唐朝 289 年统治中受灾 493 次,其中水灾 115 次,旱灾 125 次,风灾 63 次,地震 52 次,雹灾 37 次,蝗灾 34 次,霜雪 27 次,疫灾 16 次,饥馑 24 次。五代 54 年统治中有灾害 51 次,其中水灾 11 次,旱灾 26 次,蝗灾 6 次,雹灾 3 次,地震 3 次,风灾 2 次。[2] 邓云特对隋唐五代时期自然灾害的统计,如表 7.1 所示。

表 7.1　隋唐五代时期自然灾害统计表　　　　　　　单位:次

| 朝代 | 水灾 | 旱灾 | 风灾 | 地震 | 雹灾 | 蝗灾 | 霜雪 | 疫灾 | 饥馑 | 合计 |
|------|------|------|------|------|------|------|------|------|------|------|
| 隋朝 | 5 | 9 | 2 | 3 | | 1 | | 1 | 1 | 22 |
| 唐朝 | 115 | 125 | 63 | 52 | 37 | 34 | 27 | 16 | 24 | 493 |
| 五代 | 11 | 26 | 2 | 3 | 3 | 6 | | | | 51 |
| 合计 | 131 | 160 | 67 | 58 | 40 | 41 | 27 | 17 | 25 | 566 |

《中国救荒史》是中国灾害史的拓荒之作,但由于该书成书于 20 世纪 30 年代,资料基本上限于正史材料,故统计数字不一定很可靠,但所反映的隋唐五代时期灾害总体情况则基本上是没有问题的。从表 7.1 来看,在诸种自然灾害中,水、旱灾害最多,地震、风、蝗、雹等灾害次之,霜灾、瘟疫等又次之。这些灾害具有季节性、区域分布广泛、区域差异明显、灾害群发现象的特性。[3]

────────────

① 邓云特:《中国救荒史》,商务印书馆,2011 年,第 14 页。

② 邓云特:《中国救荒史》,商务印书馆,2011 年,第 12、14 页。

③ 陈国生:《唐代自然灾害初步研究》,《湖北大学学报》(哲学社会科学版)1995 年第 1 期。

## 一、水灾

根据《中国救荒史》的统计,隋唐五代时期水灾 131 次,在数量上稍低于旱灾的 160 次。事实上正好相反,水灾多于旱灾,居于首位。水灾是隋唐五代时期最主要的自然灾害。隋朝出现水灾记录的年份共 11 个。唐朝水灾记录的年份有 164 年。[①] 刘俊文据两《唐书》《唐会要》等史籍的有关记载,统计发现唐朝 289 年中,大约有 138 年发生过程度不同的水灾,水灾年份占总年数的 48%。也就是说,差不多每两年就有一年是水灾年。这个比例远远高出其他各种灾害,例如旱灾年份为 114 年,占 39%;震灾年份为 58 年,占 20%;风灾年份为 47 年,仅占 16%;雹灾年份为 34 年,仅占 11%;蝗灾年份为 30 年,仅占 10%;其余霜、雪、冰、虫、火、泥石流等灾害年份各不过一二十年,所占此例皆不足道。[②] 有学者研究更进一步表明,630 年至 834 年这两百多年是我国近 3 000 年来历时最长的多雨期。[③]

### (一)隋唐水灾概况

隋唐水灾频发与气候的周期性变化有关。这一时期处于我国历史上的温暖期,气候温暖湿润,水灾发生的频率较高。夏秋两季是水灾的易发、多发季节。由于事发突然,来势凶猛,极易冲毁桥梁堤坝,淹没摧毁城郭庐舍、庄稼等农作物,造成较大的经济损失和人员伤亡。

隋文帝开皇十八年(598),河南八州大水。仁寿二年(602),河南、河北诸州大水。隋炀帝大业三年(607),河南大水,漂没 30 余郡。隋朝末年,河南、山东发大水,淹没 30 余郡,百姓剥树皮、煮土为食,饿殍遍野,最终导致王薄、李密等领导的农民起义。

唐高宗总章二年(669),河北道的冀州从六月十三日夜开始降雨,一直持续至二十日,水深 5 尺,夜里的暴水深 1 丈以上,毁坏房屋 14 390 区,淹

---

① 闵祥鹏:《中国灾害通史(隋唐五代卷)》,郑州大学出版社,2008 年,第 59 页。陈高佣等编《中国历代天灾人祸表》(上海书店出版社,1986)下册统计甚至表明,隋唐五代时期是我国历史上灾害中水灾比例最高的时期。

② 刘俊文:《唐代水害史论》,《北京大学学报》(哲学社会科学版)1988 年第 2 期。

③ 王邨、王松梅:《近五千余年来我国中原地区气候在年降水量方面的变迁》,《中国科学(B 辑)》1987 年第 1 期。

没庄稼 4 496 顷。[①] 武则天长安三年(703),宁州大霖雨,山水暴涨,漂没两千余家,溺死者千余人,尸体顺流而下。唐玄宗开元八年(720)夏,契丹攻打营州,唐调发关中士卒增援。唐军行至渑池县之阙门,宿营地紧邻穀水。半夜,山洪突然而至,两万余名官兵都被淹死,只有一些挑脚役夫夜里恰巧赌博没有睡觉,他们听到水声赶紧逃走,才幸免于难。尸体顺流而下,漂入洛阳宫苑中,堆积如山。开元十四年(726)秋,全国 50 个州发生水灾,河南、河北尤甚。唐朝州府不过 320 余个[②],这年发生水灾的就有 50 个州,几乎占了全国范围的 1/6。这场水灾不仅波及面广,而且水势凶猛。由于连续降雨,造成黄河及其支流泛滥。怀、卫、郑、滑、汴、濮等沿河诸州百姓被洪水围困,由于水势长时期不退,房屋垮塌,百姓不得不住在船上,没有船只的,只能住在树上。次年,水灾仍在持续。五月,晋州大水。七月,邓州大水,溺死数千人。洛水溢,冲入郏城,平地水深丈余,被淹死者不计其数,同时淹没了同州城及冯翊县,漂没居民两千余家。八月,涧、穀水溢,毁渑池县。这年秋季,全国共计有 63 个州发生水灾,河北道尤甚。开元十四年的水灾,延及全国 50 个州,唐朝已经疲于应付,尚未喘过气来,次年更大的洪水,又接踵而至,雪上加霜,更使朝廷焦头烂额。有些地方水深过丈,同州城、冯翊县、渑池县都整个被淹没。

　　唐后期仍水灾频发。唐德宗贞元二年(786)夏,京师长安由于连日降雨,街道上水深数尺。吏部侍郎崔纵上朝时,不慎跌入水中,水流甚急,崔纵在水中站立不得,从崇义里西门被水漂浮行数十步,幸亏街铺士卒发现及时,将他救了出来。这一天,许多长安百姓没有崔纵这么幸运了,溺死者甚众。贞元四年(788)八月,大雨下个不停,灞水暴涨,渡河者被淹死了一百多人。贞元八年(792)秋,大雨,也引发了一场罕见的水灾。河南、河北、山南、江淮凡四十余州大水,漂溺死者两万余人。今北京和河北北部、江苏徐州一带,水势尤大,史称幽州平地水深二丈,莫、涿、蓟、檀、平诸州,平地水深一丈五尺。徐州自五月二十五日开始下雨,至七月八日才停止,持续了近两个月,

---

　　① 刘昫等:《旧唐书》卷 37《五行志》作益州,而据《旧唐书》卷 5《高宗纪》当为冀州。
　　② 据唐开元二十八年(740),凡郡(州)府三百二十八,其中羁縻府州不计在内。(刘昫等:《旧唐书》卷 38《地理志》,中华书局,1975 年,第 1358 页)

平地水深一丈二尺,城池、庄稼被淹,房屋坍塌殆尽,为躲避洪水,许多百姓都逃到了丘塚山岗之上。[①]唐宪宗元和时期,白居易担任江州司马,遭遇到江州连年的水灾,身为地方官的他对于水灾也一筹莫展,写有《大水》一诗,诗云:

> 浔阳郊郭间,大水岁一至。闾阎半飘荡,城堞多倾坠。苍茫生海色,渺漫连空翠。风卷白波翻,日煎红浪沸。工商彻屋去,牛马登山避。况当率税时,颇害农桑事。独有佣舟子,鼓枻生意气。不知万人灾,自觅锥刀利。吾无奈尔何,尔非久得志。九月霜降后,水涸为平地。

诗中的"浔阳",即江州,今江西九江。从诗中反映的情况来看,水灾当是暴雨引起了长江等河流决口造成的。这里每年都发生大水,波浪翻滚,浸没街道,不少城墙都倒塌了,牛马等牲畜也跑到山上避难。

沿海地区,台风引发海啸,还会造成海水泛滥,同样可以造成人员和财产巨大损失。唐高宗总章二年(669)九月十八日,括州暴风雨,海溢,毁坏永嘉、安固二县城百姓庐舍 6 843 区,死者 9 070 人、牛 500 头,毁损田苗 4 150 顷。上元三年(676)八月,青州大风,海溢,漂没居民 5 000 余家。海溢,即海啸。唐玄宗开元十四年(726),润州大风,强劲的东北风造成了海啸,海水吞没了瓜步城。

据刘俊文统计,在唐朝有记录的大小 200 余次水灾中,受灾面积仅限于一城或数县的为数甚少,绝大多数水害的覆盖面都很广。其中灾及三州以内者近 100 次,灾及四州或十州者近 30 次,灾及十州至四十州者近 25 次,灾及五十州以上者近 15 次。若将灾及十州以内的水灾称为地方性的中等规模灾害,而把灾及十州以上的称为区域性灾害,那么,在唐朝的水灾中,有将近 1/5 的水灾属于区域性的大规模水灾。[②]在前面提到的开元十四年、十五年和贞元八年的水灾,波及全国五六十个州,可称得上是特大规模水灾了。

---

① 刘昫等:《旧唐书》卷 37《五行志》,中华书局,1975 年,第 1358 页。
② 刘俊文:《唐代水害史论》,《北京大学学报》(哲学社会科学版)1988 年第 2 期。

### (二) 洛阳水灾

从水灾地域来看,主要分布在河南道、关内道、江南道、河北道、淮南道等,特别是河南道和关内道是唐朝的政治经济文化中心,这两道所发生的水灾竟然占了唐朝水灾发生次数的一半以上。[①] 河南道东都洛阳的水灾很值得注意。

洛阳在唐朝为东都,《新唐书·地理志》记载洛阳:"后据邙山,左瀍右涧,洛水贯其中,以象河汉。"[②] 洛水横贯其中,成为洛阳内河,周边还有伊、汝、氾、谷等河流。这些河流,特别是洛水常常泛溢,不仅百姓蒙受了重大损失,而且皇宫时常受洪水威胁,有几次连皇帝也身处险境。唐太宗贞观十一年(637)七月,大雨,谷水溢,大水涌入洛阳宫,水深四尺,冲毁左掖门,造成官寺 19 所毁坏。接着洛水暴涨,漂没民居 600 余家。永徽五年(654)闰五月,东都大雨,洛水暴涨,并引发了洪水,夜里洪水顺着山势,飞流而下,在很短的时间里就逼近玄武门。当时唐高宗在万年宫,洪水瞬息而至,卫士们吓得四散奔逃。洪水声和卫士的嘈杂声,仍没有惊醒仍在酣梦中的唐高宗。幸亏卫士薛仁贵登上宫门,大声疾呼,唐高宗才被惊醒,匆忙逃出宫门,刚刚登上高处,洪水就涌入了寝殿。唐高宗吓出了一身冷汗,他感激地对薛仁贵说:"赖得卿呼,方免沦溺,始知有忠臣也。"[③] 于是赐薛仁贵御马一匹。这次水灾,造成卫士和麟游居民,死亡 3 000 余人。永淳元年(682)六月十二日,连日大雨倾盆,至二十三日,洛水大涨,漂损河南立德弘敬、洛阳景行等坊 200 余家,并冲坏了洛河上的天津桥及中桥,以致行人数日不得通行。唐玄宗开元八年(720)六月二十一日夜,暴雨,东都谷、洛溢,水入西上阳宫,宫人死者十七八。东都畿内诸县田稼庐舍荡尽。掌关兵士,溺死者共 1 148 人。[④] 开元十四年(726)七月十四日,瀍水暴涨,流入洛漕,漂没诸州租船数百艘,溺死者甚众,漂失扬、寿、光、和、庐、杭、瀛、棣诸州租米

<hr>

① 闵祥鹏:《中国灾害通史(隋唐五代卷)》,郑州大学出版社,2008 年,第 60 页。
② 欧阳修、宋祁:《新唐书》卷 38《地理志》,中华书局,1975 年,第 981 页。
③ 刘昫等:《旧唐书》卷 83《薛仁贵传》,中华书局,1975 年,第 2781 页。
④ 刘昫等:《旧唐书》卷 37《五行志》,中华书局,1975 年,第 1357 页。

172 896 石,并钱绢杂物等。[①] 开元十八年(730)六月,东都瀍水吞没扬、楚等州租船,洛水冲坏天津、永济二桥及民居千余家。[②]

唐朝洛阳地区水灾频繁,主要是由于洛水、伊水、汝水、汜水等河流泛滥造成的。据统计,有唐一代,洛阳共发生大小水害 22 次,在全国发生水害地区中居于第一。其中洛水共泛滥 16 次,与黄河泛滥次数相等,这主要是洛阳地区植被的过度采伐造成的水土流失所致。[③] 自东汉以来,洛阳数朝为国都,屡遭兵燹,但又多次大兴土木,重新建造和修缮。据《隋书·炀帝纪》记载,隋炀帝即位伊始,在原洛阳城西十八里营建东京城,每月役工两百万人,经十月乃成,周围达五十五里;又建西苑,周长二百里,内有海,方圆十余里。唐高宗与武则天时,将政治中心从长安迁至洛阳,又大规模续修洛阳宫室。武则天还在洛阳修建明堂、天枢等大型建筑,日役万人,历时多年。规模浩大的工程,需要无数的土石木材,其中大部分当然取自洛阳周围地区,造成采伐过度。隋炀帝建显仁宫时,巨木采于豫章(今江西南昌),武则天建行宫时,用木源于江岭。这说明隋唐时期,洛阳周围可供工程之用的木材已经不多了。因此,隋唐时期洛阳水灾不断,除了气候等自然因素,人为因素也是不可忽视和低估的重要因素。

### (三)唐朝五代黄河的水患

在《左传》《国语》等先秦典籍中,黄河都称为"河",并无黄河一词。西汉时,由于黄河携带泥沙增多,水变成黄色,黄河之名才开始出现,但仍多称为"河"。正是在唐朝,黄河之名逐渐流行。虽然它基本保持安流,但不时泛滥成灾,只不过一般限于较小的范围,并未形成很大的影响。泛滥区主要在今山东、河南、河北等。例如,唐太宗贞观十一年(637)九月,黄河泛溢,洪水冲坏了陕州河北县及太原仓,河阳中潬城也被冲毁,唐太宗亲自登上白马坂,以观水势。[④] 唐高宗永淳二年(683)七月,黄河泛滥,冲毁了河阳城,

---

① 刘昫等:《旧唐书》卷 37《五行志》,中华书局,1975 年,第 1357~1358 页。

② 欧阳修、宋祁:《新唐书》卷 36《五行志》,中华书局,1975 年,第 931 页。

③ 王玉德、张全明等:《中华五千年生态文化》,华中师范大学出版社,1999 年,第 1196 页。

④ 刘昫等:《旧唐书》卷 37《五行志》,中华书局,1975 年,第 1352 页。

水面高于城内五尺,北至盐坎,居民庐舍漂没皆尽,南北并坏。唐宪宗元和七年(812)正月,振武界内的黄河溢,毁东受降城。在战争时期,还有人故意决河,以水为兵。例如"安史之乱"中,唐肃宗乾元二年(759),史思明叛军进攻河南,守将李铣自知难以抵御,便于长清界边家口决河东至禹城县,借河水以阻挡叛军。

经过近千年的泥沙沉积,唐末黄河下游河口段已渐淤高,黄河决溢变得频繁,在中下游的滑州、郑州等地多次决口,造成了巨大的损失。唐昭宗景福二年(893),河口段就发生过改道。乾宁三年(896)四月,黄河溃于滑州,朱全忠因势决其堤,由此黄河分为二河,夹滑城而东,散漫千余里。[①]五代时期黄河更加桀骜不驯,难以驾驭。南宋朱熹在《通鉴纲目》中指出,有史以来黄河大的决口共16次,其中五代短短的半个世纪内,就占了9次。例如,后晋天福六年(941)九月,黄河决于滑州,河水汹涌东流,一片汪洋,沿河百姓吓得纷纷登上丘冢等高处以躲避洪水,晋高祖下诏当地官府调发舟楫以救之。兖州、濮州界皆为水所漂溺,晋高祖派遣鸿胪少卿魏玭、将作少监郭廷让、右金吾卫将军安浚、右骁卫将军田峻于滑、濮、澶、郓四州,巡视检查洪水损害庄稼情况,并安抚慰问遭水百姓。至翌年三月,晋高祖命宋州节度使安彦威率丁夫堵塞黄河决口。决口合龙后,为纪念此事,建碑立庙于河决之所。[②]

### (四) 应对水灾的措施

为了应对水灾,隋唐五代时期政府采取了一些措施。

第一,祭祀厌胜。"久雨不止,礼有所禳,禜都城门,三日不止,乃祈山川,告宗庙社稷。"[③]这是我国传统的应对之术,具有巫术的色彩。例如,唐玄宗天宝十三载(754)秋,京城连月澍雨,损伤秋稼。京城内的坊市墙宇,崩坏殆尽。九月,下诏"遣闭坊市北门,盖井,禁妇人入街市,祭玄冥大社,禜门"[④]。在我国古代阴阳观念中,水灾是由于阴气过重所致,而北方、水井、

---

① 欧阳修、宋祁:《新唐书》卷36《五行志三》,中华书局,1975年,第935页。
② 薛居正等:《旧五代史》卷141《五行志》,中华书局,1976年,第1883页。
③ 薛居正等:《旧五代史》卷141《五行志》,中华书局,1976年,第1883页。
④ 刘昫等:《旧唐书》卷37《五行志》,中华书局,1975年,第1358页。

妇女等都是与阴相连的。为了抵消、平衡阴气,故采取了闭坊市北门、盖井、禁止妇女入街市等看似滑稽的举措。"玄冥"传说为水神,司掌降雨,故在久雨不停的情况下,常常祭祀此神。例如,唐代宗大历四年(769)四月即开始下雨,不间断地持续到了九月。京师粮价暴涨,米斗八百文。朝廷一方面调发太仓米贱粜赈济饥民,另一方面关闭京城坊市北门,在北门口筑土台,台上设坛及黄幡以祈晴。[1] 五代后唐清泰元年(934)九月,连雨害稼。末帝下诏令太子宾客李延范等禁都城门,太常卿李怿等告宗庙社稷。[2]

第二,加固堤防,官员各司其职。水灾很多都是暴雨引发河流溃堤造成的,故在防范水灾中,加固堤防是其中必不可少的内容,并对修堤、护堤中渎职者予以严惩。《唐律疏议》规定:"诸不修堤防及修而失时者,主司杖七十;毁害人家、漂失财物者,坐赃论减五等。"[3] 但如果水雨过常,非人力所可预防者,勿论。

## 二、旱灾

旱灾在隋唐五代时期诸自然灾害中仅次于水灾。据《中国救荒史》统计,隋朝旱灾 9 次,唐朝 125 次,五代 26 次,合计达 160 次。《中国灾害通史(隋唐五代卷)》统计隋朝有 9 个旱灾记录的年份,唐朝共有 138 个年份出现旱情,158 次出现旱灾,五代时期有 19 个年份出现旱灾记录。[4] 本书主要依据《隋书·五行志》和《旧唐书·五行志》《新唐书·五行志》加以介绍。

隋开皇三年(583)四月,大旱,隋文帝亲自于长安城之西南筑坛祈雨。开皇四年(584)以后,长安常常发生旱灾。特别是开皇十四年至十五年(594—595),关中连续大旱,并酿成了饥荒,隋文帝不得不两次率领百官就食洛阳。隋炀帝大业四年(608),燕、代缘边诸郡大旱。大业八年(612),天下旱;十三年(617),又旱。唐高祖武德三年(620)夏,旱,至八月才下雨。武德四年(621),自春不雨,至于七月。唐太宗贞观元年(627)夏,山东大旱。贞观二年(628)春,

① 刘昫等:《旧唐书》卷 37《五行志》,中华书局,1975 年,第 1359 页。
② 薛居正等:《旧五代史》卷 141《五行志》,中华书局,1976 年,第 1883 页。
③ 刘俊文:《唐律疏议笺解》卷 27《杂律》,中华书局,1966 年,第 504~505 页。
④ 闵祥鹏:《中国灾害通史(隋唐五代卷)》,郑州大学出版社,2008 年,第 79~82 页。

旱。三年(629)春、夏,旱。四年(630)春,旱。从贞观元年到四年,竟然连续四年大旱。贞观九年(635)秋,剑南、关东二十四州旱。贞观十二年(638),吴、楚、巴、蜀等二十六州旱。唐高宗永徽元年(650),京畿雍、同、绛等十州旱。永徽二年(651)九月,不雨,干旱一直延续到次年二月。永徽四年(653)夏、秋,旱,光、婺、滁、颍等州干旱尤甚。从永徽元年到四年,也是连着四年干旱。唐高宗显庆五年(660)春,河北二十二州旱,当时河北道不过二十四个州,这次春旱几乎殃及整个河北。总章元年(668),京师及山东、江淮大旱。咸亨元年(670)春,旱;秋,复大旱。仪凤二年(677)夏,河南、河北旱。仪凤三年(678)四月,又旱。武则天长安二年(702)春,不雨,至于六月。唐中宗神龙三年(707)夏,山东、河北二十余州大旱,饥馑死者二千余人。唐玄宗开元十二年(724)七月,河东、河北旱,唐玄宗亲自于宫中设坛祈雨,为了显示虔诚,竟然在烈日底下站立了三天。这次旱灾之严重可见一斑。

唐后期旱灾的记载仍很多。永泰元年(765)春、夏,旱。二年(766),关内大旱,自三月不雨,至于六月。大历六年(771)春,旱,至于八月。贞元元年(785)春,大旱,麦苗都枯死,至于八月,干旱仍在持续,长安周围的灞水、浐水等河流几乎干涸,就连井里都没有水了。贞元六年(790)春,关辅大旱,赤地千里,无麦苗;夏,淮南、浙西、福建等道大旱,井泉枯竭,还爆发了疫病,死者甚众。永贞元年(805)秋,江浙、淮南、荆南、湖南、鄂岳、陈许等二十六州大旱。大和元年(827)秋,旱,唐文宗为此停止了例行的科举考试。大和三年(829)十一月,京兆府上奏:奉先、富平、美原、云阳、华原、三原、同官、渭南等八县旱雹,毁损田稼2 340顷。开成元年(836)冬十月,扬州江都七县旱,害稼,旱灾一直持续到开成五年(840),并进一步蔓延升级。唐文宗为向上天谢罪,避正殿,改于偏殿听政,赦免囚犯,屡次亲自祈雨。但几番折腾,仍然无效,唐文宗都有些绝望了,云:"朕为天下主,无德及人,致此灾旱。今又彗星谪见于上,若三日内不雨,当退归南内,卿等自选贤明之君以安天下。"[1]宰相大臣听罢,相对垂泪,呜咽流涕不能已。也许是唐文宗的诚心感动了上天,最后终于天降甘霖,旱情得以缓解。中和四年(884),江南大

---

① 刘昫等:《旧唐书》卷37《五行志》,中华书局,1975年,第1365页。

旱,发生了饥荒和人吃人的惨剧。景福二年(893)秋,大旱。光化三年(900)冬,京师旱,至次年春。

隋唐五代时期,虽然总体来看属于我国历史上的温暖期,比较湿润,以多雨为特征。但其间也有数次波动,从而导致在这些气候波动期,异常天气增多,旱灾频发。另外,气候波动也加剧了降雨的随机性,致使部分地区降雨过多,而个别地区却干旱连连。这时期的旱灾包括春旱、夏旱、秋旱等,有些旱灾持续时间较长,跨越多个季节,有两季连旱,乃至三季、四季连旱,如春夏连旱、夏秋连旱、冬春连旱、春夏秋连旱等。咸通二年(861)秋,"淮南、河南不雨,至于明年六月"[1],便是属于罕见的四季连旱。这一时期旱灾的严重,还表现在一些年份是持续干旱。例如贞观元年(627)到贞观四年(630),贞观二十一年(647)到永徽二年(651),乾封二年(667)到咸亨二年(671)、上元二年(675)到仪凤三年(678),贞元十一年(795)到贞元十五年(799),贞元十八年(802)到元和元年(806),元和七年(812)到元和十年(815),大和三年(829)到开成五年(840),咸通八年(867)到咸通十一年(870)都是连续出现旱灾。其中大和三年(829)到开成五年(840)连续12年出现旱灾,在我国历史上都是极为罕见的。

旱灾会造成粮食歉收乃至绝收,粮价上升。粮价上涨多在严重旱灾之后。如神龙元年(705)夏,大旱,谷价腾涌。大历六年(771),春,旱,米斛至万钱。贞元二年(786),河北蝗旱,米斗一千五百文。旱灾还可以引发蝗灾、疫灾、饥荒等次生灾害,其中又以蝗灾最为常见。唐朝共出现了43个有蝗灾记录的年份,有27个年份与旱灾并发,其中24个年份的旱灾直接引发蝗灾。[2]贞元元年(785)到贞元四年(788)的连续旱灾,同时伴随着连年的蝗灾。总章三年(670),天下40余州旱及霜虫,百姓饥乏,关中尤甚。[3]唐末"乾符之际,岁大旱蝗,民愁盗起,其乱遂不可复支"[4]。另外,严重的旱灾会使河湖井水干涸,直接导致饮用水困难。水源是疫病传播的重要媒介,一旦水

---

① 欧阳修、宋祁:《新唐书》卷35《五行志二》,中华书局,1975年,第918页。

② 闵祥鹏:《中国灾害通史(隋唐五代卷)》,郑州大学出版社,2008年,第85页。

③ 刘昫等:《旧唐书》卷5《高宗纪》,中华书局,1975年,第95页。

④ 欧阳修、宋祁:《新唐书》卷9《僖宗纪》,中华书局,1975年,第281页。

源受到污染,百姓饮用不清洁的水,很容易造成瘟疫的流行。隋大业八年(612)、唐永淳元年(682)、景龙元年(707)、宝应二年(763)、贞元六年(790)等都是大旱后出现疫情。尤其是贞元六年春夏间的大旱,造成淮南、浙西、福建等地区大疫,是隋唐五代时期最大规模疫病之一。

唐朝旱灾主要分布在关内道、河南道、淮南道、江南道、河北道、河东道等,特别是关内道位居首位,其次是河南道、淮南道、江南道、河北道、河东道。这些地区都是唐朝主要农耕区,关内道、河北道、河南道、河东道位于北方,春季降水偏少,蒸发量大,降雨很不稳定,加之季风北移的时间、强弱多变,因此这些地区降水的季节、年际变化大,发生偶发性干旱的概率较高。淮南道、江南道位于南方,雨量较丰沛,降水季节变化、年际变化相对小一些,但这些地区受到西太平洋西高气压影响,往往形成伏旱天气,一般为夏旱或者是夏秋旱。除了气候因素,唐朝后期,随着经济重心的南移,江南八道成为全国赋税重心、财源基地,国之命脉,系于江淮,因此对这些地区的关注和记载自然较多。反之河北道,唐朝后期由于陷入割据,户口不上报中央,赋税也不交纳,几乎形同独立王国,因此与唐前期相比,史籍中对河北道的记载大为减少。

### 三、蝗灾

《中国救荒史》统计蝗灾,隋朝 1 次,唐朝 34 次,五代十国 6 次,合计 41 次。而阎守诚统计,唐朝共有 42 年发生蝗灾,灾情特别严重的有 6 次。[1]

隋朝蝗灾较少,见于记载的只有隋开皇十六年(596)这一次。这年六月,并州大蝗。唐贞观二年(628)六月,京畿大旱,引发了蝗灾。此次蝗灾的严重程度,史籍没有详细记载,只是笼统提到"蝗食稼"。但其中有一个细节值得注意。史称唐太宗在苑中捉住了一只蝗虫,咒骂道:"人以谷为命,而汝害之,是害吾民也。百姓有过,在予一人,汝若通灵,但当食我,无害吾民。"将吞之。侍臣担心太宗由此致病,匆忙阻拦。唐太宗说:"所冀移灾朕躬,何疾之避?"遂吞之。[2]虽然旧史家多将此故事作为唐太宗爱民的一个例证而津津乐道。但也不难想象当时蝗患之严重。唐太宗、唐高宗时期,全

---

① 阎守诚:《唐代的蝗灾》,《首都师范大学学报》(社会科学版)2003 年第 2 期。

② 刘昫等:《旧唐书》卷 37《五行志》,中华书局,1975 年,第 1363 页。

国发生了数次蝗灾。例如贞观三年(629)五月,徐州蝗;秋,德、戴、廓等州蝗。贞观四年(630)秋,观、兖、辽等州蝗。贞观二十一年(647)秋,渠、泉二州蝗。永徽元年(650),夔、绛、雍、同等州蝗。永淳元年(682)三月,京畿蝗,无麦苗;六月,雍、岐、陇等州蝗。长寿二年(693),台、建等州蝗。这些蝗灾都是小范围的,危害并不很严重。

　　唐玄宗开元三年(715)到四年(716)间,河北、河南、山东等地区发生了严重蝗灾。这些蝗虫大如手指,成群结队,落下来布满田间地头,不长时间就将一片庄稼吃光了,飞起来遮云蔽日,声如风雨。唐德宗兴元元年(784)秋,关辅大蝗,田稼食尽,引发了饥荒。百姓无粮可吃,为了生存,捕蝗为食。次年夏季,蝗灾进一步发展,"东自海,西尽河、陇,群飞蔽天,旬日不息,所至草木叶及畜毛靡有孑遗。"[1] 关辅已东,粮价腾升,饿馑枕道。唐穆宗长庆三年(823)秋,洪州旱,螟蝗害稼八万顷。唐文宗开成二年(837),河南、河北发生蝗灾,这次蝗灾也是持续干旱引起的。灾情一直持续到开成四年(839)六月,并进一步恶化,史称:"天下旱,蝗食田……河南、河北蝗,害稼都尽。镇、定等州,田稼既尽,至于野草树叶细枝亦尽。"[2] 唐末僖宗乾符二年(875),"蝗自东而西蔽天。"[3] 严重的蝗灾及饥荒,是造成王仙芝、黄巢等起义的重要原因。唐僖宗光启元年(885)秋,"蝗,自东方来,群飞蔽天。"[4]

　　五代时期,蝗灾也屡屡发生。后唐明宗天成三年(928)夏六月,蝗虫铺天盖地,竟然遮蔽了太阳,白昼如同黑夜,百姓家中的院落门上窗户上都密密麻麻落满了蝗虫,景象触目惊心,令人不寒而栗。后晋天福七年(942)四月,山东、河南、关西诸郡,蝗虫害稼。至次年四月,蝗灾继续恶化,蝗虫食草木叶子皆尽。晋出帝下诏州县官员捕蝗。华州节度使杨彦询、雍州节度使赵莹甚至规定百姓捕蝗一斗,以禄粟一斗偿之。[5] 以一斗蝗虫换取一斗粟米,开出如此高的赏格,只是为了调动民众灭蝗的积极性。当时蝗灾和

---

①　欧阳修、宋祁:《新唐书》卷 36《五行志三》,中华书局,1975 年,第 939 页。
②　刘昫等:《旧唐书》卷 37《五行志》,中华书局,1975 年,第 1365 页。
③　欧阳修、宋祁:《新唐书》卷 36《五行志三》,中华书局,1975 年,第 940 页。
④　欧阳修、宋祁:《新唐书》卷 36《五行志三》,中华书局,1975 年,第 940 页。
⑤　薛居正等:《旧五代史》卷 141《五行志》,中华书局,1976 年,第 1887 页。

旱灾相继,人民流移,饥者盈路,关西饿殍尤甚,死者十七八。

隋唐五代时期蝗灾多发生在夏秋两季,主要是五月到八月,尤其以六月、八月为甚,也常发生在旱灾之后。这一点与前代相比,并无二致。从发生地区来看,多发区有关内道、河南道、河北道、淮南道等。与前代相比,淮南乃至江南蝗灾的出现,是值得注意的。

从历史上看,蝗灾的分布地域不是一成不变的,也呈蔓延扩大的趋势。由于自然环境的改变,蝗灾会向本来没有蝗灾的地区扩展。蝗虫本来不是淮河流域固有的天然物种,秦汉、魏晋南北朝时期,蝗灾主要发生在淮北,但由于战争、狩猎,特别是过度的砍伐、垦殖,改变了地理环境和植被状况,破坏了物种之间原有的平衡关系,蝗灾发生的条件得以具备。唐朝后期,淮南也开始成为蝗灾的多发区。例如唐僖宗光启二年(886),淮南就发生了严重的竹蝗灾害。这些蝗虫"自西来,行而不飞,浮水缘城入扬州府署,竹树幢节,一夕如剪,幡帜画像,皆啮去其首,扑不能止"[1]。长江以南虽然也有蝗虫,但一般较少。例如唐穆宗长庆三年(823)秋,洪州螟蝗害稼八万顷[2],是这一时期江南发生的较大规模的蝗灾。

鉴于蝗灾的巨大危害,隋唐五代统治者对蝗灾的处置,主要采取了以下方式:一是祈禳。这是一种传统的、影响十分久远的做法。在古人的观念中,蝗虫自土中而生,属于天灾,非人力所能及,应靠祈禳的方式加以解决。例如,唐玄宗开元四年(716)五月,山东螟蝗害稼,当地百姓对着蝗虫烧香礼拜,设祭祈恩,眼睁睁看着蝗虫啃食庄稼,却不敢捕杀。唐玄宗分遣御史督导百姓捕而埋之。汴州刺史倪若水拒不奉诏,上奏曰:"蝗是天灾,自宜修德。刘聪时,除既不得,为害滋深。"[3]倪若水,在《旧唐书》《新唐书》中被列入《良吏传》,这表明这种观念在当时一般民众,乃至官僚士大夫中的影响根深蒂固。五代后汉乾祐元年(948)七月,青、郓、兖、齐、濮、沂、密、邢、曹等州皆言蝝生。蝝,又称蝻,为蝗虫的幼虫。首都开封府奏,阳武、雍丘、襄

① 欧阳修、宋祁:《新唐书》卷36《五行志三》,中华书局,1975年,第940页。
② 欧阳修、宋祁:《新唐书》卷36《五行志三》,中华书局,1975年,第939页。
③ 刘昫等:《旧唐书》卷37《五行志》,中华书局,1975年,第1364页。

邑等县出现蝗灾。开封尹侯益遣人以酒肴致祭。[1] 二是以人力捕杀。唐玄宗开元四年(716)五月,山东等地蝗灾发生后,虽然有汴州刺史倪若水等人抵制人力捕杀蝗虫,但在宰相姚崇等的坚持下,捕蝗行动还是在全国大规模展开。在蝗灾的重灾区河南、河北等地还设置了检校捕蝗使等专门使职。

唐后期,白居易写有一首《捕蝗》诗,诗曰:

> 和气盅蠹化为蝗。始自两河及三辅,荐食如蚕飞似雨。雨飞蚕食千里间,不见青苗空赤土。河南长吏言忧农,课人昼夜捕蝗虫。是时粟斗钱三百,蝗虫之价与粟同。捕蝗捕蝗竟何利?徒使饥人重劳费。一虫虽死百虫来,岂将人力定天灾。我闻古之良吏有善政,以政驱蝗蝗出境。又闻贞观之初道欲昌,文皇仰天吞一蝗。一人有庆兆民赖,是岁虽蝗不为害。[2]

这首诗是白居易《新乐府》中的一首,主旨是"刺长吏也",作于唐宪宗元和四年(809)。由于这年全国没有发生大的蝗灾,再往前追溯,从时间上看,很可能是以元和元年(806)的蝗灾为背景。《旧唐书·五行志》称:"元和元年夏,镇、冀蝗,害稼。"[3] 史书也仅此寥寥数语。"冀"属于河北,正与诗中云蝗灾"始自两河及三辅"相合。以此言之,这场蝗灾自河北道的冀州等地发源,一直蔓延到了河南、关陇一带,绵亘千里,造成了赤地千里的局面。为了对付这场灾难,河南官府命人昼夜捕蝗虫,并高价悬赏,以一斗三百钱的价格收购。但白居易对此很不以为然,认为捕蝗扰民,杀害一只蝗虫还会有千只蝗虫,杀之不竭,完全是于事无补。白居易主张官员推行德政,这同唐玄宗开元时期的倪若水的论调如出一辙,显示出其泥古迂腐的一面。

## 四、疫灾

关于疫病,《中国救荒史》根据《新唐书·五行志》统计隋代有 1 次,唐朝有 16 次,五代未曾发生。[4] 其实远不止此,有学者根据正史、笔记、墓志

---

[1] 薛居正等:《旧五代史》卷 141《五行志》,中华书局,1976 年,第 1888 页。

[2] 白居易:《捕蝗》,彭定求等编:《全唐诗》卷 426,中华书局,1960 年,第 4694~4695 页。

[3] 刘昫等:《旧唐书》卷 37《五行志》,中华书局,1975 年,第 1365 页。

[4] 邓云特:《中国救荒史》,商务印书馆,2011 年,第 12、14 页。

及佛教有关资料,统计唐朝有30年,共32次发生疫灾,另有7年发生牛疫。[1]
这将这一时期灾疫的次数提高了一倍还多。《中国灾害通史(隋唐五代卷)》
统计,隋朝出现了6个疫病记录年份,唐朝有36个,五代有7个,[2]合计达
49个。由于诸学者所采用的资料范围不同,加之对疫病的认定存在差异,
诸学者的统计数字存在差别,也是正常的。如果进一步扩大视野,我们对
隋唐五代时期的疫病会有新的认识。

《全唐诗》《全唐诗补编》中收录有三百多首描写疫病或者与疫病相关
的诗歌,作者有骆宾王、宋之问、沈佺期、张说、张九龄、刘长卿、孟浩然、王
维、杜甫、高适、韩愈、白居易、许棠、张乔等,他们几乎贯穿了整个唐朝。也
许单从数量上看,疫病不能与水、旱等相比,但它作为一种流行性传染病,
传播范围广,死亡率高,在隋唐五代时期出现了新的特点。

隋唐五代时期的疫病主要有疟疾、伤寒、黄疸、蒸骨病(即肺结核)、霍乱
等。从季节来看,疫病多爆发于春、夏两季。隋朝和唐朝前期,全国的政治、
经济中心都在北方,特别是黄河流域,人口也集中在北方。与此相适应,这
一时期的疫病记载多发生在北方。例如,唐太宗贞观十年(636),关内,河东
大疫。贞观十五年(641)三月,泽州疫。由于这一时期社会安定、经济繁荣,
战乱也较少,疫病多由水旱等自然灾害引发,规模也较小,死亡人数也不是
太多。唐高宗永淳元年六月十二日,连日大雨,至二十三日,洛水大涨,漂损
河南立德弘敬、洛阳景行等坊200余家,冲坏了洛水上的天津桥及中桥,中
断交通数日之久,并由此造成了京城饥荒,蒲、同等州百姓许多流离失所,
饥馑相仍,加以疾疫,自陕至洛,死者不可胜数。[3]永淳元年(682)冬,大疫,
两京死者相枕于路。这次瘟疫是由水灾引发的。景龙元年(707)夏,"自
京师至山东、河北疫,死者千数。"[4]它连同永淳元年冬的疫病,是唐前期两
次较大规模的瘟疫,前者主要爆发在两京间,死亡人数不详;后者则席卷了
京师、山东、河北三个地区,造成了一千多人的死亡。

---

①　么振华:《唐代自然灾害及其救济》,北京师范大学博士学位论文,2006年,第71页。

②　闵祥鹏:《中国灾害通史(隋唐五代卷)》,郑州大学出版社,2008年,第110页。

③　刘昫等:《旧唐书》卷37《五行志》,中华书局,1975年,第1352~1353页。

④　欧阳修、宋祁:《新唐书》卷36《五行志三》,中华书局,1975年,第957页。

关于旱灾引发时疫,《宣室志》记载有这样一则故事:

> 云朔之间尝大旱。时暑亦甚,里人病热者以千数。有氓陈翁者,因独行田间,忽逢一人,仪状甚异,擐金甲,左右佩弧矢,执长剑,御良马,朱缨金佩,光采华焕,鞭马疾驰。适遇陈翁,因驻马而语曰:"汝非里中人乎?"翁曰:"某农人,家于此已有年矣。"神人曰:"我,天使。上帝以汝里中人俱病热,岂独骄阳之所致乎?且有厉鬼在君邑中,故邑人多病。上命我逐之。"已而不见。陈翁即以其事白于里人。自是云朔之间病热皆愈。[①]

文中提到的神人颇荒诞不稽,但透过这表象可以看出,这实际上反映了当时人们对疫病致病原因的认识,只不过是通过神人说出而已。它一方面肯定了疫灾是暑热所致,另一方面又言是厉鬼为祟所致。后者反映了人们在不能对疫情作出合理解释时,只好归于神秘的厉鬼。但认为暑热引发疫情,则包含科学的成分。

"安史之乱"引发大量北方人南迁,唐后期经济重心发生南移。与此相对应,唐后期许多瘟疫发生在南方。宝应元年(762),江东大疫,死者过半。[②]而据《旧唐书·代宗纪》记载,宝应元年(762)十月,浙江大旱,百姓重困多疫死。两者所记当系一事,显然宝应元年的疫情也是由旱灾引发的。这是唐后期一次重大疫灾。唐人独孤及对这次灾疫的惨状有详细记载:

> 辛丑岁大旱,三吴饥甚,人相食。明年大疫,死者十七八,城郭邑居,为之空虚,而存者无食,亡者无棺殡悲哀之送。大抵虽其父母妻子,亦啖其肉而弃其骸于田野,由是道路积骨,相支撑枕藉者,弥二千里。[③]

"辛丑岁"即上元二年(761)。在这次疫灾中,死亡惨重,三吴(即今浙江)地区民众死者过半,或云死者十七八,城郭邑居,为之一空,甚至还发生了人吃人的悲剧。其他还有,贞元六年(790)夏,淮南、浙西、福建暴发瘟疫。

---

① 李时人编校:《全唐五代小说》外编卷 14《村人陈翁》,中华书局,2014 年,第 4040 页。

② 欧阳修、宋祁:《新唐书》卷 36《五行志三》,中华书局,1975 年,第 957 页。

③ 独孤及:《吊道殣文》,董诰等《全唐文》卷 393,中华书局,1983 年,第 4003 页。

它同样是由旱灾引发的。史书称："淮南、浙西、福建等道大旱,井泉竭,人喝且疫,死者甚众。"① 大和六年(832)春,自剑南至浙西大疫。开成五年(840)夏,福、建、台、明四州疫。咸通十年(869),宣、歙、两浙疫。大顺二年(891)春,淮南疫,死者十三四。

军人是疫病的多发群体和易感人群,由于军人有时大规模地长途跋涉,特别是在边疆作战,往往因水土不服,而感染疫病。例如,隋开皇十八年(598)二月,隋文帝以汉王杨谅为行军元帅,率大军水陆三十万征伐高丽,九月,"汉王谅师遇疾疫而旋,死者十八九。"② 唐玄宗天宝年间,宰相杨国忠先后两次讨伐南诏,"其征发皆中国利兵,然于土风不便,沮洳之所陷,瘴疫之所伤,馈饷之所乏,物故者十八九。凡举二十万众,弃之死地,只轮不还,人衔冤毒,无敢言者。"③ 这些军人不仅是疫病的受害者,有时还成为传染源。由于战乱后尸体往往不能得到很好处理,特别是水源遭到污染,生态环境被破坏,这种情况常成为疫灾的催化剂,对疫灾具有推波助澜的作用。如唐肃宗至德二载(757),时四方兵交,岁大疫,江东尤剧。④ 大历年间,唐廷纠集幽州、成德、淄青等镇讨伐魏博田承嗣,在关东地区展开了大厮杀。这场战争也造成了瘟疫的流行,史称："大历初,关东人疫死者如麻。荥阳人郑损,率有力者,每乡大为一墓,以葬弃尸,谓之乡葬。"⑤

## 五、地震

我国是一个地震多发的国家,自古以来就一直是世界上最大的地震区之一。《中国救荒史》统计,从周迄清末,我国历史上共发生了695次地震,其中隋唐五代有58次。所统计的各类自然灾害总数中,地震的次数仅次于水灾、旱灾,位居第三位。

地震的发生具有突发性,不像水灾、旱灾等自然灾害的发生是一个渐

---

① 欧阳修、宋祁:《新唐书》卷35《五行志二》,中华书局,1975年,第917页。

② 魏徵、令狐德棻:《隋书》卷2《高祖纪下》,中华书局,1973年,第43页。

③ 刘昫等:《旧唐书》卷106《杨国忠传》,中华书局,1975年,第3243页。

④ 权德舆:《王姝夫人弘农杨氏祔葬墓志铭》,董诰等:《全唐文》卷504,中华书局,1983年,第5126页。

⑤ 李肇:《唐国史补(卷上)》,上海古籍出版社,1979年,第22页。

进的过程。大部分大震发生前没有任何迹象,人们根本来不及做任何准备和采取防护措施。另外,较大规模地震发生后,一般还有余震,有时持续数年,破坏力也较大。除了造成房屋等地面建筑垮塌、人员伤亡,还会造成地裂、地陷,引发山崩、海啸等,并进而造成地表生态因素的破坏和改变。如唐玄宗开元二十二年(734)十月十八日,秦州地震,损坏廨宇及居民庐舍数千间,地面裂而复合,压死了百余人。唐玄宗令右丞相萧嵩致祭山川,又遣仓部员外郎韦伯阳前往灾区宣慰,存恤所损之家。[1] 大历十二年(777),恒、定二州地震,持续了三天,其中束鹿(今河北辛集)、宁晋境内地裂数丈,岩浆喷涌,损毁房舍无数,死者有数百人。[2]

从唐太宗贞观末年至唐高宗永徽初年,晋州一带屡发地震。贞观二十三年(649)八月一日,晋州地震,坏人庐舍,压死者50余人;三日,又震;十一月五日,又震。永徽元年(650)四月一日,又震;六月十二日,又震。[3]在不到两年的时间里,发生五次地震。唐高宗李治在即位前封晋王,晋州是其封地所在,如此频繁的地震,虽然破坏性不是很大,但引起了朝中君臣的恐慌和猜疑。侍中张行成上奏说:"天,阳也;地,阴也。阳,君象;阴,臣象。君宜转动,臣宜安静。今晋州地震,弥旬不休,臣将恐女谒用事,大臣阴谋。且晋州,陛下本封,今地屡震,尤彰其应。伏顾深思远虑,以杜其萌。"[4]后来的史家也将此地震异象与以后的武则天擅权代唐加以附会。事实上,自贞观二十三年(649)八月地震后,此后持续的地震不过是这次地震的余震而已,古人不明此理,便附会于人事。

据《旧唐书·五行志》记载,唐朝较大规模地震近20次,从唐初到唐后期。从地区分布来看,地震主要分布在北方,特别是京师所在的关中。武德二年(619)十月,京师地震。贞观七年(633)十月,京师地震。仪凤二年(677)正月,京师地震。永淳元年(682)十月,京师地震。垂拱三年(687)七月,京师地震。次年七月,又震。开元二十六年(738)三月,京师地震。唐后期,

---

① 刘昫等:《旧唐书》卷37《五行志》,中华书局,1975年,第1347页。
② 欧阳修、宋祁:《新唐书》卷35《五行志二》,中华书局,1975年,第908页。
③ 刘昫等:《旧唐书》卷37《五行志》,中华书局,1975年,第1347页。
④ 刘昫等:《旧唐书》卷37《五行志》,中华书局,1975年,第1347页。

长安地震进入一个活跃期,屡发强震。大历二年(767)十一月,京师地震,震动自东北方传来,其声如雷。大历三年五月,又震。建中元年(780)四月,京师地震。建中三年六月,又震。建中四年四月,又震。五月,又震。贞元二年(786)五月,又震。贞元三年(787)十一月己卯夜,京师地震,一夜连震三次,鸟巢中的小鸟由于受惊,在空中盘旋,不住地哀鸣。百姓吓得纷纷逃出屋子,待在室外。东都洛阳和蒲州、陕州情况亦大致如此。但这只是前奏,更恐怖的地震还在后面。次年正月朔日,唐德宗御含元殿受百官朝贺,天刚亮,宫殿殿阶及栏槛三十余间,无故自坏,甲士死者十余人。夜里京师地震,此后余震不断。二日又震,三日又震,十八日又震,十九日又震,二十日又震,二十三日又震,二十四日又震,二十五日又震。时金、房州尤甚,江溢山裂,房屋大多坍塌损坏,民众不得不露宿外面。至二月三日壬午,又震,甲申又震,乙酉又震,丙申又震。三月甲寅又震,己未又震,庚午又震,辛未又震。当时京师地面生毛,这些毛有的长一尺多,颜色有白的,有黄色的。五月丁卯又震。八月甲辰又震,其声如雷。如此高密度的地震,在我国历史上也是少见的。除此次地震,唐宪宗元和七年(812)八月、唐文宗大和九年(835)三年、开成元年(836)二月,以及唐宣宗大中三年(849)十月,京城长安都发生了地震,造成了不同程度的损失。

《旧五代史·五行志》统计,五代时期地震 8 次,都分布在北方,其中河北道尤为集中,占了 4 次,占据了 50%,这表明河北道地区在五代时期是一个地震活跃区。当时河北道所辖的魏州大名府、镇州真定府、沧州、景州、德州、邢州、磁州、澶州、贝州、相州、泰州、雄州、新城县、定州、博州、莫州、深州、瑞州、静安军[1],如表 7.2 所示。

表 7.2　河北道地震

| 时间 | 区域 | 备注 |
|---|---|---|
| 后唐同光二年(924)十一月 | 镇州 | |
| 同光三年(925)十一月二十五日 | 魏州、博州 | |
| 后汉乾祐二年(949)四月 | 幽州、定州、沧州、营州、深州、贝州 | 幽州、定州尤甚 |
| 后周广顺三年(953)十月 | 魏州、邢州、洺州 | 魏州尤甚 |

---

① 薛居正等:《旧五代史》卷 150《郡县志》,中华书局,1976 年,第 2014 页。

通过对隋唐五代时期的自然灾害作了一些梳理,有几个问题需要说明。

第一,隋唐定都长安,以洛阳为东都,长安、洛阳作为政治中心,统治者自然对两地的自然灾害比较关注,自然史籍记载也较多。唐前期,经济中心仍在北方,故对北方自然灾害的记载明显多于南方。唐后期,经济中心南移,江南成为国家赋税重心,故对江淮的灾害十分关注。相反北方地区,在隋朝和唐前期为国家财赋重要基地,故记载较多,但"安史之乱"后,北方陷入割据状态,几乎形同化外,租赋不上交中央,户口也不申报,在此背景下,北方地区的灾害很少再见诸正史记载,但不能由此得出唐后期北方地区灾害较少的结论。

第二,由于正统史观的影响,隋唐对灾害的记载,多详于中原内地,而对边疆少数民族地区少有记载。其实少数民族地区的自然灾害并不亚于中原地区,北方少数民族地区生存的区域往往寒冷、干旱、沙漠化,生态环境脆弱,自然灾害发生时,破坏力更甚。

农耕和游牧是人类两种不同的生活方式,是人类活动与自然环境相适应的结果。游牧民族的生存对草原生态环境有很强的依赖性,气温大幅波动和降雨量的巨大变化,对牧业生产的影响往往是致命的。至今,草原地区的"白灾"仍是最为严重的自然灾害之一。虽然隋唐时期是一个温暖期,年平均气温要比现在高1℃~2℃[1],但这只是从总体来看,在这期间气候也有冷暖波动或交替变化。"在每一个四百至八百年的期间里,可以分出五十至一百年为周期的小循环,温度范围是1℃~0.5℃。"[2]也就是说,对历史上温暖期和寒冷期应辩证地去看,无论温暖期还是寒冷期,反常的气候都大量存在。隋唐时期雪灾也常常发生。这对少数民族的打击尤为明显。贞观之初,突厥迅速地衰落,并被唐太宗所灭。其中突厥境内频发的自然灾害是不容忽视的因素。"频年大雪,六畜多死,国中大馁,颉利用度不给,复重敛诸部,由是下不堪命,内外多叛之。"[3]

---

① 竺可桢:《中国近五千年来气候变迁的初步研究》,《考古学报》1972年第1期。

② 竺可桢:《中国近五千年来气候变迁的初步研究》,《考古学报》1972年第1期。

③ 刘昫等:《旧唐书》卷194《突厥传》,中华书局,1975年,第5159页。

# 第三节 | **宋辽金时期的自然灾害**

宋辽金时期，我国境内出现了南北对峙的局面。后周显德七年(960)，禁军统帅殿前都检点赵匡胤于陈桥驿(今河南开封东北陈桥)发动兵变，逼迫后周恭帝退位，改国号为宋，史称北宋。辽朝为契丹族建立的政权，自907年建国(国号契丹，947年改国号为辽)以后，不断向南扩张。辽太宗会同年间取得幽云十六州后，把燕赵北部地区纳入辽的管辖之下，形成与北宋对峙的局面。女真族建立金国，先后灭辽国和北宋，统一了我国北方，与南宋东以淮河、西以大散关为界。除此之外，当时我国境内还存在西夏、吐蕃、大理等政权。

经过了隋唐五代时期的温暖期，入宋以后气候又开始变得寒冷。一般认为从1000年到1200年的两宋时期，是我国历史上的又一个寒冷期。宋朝妇女服饰较唐朝保守，袒胸露背的服饰已经很少见到了。在魏晋南北朝就流行的袄至宋朝又大受欢迎，胡服及从辽、西夏、金等少数民族政权传入的毛织物、锦缎在民间也十分流行。这些变化的出现，社会风尚的演变是一方面原因，但更根本的是与该时期气候变冷有关。此外，该时期的自然灾害不能不受到当时总体气候特点的影响。

## 一、宋朝的自然灾害

宋朝是我国古代自然灾害的多发期。《中国救荒史》统计，两宋所遭受的各类自然灾害共达874次，其中最多的是水灾，达193次；第二是旱灾，183次；第三是雹灾，101次；其他的是风灾93次，蝗灾90次，歉饥87次，地震77次，疫灾32次，霜雪之灾18次。认为两宋灾害频度之密，盖与唐朝相若,而其强度与广度则更有过之。① 在此基础上,有学者指出,宋朝共发生水、旱、虫、震、疫、沙尘、风、雹、霜共九类自然灾害达 1 543 次,其中水灾 628 次,旱灾 259 次,虫灾 168 次,地震 127 次,瘟疫 49 次,沙尘 69 次,风灾 109 次,雹灾 121 次,霜灾 13 次。② 如表 7.3 所示。

表 7.3　宋朝自然灾害统计　　　　　　　　　　　　　　　单位:次

| 灾害 | 水灾 | 旱灾 | 虫灾 | 地震 | 雹灾 | 风灾 | 沙尘 | 瘟疫 | 霜灾 |
|------|------|------|------|------|------|------|------|------|------|
| 次数 | 628 | 259 | 168 | 127 | 121 | 129 | 69 | 49 | 13 |

从表 7.3 的数据来看,水灾在诸自然灾害中,高居第一占 40.7%;旱灾位居第二,占 16.79%,二者合计达 57.49%。

**(一) 水灾**

《中国救荒史》统计两宋时期有"水灾一百九十三次,为最多者"③,《中国历代天灾人祸表》统计有 462 次④,《宋代灾害与荒政述论》统计有 465 次⑤,《中国灾害通史(宋代卷)》则统计有 628 次⑥。宋朝水灾次数在各种自然灾害中居于首位。

1. 宋朝水灾概况

宋建立伊始,即发生水灾。宋太祖建隆元年(960)十月,棣州河决。坏厌次、商河二县居民庐舍、田畴。建隆二年,宋州汴河溢,孟州坏堤。⑦ 从时间上看,从北宋建立到宋真宗乾兴元年(1022),其间发生水灾 198 次,有水灾的年份 58 年,平均 0.32 年一次。南宋光宗绍熙元年(1190)到宁宗嘉定十七年(1224),其间发生水灾 116 次,有水灾的年份 30 年,平均 0.30 年一次。⑧ 这两个时期都是水灾十分频繁的时期,其频率均超过了每年 3 次。

从季节分布来看,宋朝水灾集中在夏、秋两季。从空间分布来看,几乎

---

① 邓云特:《中国救荒史》,商务印书馆,2011 年,第 15 页。
② 邱云飞:《中国灾害通史(宋代卷)》,郑州大学出版社,2008 年,第 10 页。
③ 邓云特:《中国救荒史》,商务印书馆,2011 年,第 25 页。
④ 陈高傭等编:《中国历代天灾人祸表》,上海书店,1996 年,第 796~1085 页。
⑤ 康弘:《宋代灾害与荒政述论》,《中州学刊》1994 年第 5 期。
⑥ 邱云飞:《中国灾害通史(宋代卷)》,郑州大学出版社,2008 年,第 10 页。
⑦ 脱脱等:《宋史》卷 61《五行志》,中华书局,1977 年,第 1319 页。
⑧ 邱云飞:《中国灾害通史(宋代卷)》,郑州大学出版社,2008 年,第 82~83 页。

凡是沿江沿河的地区都有分布。有学者统计,按现在行政区划来看,河南的水灾最多,达 137 次;浙江次之,达 131 次。其他依次为江苏(81 次)、河北(59次)、安徽(51 次)、四川(50 次)、江西(50 次)、福建(43 次)、山东(43 次)、湖北(38次)、陕西(32 次)、湖南(11 次)、山西(8 次)、广东(8 次)、甘肃(5 次)、广西(3 次)、宁夏(1 次)。若以秦岭—淮河为界,北方省份(包括河南、河北、山西、陕西、山东、宁夏、甘肃)共有水灾 285 次,且大都集中在沿黄河地区;南方省份(包括江苏、湖北、安徽、浙江、广西、广东、湖南、福建、四川、江西)共发生水灾466 次。[1] 从数据上看,南方比北方严重得多。南方雨量充沛,雨量较大,比较容易形成洪水。但更主要是南宋与金朝基本上以淮河为界,北方大部分地区已不在宋朝疆域范围之内,故史书中自然不会对这些地区的水灾加以记载。

北宋英宗治平二年(1065)八月,京师汴梁大雨。大雨伴随着地裂涌出的大水,肆意横流,地面一片汪洋。大水冲毁官私屋舍,漂杀百姓畜产,难以胜计,大量民众无处容身。宋英宗御崇政殿,宰相及大臣朝参者才十几个人。皇宫中也被淹,积水严重,宋英宗下诏开西华门以泄宫中积水。在大水奔流冲激下,侍班的房屋都坍塌了。根据官方的统计数字,这次水灾中共死了 1 588 人。[2] 宋人欧阳修和吕诲记录了这次大水的实况。

> 以雨水为患,自古有之,然未有灾入国门,大臣奔走,涔浸社稷,破坏都城者,此盖天地之大变也。

> 至于王城京邑,浩如陂湖,人畜死者,不知其数。其幸而存者,屋宇摧塌,无以容身,缚筏露居,上雨下水,累累老幼,狼籍于天街之中。又闻城外坟冢,亦被浸注,棺椁浮出,骸骨飘流。此皆闻之可伤,见之可悯。生者既不安其室,死者又不得其藏,此亦近世水灾未有若斯之甚者。此外四方奏报,无日不来,或云闭塞城门,或云冲破市邑,或云河口决千百步阔,或云水头高三四丈余,道路隔绝,田苗荡尽,是则大川小水,皆出为灾,远方近畿,无不被害。[3]

① 邱云飞:《中国灾害通史(宋代卷)》,郑州大学出版社,2008 年,第 85 页。
② 李焘:《续资治通鉴长编》卷 206,英宗治平二年八月,中华书局,2004 年,第 4984 页。
③ 李焘:《续资治通鉴长编》卷 183,仁宗嘉祐元年七月,中华书局,2004 年,第 4424 页。

吕诲曰：

窃以天地灾变，古今时有，如一二日内，大雨毁坏公私庐舍万余间，未尝闻矣。今复逾月阴霾不解，诸军营垒类皆暴露，愁痛呻吟，夜以继晨，殆无生意……今都城之内沟渠遏塞，郊封之外畎浍堙塞，水道决溢，蔡河断流，市无薪刍，人艰食用。[①]

从以上记载来看，这次水灾是大范围的，"远方近畿，无不被害"，并不限于汴梁地区。无论从破坏力，还是在社会上造成的震动来看，在以前似乎都是没有先例的。它也成为宋朝因雨致灾的一个典型个案。

2. 黄河水患

宋朝水灾中，不得不提黄河水患。黄河水患是宋朝水灾中最为重要，也是最具有时代特点的自然灾害。

由于黄河携带泥沙的不断沉积，使黄河下游逐渐成为"地上河"。11世纪初，今黄河下游的山东商河、惠民、滨州地区境内河床竟然"高民屋殆逾丈矣"[②]，这种状况必然会导致黄河溃堤、决口和改道的频繁发生。据统计，黄河的决口或改道，秦汉时平均26年一次，三国至五代时平均10年一次，北宋则平均1年一次，元至清代每4~7个月一次。[③]可见到了宋朝，黄河进入了一个泛滥高发期。其实，黄河水患加重，应追溯到五代时期，只不过到了北宋愈演愈烈罢了。

北宋初期，黄河下游河道大致和隋唐五代相同，经由孟州、怀州、郑州、开封府、卫州、滑州、濮州、澶州、大名府、郓州、博州、齐州、德州、沧州、棣州、淄州、滨州等地，仍从渤海南部入海。由于这条水道行水时间已经很长，河床淤积相当严重，入宋后河患更加频繁。从宋太宗淳化四年(993)到宋真宗天禧三年(1019)，黄河两次南流夺淮入黄海，两次合御河北流从今天津附近入渤海。宋仁宗景祐元年(1034)，黄河决于澶州横陇(今河南濮阳东)，经今河北大名、馆陶和山东聊城、惠民，至山东滨州入海。这是宋朝黄河的

---

① 李焘：《续资治通鉴长编》卷206，英宗治平二年九月，中华书局，2004年，第5001页。

② 脱脱等：《宋史》卷91《河渠志一》，中华书局，1977年，第2260~2261页。

③ 农史研究编辑五部：《农史研究》第1辑，农业出版社，1980年，第204页。

第一次大改道,改道后的黄河干流所经行的路线称"横陇故道"。横陇故道行河时间不长,14年后,即庆历八年(1048),黄河又自澶州商胡决口,史称"商胡决口",黄河合御河入海,横陇故道完全淤废。河水改道北流,自今河南南乐以北,经河北馆陶、枣强,东至乾宁军(今青县),合御河入海,宋人称"北流",这是宋朝黄河最北端流入渤海的路线,也是有文字记载以来黄河第三次大改道。从此黄河进入一个变迁紊乱的时代。据《续资治通鉴长编》记载,宋仁宗庆历八年(1048)十二月,贾昌朝云:

> 国朝以来,开封、大名、怀、滑、澶、郓、濮、棣、齐之境,河屡决。天禧三年至四年夏连决,天台山傍尤甚。凡九载,乃塞之。天圣六年,又败王楚。景祐初,溃于横垄,遂塞王楚。于是河独从横垄出,至平原,分金、赤、游三河,经棣、滨之北入海。近岁海口壅阏,淖不可浚,是以去年河败德、博间者凡二十一。今夏溃于商胡,经北都之东,至于武城,遂贯御河,历冀、瀛二州之域,抵乾宁军,南达于海。今横垄故水,止存三分,金、赤、游河,皆已埋塞,惟出雍京口以东,大污民田,乃至于海。自古河决为害,莫甚于此。[①]

此后的约40年间,围绕着任由黄河北流,还是恢复故道这一问题,上自皇帝,下至群臣,都卷入了一场无休无止的争论中。对立的双方各执一词,朝廷政策也左右摇摆。在这期间进行过三次大规模的黄河改道工程,强制黄河恢复东流。然而,每一次挽河东流都不久便发生大决口,以失败告终,不仅造成极大的经济和人力浪费,而且带来巨大的洪水灾害。最后,黄河仍然复归改道后的北流路线。

宋仁宗皇祐三年(1051),黄河在今河北馆陶郭固决口,堵塞后河道出现改道南流的趋势。河北转运使李仲昌提议堵塞商胡北流河道,开六塔河以恢复横陇故道。但此议遭到欧阳修的极力反对。欧阳修认为横陇故道已埋塞20多年,已废弃的河道难以恢复。然而,恢复横陇故道的建议却被朝廷采纳。实施的结果正如欧阳修所料,开六塔河引黄河水入横陇故道的当晚,即由于水流宣泄不及而决口,河北数千里一片汪洋,百姓死伤惨重。横

---

① 李焘:《续资治通鉴长编》卷165,庆历八年十二月,中华书局,2004年,第3977页。

陇故道的恢复最后以失败而告终。

宋仁宗嘉祐五年(1060),黄河自大名府魏县第六埽决口,史称"大名决口",形成北流和东流,即所谓的"二股河"入海。北宋人称原来的商胡河为"北流",新冲出宽约六十多米的岔流为"东流",东流一支东北经沧州、乐陵、无棣入海。黄河分成北流和东流后,新河道尚未稳定,旧河道已经萎缩,因此新旧河道仍然频繁决溢。当时北宋对黄河防洪和治理主要有两种主张:第一种主张是维持黄河北流河道,通过修筑堤防,减缓河北水患;第二种主张是堵塞北流旧道,稳定东流新河道。宋神宗和王安石倾向于后者,但鉴于六塔河的教训,先派人在二股河口修建挑水坝,遏水向东。司马光先是同意回河之议,待至实地考察后,认为东流浅狭,堤防未全,必致决溢,因而回河之事应当缓行。然而,急于实施回河的宋神宗和王安石却于熙宁二年(1069)八月趁东流畅通、北流渐浅之际,闭塞了北流。结果,黄河在闭口以南的许家港东溃决,位于北流与东流之间的许多州县顿成一片汪洋,水灾十分深重。

北流闭塞后,朝廷虽采取了诸多措施来维护东流,但东流仍然频频决口。宋神宗元丰四年(1081),黄河在澶州小吴埽决口,北注御河,大致沿着王莽河故道入永济渠,经若干州县后入海。自此,东流断流,黄河重又恢复了北流的局面。宋哲宗即位后,为达到以黄河天险御辽的目的,回河东流之议死灰复燃。当时"回河派"的代表王岩叟专门列举了黄河北流的七大危害,另一个代表人物安焘更是声称设险应先于治河。反对派苏辙、曾肇等人奋力反击。双方各持己见达几年之久。然而,回河东流的主张因为符合北宋统治者的御辽意图,占据了上风,元祐八年(1093)五月,宋朝再次实施回河。结果,发生了比熙宁二年(1069)更为严重的水灾。六年后,河决内黄口,东流断绝,黄河主流又恢复北流路线。

宋朝黄河频繁的改道及决溢,造成了重大的财产损失和人员伤亡。宋太宗淳化四年(993)九月,澶州河涨,冲陷北城,毁坏居民庐舍、官署、仓库,百姓溺死者甚众。十月,澶州河决,河水西北流入御河,直冲向大名府城,知府赵昌言急令关闭城门以御之。宋真宗大中祥符四年(1011)八月,河决于通利军(今河南浚县东北),大名府御河溢,合流坏府城,害田,人多溺死。特别是宋徽宗政和七年(1117),"瀛、沧州河决,沧州城不没者三版,民死者百余万。"[1]宣和元年(1119)五月,大雨,水势骤升至十余丈,波涛翻滚,直扑向京城汴梁。宋徽宗紧急下诏令都水使者决开西城索河大堤,以分水势。汴梁城南居民的坟墓都被洪水淹没。[2]

黄河的泛滥,一些州县府城整个被淹没,不得不改迁它处,另建新城,这是水患迫使地方政治中心变动的例子。例如宋真宗咸平三年(1000)五月,"河决郓州,诏徙州城。"[3]宋神宗熙宁二年(1069)八月,河决于沧州饶安,漂溺居民,移县治于张为村。[4]黄河的北流使漳卫南运河再次成为黄河的下游,巨鹿也因此成为黄河沿岸的县城。宋徽宗大观二年(1108)秋,黄河决口,巨鹿县城整个被洪水淹没。黄河的频繁改道,对黄河下游的自然地理面貌和社会经济生活产生了巨大的影响。洪水过后,平原上沉积的大量泥沙扰乱了水系的自然面貌,填平了原来的湖泊,淤填了天然的河流,还在平地上留下了大片的沙丘、沙地和洼地,使一些原本农业比较发达的地区,变成了旱、涝、沙、碱的重灾区。

## (二) 旱灾

《宋史》载:"民之灾患大者有四:一曰疫,二曰旱,三曰水,四曰畜灾。岁必有其一,但或轻或重耳。四事之害,旱暵为甚。"[5]根据危害程度将旱灾排在了第一位。宋朝旱灾《中国救荒史》统计为 183 次,《中国历代天灾人祸表》统计为 226 次,《宋代灾害与荒政述论》一文统计为 382 次,《中国灾害通史(宋代卷)》则统计为 259 次。根据《中国灾害通史(宋代卷)》,从北宋建立到真宗乾兴元年(1022),其间发生旱灾 76 次,有旱灾的年份 46 年,平均 0.83 年一次。南宋建炎二年(1128)到孝宗淳熙十六年(1189),其间发生旱灾 63 次,有旱灾的年份 38 年,平均 0.98 年一次。另外从光宗绍熙元年(1190)到宁宗嘉定十七年(1224),其间发生旱灾 39 次,有旱灾的年份 23

①　脱脱等:《宋史》卷 61《五行志一上》,中华书局,1977 年,第 1329 页。
②　脱脱等:《宋史》卷 61《五行志一上》,中华书局,1977 年,第 1329 页。
③　脱脱等:《宋史》卷 6《真宗纪》,中华书局,1977 年,第 112 页。
④　脱脱等:《宋史》卷 61《五行志一》,中华书局,1977 年,第 1327 页。
⑤　脱脱等:《宋史》卷 431《邢昺传》,中华书局,1977 年,第 12799 页。

年,平均 0.90 年一次。以上三个时段均是旱灾频发的时期。

从时间上看,宋朝旱灾发生在夏季最多,秋季次之,再次为春季,冬季最少。这与其他朝代并无大的差别。从地区分布来看,按照现在行政区划,河南旱灾最多,达 95 次。浙江次之,为 66 次。其他省份依次为江苏 57 次,安徽 30 次,陕西 29 次,湖北 27 次,福建 26 次,江西 22 次,四川 20 次,河北 20 次,湖南 18 次,山东 14 次,山西 10 次,广西 9 次,广东 6 次,甘肃 2 次,宁夏 1 次。[①] 总的来看,北方发生 171 次,南方 281 次。从数量上看,南方远远高于北方。这主要是由于南宋情况比较特殊,大致以淮河与金为界,大部分领土都在南方,故对许多北方州县的旱灾未予以记载。

从《宋史·五行志》来看,比较突出的是北宋京师汴梁的旱灾,北宋初几乎是无岁不旱。北宋建立伊始,即遭遇旱灾。建隆二年(961),京师夏旱,冬又旱。建隆三年,京师春夏旱。建隆四年,京师夏秋旱。乾德元年(963)冬,京师旱。乾德二年正月,京师旱。乾德四年春,京师不雨。乾德五年正月,京师旱;秋,复旱。这场旱灾旷日持久,持续了七年之久。但宋太祖时期的旱灾并未到此结束。开宝二年(969)夏至七月,京师不雨。开宝三年春夏,京师旱。开宝五年春,京师旱;冬,又旱。开宝六年冬,京师旱。开宝七年,京师春夏旱;冬,又旱。开宝八年春,京师旱。旱灾几乎与宋太祖的统治相始终。宋太宗太平兴国二年(977)正月,京师旱。太平兴国三年春夏,京师旱。太平兴国四年冬,京师旱。太平兴国五年夏,京师旱;秋,又旱。太平兴国六年春夏,京师旱。太平兴国七年春,京师旱。太平兴国九年夏,京师旱。

北宋其他旱灾记载还有,宋神宗熙宁二年(1069)三月,旱甚。熙宁三年,诸路旱;六月,畿内旱;八月,卫州旱。熙宁五年五月,北京大名府自春至夏不雨。熙宁七年,自春及夏河北、河东、陕西、京东西、淮南诸路久旱;九月,诸路复旱。时新复洮河亦旱,羌户多殍死。熙宁八年四月,真定府大旱;八月,淮南、两浙、江南、荆湖等路旱。熙宁九年八月,河北、京东、京西、河东、陕西诸路旱。熙宁十年春,诸路旱。宋徽宗大观二年(1108),淮南、江东西

---

① 邱云飞:《中国灾害通史(宋代卷)》,郑州大学出版社,2008 年,第 131 页。

诸路大旱,自六月不雨,至十月。

南宋高宗绍兴三年(1133)四月,旱,至七月,宋高宗为示虔诚,断荤蔬食,站在烈日下祈祷。其诚心也许感动了上天,终于天降甘霖。绍兴三十年(1160)春,阶、成、凤、西和州旱;秋,江浙郡国旱,浙东尤甚。宋孝宗隆兴元年(1163),江、浙郡国旱,京西大旱。隆兴二年,台州春旱。兴化军、漳福州大旱,导致不能播种。旱灾自春延续至八月。乾道三年(1167)春,四川郡县大旱,至秋七月,绵剑汉州、石泉军尤甚。乾道四年夏六月,旱,宋孝宗命人撤去遮阳伞盖,亲自顶着炎炎烈日于太乙宫祷告。时襄阳、隆兴、建宁亦旱。八月,下诏颁皇祐祀龙法于郡县。淳熙元年(1174),浙东、湖南郡国旱,台、处、郴、桂为甚。蜀关外四州旱。淳熙二年秋,江、淮、浙皆旱,绍兴镇江宁国建康府、常和滁真扬州、盱眙广德军为甚。宋宁宗庆元二年(1196)五月,不雨。庆元三年,潼、利、夔路十五郡旱,自四月至九月,金、蓬、普州大旱;四月壬子,宋宁宗祷于天地、宗庙、社稷。庆元六年四月,旱;五月辛未,祷于郊丘、宗社。镇江府、常州大旱,水竭,淮郡自春无雨,难以播种,及京、襄皆旱。事例还有很多,不再赘举。

第一,旱灾造成农作物减产或绝收。例如宋太祖建隆三年(962),“京师春夏旱。河北大旱,霸州苗皆焦仆。”[1] 宋孝宗乾道九年(1173),“婺处温台吉赣州、临江南安诸军、江陵府皆久旱,无麦苗。”[2] 隆兴元年(1163),江浙大旱,平江县尤其严重,平江主簿王梦雷写有《勘灾诗》以记之,诗曰:

> 散吏驰驱踏旱丘,沙尘泥土掩双眸。山中树木减颜色,涧畔泉源绝细流。处处桑麻增太息,家家老幼哭无收。下官虽有忧民泪,一担难肩万姓忧。[3]

在这次旱灾中,树木枝叶干枯,显得无精打采,山中的泉水也断流了。更使人揪心的是,百姓赖以为生的桑麻几乎绝收,家家户户都有哭声。官吏们虽心急如焚,但在强大的天灾面前,也无能为力。

---

[1] 脱脱等:《宋史》卷66《五行志四》,中华书局,1977年,第1438页。
[2] 脱脱等:《宋史》卷66《五行志四》,中华书局,1977年,第1443页。
[3] (同治)《平江县志》卷54《艺文志四》,岳麓书社,2011年,第678页。

第二,旱灾还可能引发蝗灾,造成饥荒与死亡。宋太宗端拱二年(989)五月,京师旱,秋七月至十一月,旱;宋太宗忧形于色,蔬食致祷。是岁,河南莱、登及河北深、冀诸州旱甚,民多饥死,下诏发仓粟贷之。[1]宋真宗景德元年(1004),京师夏旱,人多干渴而死。宋神宗熙宁七年(1074)二月,河北、陕西久旱,开封府界并诸路均遭旱灾;三月,监安上门、光州司法参军郑侠上奏:“去年大蝗,秋冬亢旱,以至今春不雨,麦苗干枯,黍、粟、麻、豆皆不及种,五谷踊贵,民情忧惶,十九惧死,逃移南北,困苦道路。”[2]关于此次灾害的危害,司马光说得很清楚:“北尽塞表,东被海涯,南踰江淮,西及邛蜀,自去岁秋冬,绝少雨雪,井泉溪涧,往往涸竭,二麦无收,民已绝望,孟夏过半,秋种未入,中户以下,大抵乏食,采木实草根以延朝夕。若又如是数月,将如何哉?”[3]

为了应对旱灾,宋朝采取了一些措施,主要如下。

一是蔬食祈祷。古人认为旱灾是由鬼神作祟所致,传说旱魃就是致旱之神。因此,在旱灾发生时需要斋戒祈祷。例如,淳化元年(990)正月至四月,不雨,宋太宗蔬食祈雨。景祐三年(1036)六月,河北久旱,宋仁宗遣使至北岳恒山祈雨。庆历元年(1041)九月,遣官祈雨。二年六月,祈雨。三年,遣使诣岳、渎祈雨。四年三月,遣内侍到两浙、淮南、江南祠庙祈雨。而在民间更为盛行的则是祭拜龙王。在民间传说中,龙王是司掌降雨的神灵,几乎各地都建有龙王庙。苏轼写有一首反映祭拜龙王求雨的诗《和李邦直沂山祈雨有应》,诗曰:

高田生黄埃,下田生苍耳。苍耳亦已无,更问麦有几。蛟龙睡足亦解惭,二麦枯时雨如洗。不知雨从何处来,但闻吕梁百步声如雷。试上城南望城北,际天菽粟青成堆。饥火烧肠作牛吼,不知待得秋成否?半年不雨坐龙慵,共怨天公不怨龙。今朝一雨聊自赎,龙神社鬼各言功。无功日盗太仓谷,嗟我与龙同此责。劝农使者不汝容,因君

① 脱脱等:《宋史》卷66《五行志四》,中华书局,1977年,第1439页。
② 李焘:《续资治通鉴长编》卷252,神宗熙宁七年四月,中华书局,2004年,第6152页。
③ 李焘:《续资治通鉴长编》卷252,神宗熙宁七年四月,中华书局,2004年,第6165~6166页。

作诗先自劾。[1]

诗中旱灾发生的背景是沂山,在今山东潍坊临朐蒋峪,位于沂蒙山区北部。当地大旱,已历半年有余,田中麦苗枯槁,所剩无几。百姓自发到龙王庙祈雨,但并不灵验,仍未下雨,但他们只是埋怨天公不作美,是自己不够虔诚,而不敢归咎于龙王。后来,天降甘霖,旱情得以纾解,那些祭拜龙王和社鬼的人都争着说是自己的功劳。苏轼以平白无华的语言,生动地勾画了旱灾情景下的众生相,其中对龙王也不无揶揄、不敬之意。

二是兴修水利,这是解决旱灾的根本之道。古人很早就认识到水旱灾害的发生,往往是由于水利工程不兴所导致的。因此,要消灭旱灾,必须兴修水利工程。《荀子·王制》篇曰:"修堤梁,通沟浍,行水潦,安水臧,以时决塞,岁虽凶败水旱,使民有所耘艾,司空之事也。"[2]宋朝史书中这样的事例甚多,兹不赘述。

### (三) 蝗灾

宋朝蝗灾《中国救荒史》统计有 90 次,《中国历代天灾人祸表》统计有112次,《宋代灾害与荒政述论》一文统计有108次,《中国灾害通史(宋代卷)》则统计有 168 次。[3]宋朝 320 年间,其中北宋时期 168 年,发生蝗灾 105 次;南宋时期 152 年,共发生蝗灾 63 次。显然南宋时期的蝗灾比北宋时期少得多,因为蝗灾的多发区域,例如今河北、河南、山东、山西、陕西等已不在南宋的疆域中了。

据《宋史·五行志》,北宋建立之初,就发生了蝗灾。宋太祖建隆元年(960)七月,澶州蝗。建隆四年(963)六月,澶、濮、曹、绛等州蝗。乾德二年(964)四月,相州蛹虫食桑;五月,昭庆县爆发蝗灾,涉及东西四十里,南北二十里。当时,河北、河南、陕西诸路都发生了蝗灾,只是昭庆县的蝗灾最为严重。乾德三年(965)七月,诸路有蝗。宋太宗淳化元年(990)七月,淄澶濮州、乾宁军有蝗;沧州蝗蛹虫食苗;棣州飞蝗自北边而来,害稼。淳化三年(992)六月,京师汴梁飞蝗起自东北,向西南飞去,在天空中黑压压一

---

[1]　苏轼:《苏轼全集》,上海古籍出版社,2000 年,第 171 页。

[2]　王先谦:《荀子集解》卷 5,中华书局,2009 年,第 168 页。

[3]　邱云飞:《中国灾害通史(宋代卷)》,郑州大学出版社,2008 年,第 134 页。

片,如乌云一般遮住了太阳。七月,贝、许、沧、沂、蔡、汝、商、兖、单等州,淮阳军、平定彭城军都出现了蝗灾。大中祥符二年(1009)五月,雄州蝻虫食苗。大中祥符三年(1010)六月,开封府尉氏县蝻虫生。大中祥符四年(1011)六月,祥符县蝗;七月,河南府及京东蝗生,食苗叶;八月,开封府祥符、咸平、中牟、陈留、雍丘、封丘六县蝗。连年的蝗灾发展到大中祥符九年(1016)六月,几乎一发不可收拾。当时京畿、京东西、河北路蝗蝻继生,弥漫田野,一眼看不得头,将庄稼啃食殆尽。这些蝗虫还飞入公私庐舍中,爬满了树上、房顶、窗户,令人胆战心惊。七月,蝗灾经过京师汴梁,向南逐渐蔓延至江淮以南;向北延及河东。一直到秋末霜降、天气寒冷之时,蝗灾才逐渐平息。天禧元年(1017)二月,开封府、京东西、河北、河东、陕西、两浙、荆湖等130个州军,蝗蝻复生。这些蝗蝻大多去年蛰伏未死,随着春天天气转暖,万物复苏,继发为灾。崇宁元年(1102)夏,开封府界、京东、河北、淮南等路蝗。二年,诸路蝗,令有司醮祭。三年、四年,连岁大蝗,其飞蔽日。这些蝗虫来自山东及府界,在河北为害最烈。

与唐朝五代相比,宋朝蝗灾分布区域更广。南宋,不仅淮河南北,而且江南也大量出现蝗灾。宋高宗绍兴三十二年(1162)六月爆发的蝗灾规模较大,波及地域很广。史称江东、淮南北郡县蝗,飞入湖州境,声如风雨;自癸巳至七月丙申,遍于畿县,余杭、仁和、钱塘皆蝗。次年,即孝宗隆兴元年(1163)七月,大蝗。八月壬申、癸酉,蝗虫飞越都城临安,遮天蔽日;徽、宣、湖三州及浙东郡县都爆发了蝗灾。京东大蝗,襄、随尤甚,民为乏食。隆兴二年(1164)夏,余杭县蝗。淳熙九年(1182)七月,淮甸大蝗。在官府组织下,各地进行捕蝗,真、扬、泰诸州扑蝗五千斛,其余州郡,有的地区甚至每天捕获数十车。即使这样,蝗灾仍难以遏止,蝗虫成群结队,飞越长江,落到了镇江府,将镇江府的庄稼啃食一空,蝗灾又向南蔓延。宋宁宗嘉泰二年(1202),浙西诸县大蝗。蝗虫自丹阳进入武进境内,飞起来若烟雾蔽天,落下来布满方圆十余里。常州所属三县捕杀了蝗虫八千余石,湖州所属的长兴县捕杀了蝗虫数百石。不仅浙西爆发了蝗灾,而且浙东近郡亦难以幸免。嘉定元年(1208)六月,飞蝗入畿县。嘉定三年(1210),临安府蝗。嘉定七年(1214)六月,浙郡蝗。嘉定八年(1215)四月,飞蝗越淮而南,江、淮郡蝗,食禾苗、山林草木皆尽。乙卯，飞蝗入畿县。令郡有蝗者如式以祭。自夏徂秋。诸道捕蝗者以千百石计，饥民竞捕，官出粟易之。嘉定九年(1216)五月，浙东蝗。

明代徐光启在论述蝗灾的分布地域时云："幽涿以南，长淮以北，青兖以西，梁宋以东，都郡之地，湖漅广衍，暵溢无常，谓之涸泽，蝗则生之。历稽前代及耳目所睹记，大都若此。"① 具体到宋朝蝗灾，主要分布在华北平原及黄淮地区，其中今河南、山东、河北、江苏是蝗灾最严重的地区。如果将北宋与南宋蝗灾范围加以比较，北宋江南蝗灾较少，而南宋骤然增多，这是江南的进一步开发使然，但更多的是政治上的原因。由于南宋定都临安(今杭州)，江南不仅是财富渊薮，而且是政治中心，朝廷自然对江南的关注度比前代大为提高，对辖境内的蝗灾自然也不会放过。

宋朝深受蝗灾之苦，对治蝗工作十分重视，继承了前代的做法，屡次下诏募民捕蝗，为了提高百姓灭蝗的积极性，规定以蝗虫易粟米，对庄稼造成损伤者，官府予以补偿，仍复其赋。例如宋神宗于熙宁八年(1075)八月下诏除蝗。诏令曰：

> 有蝗处委县令佐亲部夫打扑。如地里广阔，分差通判、职官、监司提举。仍募人得蝻五升或蝗一斗，给细色谷一升；蝗种一升，给粗色谷二升。给价钱者，依中等实直。仍委官视烧瘗，监司差官覆案以闻。即因穿掘打扑损苗种者，除其税，仍计价，官给地主钱谷，毋过一顷。②

宋高宗绍兴年间，天下蝗害为患，政府募民捕蝗，规定得蝗之大者，一斗给钱一百文；得蝗之小者，每升给钱五百文。宋宁宗嘉定八年(1215)四月，蝗虫从淮河以北飞越淮河，"食禾苗，山林草木皆尽"，官府"出粟易之"，以至"饥民竞捕"，"自夏徂秋，诸道捕蝗者以千百石计"。③ 这样既达到了治

① 徐光启：《农政全书校注》卷44《荒政》，石声汉校注，上海古籍出版社，1979年，第1300页。
② 李焘：《续资治通鉴长编》卷267，神宗熙宁八年八月，中华书局，2004年，第6543~6544页。
③ 脱脱等：《宋史》卷62《五行志一下》，中华书局，1977年，第1358页。

蝗的目的,又可使因蝗灾而受害的百姓获济,一举两得。除了捕杀蝗虫成虫,与前代相比,宋朝还有一项新的举措,便是在冬、春季节挖掘蝗卵加以杀除,将蝗灾消灭在萌芽状态。如宋仁宗景祐元年(1034)春正月,"诏募民掘蝗种,给菽米。"① 宋神宗熙宁七年(1074)冬十月,"以常平米于淮南西路易饥民所掘蝗种。"②

蝗灾的出现与天气的涝旱有关,"因雨水过溢,即虑入春微旱,则蝗虫遗种必致为害。"③ 因此,治蝗灾必须与水利的兴修联系起来,才能从源头上解决问题。北宋时结合水利的兴修而进行的农田改造,变陆田为水田,就有消除虫害的目的在里面。宋人陈尧叟等明言:"陆田命悬于天,人力虽修,苟水旱不时,则一年之力弃矣。水田之制由人力,人力苟修,则地利可尽。且虫灾之害亦少于陆田,水田既修,其利兼倍。"④

### (四) 疫灾

《中国救荒史》统计宋朝发生疫灾 32 次,《中国历代天灾人祸表》统计有 22 次,《宋代灾害与荒政》一文统计有 40 次,而《中国灾害通史(宋代卷)》统计有 49 次。

关于北宋时期的疫灾,例如宋太宗淳化三年(992)五月,由于都城汴梁百姓多疾疫,宋太宗令太医局选良医十人,"分遣于京城要害处,听都人之言,病者给以汤药,扶病而至者即诊视。"⑤ 淳化五年(994)六月,京城又大疫,宋太宗分遣医官煮药以给病者。至道三年(997),江南频年多疾疫。⑥ 宋真宗咸平六年(1003)五月,京城大疫,宋真宗分遣内臣赐药。嘉祐五年(1060)五月,京师民疫,宋仁宗选医给药以疗之。⑦ 至和元年(1054)正月,京师大疫,宋仁宗命"碎通天犀和药以疗民疫"⑧。宋英宗治平二年(1065),爆发了一场

① 脱脱等:《宋史》卷 10《仁宗纪二》,中华书局,1977 年,第 197 页。
② 脱脱等:《宋史》卷 15《神宗纪二》,中华书局,1977 年,第 286 页。
③ 马宗申校注:《授时通考校注》卷 47《劝课门》,农业出版社,1991 年,第 171 页。
④ 脱脱等:《宋史》卷 176《食货志上四》,中华书局,1977 年,第 4265 页。
⑤ 徐松等辑:《宋会要辑稿》职官 22 之 35,中华书局,1957 年,第 2877 页。
⑥ 脱脱等:《宋史》卷 62《五行志一下》,中华书局,1977 年,第 1370 页。
⑦ 脱脱等:《宋史》卷 12《仁宗纪四》,中华书局,1977 年,第 245 页。
⑧ 脱脱等:《宋史》卷 12《仁宗纪四》,中华书局,1977 年,第 236 页。

大瘟疫,这次瘟疫不仅流行广,而且程度甚烈,夺去了许多人的生命。宋哲宗元祐七年(1092)五月,疾疫大作,苏、湖、秀三州人死过半。[1]宋徽宗大观三年(1109),江东又疫。宋高宗建炎元年(1127)三月,金人围汴京,城中疫死者几乎占了城中居民的一半。

《宋史·五行志》对南宋时期的疫灾记载甚详。宋高宗绍兴元年(1131)六月,浙西大疫,平江府以北,流尸遍地,难以胜计。秋冬,绍兴府大疫,朝廷下令在百姓中招募有医疗技能,能配制粥药的人,规定只要能救活一百人者,就可授予度牒,允许出家为僧。绍兴十六年(1146)夏,临安大疫。绍兴二十六年(1156)夏,临安又疫,宋高宗出柴胡制药,救活者甚众。

宋孝宗隆兴二年(1164)冬,淮甸流民二三十万人避乱江南。他们于山谷间随处搭建草舍,由于长时期饥寒露宿,以致疫死者过半。是岁,浙之饥民疫者尤众。乾道元年(1165),临安及绍兴府发生饥荒,民大疫,浙东、浙西亦如之。乾道五年(1169)冬比较温暖,翌年春便爆发了瘟疫。乾道八年(1172)夏,临安大疫,一直延续到秋季,仍未得到遏制。淳熙四年(1177),真州大疫。淳熙八年(1181),临安大疫,不仅民众,而且禁军也难以幸免,许多人染病而死。淳熙十四年(1187)春,在临安民众和禁军间又一次爆发大疫,并波及浙西诸郡国。宋宁宗庆元元年(1195),临安疫。庆元二年(1196)五月,临安又疫。庆元三年(1197)三月,临安及淮、浙郡县疫。嘉泰三年(1203)五月,临安大疫。嘉定元年(1208)夏,淮甸大疫。染病而死的百姓尸体难以得到及时处理,散布于道路间,天气炎热熏蒸,不久就发出腐烂难闻的臭味。这种情况有可能加剧疫情,为此官府下令招募掩埋尸体的人,规定只要掩埋200具尸体,便可度为僧。是岁,浙民亦疫。嘉定二年(1209)夏,都城临安疫死者甚众,从淮河两岸逃到江南者在饥饿和酷暑的交织作用下,许多人感染疫病而死。嘉定三年(1210)四月,疫灾仍在持续蔓延,并进一步恶化。南宋末年,蒙古军队大举南下,并包围了临安,为躲避战乱,各地逃难的民众辗转流徙于道路间,局势已经完全失控。宋恭宗德祐元年(1275),流民患疫而死者不可胜计,天宁寺死者尤多。次年,蒙古军队围困临安数月,杭州

---

① 李焘:《续资治通鉴长编》卷473,哲宗元祐七年五月,中华书局,2004年,第11296页。

城中疫气熏蒸,人之病死者不可以数计。

如果对两宋时期的疫病空间分布加以考察,便会发现这一时期是南方比北方多,东部比西部多。另外,主要集中在都城中。北宋 14 次瘟疫中,发生在都城汴梁的有 6 次;南宋 35 次瘟疫中,发生在都城临安的有 16 次。总起来说,都城共暴发瘟疫 22 次,占总数的 44.9%。[1]首先,都城是当时的政治经济文化中心,瘟疫的记载比较详备;其次,都城人口众多,人口流动性大,很容易形成瘟疫。

## 二、辽朝的自然灾害

辽朝是统治我国北部的一个强大政权,疆域"东至于海,西至金山,暨于流沙,北至胪朐河,南至白沟,幅员万里"[2]。辽圣宗统和二十二年(1004)澶渊之盟后,辽与北宋以白沟为界,形成了南北对峙的局面,天祚帝保大五年(1125),辽为金所灭。辽朝作为一个少数民族建立的政权,在入主中原后,受汉文化的强大影响,逐渐接受了中原汉地的农耕经济方式。辽朝的经济结构,包括传统的游牧、狩猎经济和农耕经济,涵盖农耕区和游牧区。随着汉化的深入,农耕经济逐渐占据了主体地位,成为辽朝的经济支柱。这从自然灾害对农业造成损失的关注的增多可以体现出来。

从史籍记载来看,辽朝从阿保机到辽兴宗时期,自然灾害记载较少,而辽道宗以后至辽亡,自然灾害数大幅度跃升。《中国灾害通史(宋代卷)》统计,前一时期 139 年,只有 24 次自然灾害;后一时期 71 年,却有 29 次。特别是辽道宗时期(1055—1101),短短 40 余年发生的自然灾害数却占辽朝全部自然灾害的 40% 以上。[3]辽道宗统治之初,社会政治、经济情况尚好,但进入咸雍年间不久,便出现了长达 35 年的连续自然灾害,有学者将之概况为"大灾相继,中灾频繁,小灾常现,平年罕见"。[4]这在我国历史上是比较罕见的。

---

① 邱云飞:《中国灾害通史(宋代卷)》,郑州大学出版社,2008 年,第 169~170 页。

② 脱脱等:《辽史》卷 37《地理志一》,中华书局,1974 年,第 438 页。

③ 邱云飞:《中国灾害通史(宋代卷)》,郑州大学出版社,2008 年,第 271 页。

④ 孟古托力:《辽道宗中后期自然灾害述论》,《北方文物》2001 年第 4 期。

辽朝实行多京制,除了上京临潢府,还有南京析津府、东京辽阳府、中京大定府和西京大同府。从地域上看,自然灾害主要集中在西京道、中京道和南京道。这三个道农业经济发达,人口稠密,为辽朝的政治中心和经济文化中心。其中南京道灾害尤为集中。辽朝的南京,即唐之幽州(今北京)。辽朝的自然灾害主要有水灾、旱灾、蝗灾、地震等。

### (一) 水灾

水灾在辽朝的诸自然灾害中最为频繁,所造成的损失也最大。

辽太宗会同九年(946),"今秋苦雨,川泽涨溢,自瓦桥已北,水势无际。"[1] 洪水淹没了大量田园庄舍。"瓦桥"即瓦桥关,在今河北雄县,当时为辽与后晋的边界。"瓦桥已北",泛指辽的南京地区,即今京、津与河北中北部地区。辽穆宗应历二年(952)十月,"瀛、莫、幽州大水,流民入塞者数十万口。"[2] 辽圣宗统和九年(991)六月,南京霖雨伤稼。统和十一年(993)六月,大雨;七月,桑乾河与羊河在居庸关西决口泛滥,将周边地区的庄稼冲毁殆尽,奉圣、南京等地的居民房舍也大多被洪水淹没。[3] 统和十二年(994)春正月,漷阴镇大水,漂溺 30 余村,辽圣宗下诏疏浚旧渠。漷阴,即今永乐店公社北之漷县村。"旧渠",不知所指,从用以排洪来看,应为较大河流。漷阴东有白河,西有方圆数百里的延芳淀,后来有卢沟分支的漷河等三四条。所疏浚者不外与此等水道、淀泊有关之水渠。统和二十七年(1009)七月,上京地区霖雨,"潢、土、斡刺、阴凉四河皆溢,漂没民舍。"[4] 辽圣宗太平十一年(1031)五月,发生了一次全国范围的水灾,这次水灾也是由强降雨引发的河水泛滥,史称"大雨水,诸河横流,皆失故道"[5]。

辽道宗咸雍四年(1068)七月,南京霖雨,地震;十月,曲赦南京徒罪以下囚犯。南京所辖永清、武清、安次、固安、新城、归义、容城诸县大水,复一岁田租。大康八年(1082)七月,南京霖雨,沙河溢,永清、归义、新城、安次、

---

①　陈述辑校:《全辽文》卷 4《遗乐寿监军王峦请内附书》,中华书局,1982 年,第 68~69 页。

②　叶隆礼:《契丹国志》卷 5,上海古籍出版社,1985 年,第 51 页。

③　脱脱等:《辽史》卷 13《圣宗纪四》,中华书局,1974 年,第 143 页。

④　脱脱等:《辽史》卷 14《圣宗纪五》,中华书局,1974 年,第 164 页。

⑤　脱脱等:《辽史》卷 17《圣宗纪八》,中华书局,1974 年,第 206 页。

武清、香河六县，伤稼。寿昌五年（1099），南京连雨成灾，河流泛滥，"天灾流行，淫雨作阴"，同时因卫生、医疗条件太差，引发了瘟疫，辽西京地区（今山西大同一带）"野有饿殍，交相枕藉。时有义士收其义骸，仅三千数，于县之东南郊，同瘗于一穴"[①]。这是瘟疫伴随水灾发生的一例。寿昌三年（1097）二月，南京大水，遣使赈之。天祚帝乾统三年（1103）二月，以武清县大水，弛其陂泽之禁；秋七月，中京雨雹伤稼。

从区域来看，水灾主要集中在南京道。这里地处北纬40°左右，地势西北高、东南低，西北紧靠燕山，东南濒海，大部分地区平坦低洼。这里属于典型的温带大陆季风型气候，夏秋两季雨量集中，时有暴雨或连绵不止的淫雨，为洪水泛滥创造了条件。加之海河、滦河等水系的主要支流均贯穿该地区。在大雨的条件下，很容易溢堤成灾。但由于黄河下游基本不经过辽国境内，因此辽国不像北宋饱受黄河泛滥之苦。虽然辽国也有诸多水灾，但基本上危害性不是很大，在这一点上与北宋有很大的不同。

**（二）旱灾**

辽朝旱灾也十分频繁，辽圣宗统和元年（983）九月，东京、平州发生旱灾、蝗灾，下诏赈之。东京即辽阳府，在今辽宁辽阳。统和六年（988）八月，大同军节度使耶律抹只奏："今岁霜旱乏食，乞增价折粟，以利贫民。"诏从之。[②]统和八年四月庚戌，东北地区的女直（即女真）遣使来贡；庚午，以岁旱，诸部艰食，赈之。[③]辽兴宗重熙十五年（1046），奉圣州（今河北涿鹿）"境内亢旱，苗稼将槁"[④]。辽道宗寿隆末年（1100），易州"大旱，百姓忧甚"[⑤]。天祚帝乾统元年（1101）夏四月，旱。

辽国在旱灾发生后，也进行祈禳等活动，但他们的祈雨风俗，不同于中原汉地，比较独特。一是于舟中、池中求雨。例如，辽穆宗应历十六年（966）五月，以岁旱，辽穆宗泛舟于池中祈雨。由于没有灵验，就舍舟立于水中进

---

① 郑皓：《贾师训墓志铭并序》，阎凤梧主编：《全辽金文》，山西古籍出版社，2002年，第556页。

② 脱脱等：《辽史》卷12《圣宗纪三》，中华书局，1974年，第131页。

③ 脱脱等：《辽史》卷13《圣宗纪四》，中华书局，1974年，第139页。

④ 脱脱等：《辽史》卷89《杨佶传》，中华书局，1974年，第1353页。

⑤ 脱脱等：《辽史》卷105《萧文传》，中华书局，1974年，第1461页。

行祈祷,旋即开始下雨。[1] 二是射柳祈雨。射柳这种风俗可以追溯到匈奴、鲜卑的蹛林之俗,就是在场上插柳条,以柳条为靶子,驰马射之。但将射柳与祈雨相联系,则是契丹族所独有的。辽景宗保宁七年(975)夏四月,射柳祈雨。辽兴宗重熙九年(1040)六月,射柳祈雨。这种仪式的具体情况,据《辽史·礼志》记载,先置百柱天棚,后奠先帝。皇帝、亲王、宰执依次射柳,败者向胜者进酒。第二天植柳天棚东南,子弟射柳三日。雨下,赐赏。由于契丹这种风俗的影响,以后的金朝、明朝皆有射柳之俗。

### (三) 蝗灾

我国北方年降雨量较小,水利设施不完善,旱灾一直是困扰北方的大问题。每逢较大旱灾,禾苗枯死,庄稼减产乃至绝收,赤地千里,景象惨不忍睹。辽朝牧业养殖比较发达,旱灾对牧业影响也是很大的,草场变黄乃至枯死,由于缺水少料,造成牛马牲畜大量死亡。同时河流断流甚至干涸,河滩裸露,某些地方盐碱化严重,这给蝗虫的滋生繁殖提供了适宜的环境。

辽朝蝗灾也往往与旱灾相伴生,其重灾区也是南京(今北京)。辽圣宗统和元年(983)九月,东京蝗。开泰六年(1017)六月,南京诸县蝗。辽道宗咸雍三年(1067),南京蝗。这次蝗灾就是在长时间的干旱后出现的。咸雍九年(1073)七月,南京归义、涞水两县蝗。大康二年(1076),南京久旱,农田龟裂,夏秋间蝗虫遍野,诏免明年租税。大康六年(1080)五月,辽道宗以旱祷雨,并命左右彼此用水对泼,俄而雨降。寿昌末年,易州先是大旱,农田干裂,后蝗灾又随之而起。天祚帝四年秋七月,南京蝗。

辽国统治着广袤的北方,横跨长城内外。长城以北是传统的草原游牧区。与农耕经济相比,游牧经济更为脆弱,更易受自然灾害等影响。辽朝时值历史上的寒冷期,气温较现在偏低,暴风雪很常见,常常给牧区造成毁灭性打击。辽道宗大康八年(1082)九月,先是大风,继之大雪。次年四月,又是大雪,这场大雪实乃百年不遇。按照当今灾害学标准,0.4~0.5 米的降雪即为灾,大康九年(1083)的大雪有的地方竟然达到了"平地丈余",覆盖了整个草场,厚厚的积雪埋住了牧草,使牲畜根本无草可食,加之严寒,"马死

---

[1]　脱脱等:《辽史》卷7《穆宗纪下》,中华书局,1974年,第83页。

者十六七"。<sup>①</sup>农历四月,已属夏季,四月雪无论在何地都属反常气候。辽朝廷赈灾仿效中原,也经常采用赈济、蠲免赋税徭役等措施。

### 三、金朝的自然灾害

金朝统治了大半个中国,疆域最盛时,东北到日本海、鄂霍次克海(今俄罗斯库页岛),北到外兴安岭(今俄罗斯远东地区),西北到蒙古国,西以河套、陕西横山、甘肃东部和西夏交界,南到秦岭、淮河与南宋形成对峙。

金朝的自然灾害主要有水、旱、蝗虫、地震、风、雹、冰冻霜雪寒、饥馑等。《中国灾害通史(宋代卷)》统计,金朝 120 年共发生各类自然灾害 169 次,其中以水、旱为大宗,各有 37 次和 40 次。其次为虫灾 24 次,地震 22 次,瘟疫 1 次,沙尘 7 次,风灾 17 次,雹灾 13 次,霜灾 1 次,雪灾 2 次,寒灾 4 次。<sup>②</sup>

从时间分布来看,金朝自然灾害呈逐步增加的趋势。金初(从金太祖收国元年至海陵王正隆元年,1115—1160 年)灾害并不多。金世宗 1161 年至 1189 年在位,"当此之时,群臣守职,上下相安,家给人足,仓廪有余,刑部岁断死罪,或十七人,或二十人"<sup>③</sup>,这一时期金朝进入了全盛时期。但此期间自然灾害远比金初严重。从金章宗明昌元年(1190)到金哀宗天兴三年(1234)为金朝末年,在这 45 年中,共发生自然灾害 106 次。时间上占金朝的 37.5%,自然灾害却占了总体的 62.7%,为自然灾害频发期,平均 5 个月一次。从地区分布来看,按照现在的行政区划,今河南和北京地区自然灾害最为严重。

#### (一) 水灾

金朝水灾为诸灾害之首。《中国灾害通史(宋代卷)》统计金代水灾 37 次,仅次于旱灾的 40 次。而有的学者统计为 56 次。<sup>④</sup>金太宗天会二年

① 脱脱等:《辽史》卷 24《道宗纪四》,中华书局,1974 年,第 288 页。
② 邱云飞:《中国灾害通史(宋代卷)》,郑州大学出版社,2008 年,第 285 页。
③ 脱脱等:《金史》卷 8《世宗纪下》,中华书局,1975 年,第 204 页。
④ 武玉环:《论金代自然灾害及其对策》,《社会科学战线》2010 年第 11 期。

(1124),曷懒移鹿古水(今朝鲜清津附近)霖雨害稼;秋,泰州潦,害稼。[①] 天会十年(1132)四月,鸭绿江、混同江水势暴涨,金太宗下令迁徙戍边户,离开混同江之地。[②] 金世宗大定八年(1168)六月,黄河在李固渡决口,水入曹州。[③] 李固渡位于黄河上,在今河南滑县西南沙店南三里许。《金史·河渠志》对此溃堤事件亦有记载:"河决李固渡,水溃曹州城,分流于单州之境。"[④] 大定十七年(1177)七月,大雨,滹沱河、卢沟水皆溢,黄河又在白沟(今河南原阳北)决口。大定二十年(1180)秋,黄河决于卫州及延津京东埽,弥漫至于归德府。次年十月,"以河移故道,命筑堤以备。"[⑤] 修筑堤岸,除了用泥石垒筑,还用埽岸,即用树枝、秫秸等材料捆扎而成的办法护堤。但这仍是治标不治本的方法,大定二十六年(1186)秋,黄河又发生决口,淹没了卫州城。大定二十九年(1189)五月,曹州河溢。金章宗明昌四年(1193)五月,霖雨,命有司祈晴;六月,黄河决于卫州,魏、清、沧等,沿河诸州皆遭受水灾。

从时间来看,水灾多发生在每年的三月至八月,即春夏之际。从地区分布来看,水灾的多发地区为山东东、西路,河北东、西路,南京路以及上京路及其周围地区,特别是南京(今河南开封)和中都(今北京)尤为集中。这与其所处的地理环境有密切关系。南京地处黄河下游,在金朝的近百年间,由于黄河治理失当,黄河或决或塞,迁徙无定,每到汛期,遇到暴雨经常泛滥成灾。当时金朝为了减少工役,只在李固南筑堤,以防决溢,这根本不能解决问题,并且预防措施不力。"初,卫州为河水所坏,且南使驿道馆舍所在,向以不为水备,以故被害。"[⑥]

金朝黄河水患增多,还与黄河的一次改道有关。南宋建炎二年(1128),为阻止金军南下,宋东京留守杜充决黄河堤,黄河南行夺淮,改变了江淮间原有的自然环境。在黄河夺淮的 700 余年间,黄淮与江淮之间水系紊乱,洪水灾害严重。黄河改道自然是黄河下游泥沙沉积过多而使河床雍

---

① 脱脱等:《金史》卷 23《五行志》,中华书局,1975 年,第 535 页。
② 脱脱等:《金史》卷 3《太宗纪》,中华书局,1975 年,第 64 页。
③ 脱脱等:《金史》卷 23《五行志》,中华书局,1975 年,第 537 页。
④ 脱脱等:《金史》卷 27《河渠志》,中华书局,1975 年,第 670 页。
⑤ 脱脱等:《金史》卷 27《河渠志》,中华书局,1975 年,第 672 页。
⑥ 脱脱等:《金史》卷 27《河渠志》,中华书局,1975 年,第 673 页。

塞的缘故,但金朝统治者未能尽力治理或治理不当,也是一个不可忽视的原因。

金贞元元年(1153),海陵王完颜亮自上京会宁府正式迁都燕京(今北京),并改名为中都。金末,蒙古崛起,在灭西夏后,转而对金发动了大举进攻。在蒙古军队的压力下,贞祐二年(1214)五月,金宣宗下诏南迁汴梁,史称"金朝南渡"。中都作为金朝政治中心60余年,几乎占金朝统治时间的一半,周围有潞水河、高粱河、卢沟河、温榆河等河流,每到汛期,暴雨连绵,河水由于疏通不当,水位猛涨,泛滥成灾。如金太宗天会二年(1124)正月,庆阳府(今甘肃庆阳)、环州、泾州大水,漂没军民 3 000 余家;十月,赈泰州(今吉林乾安北)"民被秋潦者"[1]。有时连年发生水灾,如金世宗大定二十五年到金章宗明昌六年(1185—1195),连续 11 年发生水灾。

### (二) 旱灾

旱灾是金朝常见的自然灾害。《中国灾害通史(宋代卷)》统计金代旱灾为 40 次,而有的学者统计为 60 次,在数量上居诸灾害之首。[2]

金熙宗皇统三年(1143),陕西旱。金世宗大定十二年(1172)四月,旱。大定十六年(1176),中都、河北、山东、陕西、河东、辽东等十路旱、蝗。大定二十年(1180)七月,又旱。金章宗明昌二年(1191)五月,桓、抚等州旱;秋,山东、河北旱,饥。次年秋,绥德蚜蚄虫生,旱。金章宗承安元年(1196)自正月至五月,滴雨未下。承安二年(1197),又自正月至四月不雨;五月,旱灾进一步加剧。泰和四年(1204)四月,旱。泰和五年(1205)夏,又旱。卫绍王大安(1210)二年四月,山东、河北大旱,一直延至六月,民间斗米至千余钱。崇庆元年(1212),河东、陕西、山东、南京诸路旱。次年二月,河东、陕西又大旱,京兆斗米至八千钱。

夏季是金朝旱灾的高发季节,其中四月是旱灾最为肆虐的月份,其次是春季和秋季。旱灾有时也发生在冬季,冬旱的时间为每年的十一月至次年的正月,多由无雪引起。旱灾的发生具有持续性,一般冬天无雪会直接导致第二年的春旱。如金章宗承安元年(1196)从三月至次年的正月,近 10

---

① 武玉环:《论金代自然灾害及其对策》,《社会科学战线》2010 年第 11 期。

② 脱脱等:《金史》卷 3《太宗纪》,中华书局,1975 年,第 51 页。

个月连续发生旱灾。无论农业地区,还是牧业地区,旱灾的发生,都会造成农业、牧业的减产乃至绝收,还会引发蝗灾、瘟疫等次生灾害,带来不可估量的损失。从地域来看,旱灾的多发地为西京地区的京兆府路、庆原路等,其次为南京地区。某地旱灾发生后,常常又向周围地区蔓延,连成一片,使旱灾愈演愈烈。以卫绍王崇庆元年(1212)为例,先是河东、陕西、南京诸路旱,很快蔓延到山西东路、山东西路和卫州等地。

金朝旱灾的频繁发生与当时大气候趋向寒冷和水资源的减少有关。寒冷和缺水导致干旱,干旱反过来破坏了人类的生产和生存环境,加剧了土地的沙漠化,引发风沙及其他灾害如蝗灾和饥馑等连锁发生。10世纪以前,我国土地的荒漠化主要集中在西北干旱地区,如塔里木河盆地周围、河西走廊,11—19世纪则发生在半干旱地区及草原地带,如金朝西部地区及草原地区,同时引发了东部地区的干旱。其中固然有气候变化方面的因素,也与西北地区环境遭到极大破坏有关。

### (三)蝗灾

蝗灾也是金代常见的自然灾害,在危害性上,仅次于水、旱等灾害。《中国灾害通史(宋代卷)》统计金代蝗灾24次,而有的学者统计为29次。[1]

据《金史·五行志》,金太宗天会二年(1124),曷懒移鹿古水霖雨害稼,且为蝗所食。金熙宗皇统元年(1141)秋,蝗。海陵王正隆二年(1157)六月,蝗入京师;秋,中都、山东、河东蝗。这是一次范围较大的蝗灾。金世宗大定三年(1163)三月,中都以南八路蝗。次年八月,中都以南八路的蝗灾蔓延至京畿。大定二十二年(1182)五月,庆都蝗螽生,散漫十余里。金章宗泰和八年(1208),河南路蝗;六月,飞蝗入京畿。金宣宗贞祐四年(1216)五月,河南、陕西大蝗。凤翔、扶风、岐山、眉县蟊虫伤麦;七月,旱;癸丑,飞蝗过京师。

就时间分布而言,金朝的蝗灾夏、秋两季较为集中,而春季与冬季较少。就地区来看,主要集中在南京、中都和西京,北京(即大定府,今内蒙古宁城)和山东地区次之。蝗虫成群结队,漫天飞舞,吃完一地后,又会迁飞

---

[1] 武玉环:《论金代自然灾害及其对策》,《社会科学战线》2010年第11期。

至另一地,很难控制。因此,金朝蝗灾的受灾面积广,危害亦大。例如,金世宗大定三年(1163)三月,"中都以南八路蝗"[①],到了五月蝗虫已飞临中都上空。蝗灾与旱灾如影随形,且蝗灾大多发生在旱灾之后或者与旱灾并发,所以往往并称为"旱蝗"或"蝗旱"。金世宗大定四年(1164)九月,"平、蓟二州近复蝗旱。"[②]大定十六年(1176)五月,大旱,六月,山东两路蝗。金宣宗贞祐二年(1214)冬至次年四月,一直干旱;五月,河南大蝗。在旱灾和蝗灾之后,往往伴随着谷价腾升和饥馑灾害。海陵王正隆五年(1160)秋,河北南宫地区大蝗。蝗虫遮天蔽日,将田中庄稼啃食殆尽,发生饥荒,谷价腾涌。金宣宗贞祐三年(1215)五月,河南大蝗;次年蝗灾肆虐,是春,"河北人相食,观、沧等州斗米银十余两。"[③]

金朝治蝗的办法,与前代并无多大区别,也是在祭祀祈祷外,辅以人力捕蝗。金世宗大定三年(1163)五月,中都以南及中都等八路都有蝗灾发生,金世宗下诏按问大兴府捕蝗官,诏尚书省遣官捕蝗,并对那些隐瞒虚报灾情、处置不力、消极应付的官员给予严惩。大兴少尹梁肃坐捕蝗不如期,贬川州刺史,削官一阶,解职。[④]大定七年(1167)九月,右三部检法官韩赞以捕蝗受贿,除名。[⑤]金章宗时定制,飞蝗入境,虽然不损苗稼亦坐罪,泰和八年(1208),诏颁《捕蝗图》。[⑥]

为了预防和处置自然灾害,金朝赈灾与救济机构的设置主要仿效宋朝,除了各级地方政府在灾害发生时直接管理赈济事宜,还设置了一些专门机构管理赈灾、救济事务,有提刑司(后称按察司)、普济院、惠民司等。

金朝除了以上所列举的水灾、旱灾、蝗灾,有些自然灾害虽然发生频率不是很高,但破坏性很大。如金末,金与蒙古的战争造成了大范围瘟疫流行。金哀宗天兴元年(1232)三月,蒙古军占领中京后,又进而攻打汴京,将汴京层层围困近三个月,城内粮食极缺,饿殍遍地,疫病流行,发生了人

---

① 脱脱等:《金史》卷6《世宗纪上》,中华书局,1975年,第130页。

② 脱脱等:《金史》卷6《世宗纪上》,中华书局,1975年,第134~135页。

③ 脱脱等:《金史》卷50《食货志五》,中华书局,1975年,第1119页。

④ 脱脱等:《金史》卷89《梁肃传》,中华书局,1975年,第1982页。

⑤ 脱脱等:《金史》卷6《世宗纪上》,中华书局,1975年,第139页。

⑥ 脱脱等:《金史》卷12《章宗纪四》,中华书局,1975年,第284页。

食人的惨剧；五月，"辛卯，大寒如冬……汴京大疫，凡五十日，诸门出死者九十余万人，贫不能葬者不在是数。"①这次汴京疫灾中死亡者近百万，在我国历史上是极为罕见的。有学者指出，这次灾疫是元军携带的鼠疫。金元之际名医，号称金元四大家之一的李杲在《内外伤辨惑论》中记载了元人围攻汴梁时疫灾的状况："壬辰改元，京师戒严，迨三月下旬，受敌者凡半月。解围之后，都人之不受病者，万无一二，既病而死者，继踵而不绝。都门十有二所，每日各门所送，多者二千，少者不下一千，似此者几三月，此百万人。"②

# 第四节 ｜ **元朝的自然灾害**

《元史·地理志》记载元朝的疆域"北逾阴山，西极流沙，东尽辽左，南越海表"③，较汉唐更为广阔，是我国历史上疆域最大的封建王朝。

从 14 世纪初开始，整个地球气候进入了一个寒冷阶段，其状况仅次于一万年前的最后一次大冰期的程度，被称为小冰期。元朝正好处于从相对温暖向明清小冰期过渡的阶段。冷暖交替的气候特点，使气候波动较大，反常气候很多，这直接造成了元朝自然灾害频仍。《中国救荒史》统计，受灾总共达 513 次，"其频度之多，实在惊人！"其中水灾 92 次，旱灾 86 次，雹灾 69 次，蝗灾 61 次，歉饥 59 次，地震 56 次，风灾 42 次，霜雪 28 次，疫灾 20 次。④有学者指出，与以前历代相比，元朝灾害更加严重。元朝统治期间，灾害出现的次数要比以往朝代数百年内出现的还要多，单位灾害的受灾损

① 脱脱等：《金史》卷 17《哀宗纪上》，中华书局，1975 年，第 387 页。
② 李杲：《内外伤辨惑论》卷上《辨阴证阳证》，人民卫生出版社，1959 年，第 2 页。
③ 宋濂等：《元史》卷 58《地理志》，中华书局，1976 年，第 1345 页。
④ 邓云特：《中国救荒史》，商务印书馆，2011 年，第 28 页。

失也较为严重。① 比如元朝的疫灾,伤亡巨大。江南几乎每年都有水灾,特别是黄河的泛滥直接引发了元末韩山童、刘福通等农民起义,造成了元朝的灭亡。《剑桥中国辽西夏金元史》阐述元朝灭亡原因时,将 14 世纪发生在欧亚大陆的灾害放到了一个非常重要的位置,认为中国和各个蒙古汗国之外的世界各国一样都遭受到自然灾害的困扰,苦于瘟疫、饥荒、农业减产、人口下降及社会动乱,在 14 世纪至少有 36 个寒冬。如果正常的年景多一些,元朝很有可能比它实际存在的时间要长得多。②

元朝自然灾害绝大多数发生在北方,从具体地区来说,灾害出现的地方多是国家的政治、经济中心,比如国都大都所在的中书省灾害记载最多,其次是经济中心江浙行省和交通枢纽河南行省。这三个地区的灾害记载占全国灾害的大部分。从时间上看,元朝的灾害主要集中在中前期,中期最为严重。这显然与 14 世纪后气候变冷有关。元朝中期正好是冷暖气候的交接期,所以极端气候很多,各种灾害也就多。这也和元朝中期之后,政治逐渐腐败混乱有关。③ 在诸自然灾害中,尤以水、旱、疫灾和地震为重。

## 一、水灾

《中国救荒史》统计元朝水灾为 92 次,在各自然灾害中,水灾次数居首。《中国灾害通史(元代卷)》统计数字远高于此,认为元朝统治 90 年中每年都有水灾发生,如果以一路或一县和以年为单位,元朝的水灾达 600 余次。④

### (一) 元朝水灾概况

据《元史·五行志》,至元元年(1264),真定、顺天、河间、顺德、大名、东平、济南等郡大水。至元四年(1267)五月,应州大水。至元五年(1268)八月,亳州大水。至元六年(1269)十二月,献、莫、清、沧四州及丰州、浑源县大水。至元九年(1272)九月,南阳、怀孟、卫辉、顺天等郡,洺、磁、泰安、通、滦等州

---

① 和付强:《中国灾害通史(元代卷)》,郑州大学出版社,2009 年,第 4 页。

② [德]傅海波、[英]崔瑞德编:《剑桥中国辽西夏金元史(907—1368 年)》,史卫民、马晓光、刘晓等译,中国社会科学出版社,1998 年,第 670 页。

③ 和付强:《中国灾害通史(元代卷)》,郑州大学出版社,2009 年,第 95 页。

④ 和付强:《中国灾害通史(元代卷)》,郑州大学出版社,2009 年,第 119 页。

淫雨,引发河流泛滥,毁坏淹没田庐庄稼等。至元十七年(1280)正月,磁州、永平县水。八月,大都、北京、怀孟、保定、东平、济宁等路大水。至元二十年(1283)六月,太原、怀孟、河南等路沁河泛滥,毁坏民田 1 670 余顷。卫辉路清河溢,损稼。南阳府唐、邓、裕、嵩四州河水溢,损稼;十月,涿州巨马河溢。至元二十二年(1285)秋,南京、彰德、大名、河间、顺德、济南等路河水淹没农田 3 000 余顷。高邮、庆元大水,百姓杀伤 795 户,毁坏庐舍 3 090 区。至元二十三年(1286)六月,安西路华州华阴县大雨,造成潼谷水涨,水势平地三丈余。杭州、平江二路属县大水,淹没民田 17 200 顷。至元二十九年(1292)五月,龙兴路南昌、新建、进贤三县大水;六月,镇江、常州、平江、嘉兴、湖州、松江、绍兴等路府大水。扬州、宁国、太平三郡大水。元成宗元贞元年(1295)五月,建康溧阳州,太平当涂县,镇江金檀、丹徒等县,常州无锡州,平江长洲县,湖州乌程县,鄱阳余干州,常德沅江、澧州安乡等县大水。大德元年(1297)三月,归德徐州,邳州宿迁、潍宁,鹿邑三县,河南许州临颍、郾城等县,睢州襄邑,太康、扶沟、陈留、开封、杞等县河水大溢,漂没田庐;五月,漳水溢,害稼。龙兴、南康、澧州、南雄、饶州五郡大水;六月,和州历阳县江水溢,漂没房舍 18 500 区。大德五年(1301)五月,宣德、保定、河间属州大水;六月,济宁、般阳、益都、东平、济南、襄阳、平江七郡大水。元武宗至大三年(1310)六月,涓川、鄄城、汶上三县大水。峡州大雨,造成河流泛滥,死者万余人。元英宗至治元年(1321)六月,霸州大水,浑河溢,遭灾者 30 000 余户,曹州、高唐州大水;闰七月,平江、嘉兴、湖州、松江三路一州大水,毁坏民田 36 600 余顷,被灾者 405 500 余户。杭州、常州、庆元、绍兴、镇江、宁国等路,望江、铜陵、长林、宝应、兴化等县大水,淹没民田 13 500 余顷。

　　以上主要是强降雨以及由此引发的河流泛滥所造成的水灾,从时间上看,多发生在夏季,其次是秋季。元朝海运比较发达,除了传统的京杭运河航线,还开始开辟海上航线,运输南方漕粮。另外,泉州、明州、广州等对外港口十分活跃,与日本及东南亚国家海上贸易十分频繁,在这个背景下,对台风、海啸等海洋灾害关注增多。例如,元成宗大德七年(1303)六月,台州台风使海水倒灌,宁海、临海二县死者 550 人。次年八月,潮阳飓风引发海啸,漂民庐舍。元仁宗皇庆元年(1312)八月,松江府大风,海水溢。皇庆二年(1313)八月,崇明、嘉定二州大风,海溢。元英宗至治元年(1321)八月,雷州海康、遂溪二县海水溢,毁坏民田 4 000 顷;七月,海潮溢,漂没河间运司盐 26 700 引。泰定帝泰定三年(1326)八月,盐官州(故治在今浙江海宁盐官)大风,海溢,捍海大堤被冲毁,水面广 30 余里,袤 20 里,官府紧急下令疏散居民 1 250 家以避灾。泰定四年(1327)正月,盐官州潮水大溢,捍海大堤又被冲毁 2 000 余步。四月,复崩 19 里,官府调发丁夫 20 000 余人,以木栅竹落砖石堵塞决口。但由于水高浪急,根本堵塞不住决口。次年三月,盐官州海堤又崩,泰定帝无奈之下,遣使祷祀,并采纳喇嘛教僧人建议,造216 尊佛塔以镇水势。在短短三年间,盐官捍海大堤屡屡决口,造成了极为惨重的人员伤亡和经济损失。

### (二)黄河水患及贾鲁治河

元朝诸水灾中,危害最大的是黄河水患。"黄河之水,其源远而高,其流大而疾,其为患于中国者莫甚焉。"[①] 由于黄河中上游,特别是中游水土流失严重,下游黄河南岸地势越来越高。黄河自从金朝夺淮入海后,成为整个元朝黄河下游的基本流势,河患不但没有减轻,反而更加严重。多次决溢和改道,给百姓带来了深重灾难,河患也成为元朝一个很大的社会问题。整个元朝黄河决口六七十次。例如,据《元史·河渠志》载,世祖至元九年(1272)七月,在卫辉路新乡县广盈仓南,黄河北岸决 50 余步;八月,又崩 183 步,其势未已,去仓止 30 步。至元二十五年(1288),汴梁路阳武县诸处,黄河决 22 所,漂荡麦禾房舍。元成宗大德三年(1299)五月,黄河在蒲口等处决口,淹没归德府数郡,百姓被灾。元文宗至顺元年(1330)六月,黄河于大名路长垣、东明二县决口,淹没民田 580 余顷。

面对河患,元朝也进行了一些加固、修治河堤等活动。如世祖至元二十三年(1286)黄河决口后,冬十月,调南京民夫 204 000 余人,分筑堤防。元成宗大德元年(1297)五月,发民夫 30 000 人堵塞汴梁决口。但这些治河措施只是头痛医头、脚痛医脚,是被迫应付式的,根本不能从根本上解决黄

---

① 宋濂等:《元史》卷 65《河渠志二》,中华书局,1976 年,第 1619 页。

河水患。

元顺帝至正四年(1344),黄河发生了我国历史上有名的白茅(今山东曹县境)决口。从正月开始,黄河在曹州、汴梁决溢,到了五月,由于大雨不止,黄河决口进一步扩大,进而泛滥不可收拾。《元史·河渠志》记载:

> 至正四年夏五月,大雨二十余日,黄河暴溢,水平地深二丈许,北决白茅堤。六月,又北决金堤。并河郡邑济宁、单州、虞城、砀山、金乡、鱼台、丰、沛、定陶、楚丘、武城,以至曹州、东明、钜野、郓城、嘉祥、汶上、任城等处皆罹水患,民老弱昏垫,壮者流离四方。水势北侵安山,沿入会通、运河,延袤济南、河间,将坏两漕司盐场,妨国计甚重。[①]

这场黄河水患使沿河的郡、邑成为一片泽国,老百姓流离失所,灾情极为惨重。特别是白茅决口,黄河北徙,直接威胁会通河、运河与两漕盐场的安全,关系到元朝的经济生命线。元顺帝对此很忧虑,派人实地考察,又到处访求治河的方案。后来任命贾鲁为行都水监,元朝都水监掌河渠、津梁、堤堰等事务。

贾鲁提出了两个治河方案。第一个方案是修筑黄河北堤,以阻挡黄河横溃。这个方案的好处是用工节省。第二个方案是"疏塞并举,挽河东行,使复故道"[②]。这个方案工程浩大,但是效益比第一个方案好得多。后来,由于贾鲁调任右司郎中,这两个方案被束之高阁。元顺帝至正九年(1349),右丞相脱脱复出,采纳了贾鲁的第二个复故道的方案。至正十一年(1351)四月,朝廷任命贾鲁以工部尚书为总治河防使,开始治河。其方案是疏塞并举,先疏后塞。他考虑到疏浚的工程量最大,但比较容易,乘汛期来到之前,使疏浚工程控制在土工范围内,可大大缩短工期,所以整个治河分为疏浚故河,堵塞黄河故道下游上段各决口、豁口,修筑北岸堤防以及堵塞白茅决口等四个步骤。

在治河中动用汴梁、大名等十三路民工150 000人,还有军卒20 000

---

① 宋濂等:《元史》卷66《河渠志三》,中华书局,1976年,第1645页。

② 宋濂等:《元史》卷187《贾鲁传》,中华书局,1976年,第4291页。

人。据统计,所用木桩大约 27 000 根,榆柳杂梢 666 000 根,蒲苇杂草 7 335 000 余束,竹竿 625 000 根,碎石 2 000 船,绳索 57 000 根,所沉大船 127 艘,其余苇席、竹篦、铁线、铁锚、大针等物资不计其数。总计用中统钞 1 845 636 锭。[①] 工程如此浩大,在我国古代治河史上是不多见的。从四月二十二日起动工,十一月大堤施工结束,全部工程完成。历经近 8 个月的治理,河复故道,自彭城入泗汇淮入海。

贾鲁治河成就,得到当时和后人的高度评价,元顺帝封贾鲁为荣禄大夫、集贤大学士,并命翰林学士欧阳玄撰写《河平碑》,以记载贾鲁治河之经过和功绩。碑文云:"鲁能竭其心思智计之巧,乘其精神胆气之壮,不惜劬瘁,不畏讥评","鲁习知河事,故其功之所就如此。"[②] 清人徐原一曰:"古之善言河者,莫如汉之贾让,元之贾鲁。"[③] 清代水利专家靳辅对贾鲁所创的用石船大堤堵塞决河的方法非常赞赏:"贾鲁巧慧绝伦,奏功神速,前古所未有。"[④] 人们为了纪念贾鲁,今山东、河南境内有两条河流均被命名为贾鲁河。当然由于治河工程浩大,大肆征发调役,加剧了社会矛盾,成为元末农民起义的一个诱因。

## 二、旱灾

《中国救荒史》统计元朝旱灾有 86 次。《中国灾害通史(元代卷)》统计元朝旱灾,高达 710 次,在次数上甚至高于水灾,位居元朝诸自然灾害之首。前面已经提到,元朝属于两个寒冷期之间短暂的温暖期,气候变暖使湿润地区和半湿润地区扩大,但也会使干旱地区更干旱和干旱带北移,这导致我国北部旱灾的频发和南部水灾的增加。北方旱灾多发生在春季,南方旱情多出现在夏季。

据《元史·五行志》,世祖中统三年(1262)五月,洺、棣二州旱。中统四年(1263)八月,真定郡及洺、磁等州旱。至元元年(1264)二月,由于东平、

① 宋濂等:《元史》卷 66《河渠志三》,中华书局,1976 年,第 1653 页。
② 宋濂等:《元史》卷 66《河渠志三》,中华书局,1976 年,第 1654 页。
③ 法式善:《陶庐杂录》卷 6,文海出版社,1966 年,第 493 页。
④ 魏源:《皇朝经世文编》卷 96《禹贡锥指论河》,岳麓书社,2004 年,第 226 页。

太原、平阳大旱,忽必烈分命喇嘛教僧人祈雨。至元二十五年(1288),东平路须城等六县,安西路商、耀、乾、华等十六州旱。元成宗元贞元年(1295)六月,环州、葭州及咸宁、伏羌、通渭等县旱;七月,河间肃宁、乐寿二县旱。泗州、贺州旱。大德元年(1297)六月,汴梁、南阳大旱,引发饥馑,有的百姓甚至卖儿卖女。泰定帝泰定元年(1324)六月,景、清、沧、莫等州,临汾、泾川、灵台、寿春、六合等县旱。致和元年(1328)八月,陕西大旱,有的地方发生了人食人的惨剧。元顺帝即位后,旱灾相继,几乎无年不灾,饥馑连绵,社会矛盾迅速激化。元统元年(1333)夏,绍兴旱,自四月不雨至七月。淮东、淮西皆旱。元统二年(1334)三月,湖广旱,自三月至八月滴雨未下。至元元年(1335)四月,河南旱;秋,南康旱。至正二年(1342),彰德、大同二郡及冀宁平晋、榆次、徐沟、汾州孝义、忻州皆大旱,自春至秋不雨,人有相食者。至正十二年(1352),蕲州、黄州大旱,人相食。浙东绍兴旱,台州自四月不雨至七月。至正十四年(1354),怀庆河内、孟州,汴梁祥符,福建泉州,湖南永州、宝庆,广西梧州皆大旱。由于土壤极度干旱,泉州根本无法下种,造成人相食。至正十八年(1358)春,蓟州旱,莒州、滨州、般阳滋川、霍州、鄜州、凤翔岐山春夏皆大旱。莒州和岐山两地都发生了人相食的悲剧。

据学者统计,元朝共有旱灾年份 19 个,约占元朝总年份的 24%。在这 19 个年份中,一般间隔 2~4 年就发生一次旱灾,只有 3 次前后间隔 5~6 年,两次前后间隔分别为 10 年和 14 年。从时间间隔分布不均的特点看,元朝大都地区的旱灾有明显的多发期和少发期。值得注意的是,元朝大都地区往往旱涝发生在同一年,即春旱而秋涝。在元大都地区发生旱灾的 19 个年份中,有 15 个年份亦发生轻重不同的水灾,约占元大都地区旱灾总年份的 79%。其中 1313—1315 年,连续 3 年皆为先旱后涝。[1]

就旱灾地域分布来看,在元朝统一之前,今山东、河北、山西等地区是旱灾的多发区,尤其是东平、平阳、太原出现了数次旱情。元定宗贵由三年(1248),草原的旱灾尤为严重,"河水尽涸,野草自焚,牛马十死八九,人不聊生。"[2] 元世祖至元二年(1265)十二月的旱灾,灾情波及西京、北京、益都、

---

①　和付强:《中国灾害通史(元代卷)》,郑州大学出版社,2009 年,146~149 页。

②　宋濂等:《元史》卷 2《定宗纪》,中华书局,1976 年,第 39 页。

真定、东平、顺德、河间、徐、宿、邳等地区,受灾范围较广。元朝灭宋后,完成国家统一,江南地区开始纳入版图,对旱灾的记载地区更为广泛,最突出的表现便是江南地区的旱灾明显增多。例如,元成宗大德元年(1297)江淮许多地区出现旱情:八月,扬州、淮安、宁海旱;十一月,常州路、宜兴州旱。但总的来看,元朝中期成宗大德年间以后,北方依然是旱灾多发区,特别是今陕西部分地区最为严重,从泰定二年(1325)到天历二年(1329)陕西连续五年大旱,导致流民200余万人,饥荒、疫疠大作,死亡众多,有的地方甚至还发生了人吃人。元文宗时期,东部旱灾频仍,从辽阳到湖广,大河南北都遭遇程度不等的旱灾。元顺帝元统二年(1334),"三月,湖广旱,自是月不雨至于八月"[1],历时五个月。元末至正年间,旱灾以内陆地区为主,如山西、河南西部等。至正元年(1341),从彰德、大同,到冀宁平晋、榆次、徐沟、汾州孝义、忻州遭遇大旱,"自春至秋不雨,人有相食者。"[2]

### 三、蝗灾

关于元朝蝗灾的统计,众多学者给出了不同的数字。邓云特认为元朝出现蝗灾的年份有61年。陆人骥统计出元朝发生蝗灾有119次。张波统计元朝蝗灾发生的年份达64年。赵经纬认为元朝蝗灾有213次之多。杨旺生等认为元朝有68年发生的蝗灾,年发生率为0.65,"如按次数计算,总共发生184次,年均1.77次"[3]。章义和认为元朝蝗灾有84年。和付强认为元朝共发生蝗灾147次。宋正海等认为1260—1379年元朝蝗灾有146次。由于蝗虫的群聚性和可飞迁性,我们尚无法判断某个时期不同地域蝗灾是否为同一群蝗虫所致。单纯以记载发生频次来分析蝗灾显然并不合适,在以灾年进行统计的基础上对蝗灾发生的月份及地域进行分析更加合理。[4]

---

① 宋濂等:《元史》卷51《五行志二》,中华书局,1976年,第1106页。
② 宋濂等:《元史》卷51《五行志二》,中华书局,1976年,第1106页。
③ 杨旺生、龚光明:《元代蝗灾防治措施及成效论析》,《古今农业》2007年第3期。
④ 黄正建主编:《隋唐辽宋金元史论丛》第5辑,上海古籍出版社,2015年,第219页。

元朝如按大蒙古国开始进行统计的话,最早发生蝗灾的年份可追溯至太宗四年(1232)"弃关中而东,乃移所部,与邠泾乾恒数州流民复凤翔。缮城郭,辟田野……壬辰大蝗饥,移民就食秦州。"[①] 太宗八年(1236)"燕境因旱而蝗"[②]。时隔仅仅一年,戊戌年(1238)秋七月"大蝗,居人之乏食者十八九"[③],蝗灾更甚,"天下大旱蝗"[④]。这场蝗灾持续两年,北方人民的生活更加艰难。

忽必烈时期,据不完全统计,他在位的35年中至少27年都发生了蝗灾。蝗灾发生区域主要分布在长江以北的广大区域,遍及腹里、河南、陕西等,以腹里地区最为严重。如中统三年(1262)五月,"真定、顺天、邢州蝗。四年六月,燕京、河间、益都、真定、东平蝗。八月,滨、棣等州蝗。"其后蝗灾也不断发生,据《元史·五行志》记载,"至元二年七月,益都大蝗。十二月,西京、北京、顺德、徐、宿、邳等州郡蝗。五年六月,东平等郡蝗。七年七月,南京、河南诸路大蝗。八年六月,上都、中都、大名、河间、益都、顺天、怀孟、彰德、济南、真定、卫辉、平阳、归德、顺德等路,淄、莱、洺、磁等州蝗。十六年四月,大都十六路蝗。十七年五月,忻州及涟、海、邳、宿等州蝗。十九年四月,别十八里部东三百余里蝗害麦。二十五年七月,真定、汴梁蝗。八月,赵、晋、冀三州蝗。二十七年四月,河北十七郡蝗。"[⑤] 可见蝗灾受灾范围之广,灾情之严重。

据张国旺分析,在元朝统治时期,蝗灾发生的年份达86年之多,平均不到2年就有蝗灾发生。其中蒙古窝阔台时期、元中期是蝗灾的高发时段。就地域来看,腹里地区、河南行省是蝗灾的主要发生区域,并以黄淮海为中心,东北扩展到辽阳行省,西部则延及陕西行省所在的渭河流域。江浙行省的浙西地区、江西行省、湖广行省时有蝗灾发生。在空间分布上,元朝和其

---

①　李修生主编:《全元文》卷321《平凉府长官元帅兼征行元帅王公神道碑》,凤凰出版社,1998年,第678~679页。

②　杨奂:《还山遗稿》卷上,文渊阁四库全书本,台湾商务印书馆,1986年,第33页。

③　张文谦:《藏春诗集》卷6《附录》,书目文献出版社,1991年,第56页。

④　苏天爵:《元朝名臣事略》卷5,中华书局,1996年,第82页。

⑤　宋濂:《元史》卷50《五行志一》,中华书局,1976年,第1072年。

他朝代一样,灾情呈北重南轻的地理格局,而以华北地区最为严重。[1]蝗灾集中出现在大都、真定等地,呈现群发性的特点,并常常与旱灾相伴出现,更加重了古代劳动人民的苦难。

## 四、疫灾

疫灾也是元朝常见的自然灾害。《中国救荒史》统计元朝疫灾有20次。《中国历代天灾人祸表》以列表的形式展示了元朝疫病的大致情况。《中国灾害通史(元代卷)》统计有66次。在元朝1279年到1368年的89年间,共42年有疫,严重的疫灾有30次之多,约占其间总疫灾的60%。[2]

据《元史·五行志》,元武宗至大元年(1308)春,绍兴、庆元、台州疫,死者26 000余人。元仁宗皇庆二年(1313)冬,京师大疫。元顺帝至正四年(1344),福州、邵武、延平、汀州四郡,夏秋大疫。[3]至正五年(1345)春夏,济南大疫。至正十二年(1352)正月,冀宁保德州大疫;夏,龙兴大疫。至正十三年(1353),黄州、饶州大疫;十二月,大同路大疫。至正十六年(1356)春,河南大疫。至正十七年(1357)六月,莒州蒙阴县大疫。至正十八年(1358)夏,汾州大疫。至正十九年(1359)春夏,郴州并原县,莒州沂水、日照二县及广东南雄路大疫。至正二十年(1360)夏,绍兴山阴、会稽二县大疫。至正二十二年(1362),又大疫。

元朝疫病主要是鼠疫和天花。鼠疫,在金元以前的医书上没有记载,金元时期才开始出现,称之为"大头瘟"。由于蒙古军队的征战,破坏了北方草原和西南山地鼠疫自然疫源地的宁静,并随着蒙古军队,带到了其他地方,使鼠疫在北方和南方的一些地区流行。其危害程度超过了其他任何传染病,其中导致了我国内地人口的巨大损失,四川人口死亡殆尽,两广人口也病死大半。[4]

---

① 张国旺:《元代蝗灾述论》,《隋唐辽宋金元史论丛》第5辑,上海古籍出版社,2015年,第232~239页。

② 和付强:《中国灾害通史(元代卷)》,郑州大学出版社,2009年,第178页。

③ 宋濂等:《元史》卷51《五行志二》,中华书局,1976年,第1111页。

④ 曹树基:《地理环境与宋元时代的传染病》,《历史地理》1995年第1期。

除了单纯的自然因素,战争也加速了疫病的传播和流行。蒙古军队在征辽、金、宋时都发生了严重的疫情。元朝的疫灾主要集中于元初和元末两个时段[①],显然是由于战争的影响。从季节上看,多发生在春季和夏季。蒙古宪宗八年(1258)春,蒙哥率军攻宋,攻入四川,翌年春,至合州(今重庆合川)城下,亲自督师围攻。守将王坚拒绝招降,率全城军民,凭借天险,奋勇抵抗,屡挫蒙古军,使蒙古军困阻城下数月,不得前进。至次年春夏,"其地炎瘴,军士皆病。"[②]由于疫病蔓延,诸军染病者众多,严重影响了军心和战斗力,七月,蒙哥在督军攻城时中流矢而死,另一种说法则是病死城下,遂不得不议和罢兵。世祖至元十八年(1281),忽必烈东征日本,由于遭遇台风而失败了。当时军中发生了疫病,也影响了军队的战斗力。六月,军船舰内发生恶疾,由于不知防疫之法,传染速度很快,将士死亡 3 000 余人。至元二十二年(1285)至二十六年(1366),征安南中,由于暑热多雨,军中也爆发了疫病,死者甚多。

元末,由于内乱,战争不断,疫灾又随之严重起来。元顺帝至正十八年(1358)夏,山西汾州大疫。当时农民起义已经风起云涌,特别是刘福通领导的红巾军发展十分迅速。河南、河北及山东流民多避之大都,这次疫灾,死者"前后凡二十余万人"。《元史续编》对此记载比较详细。

> 时河南北、山东皆被兵,民携老幼流入京师,重以饥疫,死者相枕籍。官者保布哈请市地瘗之。……保布哈出金玉带各一,银钞米麦以为费。择地南北二城,抵卢沟桥,掘深及泉,男女异圹。人以尸至者随给以钞,舁负相踵,凡瘗二十万。[③]

## 五、地震

元朝地质活动进入了历史上的活跃期,地震频发。《中国救灾史》统计

---

① 和付强:《中国灾害通史(元代卷)》,郑州大学出版社,2009 年,第 95 页。

② 宋濂等:《元史》卷 121《速不台传》,中华书局,1976 年,第 2981 页。

③ 胡粹中:《元史续编》卷 15,国家图书馆出版社,2013 年,第 6587b 页。

元朝地震为56次。《中国灾害通史（元代卷）》则统计为145次，发生的频率要高于以前的朝代，而且强震较多。《中国地震目录》统计元朝的强震共24次。

据《元史·五行志》记载，世祖至元二十一年（1284）九月戊子，京师地震。至元二十六年（1289）正月丙戌，地震。至元二十七年（1290）二月癸未，泉州地震；丙戌，泉州又震；八月癸未，武平路地大震。至元二十八年（1291）八月己丑，平阳路地震，坏庐舍万八百区。元成宗元贞元年（1295）三月壬戌，地震。大德六年（1302）十二月辛酉，云南地震。次年八月辛卯，地震。元武宗至大元年（1308）六月丁酉，巩昌陇西、宁远县地震；云南乌撒、乌蒙三天中发生了六次强震；九月己酉，蒲县地震；十月癸巳，蒲县、灵县地震。元仁宗皇庆二年（1313）六月，京师地震；己未，京师地震；丙辰，又震；壬寅，又震。天水—兰州地震带、六盘水地震带也是较为活跃的地震带。延祐二年（1315）五月乙丑，秦州成纪县北山移至夕川河，第二天再移，平地突起如土丘，高者二三丈，陷没民居。延祐三年（1316）八月己未，冀宁、晋宁等郡地震；十月壬午，河南地震。延祐四年（1317）正月壬戌，冀宁地震；七月己丑，成纪县山崩；辛卯，冀宁地震；九月，岭北地震三日；十二月庚申，奉元路同州地震，有声如雷。元文宗至顺二年（1331）四月丁亥，真定陟县一日五震或三震，月余乃止。元顺帝元统二年（1334）八月辛未，京师地震。鸡鸣山崩陷为池，方圆百里，人死者甚众。至正七年（1347）河东地震，"地坼泉涌，崩城陷屋，伤人民。"至正十二年（1352）二月丙戌，霍州灵石县地震；闰三月丁丑，陕西地震，庄浪、定西、静宁、会州尤甚，移山湮谷，陷没庐舍，有不见其迹者。至正二十六年（1366）十一月，华州地震，"蒲城县洛岸崩，壅水，绝流三日。"这次地震形成了典型的地震水灾。

元成宗大德七年（1303）八月六日，山西洪赵县发生了特大地震。《元史·五行志》记载了此次地震的详细情况。

七年八月辛卯夕，地震，太原、平阳尤甚，坏官民庐舍十万计。平阳赵城县范宣义郇堡徙十余里。太原徐沟、祁县及汾州平遥、介休、西河、孝义等县地震成渠，泉涌黑沙。汾州北城陷，长一里,东城陷七十余步。八年正月,平阳地震不止。九年四月己酉,大同路地震,有声如雷,坏庐舍五千八百,压死者一千四百余人。怀仁县地震,二所涌水尽黑,其一广十八步、深十五丈,其一广六十六步、深一丈。五月癸亥,以地震,改平阳路为晋宁,太原路为冀宁。十一月壬子,大同地震。十二月丙子,地震。十年正月,晋宁、冀宁地震不止。

这次地震震中在今山西洪洞,因此又称为"洪洞地震"。洪洞地震是现在能够准确定震级的我国第一次 8 级地震,也是我国历史上死亡人数较多的地震之一。由于震中位于人口相对稠密的临汾盆地北部和太原盆地南部,加之发生在深夜,民众都在睡梦中,所以灾情极为惨烈。全山西的死亡人数为 20 万人左右,而当时全山西的人口也只有百万人。[①]这次地震的余震一直持续了数年,波及山西全境,以及陕西、河南、河北等部分地区,范围达数千平方千米。地震发生后,元成宗发钞 9.6 万锭,派遣使者前去救济,减免公差和税务,开放山场河湖,听民采捕,以渡灾年。在积极赈灾的同时,将太原路改名为冀宁路,平阳路改名为晋宁路,希望借改名来平息天灾。地震后,利泽渠等大型水利设施受到严重破坏,即使是幸免于难的百姓,流离失所,饥寒交迫。

地震还能引发泥石流、山体滑坡、泉涌、地面塌陷等次生灾害。例如,至元二十七年(1290)北京(后改为武平路)地震,震级达 7.8 级。"北京尤甚,地陷,黑沙水涌出,人死伤数十万。"[②]元成宗大德七年(1303),山西地震,平阳、太原等地最为剧烈,造成"村堡移徙,地裂成渠"[③]。

---

① 和付强:《中国灾害通史(元代卷)》,郑州大学出版社,2009 年,第 162 页。山西、陕西、河南的几十个府州县的史书对此都有记载。据吉县《大帝庙碑》记载:"河东地震,压杀者二十余万人,屋之存者什之三四。"《临汾县志》也记载道:"于时死者二十余万人,祸甚惨毒。"而有的学者考证,死亡人数接近 30 万。在地震中,平阳路死亡 17.63 万人,人口震亡率高达 32.7%;太原路死亡 10 万人,人口震亡率为 26.6%。(王汝雕:《从新史料看元大德七年山西洪洞大地震》,《山西地震》2003 年第 3 期)

② 宋濂等:《元史》卷 172《赵孟頫传》,中华书局,1976 年,第 4020 页。

③ 宋濂等:《元史》卷 21《成宗纪四》,中华书局,1976 年,第 454 页。

## 第五节 ｜ 魏晋至宋元时期灾害成因中的人与自然

　　历史文献对自然灾害的记载,很多都在正史的"五行志"中。它体现出鲜明的"天人感应"思想,以达到警示当政者行为的目的。长期以来学界对历史上灾害的关注,更多是从救荒的角度出发的。关注某朝对抗灾救荒的成效,往往是跟解析其政权治理能力的高低联系在一起的。还有学者关注社会环境的稳定对灾害发生、发展的影响等。[①] 近年来,随着环境史研究的深入,不少学者已将灾害史的研究纳入环境史的视野。呼吁灾害史的研究,应"走出人类中心主义"在环境史视野下重构灾害史。[②] 传统定义认为,灾害是指人力不可抗拒、难以控制地给人类造成众多伤亡及大量财产损失等的自然或人为事件。但如果将之放到环境史视阈下,灾害的定义会更有意义,"灾害是指给人类和人类赖以生存的环境造成破坏性影响的事物总称"[③],"灾荒是由于自然变异、人为因素或自然变异与人为因素相结合的原因引发的对人类生命和财产及人类生存发展环境造成破坏损失的现象"[④]。其中深深打着"人与自然环境"烙印。灾害的形成中既有自然变异的因素,也有人为活动的影响;并且,随着人的活动对自然干预的力度和规模越大,人类改变自然环境的可能性也就越大。人类对自然索取越多,对自然的破坏性就越大,由此就会造成环境问题。比如,魏晋至宋元时期人们对黄河

---

　　① 卜风贤:《魏晋时期社会环境变化对农业灾害发生发展的影响》,《西北农林科技大学学报》(社会科学版)2001 年第 4 期。

　　② 周琼:《走出人类中心主义:环境史重构下的灾害》,《中国社会科学报》2014 年 7 月 9 日。

　　③ 黄承伟、陆汉文主编:《灾害应对与农村发展 "灾害风险管理与减贫的理论及实践"国际研讨会论文集》,华中师范大学,2012 年,第 7 页。

　　④ 孙语圣、徐元德:《中国近代灾害理论史探析》,《灾害学》2011 年第 2 期。

上游森林等植被的破坏,造成水土流失,以致到宋朝以后,下游黄河泛滥问题,成为国家最为难治的问题之一。下面从自然环境和人的活动两部分内容,对此时期的灾害的成因做一概括梳理。

## 一、气候的变迁与水、旱、蝗等灾害

众所周知,魏晋南北朝时期属于历史上的寒冷期。但具体冷到什么程度,对自然环境和人类活动产生了怎样的影响,这是环境史学者十分关注的问题。据满志敏研究,这一时期冬季风强盛,霜雪期比现代长,平均能提前一个月,极端时可提前两个半月。[①] 这种气候尤其对黄河中下游地区产生了不小的影响。黄河中下游地区一直是中原政权的核心地带,是政治中心,因此聚集了大量的人口,农业开发程度也较高。历史上寒冷期与温暖期的交替变化,对这一地区影响尤为严重。气候的变化,是形成自然灾害的客观因素。"据统计,整个三国魏晋南北朝时期,水灾、河决、雨灾、旱灾、风灾、雹灾、雪灾、霜灾、低温、冻害、蝗灾、虫灾、疫病、鼠害、兽害、沙尘暴、水土流失等一共发生了841次。"[②] 这些灾害的发生与这一时期气候的异常波动有关。

下面根据《中国古代重大自然灾害和异常年表总集》中的相关数据对气候变迁与水、旱、蝗等灾害的相关性做一分析,如表7.4所示[③]。

表 7.4　魏晋至宋元时期黄河流域水灾发生的情况

| 时间 | 地域 |
| --- | --- |
| 曹魏黄初四年(223)六月 | 河南 |
| 晋泰始六年(270)六月 | 河南 |
| 晋泰始七年(271)六月 | 河南 |
| 唐贞观十一年(637)七月 | 河南 |
| 唐永徽五年(654)五月 | 陕西 |

① 满志敏:《中国历史时期气候变化研究》,山东教育出版社,2009年,第156页。

② 卜风贤:《三国魏晋南北朝时期农业灾害时空分布研究》,《中国农学通报》2004年第5期。

③ 根据宋正海主编的《中国古代重大自然灾害和异常年表总集》中的数据资料整理而成。(广东教育出版社,1992年,第300~305页)

| 时间 | 地域 |
|---|---|
| 唐永淳元年(682)五月 | 陕西 |
| 唐永淳元年(682)六月 | 河南 |
| 唐如意元年(692)四月 | 河南 |
| 唐长安三年(703) | 甘肃 |
| 唐神龙元年(705)四月 | 陕西 |
| 唐神龙元年(705)七月 | 河南 |
| 唐神龙二年(706)四月 | 河南 |
| 唐开元四年(716)七月 | 河南 |
| 唐开元五年(717)六月 | 河南 |
| 唐开元八年(720)六月十四日、二十一日 | 河南 |
| 唐开元十年(722)二月、七月 | 河南 |
| 唐开元十五年(727)七月、八月 | 陕西、河南 |
| 唐开元十八年(730)六月 | 河南 |
| 唐开元(734)二十二年秋 | 陕西、河南 |
| 唐开元二十九年(741) | 河南 |
| 唐天宝十三载(754)九月 | 河南、山东 |
| 唐上元二年(761)七月、八月 | 陕西 |
| 唐广德元年(763)九月 | 陕西 |
| 唐永泰二年(765)五月 | 河南 |
| 唐大历十一年(776)七月 | 陕西 |
| 唐永贞元年(805) | 陕西 |
| 唐元和四年(809)十月 | 陕西 |
| 唐元和八年(813)六月 | 陕西 |
| 唐元和十一年(816)五月 | 陕西 |
| 唐元和十二年(817) | 陕西 |
| 唐大和三年(829)四月 | 陕西 |
| 唐开成元年(836)夏 | 陕西 |
| 唐咸通四年(863)闰六月 | 河南 |
| 唐咸通六年(865)六月 | 河南 |
| 唐乾符五年(878)秋 | 山西 |
| 宋太平兴国四年(979)三月 | 河南 |
| 宋太平兴国六年(981) | 山西 |

续表

| 时间 | 地域 |
|---|---|
| 宋太平兴国八年(983) | 河南 |
| 宋咸平元年(998)七月 | 山西 |
| 宋咸平五年(1002)六月 | 河南 |
| 宋嘉祐元年(1056)五月 | 河南 |
| 宋嘉祐七年(1062)六月 | 山西 |
| 宋治平二年(1065)八月 | 河南 |
| 宋熙宁元年(1068)八月 | 河北 |
| 宋熙宁四年(1071)八月 | 陕西 |
| 宋熙宁七年(1074)六月 | 甘肃、河南、山西 |
| 宋熙宁十年(1077) | 河北 |
| 元大德元年(1297)三月 | 江苏、河南 |
| 元大德六年(1302)五月 | 河南、江苏 |
| 元延祐六年(1319)六月 | 河南、山东、江苏 |
| 元至治二年(1322)七月 | 江苏、安徽 |
| 元泰定元年(1324)五月 | 甘肃 |
| 元至正三年(1343)七月 | 河南 |
| 元至正四年(1344)六月 | 山东、河南 |

据表7.4所示,魏晋南北朝时期黄河流域水灾明显偏少,唐朝记载有35次,其中在陕西发生的有15次,在河南发生的有17次,在甘肃、山东、山西发生的各有1次;宋朝记载有13次,其中在河南发生的有6次,在陕西、甘肃发生的各有1次,在山西发生的有4次,在河北发生的有2次。元朝记载有13次,在河南发生的有5次,在鲁南、苏北、淮北发生的有5次,在甘肃发生的有1次。从发生时间上看,基本都发生在春夏之交到仲秋八月之间,尤以六月、七月为多,唐朝略早一点,有发生在四月份的;宋朝略晚一点,有发生在九月、十月的。总体上来讲,黄河流域的水灾发生时间基本符合这一地区大陆性季风气候的特征;从中也大概能反映出唐朝属于温暖期的历史气候和阶段特征。黄河中下游地区频繁的水灾,反映出此时此地降水量大、降水频率高的特点;反过来也可反衬出该时期此地的气候比现在温暖湿润。因此,从这一点上讲,唐朝黄河流域的水灾,更多是自然气候方面的原因。

接着,再看这一历史时期旱、蝗灾方面的情况,如表 7.5 所示。

表 7.5　魏晋南北朝时期寒冷气象与旱、蝗灾害 [①]

| 时间 | 异寒情况 | 旱蝗情况 |
|---|---|---|
| 魏黄初三年(222) | | 河北蝗灾 |
| 魏太和二年(228) | | 大旱 |
| 魏太和五年(231) | | 大旱 |
| 吴五凤二年(255) | | 大旱 |
| 魏甘露时(256—260) | | 陕西蝗灾 |
| 吴太平三年(258) | | 大旱 |
| 晋泰始七年(271) | | 大旱 |
| 晋泰始九年(273) | | 大旱 |
| 晋泰始十年(274) | | 大旱 |
| 晋咸宁二年(276) | | 大旱 |
| 晋咸宁三年(277) | 山东等秋寒 | |
| 晋泰康六年(285) | | 山东、汉中、河北、北京等地大旱 |
| 晋泰康七年(286) | | 大旱(郡国十三) |
| 晋泰康九年(288) | | 陕西大旱 |
| 晋元康七年(297) | | 陕西、甘肃大旱 |
| 晋永宁元年(301) | | 青、徐、幽、并四州大旱,蝗灾 |
| 晋永兴二年(305) | | 江西蝗灾 |
| 晋光熙元年(306) | 秋寒 | |
| 晋永嘉三年(309) | | 全国性大旱 |
| 晋永嘉四年(310) | | 山西、河北、陕西蝗灾 |
| 晋建兴四年(316) | | 蝗灾 |
| 东晋建武元年(317) | | 河北、山西、山东、甘肃蝗灾 |
| 东晋大兴二年(319) | | 鲁南、苏北蝗灾 |
| 东晋大兴三年(320) | | 江苏、江西、浙江蝗灾 |
| 东晋永昌元年(322) | | 陕西大旱 |
| 东晋咸和九年(334) | | 大旱 |

　①　根据宋正海主编的《中国古代重大自然灾害和异常年表总集》中的数据资料综合整理而成。(广东教育出版社,1992 年,第 155、159~160、162、170~174、452~456 页)

续表

| 时间 | 异寒情况 | 旱蝗情况 |
|---|---|---|
| 东晋咸康元年(335) | | 广东大旱,蝗灾 |
| 东晋咸康四年(338) | | 浙江大旱 |
| 东晋咸康三年(337) | | 河北蝗灾 |
| 东晋永和二年(346) | 河北秋寒 | |
| 东晋永和五年(349) | | 大旱 |
| 东晋永和十一年(355) | | 陕西蝗灾 |
| 东晋太和时(366—370) | | 浙江大旱 |
| 东晋咸安二年(372) | | 大旱 |
| 东晋太元九年(384) | | 山西大旱 |
| 东晋太元十年(385) | | 大旱 |
| 东晋元兴元年(402) | | 大旱 |
| 东晋元兴二年(403) | 奇寒 | |
| 东晋义熙五年(409) | 春寒 | |
| 东晋义熙十年(414) | | 大旱 |
| 北魏太和六年(482) | | 山东蝗灾 |
| 北魏太和七年(483) | | 河南蝗灾 |
| 北魏太和八年(484) | | 山东、河北蝗灾 |
| 梁天监元年(502) | | 大旱 |
| 北魏景明四年(503) | | 甘肃蝗灾 |
| 北魏正始元年(504) | | 内蒙古、河南蝗灾 |
| 北魏正始四年(507) | | 蝗灾 |
| 北魏永平元年(508) | | 甘肃蝗灾 |
| 梁天监十五年(516) | | 湖北大旱 |
| 梁普通二年(521) | 春寒 | |
| 梁大同三年(537) | 山东夏寒 | |
| 东魏武定四年(546) | 奇寒 | |
| 北齐河清元年(562) | 奇寒 | |
| 北齐河清二年(563) | 春寒 | 山西大旱 |
| 北周建德六年(577) | | 陕西大旱 |
| 陈太建十二年(580) | | 大旱 |

据表 7.5 所示,魏晋南北朝时期共发生大的旱蝗灾害 48 次,其中尤以

华北一带最为严重。西晋时期共发生全国性灾害约 10 次,东晋南朝时期约
6 次,北魏时期 1 次。由于旱蝗灾经常一起暴发,史料中所载的蝗灾多是由
于旱灾引起的。因此,凡是所载是蝗灾的,也可看成发生了旱灾,具体如表
7.6 所示。

表 7.6　隋唐五代时期寒冷气象与旱、蝗灾害<sup>①</sup>

| 时间 | 异寒情况 | 旱蝗情况 |
|---|---|---|
| 隋开皇四年(584) | | 陕西关中大旱 |
| 隋开皇十六年(596) | | 山西蝗灾 |
| 隋大业八年(612) | | 全国性大旱 |
| 隋大业十三年(617) | | 全国性大旱 |
| 唐武德三年(620) | | 陕西大旱 |
| 唐武德四年(621) | | 陕西大旱 |
| 唐贞观元年(627) | | 四川大旱 |
| 唐贞观三年(629) | | 江苏等蝗灾 |
| 唐贞观十二年(638) | | 浙江、湖北、四川大旱 |
| 唐贞观二十一年(647) | | 山西大旱 |
| 唐贞观二十二年(648) | | 四川等大旱 |
| 唐永徽元年(650) | | 山陕、甘肃等蝗灾,陕西等大旱 |
| 唐永徽四年(653) | | 江西、安徽大旱 |
| 唐显庆四年(659) | 春寒 | |
| 唐显庆五年(660) | | 河北大旱 |
| 唐总章二年(669) | | 关中、山东、江淮大旱 |
| 唐总章三年(670) | | 四川大旱 |
| 唐咸亨元年(670) | | 全国性大旱,关中尤甚 |
| 唐永隆二年(681) | | 陕西大旱 |
| 唐永淳元年(682) | | 陕西大旱 |
| 唐神龙二年(706) | | 关中、山东、河北、河南大旱 |
| 唐开元二年(714) | | 河北、山东、河南蝗灾 |
| 唐开元四年(716) | | 山东、河南、河北蝗灾 |
| 唐开元十二年(724) | | 山西等大旱 |

① 根据宋正海主编的《中国古代重大自然灾害和异常年表总集》中的数据资料综合
整理而成。(广东教育出版社,1992 年,第 155、159~160、162、170~174、452~456 页)

续表

| 时间 | 异寒情况 | 旱蝗情况 |
| --- | --- | --- |
| 唐开元十六年(728) | | 河南大旱 |
| 唐永泰元年(765) | | 关中大旱 |
| 唐大历四年(769) | | 浙江大旱 |
| 唐大历六年(771) | | 大旱 |
| 唐建中三年(782) | | 大旱 |
| 唐兴元元年(784) | | 陕西、山西蝗灾 |
| 唐贞元元年(785) | | 蝗灾,陕西大旱 |
| 唐贞元二年(786) | | 山东蝗灾 |
| 唐贞元六年(790) | | 关中大旱 |
| 唐贞元十七年(801) | | 陕西大旱 |
| 唐贞元十九年(803) | 春寒 | |
| 唐贞元二十年(804) | 春寒,陕西 | |
| 唐永贞元年(805) | | 江浙、淮南、两湖大旱 |
| 唐元和二年(807) | 陕西夏寒 | |
| 唐元和三年(808) | | 江淮、江南、广南、山南大旱 |
| 唐元和十五年(820) | 秋寒,陕西 | |
| 唐宝历元年(825) | | 整个南方大旱 |
| 唐大和八年(834) | | 江淮、陕西大旱 |
| 唐大和九年(835) | | 陕西大旱 |
| 唐开成二年(837) | | 河南、河北旱,蝗灾 |
| 唐开成三年(838) | | 河南蝗灾 |
| 唐开成四年(839) | | 全国性蝗灾,河南、河北尤其 |
| 唐会昌三年(843) | 春寒 | |
| 唐会昌六年(846) | | 大旱 |
| 唐大中五年(851) | | 浙江大旱 |
| 唐咸通七年(866) | | 洛阳、关中蝗灾 |
| 唐乾符二年(875) | | 蝗灾 |
| 唐中和四年(884) | | 江南大旱 |
| 唐光启元年(885) | | 蝗灾 |
| 唐光启二年(886) | | 湖北、江淮蝗灾 |
| 唐景福二年(893) | 春寒,山东 | |
| 唐光化三年(900) | | 陕西大旱 |

续表

| 时间 | 异寒情况 | 旱蝗情况 |
|---|---|---|
| 唐天复三年（903） | 春寒，浙江 | |
| 唐天祐元年（904） | 秋寒，陕西 | |
| 后唐同光三年（925） | | 河北蝗灾 |
| 后唐天成三年（928） | | 浙江蝗灾 |
| 后唐长兴三年（932） | | 湖南大旱 |
| 后晋天福七年（942） | | 陕西、山东、河南、关西蝗灾 |
| 后晋天福八年（943） | | 全国性蝗灾 |

据表 7.6 所示，隋唐五代时期发生大的旱蝗灾害有 59 次，其中全国性大旱为 5 次，分别为隋炀帝大业八年（612）、大业十三年（617），唐高宗咸亨元年（670）、唐文宗开成四年（839），五代后晋天福八年（943）。陕西包括关中地区发生旱灾的频率较高，仅单独爆发的就有 17 次，如果再加上全国性的，共有 22 次之多，约占旱蝗灾害总数的 37%。

表 7.7　宋元时期寒冷气象与旱、蝗灾害[①]

| 时间 | 异寒情况 | 旱蝗情况 |
|---|---|---|
| 宋建隆元年（960） | | 山东大旱 |
| 宋乾德三年（965） | | 全国性蝗灾 |
| 宋开宝元年（968） | | 甘肃大旱 |
| 宋开宝二年（969） | | 河北蝗灾 |
| 宋太平兴国六年（981） | | 河南蝗灾 |
| 宋太平兴国七年（982） | | 河北、河南蝗灾 |
| 宋雍熙三年（986） | | 山东蝗灾 |
| 宋端拱元年（988） | 山东夏寒 | |
| 宋端拱二年（989） | | 河南大旱 |
| 宋淳化三年（992） | 陕西春寒 | 河南等蝗灾 |
| 宋咸平元年（998） | | 京畿及江南、淮南等大旱 |
| 宋咸平四年（1001） | 河南春寒 | |
| 宋景德元年（1004） | | 河南大旱 |

---

① 根据宋正海主编的《中国古代重大自然灾害和异常年表总集》中的数据资料综合整理而成。（广东教育出版社，1992 年，第 155、159~160、162、170~174、452~456 页）

续表

| 时间 | 异寒情况 | 旱蝗情况 |
|---|---|---|
| 宋景德二年（1005） |  | 河南蝗灾 |
| 宋景德四年（1007） | 甘肃秋寒 |  |
| 宋大中祥符四年（1011） |  | 河北大旱 |
| 宋大中祥符九年（1016） |  | 山东、河南、河北、江苏蝗灾 |
| 宋天禧元年（1017） | 河南奇寒 | 全国性蝗灾 |
| 宋景祐三年（1036） |  | 河北大旱 |
| 宋庆历元年（1041） |  | 河南蝗灾 |
| 宋皇祐元年（1049） |  | 河北大旱 |
| 宋至和元年（1054） | 河南奇寒 |  |
| 宋至和二年（1055） | 山西春寒 |  |
| 宋嘉祐元年（1056） | 河南春寒 |  |
| 宋治平元年（1064） |  | 河南大旱 |
| 宋熙宁时（1068—1077） |  | 安徽蝗灾 |
| 宋熙宁三年（1070） |  | 浙江蝗灾 |
| 宋熙宁六年（1073） |  | 浙江大旱 |
| 宋熙宁七年（1074） |  | 大旱，河北、山东蝗灾 |
| 宋熙宁八年（1075） |  | 河南等蝗灾 |
| 宋绍圣二年（1095） |  | 安徽蝗灾 |
| 宋绍圣三年（1096） |  | 江东大旱 |
| 宋崇宁元年（1102） |  | 福建、浙江大旱；全国性蝗灾，河北尤甚 |
| 宋崇宁三年至四年（1104—1105） |  | 河北、山东蝗灾 |
| 宋崇宁四年（1105） |  | 浙江蝗灾 |
| 宋大观二年（1108） |  | 淮南、江东西大旱 |
| 宋宣和三年（1121） |  | 全国性蝗灾 |
| 宋建炎三年（1129） | 夏寒 |  |
| 宋绍兴五年（1135） |  | 浙江大旱 |
| 宋绍兴六年（1136） |  | 四川大旱 |
| 宋绍兴七年（1137） | 春寒 |  |
| 宋绍兴十二年（1142） |  | 陕西大旱 |
| 宋绍兴二十九年（1159） |  | 苏北、安徽蝗灾 |
| 宋绍兴三十二年（1162） |  | 江苏、浙江、安徽蝗灾 |
| 宋隆兴元年/金大定三年（1163） |  | 河北、山东蝗灾 |

续表

| 时间 | 异寒情况 | 旱蝗情况 |
|---|---|---|
| 宋隆兴二年 / 金大定四年（1164） | | 河北大旱 |
| 宋隆兴二年（1164） | | 浙江、福建大旱 |
| 宋乾道七年（1171） | | 浙江、江西大旱 |
| 宋乾道九年（1173） | | 浙江等大旱 |
| 宋淳熙三年 / 金大定十六年（1176） | | 湖南大旱，河北、山东、河东、陕西、辽东等蝗灾 |
| 宋淳熙四年 / 金大定十七年（1177） | | 辽东蝗灾 |
| 宋淳熙七年（1180） | | 几乎整个南宋疆域大旱 |
| 宋淳熙八年（1181） | | 几乎整个南宋疆域大旱 |
| 宋淳熙九年（1182） | | 几乎整个南宋疆域大旱，江苏等蝗灾 |
| 宋淳熙十四年（1187） | | 几乎整个南宋疆域大旱 |
| 宋绍熙二年（1191） | | 江苏大旱 |
| 宋绍熙三年（1192） | | 江苏大旱 |
| 宋绍熙四年（1193） | | 四川等大旱 |
| 宋庆元六年（1200） | | 江苏等大旱 |
| 宋嘉泰元年（1201） | | 浙江蝗灾 |
| 宋嘉泰二年（1202） | | 浙江蝗灾 |
| 宋开禧元年（1205） | | 浙江等大旱，蝗灾 |
| 宋开禧二年（1206） | | 浙江蝗灾 |
| 宋开禧三年（1207） | | 浙江蝗灾 |
| 宋嘉定元年（1208） | | 江浙蝗灾 |
| 宋嘉定二年（1209） | | 大旱，浙江蝗灾 |
| 宋嘉定三年 / 金大安二年（1210） | | 山东东路大旱 |
| 宋嘉定八年（1215） | | 大旱，江浙蝗灾 |
| 宋嘉定九年 / 金贞祐四年（1216） | | 河南、陕西蝗灾 |
| 宋嘉定十一年 / 金兴定二年（1218） | | 河南蝗灾 |
| 宋嘉定十四年（1221） | | 两浙大旱 |
| 宋嘉熙三年（1239） | | 浙江大旱 |
| 宋嘉熙四年（1240） | | 浙江大旱，蝗灾 |
| 宋淳祐五年（1245） | | 江西蝗灾 |
| 宋淳祐七年（1247） | | 浙江大旱 |

续表

| 时间 | 异寒情况 | 旱蝗情况 |
|---|---|---|
| 元中统二年(1261) | 山西、河北秋寒 | 山西大旱 |
| 元中统四年(1263) | | 京津冀一带蝗灾 |
| 元至元元年(1264) | 陕西夏寒 | |
| 元至元七年(1270) | | 河南蝗灾 |
| 元至元八年(1271) | | 华北蝗灾 |
| 元至元十二年(1275) | | 浙江大旱 |
| 元至元十六年(1279) | | 北京蝗灾 |
| 元至元十七年(1280) | | 鲁南、江苏蝗灾 |
| 元至元十九年(1282) | | 华北蝗灾 |
| 元元贞元年(1295) | | 甘肃大旱 |
| 元大德二年(1298) | | 蝗灾 |
| 元大德五年(1301) | | 蝗灾 |
| 元大德九年(1305) | | 浙江蝗灾 |
| 元大德十年(1306) | 安徽春寒 | 河北、河南蝗灾 |
| 元大德十一年(1307) | | 浙江大旱 |
| 元至大二年(1309) | | 全国性蝗灾 |
| 元延祐七年(1320) | | 安徽大旱 |
| 元至治二年(1322) | | 云南大旱 |
| 元至治三年(1323) | | 山西等蝗灾 |
| 元泰定元年(1324) | | 贵州大旱,蝗灾 |
| 元泰定二年(1325) | 安徽奇寒 | |
| 元泰定四年(1327) | | 山东、河南蝗灾 |
| 元泰定五年(1328) | | 河南蝗灾 |
| 元天历二年(1329) | | 河南、甘肃大旱,安徽蝗灾 |
| 元至顺元年(1330) | 河南春寒;宁夏等秋寒 | 蝗灾 |
| 元至顺二年(1331) | | 浙江、甘肃大旱,湖南蝗灾 |
| 元顺帝至元二年(1336) | | 蝗灾 |
| 元顺帝至元三年(1337) | | 河南蝗灾 |
| 元至正三年(1343) | 甘肃春寒 | |
| 元至正十二年(1352) | | 河南蝗灾 |

续表

| 时间 | 异寒情况 | 旱蝗情况 |
|---|---|---|
| 元至正十八年(1358) | | 河北、山东、辽宁蝗灾 |
| 元至正十九年(1359) | | 河北、山东、河南、安徽等蝗灾 |
| 元至正二十年(1360) | 浙江春寒 | |
| 元至正二十二年(1362) | | 河南蝗灾 |
| 元至正二十七年(1367) | 云南春寒<br>山西夏寒 | |

据表 7.7 所示,宋元时期共发生大的旱蝗灾害近 100 次。北宋时期共发生全国性旱蝗灾害 4 次,分别是宋太祖乾德三年(965)、宋真宗天禧元年(1017)、宋徽宗崇宁元年(1102)和宣和三年(1121)。河南、河北地区旱蝗灾突出共有 18 次,加上全国性的共有 22 次,其中河南有 15 次,河北有 13 次。南宋时期共发生旱蝗灾害 29 次,其中全国性灾害有 4 次,分别为宋孝宗淳熙七年(1180)、八年(1181)、九年(1182)和十四年(1187),浙江发生旱蝗灾害频次较多,共 21 次,占整个南宋旱蝗灾总数的 72%。金朝时期记载北方发生大的旱蝗灾约 5 次,多为局部性的。元朝共发生大的旱蝗灾害 30 次,其中全国性的有 1 次,发生在至大二年(1309),华北发生旱蝗灾害的频次较高,约 11 次;河南发生灾害的次数也不少约 10 余次。

综合表 7.5、表 7.6 和表 7.7 中对魏晋南北朝、隋唐五代、宋元三个时期的旱蝗统计分析,总数分别为 48 次、59 次和 100 次。其中爆发全国性旱蝗灾害的次数分别为 17 次(魏西晋 10 次、东晋南朝 6 次、北朝 1 次)、9 次(隋朝 2 次、唐朝 6 次、五代 1 次)、9 次(北宋 4 次、南宋 4 次、元朝 1 次)。这三个时期旱蝗发生频次较多的地域分别为:魏晋南北朝时期在华北,隋唐时期在陕西,北宋时期在河南、河北,南宋时期在浙江,元朝时期在华北。

如果将这一时期黄河流域的水灾情况和旱蝗灾害情况相比较的话,我国地理环境的大陆性季风气候对旱蝗灾害的影响最大;历史时期的气候温暖与寒冷期的交替也有一定的影响,比如西晋和宋朝的全国性旱蝗灾害次数较多等。但从发生旱蝗灾害的区域讲,似乎人的活动对此也有影响。这一时期发生旱蝗灾较严重的地方多是都城所在政治核心区。二者之间是否有逻辑相关,需待以后加以论证。

## 二、人的活动对灾害、疾疫的影响

在人类历史上,灾害和疾疫是严重影响人类生存安全的因素。这既有与气候、地质等相关的"天灾"因素,也有人类自身的活动所导致的"人祸"因素。由于"人祸"因素所致的灾害,多表现为过度农业开发、盲目开垦农田对地表的植被乱砍滥伐,因大兴土木工程、或追逐商业利益对大型林木过度砍伐。森林或草木植被的严重破坏,会造成山地滑坡和水土流失等各种地质或旱涝,以至发生疾疫等。下面重点以黄河中下游地区为例,对此情况做一略述。

黄河中下游地区的旱、涝等自然灾害,很大原因与黄土高原的森林植被被破坏有关。史念海指出:"黄土高原在历史曾以是一个富有森林的地区,森林可以涵养水分,保证河水的流量不发生大的变化。""黄土高原森林的破坏,大致是从唐朝中叶开始的,到了北宋破坏更为严重;最严重破坏是在明代中叶以后。""森林破坏了,与河流有关地区失去了森林覆盖,降水就难得到涵蓄,一遇大雨、暴雨或骤雨,河水流量暴涨,就容易形成洪涝灾害。"[①]

第一,人类活动对森林的破坏表现为过度开垦农田。就黄河流域而言,这一时期的政治中心区经历了从关中平原向华北平原的变迁。政治中心区的一个重要体现就是人口众多,因而需要大量的经济支撑。先秦时期,该区域对农田的开垦主要是在关中平原一带,通过刀耕火种的方式,人们把草木丛生蛮荒之地变成可以种植的农田。先秦时期对森林的破坏,以平原地区最为明显,这显示出农业地区和森林地区的消长,农业的发展和农业地区的扩大,就意味着此地带森林的减少以至灭绝,从而使森林地区缩小或消灭。[②] 随着历史的发展,历经秦汉魏晋南北朝时期,此时关中平原上已经没有大片森林了。唐宋时期,尤其是宋朝,由于人口的快速增长,平原上的农田已无法满足需求。人们开始将农田的开垦转向丘陵和山地。由此,山地的森林严重破坏,森林覆盖率大大降低。其中,渭河上游是宋朝森林

---

① 史念海:《黄土高原主要河流流量的变迁》,《河山集(七集)》,陕西师范大学出版社,1999年,第49页。

② 史念海:《历史时期黄河中游的森林》,《河山集(二集)》,生活·读书·新知三联书店,1981年,第246页。

破坏最为严重的地区。

第二,对森林破坏更为突出的人类活动是大兴土木工程。魏晋至宋元时期,隋朝以前是分裂时期,战乱不断。此段时期发生的最大的土木工程事件是因北魏迁都,而重建洛阳城。北魏迁都洛阳,"虽是因袭魏晋旧居,实际上是从头另建新都。"建设这样庞大的都城,所需木材量巨大;只能远取于吕梁山上。为什么不就近取材呢? 史念海推断是附近山上的木材已被采伐光了。[①] 隋朝建都长安,但此长安已非汉朝时的长安,是在旧长安附近另建新长安城—大兴城。新长安的规模比北魏时的洛阳更大,所需材木也更多,主要取自终南山,但已远远不够,采伐范围扩大至更远的岐山和陇山。此外,营建东都洛阳,周边如熊耳等山上能用的树木也几乎被砍光。宋朝定都开封,兴建工程也需木材,遂将砍伐目标伸到了秦岭、陇山,导致隋唐时没有涉及的领域,如黄龙山等。[②]

第三,各种官贵私人兴建、宗教寺庙兴建,都在一定程度上对森林造成大量破坏,致使森林大面积减少。再加上伐薪烧炭、烧木制墨,对木材的需求,都是该时期山地森林破坏、面积减少的重要因素。

众所周知,良好的森林植被会起到调节气候,稳固地表、涵养水土、抵御风沙的重要作用。唐宋时期黄河中上游地区,由于人的过度砍伐所造成的森林大面积减少,对这一时期的该地自然环境产生了一定的负面影响。唐宋元时期政治中心分别所在的关中地区、河南地区和华北地区是自然灾害发生最严重的地区。究其原因,应该与这里人口聚集、对自然资源需求量大,因而对自然环境破坏较大有不小的关系。人类对黄河中上游的森林植被破坏,进而致使气候异常干旱,涝灾频发。因山地植被破坏,导致水土流失严重,上中游河流泥沙增多,由此导致下游平原地区河流经常泛滥,发生洪涝灾害。

---

① 史念海:《历史时期黄河中游的森林》,《河山集(二集)》,生活·读书·新知三联书店,1981 年,第 259~260 页。

② 史念海:《历史时期黄河中游的森林》,《河山集(二集)》,生活·读书·新知三联书店,1981 年,第 276 页。

# 第八章

# 生态环境保护思想

魏晋至宋元时期在我国古代环保史上承上启下,与先秦和秦汉时期相比,环保思想日益成熟,并趋于自觉,天道神秘色彩逐渐减退。顺乎自然之利,植树造林,保持水土,禁止破坏植被,保持生态平衡,逐渐成为共识。历代朝廷制定了一系列关于环保的法律、法规,环保思想上升到了国家制度层面。另外,佛教、道教勃兴,与儒学形成三足鼎立的局面。在传统儒学外,佛、道两教及民间信仰等也给予环保思想以很大的影响,环保思想呈现出多源杂糅的特点。

## 第一节 | 生态环保思想产生的时代背景

### 一、民族大融合背景下经济模式的多样化

魏晋至宋元时期,一个重要的时代特征便是民族大

迁徙和民族大融合,其中以少数民族内迁为主。魏晋以后,匈奴、氐、羯、羌、鲜卑等北方、西北的少数民族不断内迁,并建立政权,原有的"内诸夏而外夷狄"的传统民族分布格局被打破,在近 300 年的时间里形成了少数民族政权(即十六国、北朝)占据中原,汉族政权(即东晋、南朝)占据南方的对峙局面。伴随着少数民族大规模内迁,中原汉族人口大量南迁。"洛京倾覆,中州士女避乱江左者十六七。"[①] 我国历史上最大规模的人口迁徙浪潮中,南迁人口前后累计约 90 万人,占当时南方人口的 1/6。[②] 隋南下灭陈,统一全国,结束了长达 500 多年的南北割据局面。隋唐的统治者本身都有鲜卑族的血统。"安史之乱"为唐朝由盛变衰的转折点,安史叛军的南下,引发了我国历史上第二次人口迁徙的浪潮。《旧唐书·地理志》载:"自至德后,中原多故,襄、邓百姓,两京衣冠,尽投江、湘。"[③] 唐亡后,我国又陷入分裂,形成五代十国的局面。北方的五代诸政权中,后唐、后晋、后汉统治者均出身沙陀,不少将相也是少数民族。北宋与辽南北对峙。金灭辽和北宋,又与偏安江南一隅的南宋划江而治。13 世纪元朝兴起,先后灭西夏和金,又灭南宋,完成全国统一,建立了一个疆域空前辽阔的大帝国,蒙古族也成为我国第一个建立全国政权的少数民族。

　　各民族人口大规模的迁徙和流动,打破了民族间的隔绝状态,长期的杂居、频繁的接触交往加深了历史文化的认同,并一步步走向融合。但融合是一个较为漫长的过程,中间有波折和反复。少数民族入主中原,成为统治民族,除了在生活习俗、社会风尚等方面的差异,游牧民族经济观念也给以内地很大冲击。据《史记·货殖列传》,西汉时期我国北部农耕区与游牧区的分界线在碣石到龙门一线。这条线从东部起,由碣石(今河北昌黎)向西偏北,沿今燕山南麓西行,再折向西南,经过恒山(今河北唐县大茂山)和汾水上游,循吕梁山而至龙门,与长城走向大致重合。简而言之,长城以北以西是广袤的游牧区,以南是农耕区,农业区和游牧区之间则是半农半牧

　　① 　房玄龄等:《晋书》卷 65《王导传》,中华书局,1974 年,第 1746 页。
　　② 　曹文柱主编:《中国社会通史(秦汉魏晋南北朝卷)》,山西教育出版社,1996 年,第 26 页。
　　③ 　刘昫等:《旧唐书》卷 39《地理志》,中华书局,1975 年,第 1552 页。

地区,属于过渡地带。

魏晋以来,北方、西北方游牧民族在南迁初期,仍保持着原有的游牧生活方式,他们改农田为牧场,传统的农牧分界线逐渐南移。在中原地区,不少农田为牧场所取代。三河,通常指河内、河东、河南三郡,东汉以来居天下之中,王畿千里,本是肥沃的良田,北魏时期却被辟作牧场。就连坚持汉化的孝文帝在迁都洛阳后,仍命宇文福,"规石济以西、河内以东,拒黄河南北千里为牧地。"① 游牧区甚至深及中原腹地。蒙古族在入居中原后,一度改农为牧,将大量农田改为牧场。在农耕区与游牧区的伸缩嬗变中,在农耕和游牧两种生产方式矛盾斗争中,我国北方的生态景观也由此发生了一些改变。

魏晋至宋元时期,除了西晋、隋、唐前期和元朝是统一的时期,其余时间都处于割据状态,战乱频仍。长期战乱使经济遭到严重的破坏,仅以西晋"永嘉之乱"为例,"自丧乱已来六十余年,苍生殄灭,百不遗一,河洛丘虚,函夏萧条,井堙木刊,阡陌夷灭,生理茫茫,永无依归。"② 城镇村落被夷灭,树木林莽被砍烧,井渠沟洫被堰塞,自然生态环境出现退化。同时,由于战乱,人们辗转流徙,土地抛荒,水利失修,人们抵御自然灾害的能力大为降低,饥荒灾害时有发生。邓云特指出:"魏晋之世,黄河长江流域间,连年凶灾。总计二百年间中,遇灾凡三百零四次。其频度甚密,远逾前代。地震、水旱、风雹、蝗螟、霜雪、疾疫等,纷至沓来。"③ 南北朝时期,据学者统计,"水旱、蝗螟、地震、霜雹、疫疠诸灾总共达315次。频数最高者的是水灾和旱灾,各77次,其次地震40次,再次风灾33次,霜雪之灾20次,雨雹之灾18次,蝗灾疫灾各17次,歉饥16次。"④

古代的社会卫生条件很差,大量人畜尸体得不到及时处理,很容易使疾疫爆发。疾疫流行甚速,又造成更大规模的人口死亡。东汉献帝建安二十二年(217),大疫,竟"家家有强尸之痛,室室有号泣之哀,或阖门而殪,

---

① 魏收:《魏书》卷44《宇文福传》,中华书局,1974年,第1000页。
② 房玄龄等《晋书》卷56《孙楚附孙绰传》,中华书局,1974年,第1545页。
③ 邓云特:《中国救荒史》,商务印书馆,2011年,第12页。
④ 邓云特:《中国救荒史》,商务印书馆,2011年,第13页。

或举族而丧者"①。西晋永嘉年间,北方发生严重灾害,《晋书·食货志》记载:"至于永嘉,丧乱弥甚。雍州以东,人多饥乏,更相鬻卖,奔迸流移,不可胜数。幽、并、司、冀、秦、雍六州大蝗,草木及牛马毛皆尽。又大疾疫,兼以饥馑,百姓又为寇贼所杀,流尸满河,白骨蔽野⋯⋯人多相食,饥疫总至,百官流亡者十八九。"②

为了生存,特别是随着汉化的加速,各政权,包括内迁的少数民族统治者都不得不兴农桑,兴修水利,发展农业和水利事业。例如后赵石勒派人"循行州郡,劝课农桑"③,农桑最修者赐爵五大夫。前燕鲜卑族慕容皝针对流民无田可耕的状况,下令"苑囿悉可罢之,以给百姓无田业者"④。农业的发展过程就是人工植被代替天然植被的过程,是对大自然的改造过程。总之,民族大迁徙、大融合和频繁的战乱,给魏晋至宋元时期的生态环保思想打上了深深的时代烙印。

## 二、江南开发及经济重心南移背景下生态问题凸显

汉朝时期,南方大部分地区荒凉落后,农业发展水平较低。正如《史记·货殖列传》所云:"楚越之地,地广人稀,饭稻羹鱼,或火耕而水耨。"⑤魏晋南北朝时期,相对于北方的战乱频仍,南方则相对安定。特别是"永嘉之乱"后,大量北方人南下,不仅解决了劳动力问题,而且带去了先进的农业生产技术。先进的精耕细作技术,逐渐淘汰了原来的火耕水耨式的原始耕作方法,形成了以陂塘灌溉为基本特征的稻作方式。农耕技术的发展,刺激了垦荒事业,山林湖泽得到大规模开发。另外,北方旱田作物在南方引种成功。东晋时期,有关江南种麦的记载,频见于史籍。到南齐时,麦类种植进一步从长江下游向长江中游推广。除了麦类,南方大面积种植的北方旱田作物还有粟、菽等。北方旱田作物的南移使粟、麦与水稻兼作,既可充

---

①　范晔:《后汉书》卷 17《五行志》,中华书局,1982 年,第 3351 页。
②　房玄龄等:《晋书》卷 26《食货志》,中华书局,1974 年,第 791 页。
③　房玄龄等:《晋书》卷 105《石勒载记下》,中华书局,1974 年,第 2735 页。
④　房玄龄等:《晋书》卷 109《慕容皝载记》,中华书局,1974 年,第 2825 页。
⑤　司马迁:《史记》卷 129《货殖列传》,中华书局,1963 年,第 3270 页。

分利用土地,又可充分利用季节达到早晚兼济、春秋互补的作用。[①]在移民与当地土著的共同开发下,江南开始崛起为新的经济区。南朝刘宋时,江南已形成"田非畴水,皆播麦菽,地堪滋养,悉蓺纻麻,荫巷缘藩,必树桑柘,列庭接宇,唯植竹栗"[②]的局面。据《宋书》记载:"江南之为国盛矣……地广野丰,民勤本业,一岁或稔,则数郡忘饥。会土带海傍湖,良畴亦数十万顷,膏腴上地,亩直一金,鄠、杜之间,不能比也。荆城跨南楚之富,扬部有全吴之沃,鱼盐杞梓之利,充仞八方,丝绵布帛之饶,覆衣天下。"[③]

六朝时期,随着江南人口增加,开发加速,经济取得长足发展的同时,也出现了诸多问题。土地占有是突出问题。东晋南朝门阀士族不仅在政治上享有特权,垄断仕途高位,平流进取,坐至公卿,而且在经济方面"求田问舍",广占良田,几乎每个大士族都是大土地所有者,形成了典型的庄园经济。庄园内除了生产粮食桑麻,还种有果树、蔬菜、茶等多种经济作物,建有园亭别墅,饲养鸟兽鱼虫,广植花卉,使其逐渐成为一个自给自足的经济单位。当时土地占有状况的不合理,使得无地少地的农民到处垦殖,粗放的火耕水耨的耕作模式仍存在相当规模。"诸欲修水田者,皆以火耕水耨为便。"[④]在经济利益的驱动下,人们为得火田之利,大肆砍伐林木,破坏草场,并广筑陂埆。西晋咸宁二年(276),杜预上疏给晋武帝云:"往者东南草创人稀,故得火田之利。自顷户口日增,而陂埆岁决,良田变生蒲苇,人居沮泽之际,水陆失宜,放牧绝种,树木立枯,皆陂之害也。陂多则土薄水浅,潦不下润。故每有水雨,辄复横流,延及陆田。"[⑤]川渎有常流,地形有定体,本来"汉氏居人众犹以无患"的地区,由于大肆烧荒和不适当的筑陂,地面植被遭到严重破坏,水土流失严重,失去了植被覆盖的陂埆时常决口,良田被淹,农业本身也遭受了损失,水利变成了水害。

唐宋时期,我国经济重心南移。南北方经济格局的转换,生态环境的

---

① 黎虎:《东晋南朝时期北方旱田作物的南移》,《北京师范大学学报》(社会科学版)1988年第2期。

② 沈约:《宋书》卷82《周朗传》,中华书局,1974年,第2093页。

③ 沈约:《宋书》卷54《孔季恭等传》,中华书局,1974年,第1540页。

④ 房玄龄等:《晋书》卷26《食货志》,中华书局,1974年,第788页。

⑤ 房玄龄等:《晋书》卷26《食货志》,中华书局,1974年,第788页。

改变也是其中不可忽视的动因。郑学檬指出,唐朝北方生态环境所受的破坏经长期积累,终于在唐宋时期显露出来,成为南北经济形势逆转的原因之一。[①]

隋唐时期是我国历史上的鼎盛时期,出现了为后世所艳称的"贞观之治"和"开元盛世"。隋炀帝大业年间全国户数890余万,人口4600余万人。唐玄宗天宝中,户数890余万,人口5200余万人,但这仅是在籍户口数字,实际人口数当远不止此。时人杜佑即对此数字抱有很大怀疑,"盖有司不以经国驭远为意,法令不行,所在隐漏之甚也。"[②]"开元、天宝之中,耕者益力,四海之内,高山绝壑,耒耜亦满。人家粮储,皆及数岁,太仓委积,陈腐不可校量。"[③]"是时中国盛强,自安远门西尽唐境万二千里,闾阎相望,桑麻翳野,天下称富庶者无如陇右。"[④]这繁荣盛世,却是以生态环境,特别是对森林的破坏为代价的。

植被是构成生态环境最为活跃的因素之一。秦汉时期,关中、秦岭、陇山以西都有大片广袤的森林,崤山的森林延伸到黄河岸边,函谷关处于森林的环抱中。到了南北朝末年,在交通闭塞、人迹罕至的山地,森林仍保存比较完好,而平原地区的森林则已被砍伐殆尽,基本上没有了。唐宋时期,秦岭山中的林木已经供应不足,岐山几乎变成了秃山。大城市周围的山脉木材供应严重不敷所需,唐朝开元、天宝年间朝廷"侧近求觅长五六十尺木,尚未易"[⑤],竟然要到千里之外的岚州(今山西岚县)、胜州(今内蒙古准格尔东北)去采办。黄土高原、鄂尔多斯高原和河套平原等地的土地都大量改牧为农。军队屯田和农户耕垦是促成这一改变的主要原因。例如,唐德宗贞元四年(788)春,陇右节度支度营田观察、临洮军使李元谅移镇良原(今甘肃灵台)。该地原来"隍堞湮圮,旁皆平林荐草,虏入寇,常牧马休徒于

---

① 郑学檬:《中国古代经济重心南移和唐宋江南经济研究》,岳麓书社,1996年,第32~48页。

② 杜佑:《通典》卷7《食货七》,中华书局,1988年,第153页。

③ 董诰:《全唐文》卷380,元结:《问进士第三》,中华书局,1983年,第3860页。

④ 司马光:《资治通鉴》卷216《唐纪三十二》,唐玄宗天宝十二载五月,中华书局,1956年,第6919页。

⑤ 刘昫等:《旧唐书》卷135《裴延龄传》,中华书局,1975年,第3722页。

此"[1]。李元谅率军士,"芟林薙草,斩荆榛,俟干,尽焚之,方数十里,皆为美田。劝军士树艺,岁收粟菽数十万斛,生殖之业,陶冶必备。"[2]焚化草场为农田,对林木草原的破坏也是致命的。失去原生植被覆盖的黄土,很容易造成水土流失,趋向沙化。隋唐以前,鄂尔多斯高原南部已有不少沙丘、沙陵、沙溪。唐朝末年,夏州一带形成了毛乌素沙漠。唐朝,鄂尔多斯高原北部也已经出现了库结沙、普纳沙等沙地,它们可能是今库布齐沙漠的前身。[3]

宋元时期,黄河中下游地区,包括今关中、山西、京津、河北、河南、山东以及苏皖等部分地区,是我国历史上开发最早的地区,主要分布的是栽培植被和次生植被。只是在部分山区,才保持有较多的原生植被。有些地区由于被过度垦殖或放牧,出现严重水土流失现象,甚至成为不毛之地。有学者认为,黄河中游的森林覆盖率唐宋时期已下降到32%,金元时期还要略低。[4]尤其是黄土高原与中原一带,生态环境的持续恶化已经令人触目惊心,陷入了环境不堪重负,且难以逆转的境地。《梦溪笔谈》载:"今齐、鲁间松林尽矣,渐至太行、京西、江南,松山太半皆童矣。"[5]

毁林开荒,加上薪炭、建筑、造船、冶铸用材等,对黄河上游森林等植被的过度砍伐,导致这一地区森林急剧减少,植被覆盖率降低,水土流失相当严重。每当雨季来临,雨水夹带大量泥沙汇入黄河,导致其中下游河床升高,黄河逐渐成为地上河。自唐中后期始,黄河泛滥、改道又渐趋频繁,结束了东汉以来相对安流的局面,进入长达千年的第二个泛滥期。[6]据统计,在1949年以前的三千多年间,黄河决口泛滥约有1 500余次,较大的改道有26次,重大改道有6次。[7]宋元时期是我国历史上黄河灾害频发的一个时期。其中黄河的重大改道就有3次,而较大的改道则多达十余次。黄河

① 欧阳修、宋祁:《新唐书》卷156《李元谅传》,中华书局,1975年,第4902页。

② 刘昫等:《旧唐书》卷144《李元谅传》,中华书局,1975年,第3918页。

③ 王玉德、张全明等:《中华五千年生态文化(上)》,华中师范大学出版社,1999年,第367页。

④ 佚名:《古黄土高原是草丰林茂的千里沃野》,《科学动态》1980年第58期。

⑤ 沈括:《梦溪笔谈》卷24《杂志》,中华书局,2005年,第227页。

⑥ 王玉德、张全明等:《中华五千年生态文化(上)》,华东师范大学出版社,1999年,第339页。

⑦ 黄河水利委员会编:《人民黄河》,水利电力出版社,1959年,第11页。

决口导致河道在华北平原上南北摆动扫荡多次,宋元时期华北平原的大部分地区的地势较之前多抬高数米至十余米不等,其地形较以前有较大的变化。宋朝的一次河决,就使著名的澶州城埋入地下。近年出土的澶州城碑也证明,现今这一带的地势已高于宋朝澶州城十余米。

隋唐五代时期,北方环境恶化。今湖北、湖南和江西等地的丘陵浅山地带畬田较多,其中的山民尚处于刀耕火种的阶段,耕作方式粗放。耕作以焚烧竹木为始,每到一地,放火烧山,对山林、生态破坏甚烈。唐诗对畬田情况多有反映,"南风吹烈火,焰焰烧楚泽"[1],"犬声扑扑寒溪烟,人家烧竹种山田"[2]。在大火之下,"虫蛇尽烁烂,虎兕出奔迫。"[3]刘禹锡《畬田行》云:"何处好畬田?团团缦山腹。钻龟得雨卦,上山烧卧木。惊麏走且顾,群雉声呕喔。红焰远成霞,轻煤飞入郭。风引上高岑,猎猎度青林。青林望麋麋,赤光低复起。照潭出老蛟,爆竹惊山鬼。"[4]这种耕作方式直至宋朝在某些山区仍然存在。宋朝沅湘之间的武陵源地区,森林茂密,当地农民"每欲布种时,则先伐其林木,纵火焚之,俟其成灰,即布种于其间……盖史所谓刀耕火种也"[5]。

唐宋时期,南方在经济大发展的同时,生态问题也开始凸显。唐朝史籍、笔记小说中对虎、象的记载与前代相比,陡然增多,常有路人遇虎、虎害伤人的记载。唐玄宗开元四年(716),唐玄宗以江淮南诸州虎伤人,下诏具有捕虎经验的泗州涟水县令李确,"驰驿往淮南大虫为害州县,指授其教,与州县长官同除其害。"[6]这背后反映的却是唐朝江淮等很多人迹罕至的地区得到明显开发,人们与虎、象等遭遇的机会大大增加,同时也表明虎、象等的栖息地遭到破坏的现实。[7]

---

① 吕温:《道州观野火》,彭定求等编:《全唐诗》卷371,中华书局,1985年,第4173页。
② 王建:《荆门行》,彭定求等编:《全唐诗》卷298,中华书局,1985年,第3385页。
③ 吕温:《道州观野火》,彭定求等编:《全唐诗》卷371,中华书局,1985年,第4173页。
④ 刘禹锡:《刘禹锡集》卷27《畬田行》,卞孝萱校订,中华书局,1990年,第353页。
⑤ 张淏:《云谷杂记》补编卷2《刀耕火种》,中华书局,1958年,第104页。
⑥ 元(玄)宗皇帝:《命李全确往淮南授捕虎法诏》,董诰:《全唐文》卷27,中华书局,1983年,第307页。
⑦ 翁俊雄:《唐代虎、象的行踪——兼论唐代虎、象记载增多的原因》,荣新江主编:《唐研究》卷3,北京大学出版社,1997年,第394页。

宋朝时期,出现了第二次人口高峰,到南宋嘉定十六年(1223),全国人口达 7 600 余万人。南宋局促于江南一隅,疆域不及唐朝一半,而人口数量却已超过唐朝。由于土地迫狭,民户繁多,为了寻求耕地,人们想尽各种办法,付出了艰辛的劳动。《王祯农书》谈及宋、元时期,人们到处觅地耕种的情景时云,"田尽而地,地尽而山,山乡细民必求垦佃,犹胜不稼。"① 出现了人们与山争田、与海争田、与江湖争田的现象,在我国农业史上出现了圩田、围田、海田、梯田、沙田、湖田等多种土地类型。充分肯定江南人民在土地垦辟、农业开发方面成就的同时,不能忽视其在生态环境方面的消极因素。以围湖造田为例,围湖造田在宋朝的两浙路尤盛。南宋虽曾下令严禁围田,但豪强权要公然抗礼,置诏令于不顾,"豪宗大姓,相继迭出,广包强占,无岁无之。"② "三十年间,昔之曰江、曰湖、曰草荡者,今皆田也","江湖所存亦无几也。"③ 肆无忌惮地造田,破坏了原有的水路,致使水流不畅,遇到洪涝灾害时,大水冲毁良田村舍的现象时有发生。在江南建立的陂泽本来是用于"停蓄水潦",可是一些"豪势人户耕犁高阜处土木,侵叠陂泽之地,为田于其间……致每年大雨时行之际,陂泽填塞,无以容蓄,遂至泛滥,颇为民患"④。有些圩田建立在水流要害之处,阻碍了排水系统,结果"横截水势,不容通泄,圩为害非细"⑤。

由于东南的开发,所需木材量日增,伐木变得有大利可图。于是一些靠近平原地区的山林迅速被开发。南宋《四明它山水利备览》指出,四明它山原是"万山深秀。昔时巨木高森,沿溪平地竹木亦甚茂密。虽遇暴雨湍急,沙土为木根盘固,流下不多,所淤亦少",只是"近年以来,木值价穹,斧斤相寻,靡山不童,而平地竹木亦为之一空"。结果,一遇大水之时,"既无林木少抑奔湍之势,又无包缆以固沙土之积,致使浮沙随流而下,淤塞溪流,至高四、五丈,绵亘二三里","舟楫不通,田畴失溉"。⑥

① 王祯:《王祯农书·农器图谱集之一·田制门》,农业出版社,1981 年,第 191 页。
② 马宗申等:《授时通考校注》卷 12《土宜门》,农业出版社,1991 年,第 233 页。
③ 马宗申等:《授时通考校注》卷 12《土宜门》,农业出版社,1991 年,第 233 页。
④ 徐松辑:《宋会要辑稿》食货 61 之 69,中华书局,1957 年,第 5908 页。
⑤ 徐松辑:《宋会要辑稿》食货 61 之 145,中华书局,1957 年,第 5946 页。
⑥ 魏岘:《四明它山水利备览》卷上《淘沙》,中华书局,1985 年,第 31 页。

唐宋之际,我国经济重心南移的过程中,伴随而来的是对南方生态环境破坏的加剧,并导致一些不良后果,但对此程度也不宜夸大。从总体上讲,这只是暂时的或局部性的。《中国移民史》指出,"我国山区的大规模开发和森林的过度砍伐,一般说来是始于明清时期,在此以前总的说来森林植被破坏现象并不严重,主要集中在北方",并进而指出,从7世纪中叶开始,黄河下游的决溢逐渐增多,黄河中下游的生态环境自五代以后已开始向不利于人类生产和生活的方向转化。[①]南方生态环境总体来看,仍是比较好的,特别是开发较晚的西南地区生态植被更是完好。有学者估计,西南地区在唐宋时期的森林覆盖率在60%左右,其中云贵高原山区的森林覆盖率在50%~70%以上。[②]但各地频繁出现的水土流失、洪涝灾害、瘟疫等,使身处其中的人们有切肤之痛,促使他们警醒、思索,正是在此背景下,富有时代特色的环保思想破茧而出。

### 三、魏晋以后自然主义的勃兴

魏晋时期,思想界的一大变化便是玄学的兴起。东汉中叶以后,中央集权削弱,阶级矛盾激化,社会危机日益尖锐,儒家思想的统治基础动摇。在此背景下,倡导自然、无为的老庄思想开始抬头。《文心雕龙·论说篇》谓:"迄至正始,务欲守文,何晏之徒,始盛玄论,于是聃、周当路,与尼父争途矣。"[③]玄学是道家和儒家融合而出现的一种哲学、文化思潮,特别注重《老子》《庄子》和《易经》三部经典,被称为"三玄"。魏晋玄学的主要代表人物有何晏、王弼、阮籍、嵇康、向秀、郭象等。

魏晋时期,政治黑暗,统治阶层互相倾轧,许多士人不满于世局和名教之虚伪。名教与自然之辨成为玄学家谈论的主要议题之一。在名教与自然的关系上,大致可分为两派:一派强调名教与自然的对立,另一派将名教与自然进行调和,认为名教本于自然。但无论哪一派,都将自然摆在了突出的地位,体现出一种率心适性的人生追求。"竹林七贤"之一的嵇康更是提

---

① 吴松弟:《中国移民史》第3卷(隋唐五代时期),福建人民出版社,1997年,第9页。

② 蓝勇:《历史时期西南经济开发与生态变迁》,云南教育出版社,1992年,第46页。

③ 刘勰:《增订文心雕龙校注》,杨照明校注拾遗,中华书局,2000年,第246页。

出了"越明教而任自然"①的观点。在清谈玄学的影响下,魏晋士人以任性放达为尚,追求心境玄远、超然物外。该时期,不仅隐逸之风盛行,而且世俗中人也流连自然山水之间,追求山水之趣,沉醉于精神的自在逍遥。东晋戴逵《闲游赞》云:"况物莫不以适为得,以足为至。彼闲游者,奚往而不适,奚待而不足。故荫映岩流之际,偃息琴书之侧,寄心松竹,取乐鱼鸟,则淡泊之愿,于是毕矣。"②为了逃避严酷的政治斗争,远离世俗的畏途,他们寄情于山水,借山水以化郁结,催生了山水、田园诗和山水画的繁荣。

南朝刘宋时期,诗人谢灵运曾任永嘉太守,好营园林,游山水,创作出大量山水诗,后人称其为山水诗派的鼻祖。其诗充满道法自然的精神,贯穿着一种清新自然、淡泊恬静之韵味。陶渊明是田园诗派的开创者,他的诗纯朴自然,意境高远拔俗,"采菊东篱下,悠然见南山","少无适俗韵,性本爱丘山",洋溢着对自然的热爱。③《过故人庄》描写诗人应邀到一位农村朋友家做客的情景。在淳朴自然的田园风光之中,举杯饮酒,闲谈家常,充满了乐趣,抒发了诗人和朋友之间真挚的友情。看似平淡如水,但细细品味,犹如琼浆在口,余味悠长。山水诗、田园诗一洗萎靡缠绵的格调,开辟了一片新天地,对后世影响极为深远,并直接影响唐朝山水诗、田园诗派。杜甫、李白、王维、孟浩然、韦应物、柳宗元等都曾取师法于此。此外,顾恺之工诗赋、书法,尤善绘画,精于人像、佛像、禽兽、山水等,为山水画派的创始人。

山水田园诗和山水画,体现的是诗人、画家摆脱物累心役的超然,寻求精神的自由,实现人与自然的相互契合。它们蕴涵着丰富的人文生态思想,如适性为本、和谐思想、民胞物与等。自然山水在与人的冥合交契中满足了人所固有的审美需要,使人暂时忘却现实的困扰,获得极大的心理满足和精神愉悦。

魏晋时期是我国方志十分兴盛的时期,除了全国范围的地理总志,还有州郡地志等。从东汉末年到隋朝,出现了许多记载山川地理的著作,《隋

---

① 鲁迅辑校:《嵇康集》,朝华出版社,2018年,第81页。

② 戴逵:《闲游赞》,严可均:《全上古三代秦汉三国六朝文》,中华书局,1958年,第4500页。

③ 陶潜:《陶渊明集校笺》,龚斌校笺,上海古籍出版社,1996年,第219、73页。

书·经籍志》载录 130 余种。如《诸蕃风俗记》《北荒风俗记》《西域道里记》《永初山川古今记》《游名山志》《四海百川水源记》《博物志》《交州记》《尔雅注》《水经注》等。特别是《博物志》共 10 卷,分类记载了山川地理、飞禽走兽、人物传记、神话古史、神仙方术等,实为继《山海经》后,我国又一部包罗万象的奇书。地理学的繁荣,在一定程度上反映了人们对自身所处环境——大自然的重视。

## 第二节 | **环保政策**

长期以来,大自然被作为人类征服和索取的对象,以提供人类及其社会的经济资源而存在。但自然资源并非取之不竭、用之不尽的。这表现为自然资源储量有限,再生能力也有一定限度。另外,生态环境的好坏与人们生活的好坏休戚相关,农桑、林木、花草、动物等已经成为人们生活中必不可少的组成部分,直接关系人们生活,乃至影响到社会的稳定,故有时被赋予政治社会的意义。历代五行志中有诸多关于木妖、花妖等所谓反常现象,并将这些反常现象与当时社会政治联系在一起。《三国志·三嗣主传》记载:天玺元年(276),"吴郡言临平湖自汉末草秽壅塞,今更开通。长老相传,此湖塞,天下乱,此湖开,天下平。"[①] 正是基于这种认识,人们日益感到需要对人类的活动加以限制,对自然加以保护。这种对自然的经济性资源价值的认识还停留在自然的外在价值或使用价值上,而对自然的内在价值或自然的权利则重视不够。这在历朝的环境政策中表现得尤为突出。环保政策是在环保思想的指导下进行的,已经把生态保护上升到了较高的认识程度,并用法律形式加以约束,是环保思想的具体化和贯彻落实。但环保政策与环保思想并非完全一致,环保政策反映的主要是统治阶层的意志,与社会

---

① 陈寿:《三国志》卷 48《吴书·三嗣主传》,中华书局,1959 年,第 1171 页。

思潮相比有时具有一定的滞后性。

先秦时期,管理山林川泽、与环保有关的官员称为虞衡。《周礼·天官·太宰》载:"以九职任万民:……三曰虞衡,化山泽之材。"郑玄注曰:"虞衡,掌山泽之官,主山泽之民者。"贾公彦疏曰:"地官掌山泽者谓之虞,掌川林者谓之衡。"[①] 虞,衡分职,周汉已然,魏晋以来,概称虞曹、虞部。隋唐以后,随着三省六部制度的正式确立,虞部隶属工部,为工部四司之一,是与环保有关的中央机构,下设虞部郎中、员外郎等。《唐六典·尚书工部》载:"虞部郎中一人,从五品上;员外郎一人,从六品上;主事二人,从九品上。虞部郎中、员外郎掌天下虞衡、山泽之事,而辨其时禁。"[②]《新唐书·百官志》对其职掌表述更为具体,言虞部郎中、员外郎掌"京都衢閭、苑囿、山泽草木及百官蕃客时蔬薪炭供顿,畋猎之事"[③]。除了虞部,与环保有关的中央机构还有水部,亦隶于工部,为四司之一。水部设郎中、员外郎各一人,"掌天下川渎、陂池之政令,以导达沟洫,堰绝河渠,凡舟楫、灌溉之利,咸总而举之。"[④] 魏晋至宋元时期的环保政策主要体现在以下方面。

## 一、识阴阳消长之理,以时捕猎采伐

先秦时期,《孟子》《荀子》《道德经》《吕氏春秋》《淮南子》及《周礼》等书包含了丰富的生态环保思想。这些思想成为后世环保思想的源泉。西汉时,董仲舒吸收了道家、阴阳家等思想,对儒学加以改造,创立了一种新儒学。这种新儒学的哲学基础是天人感应学说,认为天是至高无上的人格神,不仅创造了万物,而且创造了人。天是有意志的,和人一样有喜怒哀乐,人与天是相合的,即所谓"天人合一"。董仲舒认为,社会和自然是相互作用、相互影响的。如果君主不行仁政,上天便会示警,会以灾异等异象告之。"凡灾异之本,尽生于国家之失。国家之失乃始萌芽,而天出灾害以谴告

---

① 孙诒让:《周礼正义》,中华书局,1987 年,第 78、86 页。
② 李林甫等:《唐六典》卷 7《尚书工部》,陈仲夫点校,中华书局,2014 年,第 224 页。
③ 欧阳修、宋祁:《新唐书》卷 46《百官志一》,中华书局,1975 年,第 1202 页。
④ 李林甫等:《唐六典》卷 7《尚书工部》,陈仲夫点校,中华书局,2014 年,第 225 页。

之。"① 按照一般常态,"水曰润下,火曰炎上,木曰曲直,金曰从革,土爰稼穑。"② 但如果君主"畋猎不时,饮食不享,出入不节,夺民农时,及有奸谋,则木不曲直。弃法律,逐功臣,杀太子,以妾为妻,则火不炎上。好治宫室,饰台榭,内淫乱,犯亲戚,侮父兄,则稼穑不成。好战功,轻百姓,饰城郭,侵边境,则金不从革。简宗庙,不祷祠,废祭祀,逆天时,则水不润下"③。反过来,如果君主奉行仁政,上天便会降以祥瑞,以示肯定褒奖。董仲舒的思想为汉武帝所接受,并通过"罢黜百家,独尊儒术",使儒学从民间走向庙堂。从此,这种杂糅传统儒家、道家、阴阳五行思想的新儒学,成为延续 2 000 余年的官方意识形态。这种思想虽然肯定了君主作为天之子高高在上的地位,但也对君主以一定约束,使其不敢肆意妄为。"顺时布政"使鸟兽虫鱼万物各安于物性,用助阴阳之气,成为历代实行环保政策的主要思想基础,使其施政时不能不考虑生态因素。另外,在这种思想熏染下,民众也习惯将旱涝、瘟疫、日食、月食及其他自然灾害归咎于苛政、恶政。

三国时期,东吴孙皓在位时,全国无水旱之灾,虽然庄稼长势很好,但就是不长颗粒,以致连年饥馑。史家在分析原因时指出,出现上述灾难,是由于孙皓在盛夏大兴土木,破坏诸茔,增广苑囿,犯暑妨农,"此修宫室饰台榭之罚也。"④《三国志》对此事记载甚详,并录载了华覆的上疏。宝鼎二年(267),华覆认为孙皓之所为,违忤了生态规律,上疏劝止,"臣省《月令》,季夏之月,不可以兴土功,不可以会诸侯,不可以起兵动众,举大事必有大殃。"并指出,"六月戊己,土行正王,既不可犯,加又农月,时不可失。昔鲁隐公夏城中丘,《春秋》书之,垂为后戒。今筑宫为长世之洪基,而犯天地之大禁,袭《春秋》之所书,废敬授之上务,臣以愚管,窃所未安。"⑤ 华覆劝谏孙皓,主要是利用了《月令》的说法,认为在盛暑大兴土木,违逆阴阳五行,"犯天地之大禁"。虽然华覆的劝谏没有被孙皓采纳,但从中可以看出阴阳

---

① 苏舆:《春秋繁露义证》卷 8《必仁且智》,钟哲点校,中华书局,1992 年,第 259 页。

② 孔颖达正义:《尚书正义》,上海古籍出版社,2007 年,第 452 页。

③ 刘昫等:《旧唐书》卷 37《五行志》,中华书局,1975 年,第 1345 页。

④ 房玄龄等:《晋书》卷 27《五行志上》,中华书局,1974 年,第 808 页。

⑤ 陈寿:《三国志》卷 65《吴书·华覆传》,中华书局,1959 年,第 1466~1467 页。

五行之观念在民众思想中根深蒂固。孙皓是我国历史上著名的暴君,对于一般君主而言,顺应五行的生态思想不可能不对他们产生影响,在无形之中制约其破坏生态的行为。这也促使朝廷以德攘灾,奉行某些环保政策。

此外,晋怀帝永嘉四年(310)五月,"大蝗,自幽、并、司、冀至于秦雍,草木牛马毛鬣皆尽。"史家将之归咎于司马越、苟晞之苛政,"竞为暴刻,经略无章,故有此孽。"①《隋书·五行志》云:"德胜不祥而义厌不惠。是以圣王常由德义消伏灾咎也。"② 天人感应和阴阳五行观念,犹如悬在统治者头上的一柄利剑,使他们时时保持警醒,不致任意妄为,奉行德政、仁政,出台一些有利于生态保护的政策。

春夏季节,正值鸟兽虫鱼等野生动物孵卵繁殖之时。此时禁止捕猎是合乎野生动物生长繁殖自然规律的,也往往被视为一项仁政。在保护野生动物资源方面,魏晋至宋元时期,历代统治者主要采取了粉壁诏示,进行舆论宣传,禁止违时、非时捕猎野生动物,不准乱捕滥杀,不许向朝廷上贡珍禽异兽等措施。

北魏文成帝和平四年(463)八月诏曰:"朕顺时畋猎,而从官杀获过度,既殚禽兽,乖不合围之义。其敕从官及典围将校,自今已后,不听滥杀。其畋获皮肉,别自颁赏。"③孝文帝延兴三年(473)下诏,"禁断鸷鸟,不得畜焉。"④北齐天保八年(557),气候反常,三月便酷热难当,许多人中暑而死。"自夏至九月,河北六州、河南十二州、畿内八郡大蝗。是月飞至京师,蔽日,声如风雨。"⑤同年四月,文宣帝下诏:"诸取虾蟹蚬蛤之类,悉令停断,唯听捕鱼。乙酉,诏公私鹰鹞俱亦禁绝。"⑥次年春二月,又下诏,"限仲冬一月燎野,不得他时行火,损昆虫草木。"⑦后主天统五年(569),"诏禁网捕鹰鹞及畜养笼放之物。"⑧北朝统治者出身鲜卑,原为游牧民族,长期以射猎为

---

① 房玄龄等:《晋书》卷29《五行志下》,中华书局,1974年,第881页。
② 魏徵、令狐德棻:《隋书》卷22《五行志》,中华书局,1973年,第618页。
③ 魏收:《魏书》卷5《高宗纪》,中华书局,1974年,第121页。
④ 魏收:《魏书》卷114《释老志》,中华书局,1974年,第3039页。
⑤ 李百药:《北齐书》卷4《文宣纪》,中华书局,1972年,第64页。
⑥ 李百药:《北齐书》卷4《文宣纪》,中华书局,1972年,第64页。
⑦ 李百药:《北齐书》卷4《文宣纪》,中华书局,1972年,第64页。
⑧ 李百药:《北齐书》卷8《后主纪》,中华书局,1972年,第101页。

生,他们所提出的禁止捕杀、滥杀野生动物的环保法令反映出其生活方式和思想观念的转变,而这转变是在中原文化,特别是儒家文化影响下产生的。刘宋明帝泰始三年(467)八月丁酉,诏曰:"古者衡虞置制,蠉蚳不收,川泽产育,登器进御,所以繁阜民财,养遂生德。顷商贩逐末,竞早争新,折未实之果,收豪家之利,笼非膳之翼,为戏童之资。岂所以还风尚本,捐华务实。宜修道布仁,以革斯蠹。自今鳞介羽毛,肴核众品,非时月可采,器味所须,可一皆禁断,严为科制。"① 它斥责了商人唯利是图,采摘不熟果实、捕捉仅供玩赏鸟类的行为,认为这是不良的社会风尚,应予以革除。

唐朝规定,"凡采捕、畋猎,必以其时。"具体来说,"冬、春之交,水虫孕育,捕鱼之器,不施川泽;春、夏之交,陆禽孕育,喂兽之药,不入原野;夏苗之盛,不得蹂藉;秋实之登、不得焚燎。"② 每年正月、五月、九月皆禁屠杀、采捕。北宋初即规定,地方长吏须在州县乡里的重要场所或交通要道处粉刷墙壁,于其上贴写诏书,告示百姓,不得违时捕猎野生动物。宋太祖建隆二年(961)二月下诏:"禁春夏捕鱼射鸟。"③ 宋太宗太平兴国三年(978)夏四月,下诏:"禁民自春及秋毋捕猎。""方春阳和,鸟兽孳育,民或捕取,甚伤生理。自今宜禁民:二月至九月,无得捕猎,及持竿携弹,探巢摘卵,州县长吏,严饬里胥,伺察擒捕,重致其罪。仍令州县,于要害除粉壁,揭诏书示之。"④ 宋真宗更是严格规定,为保护飞禽走兽,"粘竿弹弓等物,不得携入宫观寺院及有屠宰,违者论如法。"金章宗泰和元年(1201)正月,金章宗"以方春,禁杀含胎兔,犯者罪之,告者赏之。"⑤

## 二、大兴农桑,课民种树,禁止滥伐盗伐

在我国古代,历代统治者十分重视桑、枣、茶等经济林木的种植。国

---

① 沈约:《宋书》卷8《明帝纪》,中华书局,1974年,第161页。
② 李林甫等:《唐六典》卷7《尚书工部虞部郎中》,陈仲夫点校,中华书局,2008年,第224页。
③ 脱脱等:《宋史》卷1《太祖纪》,中华书局,1977年,第8页。
④ 脱脱等:《宋史》卷4《太宗纪》,中华书局,1977年,第58页。
⑤ 脱脱等:《金史》卷11《章宗纪三》,中华书局,1975年,第255页。

以民为本,民以食为本,衣食则以农桑为本。"农桑切务,衣食所资"①,当时兴农桑、水利、广兴屯田等有关环境政策的出发点主要是经济方面的考虑,以解决民生问题。在手段上多采取赋税的方式,以调动百姓的积极性。

三国时期,曹操曾下令"军行,不得斫伐田中五果、桑、柘、棘、枣"②。曹魏时,魏郡太守郑浑倡导植树造林,《三国志》记载郑浑,"以郡下百姓,苦乏林木,乃课树榆为篱,并益树五果,榆皆成藩,五果丰实。"③北魏至隋唐的均田令中,明确规定种植桑麻,桑麻成为百姓完纳赋税的前提。隋制,"桑土调以绢𫄧,麻土以布,绢𫄧以匹。"④唐制,"丁随乡所出,岁输绢二匹,绫、𫄧二丈,布加五之一,绵三两,麻三斤,非蚕乡则输银十四两,谓之调。"⑤《隋书·食货志》载,隋朝"丁男、中男永业露田,皆遵后齐之制。并课树以桑榆及枣"。从该书所载北齐均田制可知,丁男给永业田二十亩,为桑田,"其中种桑五十根,榆三根,枣五根……土不宜桑者,给麻田,如桑田法。"⑥《新唐书·食货志》载,唐朝的"永业之田,树以榆、枣、桑及所宜之木,皆有数"⑦。据《唐律疏议·户婚》可知,"户内永业田,每亩课植桑五十根以上,榆、枣各十根以上。土地不宜者,任依乡法。"⑧均田制破坏后,唐朝依然重视民间植树。唐宪宗元和七年(812),诏令天下州府民户每田一亩植桑两株,由长吏逐年检计上报。五代十国时期,南唐徐知诰诏令,三年内种桑够三千株者,赐帛五十匹,桑田、农田免租税五年。

两宋时期,历朝君主都曾下诏"课民种树",例如种植桑枣、杨柳、松杉等。宋太祖建隆元年(960)建国伊始,即下诏广为植树,并详细规定了植树的具体方式、数量和品种等。"课民种树,定民籍为五等,第一等种杂树百,

① 王钦若等编:《册府元龟》卷70《帝王部·务农》,凤凰出版社,2006年,第748页。
② 杜佑:《通典》卷149《兵典二》引《魏武军令》,中华书局,1988年,第3811页。
③ 陈寿:《三国志》卷16《魏书·郑浑传》,中华书局,1959年,第511页。
④ 魏徵、令狐德棻:《隋书》卷24《食货志》,中华书局,1973年,第680页。
⑤ 欧阳修、宋祁:《新唐书》卷51《食货志》,中华书局,1975年,第1342~1343页。
⑥ 魏徵、令狐德棻:《隋书》卷24《食货志》,中华书局,1973年,第680、677页。
⑦ 欧阳修、宋祁:《新唐书》卷51《食货志》,中华书局,1975年,第1342页。
⑧ 刘俊文:《唐律疏议笺解》卷13《户婚律》,中华书局,1996年,第993页。

每等减二十为差,桑枣半之。"① 按规定,第一等户必须植杂树 100 棵,桑枣树 50 棵,共计 150 棵。至第五等户也必须植杂树 20 棵,桑枣树 10 棵,共计 30 棵。此后又多次对此加以重申,"诏所在长吏谕民,有能广植桑枣、垦辟荒田者,止输旧租。"② 由于"课民种树"之诏的颁布与重申,在商品经济的推动下,宋朝有的地区还出现了植树造林的专业户,如徽州休宁(今安徽休宁)境内,"山中宜杉,土人稀作田,多以种杉为业。杉又易生之物,故取之难穷。"③

一些游牧民族建立的政权,入主中原后,受汉文化的强大力量的影响,转变经济模式,由传统的游牧经济转向农耕经济。十六国时期,燕王冯跋在北方推广种桑。《晋书·冯跋传》记载,北燕太平二年(410),冯跋下令:"桑柘之益,有生之本。此土少桑,人未见其利,可令百姓植桑一百根、柘二十根。"④ 辽、金各朝也多仿唐宋之制,有时既诏令植树造林,又定律封山育林。辽初即"饬国人树桑麻"。辽太宗会同五年(942),再"诏有司劝农桑,教纺绩"⑤。金制亦规定,"凡桑枣,民户以多植为勤,少者必植其地之十之三,猛安谋克户少者必课种其地十之一,除枯补新,使之不缺。"⑥ 金章宗时,"申明旧制,猛安谋克户每田四十亩树桑一亩,毁树木者有禁,鬻地土者有刑。"⑦ 此前,金世宗严诏"亲王公主及势要家,牧畜有犯民桑者,许所属县官立加惩断"。⑧

为了保证政策的贯彻实施,广植树木,历代朝廷还制定了一系列奖惩措施。

第一,将农桑作为考核官吏政绩的一个重要指标。《唐律疏议·户婚》规定,州县及里正所管田荒芜者,"以十分论,一分笞三十,一分加一等,

---

① 脱脱等:《宋史》卷 173《食货志》,中华书局,1977 年,第 4158 页。
② 脱脱等:《宋史》卷 173《食货志》,中华书局,1977 年,第 4158 页。
③ 范成大:《范成大笔记六种》,孔凡礼点校,中华书局,2003 年,第 45 页。
④ 房玄龄等:《晋书》卷 125《冯跋传》,中华书局,1974 年,第 3131 页。
⑤ 脱脱等:《辽史》卷 59《食货志》,中华书局,1974 年,第 924 页。
⑥ 脱脱等:《金史》卷 47《食货志》,中华书局,1975 年,第 1043 页。
⑦ 脱脱等:《金史》卷 11《章宗纪三》,中华书局,1975 年,第 256 页。
⑧ 脱脱等:《金史》卷 47《食货志》,中华书局,1975 年,第 1045 页。

罪止徒一年。"里正依均田令"授人田,课农桑",失职则受罚,"失一事,笞四十"。宋太祖规定,各县令、佐每年春秋两季巡视本地植树情况,上级官署"第其课为殿最"。[①]"能招复捕逃,劝课栽植,旧减一选者,更加一阶。"[②]南宋孝宗乾道初,规定各县令、丞能植3万株至6万株,各州知州、通判能植20万株以上者,"论赏有差"。宋朝还规定,"两京、诸路许民共推练土地之宜、明树艺之法者一人,县补为农师。"[③]

第二,加强对林木的管理,对滥伐盗伐者予以严惩。唐后期,商品经济发展,木材作为一种重要的建材商品,市场需求巨大,加速了对林木的砍伐,即使是桑树也难以幸免。唐武宗会昌二年(842)四月下敕,"旧课种桑,比有敕命,如能增数,每岁申闻。近知并不遵行,恣加剪伐,列于廛市,卖作薪蒸,自今委所由严切禁断。"[④]宋建隆初,宋太祖诏令:"桑枣之利,衣食所资,用济公私,岂宜剪伐?如闻百姓有斫伐桑枣为樵薪者,其令州县禁止之。"[⑤]"民伐桑枣为薪者罪之:剥桑三工以上,为首者死,从者流三千里;不满三工者减死配役,从者徒三年。"[⑥]宋朝在森林资源比较集中的地区设置"采造务""都木务"或"采木处",如陕西路有"阳平务",河北路相州有"盘阳务",京西北路郑州有"采造务"等。这些采造务或采木处,其职责主要是负责官府所需木材的采伐和供应,但也兼有经营、管理和保护当地森林资源的职责。而且如因公伐木,还须经有关机构审核、批准后方可入山采伐,"诸系官山林,所属州县籍其长阔四至,不得令人承佃,官司兴造须采木者,报所属。"[⑦]这即是说,各地州县所属的森林资源,由官府统一管理,不得由个人承佃经营。即使是官府需要砍伐其所需林木,也要经有关官署批准后

---

① 脱脱等:《宋史》卷173《食货志》,中华书局,1977年,第4158页。

② 徐松辑:《宋会要辑稿》食货1之16,中华书局,1957年,第4809页。

③ 脱脱等:《宋史》卷173《食货志》,中华书局,1977年,第4158页。

④ 王溥:《唐会要》卷86《市》,中华书局,1960年,第1583页。

⑤ 徐松辑:《宋会要辑稿》食货1之16,中华书局,1957年,第4809页。

⑥ 脱脱等:《宋史》卷173《食货志》,中华书局,1977年,第4158页。《宋刑统》卷27《弃毁官私器物树木》也有类似规定,"剥人桑树,致枯死者,至三功绞。不满三功及不致枯死者,等地科断。""功"当为"工"之讹。(窦仪等:《宋刑统》卷27《杂律》,吴翊如点校,中华书局,1984年,第442页)

⑦ 徐松辑:《宋会要辑稿》方域10之8,中华书局,1957年,第7477页。

方可实施,否则即属于违制犯法行为。辽朝也"禁部从伐民桑梓"①。元朝法律规定:"诸于迥野盗伐人材木者,免刺,计赃科断。"②

第三,注重森林防火与防治病虫害。宋朝法律在防止森林火灾方面有明确规定。宋真宗大中祥符四年(1011)下诏:"火田之禁,著在《礼经》,山林之间,合顺时令。其或昆虫未蛰,草木犹蕃,辄纵燎原,则伤生类。诸州县人畬田,并如乡土旧例,自余焚烧野草,须十月后方得纵火。其行路野宿人,所在检查,毋使延燔。"③按规定,除了开荒垦田处在冬季可焚烧野草,其他地方不得焚烧,"诸失火及非时烧田野者,笞五十。"④即使是野外行人,也有责任检查火状,不得使荒火蔓延它处,否则,"致延烧他人林木、舍宅、财物",按律治罪,同时还规定:"诸荒田有桑枣之处,皆不得放火。"⑤

第四,加强宣传普及工作。为了普及植树造林知识,宣传造林的意义,历代十分重视宣传工作。宋朝令州县长官每年春季植树季节都要宣传、重申植树法令。⑥除了在街衢交通大道、粉壁上书写植树造林诏书,宋真宗时,知沣州刘仁霸以造林为内容编歌十首,通俗易懂,教民歌唱,"农民唱于田里。"⑦

劝课农桑,鼓励种植桑麻枣树等,成为历代一贯政策,它使土地资源得到了合理利用,有益于农田生态系统的稳定,同时,对改善生态环境、保持水土有积极的作用。

纵观魏晋至宋元时期的环保政策,可以发现具有以下特征:该时期环保思想越来越趋于理性,传统的天道观的影响渐渐淡薄,实用色彩增强。除了前面讲到的对经济利益的考虑,军事防御方面的因素也不可忽视,这在

① 脱脱等:《辽史》卷12《圣宗纪三》,中华书局,1974年,第133页。
② 宋濂等:《元史》卷104《刑法志》,中华书局,1976年,第2659页。
③ 脱脱等:《宋史》卷173《食货志》,中华书局,1977年,第4162页。
④ 窦仪:《宋刑统》卷27《杂律》,吴翊如点校,中华书局,1984年,第435页。
⑤ 窦仪:《宋刑统》卷27《杂律》,吴翊如点校,中华书局,1984年,第436页
⑥ 徐松辑:《宋会要辑稿》食货63之163,中华书局,1957年,第6068页。
⑦ 李焘:《续资治通鉴长编》卷77,真宗大中祥符五年二月,中华书局,2004年,第1756页。

宋朝表现尤为突出。

澶渊之盟后,宋辽两国大致以白沟为界,白沟相当于今大清河至海河一线,这里属于华北平原地区,"地广平,利驰突",几乎无险可守。北宋前期,为了防止辽国入侵,多次诏令在边界地区广植林木,"差官领兵偏植榆柳,冀其成长,以制敌骑。"[1] 自宋太祖诏令,"于瓦桥一带南北分界之所,专植榆柳"[2],此后历朝坚持沿边植树造林,严禁滥伐。宋仁宗庆历三年(1043)下诏:"河北堤塘及所在闲田中官所种林木,毋辄有采伐。违者置其罪。"[3]宋仁宗皇祐元年(1049)十月,河北缘边安抚司上奏请"自保州以西无塘水处,广植林木,异时以限敌马"[4],诏从之。河北边界地区一度榆柳广布,所种树木达 300 余万棵。宋朝为此还专门绘制了《北边榆柳图》,宋真宗得意地向大臣出示该图,并说:"此可以代鹿角也。"[5] 到宋神宗熙宁八年(1075),据沈括奏报,"定州北境先种榆柳以为寨,榆柳植者以亿计"[6],"河东黑松林,祖宗时所以严禁采伐者,正为藉此为阻,以屏捍外夷耳"[7]。将其军事防御性质一语道破。为了保护这一军事防御林带,禁止内地人入林区贩买木材。[8]

北宋除了军事防御林,在华北平原还构筑了一条河湖防线,西起今满城县北山,经清苑、高阳、涿州、雄县、霸州等地,东到泥沽河口(今天津东南),在这绵延九百里的地区,河汊纵横,聚集着大大小小几十处湖淀泊塘,宋廷把大清河、滹沱河、胡卢河等河流注入这些湖淀中,同时在这些地方设立屯田,"兴堰六百里,置斗门,引淀水灌溉",并将南方水稻引种,"自顺安以东濒海,广袤数百里,悉为稻田,而有莞蒲蜃蛤之饶,民赖其利。"[9]"导相、

① 李焘:《续资治通鉴长编》卷 262,神宗熙宁八年四月,中华书局,2004 年,第 6387 页。
② 王明清:《挥麈录》,上海书店出版社,2001 年,第 41 页。
③ 徐松辑:《宋会要辑稿》兵 27 之 28,中华书局,1957 年,第 7260 页。
④ 李焘:《续资治通鉴长编》卷 167,仁宗皇祐元年十月,中华书局,2004 年,第 4019 页。
⑤ 徐松辑:《宋会要辑稿》方域 12 之 8,中华书局,1957 年,第 7523 页。
⑥ 李焘:《续资治通鉴长编》卷 267,神宗熙宁八年八月,中华书局,2004 年,第 6543 页。
⑦ 李心传:《建炎以来系年要录》卷 100,绍兴六年四月辛酉,中华书局,1988 年,第 1646 页。
⑧ 徐松辑:《宋会要辑稿》刑法 2 之 28,中华书局,1957 年,第 6509 页。
⑨ 脱脱等:《宋史》卷 273《何继筠附子承矩传》,中华书局,1977 年,第 9328 页。

卫、邢、赵水下天平、景祐诸渠,溉田数万顷。"①

### 三、固堤护路,防止水土流失

魏晋至宋元时期,环保政策的一大变化是随着生态问题的凸显,环境保护日益成为统治者一种比较自觉的行为。其目的主要有二:一,美化功能;二,防止水土流失。特别是后者越来越占据主要地位。当然这两方面往往是结合在一起的,不能截然分开。比如行道树、河堤树的种植,除了可以防止水土流失,保护道路、河堤,还有美化环境的作用。先秦时期,人们便已认识到树木涵养水分,保持水土方面的作用。《管子·度地》载,在河堤上,"树以荆棘,以固其地,杂之以柏杨,以备决水。"②魏晋至宋元时期,人们对林木这种作用认识更为深化,历代制定了一系列行政法令。

北周文帝禁止乱砍树木,在建德四年(575)下诏,规定对随便砍树的人以军法从事。北周地方官员以韦孝宽为表率,在各州遍栽树木。《周书·韦孝宽传》记载,韦孝宽在西魏废帝二年(553)为雍州刺史,"先是,路侧一里置一土候,经雨颓毁,每须修之。自孝宽临州,乃勒部内当候处植槐树代之。既免修复,行旅又得庇荫。周文后见,怪问知之,曰:'岂得一州独尔,当令天下同之。'于是令诸州夹道一里种一树,十里种三树,百里种五树焉。"③唐玄宗开元二十八年(740),诏令春月于两京大路上种植果树。唐代宗大历八年(773)七月,专为诸街补种树木的事宜颁布敕令:"诸道官路,不得令有耕种,及斫伐树木,其有官处,勾当填补。"④唐德宗贞元十二年(796),由于长安城官街树缺,有关部门补植榆树,京兆尹吴凑以榆树非观赏植物,"亟命易之以槐。"⑤五代十国时,楚国马殷诏令于今湖南零陵至广西全州的驿道旁广植松树。宋朝也十分重视在交通驿路上植树,多次下诏造林,"列树以

---

① 脱脱等:《宋史》卷300《王沿传》,中华书局,1977年,第9959页。
② 黎翔凤:《管子校注》,中华书局,2004年,第1063页。
③ 令狐德棻等:《周书》卷31《韦孝宽传》,中华书局,1971年,第538页。
④ 王溥:《唐会要》卷86《道路》,中华书局,1960年,第1574页。
⑤ 王溥:《唐会要》卷86《街巷》,中华书局,1960年,第1576页。

表道"。宋真宗大中祥符年间,诏令"河北缘边官道左右及时植榆柳"①。蔡襄知泉州时,主持"植松七百里以庇道路,闽人刻碑纪德"②。宋朝东京的一些主要街道上,尤其是"十里禁街",两侧植树,街旁河道两岸由砖石砌成,河中种荷花,"近岸植桃李梨杏,杂花相间。春夏之间,望之如绣。"③可见当时对绿化是十分重视的。

隋炀帝修通了贯穿南北的大运河,诏令百姓于汴渠堤上种植柳树,植柳一株赏一缣。唐朝诗人白居易在《隋堤柳》中赞:"大业年中炀天子,种柳成行傍流水。西自黄河东接水,绿影一千五百里。"④唐朝十分重视河堤的修缮和维护,《唐律疏议·杂律》载:"诸不修堤防及修而失时者,主司杖七十;毁害人家、漂失财物者,坐赃论减五等;以故杀伤人者,减斗杀伤罪三等。即水雨过常,非人力所防者,勿论。""近河及大水有堤防之处,刺史、县令以时检校。若须修理,每秋收讫,量功多少,差人夫修理。若暴水泛溢,损坏堤防,交为人患者,先即修营,不拘时限。"⑤宋朝在重视保护、植造经济林的同时,也重视江河水道护堤林的栽植与保护。宋太祖建隆三年(962)十月,即诏"缘汴河州县长吏,常以春首课民夹岸植榆柳,以壮堤防";"每岁首令地分兵种榆柳以壮堤防"⑥。开宝五年(972),又诏令规定:"缘黄、汴、清、御等河州县,除准旧制种艺桑枣外,委长吏课民别树榆柳及土地所宜之木"⑦,并按户等高下定植树数量,以明奖惩。宋真宗大中祥符七年(1014)六月,"诏辇运司年终点检缘广济河并夹黄河县分,令往栽种榆柳。"⑧当时京西路汴河,"植树数十万以固岸。"⑨宋真宗咸平三年(1000)五月,"又申严盗伐河

① 李焘:《续资治通鉴长编》卷79,真宗大中祥符五年十一月,中华书局,2004年,第1806页。

② 脱脱等:《宋史》卷320《蔡襄传》,中华书局,1977年,第10400页。

③ 孟元老:《东京梦华录注》卷2《御街》,邓之诚注,中华书局,1982年,第51页。

④ 陈梦雷:《博物汇编草木典》,蒋廷锡校订,北京图书馆出版社,2001年。

⑤ 刘俊文:《唐律疏议笺解》卷27《杂律》,中华书局,1996年,第1877页。

⑥ 徐松辑:《宋会要辑稿》方域14之1,中华书局,1957年,第7546页。

⑦ 脱脱等:《宋史》卷91《河渠志一》,中华书局,1977年,第2257页。

⑧ 徐松辑:《宋会要辑稿》食货45之1,中华书局,1957年,第5594页。

⑨ 脱脱等:《宋史》卷309《谢德权传》,中华书局,1977年,第10166页。

上榆柳之禁。"①

## 四、清污除淤，保护水资源

水是生命的源泉，人类日常生活不可须臾离之。随着人口的增加，如果生产、生活垃圾等废物长期得不到处理，不仅会污染地上河流，使河水浊秽不堪，还会污染地下水质，甚至导致疫病的流行，危及人们的生命。以长安城为例，自汉高祖刘邦定基至隋初，长达800年之久，"水皆咸卤，不甚宜人"。对长安水质变化的原因，古人已有比较科学的认识，"京都地大人众，加以岁久壅底，垫隘秽恶，聚而不泄，则水多咸卤。"②唐宋时期，商品经济发达，大量农村人口涌入城市，再加上庞大的官僚队伍和驻军等，城市水源开始面临前所未有的生态压力。

北宋仁宗天圣四年(1026)七月，开封府上奏："旧城为沟注河中，凡二百五十三，恐间巷居人，弃灰坏咽流，请责吏逻巡，察其慢者。"诏从之。为防止居民生活垃圾堵塞河道，导致环境污染，朝廷专门下诏禁之，并派人专门巡逻，加以监察，这在北宋以前是很少见的。不仅如此，为维护城市环境，防止水源污染，宋朝的一些大都市平时还专门雇请人清扫街道，搬运垃圾，整治湖苑，由官府"支钱犒之"。如临安"官府差雇淘渠人沿门通渠，道路污泥，差雇船只搬载乡落空闲处"堆放。③

唐朝时期，朝廷对西湖加以疏浚美化，从而使西湖清波浩渺，成为一方胜景，历任皇帝都十分重视对西湖的维护。据《梦粱录》记载，当时为了保证西湖湖源，免于干涸或受污染，在治理西湖过程中，于望湖亭下开凿一渠，引天目山水，自余杭河经张家渡河口、清水港、下湖河、八字桥等地，补充西湖水量。④南宋绍兴九年(1139)，以张澄奏请，临安府招置厢军兵士二百人，委钱塘县尉兼领其事，专门负责疏浚西湖，并规定：如有人在西湖

①　脱脱等：《宋史》卷91《河渠志一》，中华书局，1977年，第2260页。

②　司马光：《资治通鉴》卷175《陈纪九》，陈宣帝太建十四年六月，中华书局，1956年，第5457页。

③　阙海娟校注：《梦粱录新校注》卷13《诸色杂货》，巴蜀书社，2015年，第231页。

④　阙海娟校注：《梦粱录新校注》卷12《下湖》，巴蜀书社，2015年，第201页。

等水面地"包占种田,沃以粪土,重置于法"①。宋孝宗乾道五年(1169)五月,官府又重申:"禁止抛弃粪土,栽植菱菱,及浣衣、洗马,秽污湖水。"② 如再有违戾,许人告捉。

## 五、划出区域,重点保护

### (一) 对五岳等名山圣迹、神迹的保护

古人认为,万物有灵,对自然界日、月、星辰、山、川、风、雷,甚至树木花草等皆充满敬畏、崇拜之心,是我国古代生态文化的一个重要特点。吕思勉指出,"邃初之民,知识浅陋。外物情状,概非所知。不特动物,即植物、矿物,亦皆以为有神灵而敬畏之。"③ 以对山的崇拜为例,古人认为山含泽布气,孕育风雨,含有神性,并且为神人所居。《礼记·祭法》云:"山林川谷丘陵,能出云,为风雨,见怪物,皆曰神。"④《尚书大传·略说》云:"山,草木生焉,鸟兽蕃焉,财用殖焉,生财用而无私为焉,四方皆代焉,每无私予焉,出云风以通乎天地之间,阴阳和合,雨露之泽,万物以成,百姓以享。"⑤ 传说尧舜时就开始祭拜大山。在诸名山中,以五岳(即东岳泰山、西岳华山、北岳恒山、南岳衡山、中岳嵩山)声名最著,它们与"四渎"(长江、黄河、淮河、济水)很早就进入了国家正式祀典,获得官方的承认。唐朝时期,封五岳诸神为王,对其祭祀规格进一步提高,山中及周边的林木花草是严禁砍伐的。唐玄宗开元四年(716)三月,下令对一些名山"仍禁断樵采"⑥。诸毁伐树木,准盗论。"凡郊祠神坛、五岳名山,樵采、刍牧皆有禁,距壝三十步外得耕种,春夏不伐木。"⑦

唐人戴孚《广异记》中一则故事颇为典型,可以从中窥见一般民众的心态。

---

① 脱脱等:《宋史》卷97《河渠志七》,中华书局,1977年,第2398页。
② 潜说友:《咸淳临安志》卷32《西湖》,成文出版社,1970年,第329页。
③ 吕思勉:《先秦史》,上海古籍出版社,1982年,第445~446页。
④ 孔颖达正义:《礼记正义》,上海古籍出版社,2007年,第795页。
⑤ 伏生:《尚书大传》卷3《略说》,郑玄注,上海书店出版社,2012年,第49页。
⑥ 刘昫等:《旧唐书》卷8《玄宗纪上》,中华书局,1975年,第177页。
⑦ 欧阳修、宋祁:《新唐书》卷46《百官志》,中华书局,1975年,第1202页。

巴人好群伐树木作板。开元初，巴人百余辈自褒中随山伐木，至太白庙。庙前松树百余株，各大数十围，群巴喜曰："天赞也。"止而伐之。已倒二十余株，有老人戴帽拄杖至其所，谓巴曰："此神树，何故伐之？"群巴初不辍作，老人曰："我是太白神，已倒者休，乞君未倒者，无宜作意。"巴等不止。老人曰："君若不止，必当俱死，无益也。"又不止。老人乃登山呼："斑子。"倏尔有虎数头，相继而至，噬巴殆尽，唯五六人获免。神谓之曰："以汝好心，因不令杀，宜速去也。"其倒树至天宝末尚存。[①]

透过这种神话，我们可以约略了解故事传达的信息，那就是自然界中有神树的存在，砍伐神树会有生命的危险。也就是说，人们不应随意砍伐林木。

在民间信仰中，除了自然崇拜，对鬼神崇拜也很重要。古人相信，人死之后灵魂不灭，化为鬼灵，可以为祟人间。唐朝时期，由于受佛教、道教等有关地狱、冥府等说法的影响，民间信仰鬼灵的观念更加普遍。至于祖先、圣王、烈士、贤臣崇拜，则主要是出于对他们的功业德政的感念和追思，也希望他们继续给民众以福祉。《诗经·召南》中有一篇咏甘棠的诗，说的是周初的召公在山边一棵甘棠树下休息过，人们因感念召公的政绩，表示"蔽芾甘棠，勿剪勿败，召伯所憩"[②]。因为召公在甘棠树下休息过，此树便与召公联系在一起，不再是一棵普普通通的树，被赋予了一定的人文色彩，禁止人们采伐。此为史籍记载的较早的例子。魏晋至宋元时期类似的例子也不胜枚举。唐太宗贞观四年(630)下令，"自古明王圣帝、贤臣烈士坟墓无得刍牧，春秋致祭。"[③]贞观十一年(637)又下诏，"仍禁刍牧樵采"[④]。蒲坂古城在唐朝河中府河东县(今山西永济西南蒲州)，城中有舜庙。据唐人李泰《括地志》载："河东县南二里故蒲坂，舜所都也。城中有舜庙，城外有舜井及二

---

①　李昉等编：《太平广记》卷426《巴人》，中华书局，1961年，第3472页。

②　程俊英译注：《诗经译注》，上海古籍出版社，1985年，第27页。

③　刘昫等：《旧唐书》卷3《太宗纪下》，中华书局，1975年，第40页。

④　刘昫等：《旧唐书》卷3《太宗纪下》，中华书局，1975年，第48页。

妃坛。"① 舜庙在历代都得到了很好的维修,贞观十一年(637),唐太宗还"诏致祭,禁樵苏"②。

### (二) 对禁苑、陵寝的保护

历代多设置宫廷苑囿,禁止一般民众进入射猎。魏明帝把河南荥阳周围近千里范围划为禁猎区,有进入狩猎者予以严惩。《三国志·高柔传》记载,"是时,杀禁地鹿者身死,财产没官,有能觉告者厚加赏赐。"③ 当时有个叫刘龟的官员在禁内射兔,被人检举而关进大狱。唐朝诏令,凡京兆、河南二都,其近为四郊,三百里皆不得弋猎、采捕,方圆三百里皆为禁苑。辽朝也规定,"有禁地射鹿之罪,皆弃市。"④

应该指出的是,封建统治者下诏设立禁苑,禁止捕猎,完全是为了一己之私,并非因为野生动物数量稀少,以保护野生动物为目的。以《三国志·高柔传》为例,当时河南荥阳周围群鹿出没,成为农业一大害。《资治通鉴》记载魏明帝青龙三年(235)四月高柔上疏:"加顷复有猎禁,群鹿犯暴,残食生苗,处处为害,所伤不訾,民虽障防,力不能御。至如荥阳左右,周数百里,岁略不收。"⑤

我国古代,皇帝的坟墓特称为陵。诸陵设专门官吏管理,下辖有诸多民户,进行陵墓日常的维护修缮。为了维护皇室尊严和至高无上的地位,朝廷对危害诸陵的行为处置极严。唐律规定:"诸于山陵兆域内失火者徒二年,延烧林木者流二千里,杀伤人者减斗杀伤一等。"⑥ 黄帝被视为中华民族的人文始祖,陕西黄陵乔山传说为黄帝陵寝所在地。原来这里荒山秃岭,自汉唐以来,人们怀着对黄帝的崇敬之情开始在这里种植柏树,但成效甚微。北宋嘉祐六年(1061),宋仁宗敕令坊州(今陕西黄陵)县令,命他发动当地民众在黄帝陵及其周围植柏1 400余株,并派专人守护。为了责任到人,

---

① 李泰等:《括地志辑校》卷 2《蒲州》,中华书局,1980 年,第 51 页。

② 李吉甫:《元和郡县图志》卷 12《河东道》,中华书局,1983 年,第 326 页。

③ 陈寿:《三国志》卷 24《魏书·高柔传》,中华书局,1959 年,第 688 页。

④ 脱脱等:《辽史》卷 62《刑法志下》,中华书局,1974 年,第 946 页。

⑤ 司马光:《资治通鉴》卷 73《魏记五》,魏明帝青龙三年四月,中华书局,1956 年,第 2306~2307 页。

⑥ 刘俊文:《唐律疏议笺解》卷 27《杂律》,中华书局,1996 年,第 1889 页。

又特地刻石立碑将三名护林员寇守文、王文政、杨遇的名字全部刻于碑上。碑文明确规定免除他们三人的一切徭役,同时规定如三人护林失职或其他人胆敢砍伐黄帝陵的林木,就要遭到严惩,甚至杀头。

综上所述,魏晋至宋元时期历代统治者为保护环境,设置管理、保护机构,制定了一系列环保的政策法律,并取得了一些效果,特别是划出一定区域,重点保护的做法已开现代自然保护区之先河。但在专制集权体制下,封建统治者的环保政策,主要是出于经济、政治和军事等方面的考虑。另外,君权得不到有效制约,一面立法,一面毁法的情况屡见不鲜。特别是为了满足穷奢极欲的生活享受,统治者大兴土木,乱砍滥伐,带来了严重的生态破坏。为了达到军事、政治目的,生态环境方面的牺牲也在所不惜了。《梁书·康绚传》记载,梁武帝欲收复淮南重镇寿阳,听信了王足的建议,在淮水作堰,聚水以灌寿阳。动用二十多万士兵和民工,从南岸的浮山到北岸的巉石建淮堰,并将数千万斤铁器沉到堰下以镇蛟龙,又伐树为井干,填以巨石,加土七十,耗时两年。史称"缘淮百里内,冈陵木石,无巨细必尽"[1],生态受到严重破坏。但堰堤还未建成,夏季发生洪水,冲垮了堰堤,导致周围数县的十几万百姓被淹。《隋书·食货志》记载,隋炀帝派人"往江南诸州采大木,引至东都。所经州县,递送往返,首尾相属,不绝者千里"[2]。为了在洛阳修筑宫殿,"发大江之南、五岭以北奇材异石,输之洛阳;又求海内嘉木异草,珍禽奇兽,以实园苑。"[3]武则天修建东都宫殿也采木江南。北宋时河北、京东诸州军,为了防御辽军,修防城器具,"民间配率甚多。"[4]澶州、濮州地区少林木,为了完成任务,当地民众不得不尽伐桑柘以纳官,仅澶州百姓就伐树三四十万株。以上种种均说明了历代统治者环保政策的局限性。

当然,魏晋至宋元时期的生态自然环境远优于现在,当时的生态问题也非今天这样严重,加之社会环境与现在不同,今天有些被认为是破坏生

---

① 姚思廉:《梁书》卷18《康绚传》,中华书局,1973年,第291页。

② 魏徵、令狐德棻:《隋书》卷24《食货志》,中华书局,1973年,第686页。

③ 司马光:《资治通鉴》卷180《隋纪四》,隋炀帝大业元年三月,中华书局,1956年,第5618页。

④ 欧阳修:《欧阳修全集》奏议卷7《论乞止绝河北民伐桑柘札子》,中华书局,2001年,第1574页。

态平衡的违法行为,当时来说却并非如此。因此,我们对历史上的生态政策应历史地看待,对生态平衡应该有一个全面的、科学的认识,对涉及生态平衡的某些具体问题,应该有不同的理解,并应区别对待。

# 第三节 | **士大夫阶层的环保思想**

《汉书·五行志》首开中国正史专记自然灾害志的先河,此后的《后汉书》《宋书》《南齐书》《隋书》《旧唐书》《新唐书》《旧五代史》《宋史》《金史》《元史》《明史》等衍其绪,皆有续纂,记载自然灾害、天文现象(日食、月食、彗星等),以及当时认为反常的现象(如服妖、木妖、马长角、羊无角等)。南朝《宋书》在正史中首设《符瑞志》,分上、中、下三卷,记载了从远古到刘宋的诸多祥瑞现象。与之相类,《南齐书》设立《祥瑞志》,《魏书》设立《灵徵志》,其他诸如《天文志》《食货志》等,都包含了古代丰富的生态思想。但相对史部而言,在经学方面的古代生态思想较为完整和系统。以下主要对魏晋至宋元时期一些著名学者的生态思想进行一些探讨。

孔子代表的儒家思想是中国社会占主导地位的意识形态,其博大精深的思想中蕴含着丰富的生态思想,是后世汲取不尽的精神财富。传统儒家生态观概括起来就是"天人和谐""天地人"并存共生的思想,主要表现为"天人合一"整体自然观,仁民爱物、和谐共存的生态伦理,保护自然、生态消费和可持续发展的生态理念。[1]魏晋至宋元时期由于张载、朱熹等哲学家的倡导,环保思想日益超越实践的层面,趋以理论化和伦理化,神秘主义色彩淡化,由自发、自利的阶段开始走向自觉。在长期的农业生产实践中,不断丰富充实着环保思想的内容,唐宋时期,倡导植树造林,防止水土流失成为环保思想的重点。

---

[1] 罗顺元:《儒家生态思想的特点及价值》,《社会科学家》2009 年第 5 期。

## 一、唐宋时期环保思想的伦理化

先秦诸子在人与自然的关系上已具有朦胧的生态意识。这些认识多停留在"天人一体""天人感应""天地者,生之本也""致中和,天地位焉,万物育焉"等抽象的思想层面。唐朝后期及以后,特别是宋朝,这种"天人之学"得到了较全面的论证和具体的丰富,从而充实了有关生态平衡、生物资源的保护和利用等在内的生态哲学的内涵。宋人认为,"天人一体"不仅是一种认识,而且是一种感受,是一种责任,是一种道德规范,人们应顺应、关心和保护天地万物,从而使人的自然生态意识与伦理道德观念合而为一。[①] 此可以韩愈、张载、朱熹为代表。

### (一) 韩愈的环保思想

韩愈,字退之,是唐朝古文运动倡导者,苏轼称他"文起八代之衰",明人推崇他为唐宋散文八大家之首,与柳宗元并称"韩柳"。韩愈不仅是一位伟大的文学家,而且是著名的思想家。他以复兴儒学为己任,力排佛老,代表作为《原道》《原性》《原人》《原鬼》及《论佛骨表》等。陈寅恪在《论韩愈》一文中对韩愈在学术史上的贡献有中肯的评价:"唐代之史可分前后两期,前期结束南北朝相承之旧局面,后期开启赵宋以降之新局面,关于政治社会经济者如此,关于文化学术者亦莫不如此。退之者,唐代文化学术史上承先启后转旧为新关键点之人物也。"[②] 韩愈的环保思想主要体现在《原人》一文中。本书移录如下:

> 形于上者谓之天, 形于下者谓之地, 命于其两间者谓之人。形于上, 日月星辰皆天也; 形于下, 草木山川皆地也; 命于其两间, 夷狄禽兽皆人也。曰: "然则吾谓禽兽人, 可乎? "曰: "非也。指山而问焉, 曰: 山乎? 曰: 山, 可也。山有草木禽兽, 皆举之矣。指山之一草而问焉, 曰: 山乎? 曰: 山, 则不可。"故天道乱, 而日月星辰

① 张全明:《简论宋人的生态意识与生物资源保护》,《华中师范大学学报》(人文社会科学版)1999 年第 5 期。

② 陈寅恪:《论韩愈》,《金明馆丛稿初编》,生活·读书·新知三联书店,2001 年,第 332 页。

不得其行；地道乱，而草木山川不得其平；人道乱，而夷狄禽兽不得其情。天者，日月星辰之主也；地者，草木山川之主也；人者，夷狄禽兽之主也。主而暴之，不得其为主之道矣，是故圣人一视而同仁，笃近而举远。[①]

在此文中，韩愈主要探讨人在天地之间的地位问题，这问题从先秦诸子以来已多有探讨，是一个老问题，但韩愈提出了新的见解，即"禽兽皆人也"，人与禽兽同处于天地之中，只是其中的一分子。人作为万物之灵，有思想，有精神，在这个层面人与禽兽是有差别的，"禽兽之主也"。这无疑是对先秦以来传统儒家思想的继承。怎样才能成为合格的主人？韩愈认为，高高地凌驾于夷狄禽兽之上，粗暴地对待它们，并不是为主之道，而是应该像圣人一样对它们一视同仁，平等相待。这是对孔子以来"仁"的推演和扩展，即由人而及万物，已具有了人与自然关系伦理化的倾向。

《原人》是韩愈在人与自然关系在理论上的阐发。具体而言，在现实生活中，韩愈认为人们开垦田地、砍伐树木、凿井、筑城、兴修水利、冶炼金属等生产活动等都破坏了自然。他主张节制人类的繁殖生育，认识到人类的过度生产活动会破坏自然界的平衡状态。

### （二）张载《西铭》所反映的环保思想

张载，字子厚，大梁（今河南开封）人，徙家凤翔郿县（今陕西眉县）横渠镇，故人称横渠先生。宋仁宗嘉祐二年（1057）进士，授祁州司法参军，调丹州云岩令。迁著作佐郎，签书渭州军事判官。宋神宗熙宁二年（1069），除崇文院校书。次年移疾。熙宁十年（1077）春，复召还馆，同知太常礼院。同年冬告归，十二月乙亥卒于道，年五十八。宋宁宗嘉定十三年（1220），赐谥明公。

张载是北宋著名的理学家、关学的创始人，其学术思想在我国思想文化发展史上占有重要地位，对后世影响极为深远。著有《崇文集》十卷（已佚），《正蒙》《横渠易说》《经学理窟》《张子语录》等。明嘉靖间吕柟编有《张子钞释》，清乾隆间刊有《张子全书》，后世编为《张载集》。张载的环保思想

---

① 韩愈：《韩昌黎文集校注》，马其昶校注，上海古籍出版社，1986年，第25~26页。

主要体现在《西铭》一文中。

《西铭》载于《张子正蒙》卷九,全文如下:

> 乾称父,坤称母;予兹藐焉,乃混然中处。故天地之塞,吾其体;天地之帅,吾其性;民,吾同胞;物,吾与也。大君者,吾父母宗子;其大臣,宗子之家相也。尊高年,所以长其长;慈孤弱,所以幼其幼。圣,其合德;贤,其秀也。凡天下疲癃残疾惸独鳏寡,皆吾兄弟之颠连而无告者也。"于时保之",子之翼也;"乐且不忧",纯乎孝者也。违曰悖德,害仁曰贼,济恶者不才;其践形,惟肖者也。知化则善述其事;穷神则善继其志。不愧屋漏为无忝,存心养性为匪懈。恶旨酒,崇伯子之顾养;育英才颖封人之锡类,不弛劳而底豫,舜其功也;无所逃而待烹,申生其恭也。体其受而归全者,参乎!勇于从而顺令者,伯奇也。富贵福泽,将厚吾之生也;贫贱忧戚,庸玉女于成也。存,吾顺事;没,吾宁也。①

该文指出,天为父,地为母,天地是万物和人的共同父母,人在茫茫天地之间其实是很渺小的。天、地、人三者共处于同一个宇宙中。他们是气的不同聚合形式,天地之性,就是人之性。所以,人类是我的同胞,万物是我的同类、朋友。同胞、朋友就应该去爱它,而不是残害它。《西铭》认为,一个具有社会性的人爱护世间的万物众生,是人的责任和道德所在,告诫人们抛弃高高在上的优越感,要从伦理的角度爱护自然,以孝心对待自然,并以之为永恒的乐趣。

《西铭》短短一文,蕴含着深刻的生态思想。张载对人与天地万物伦理关系的表述,表明我国古代环保思想已经进入新的阶段。"民胞物与"的思想在当今越来越受到学界的重视。当代环保伦理学家冯沪祥评价说:"《西铭》这篇文章,虽然内容不多,但大气磅礴,结构雄伟,而且意境深厚,非常具启发性。尤其对今天的环境伦理学来讲,可以说是非常完备,也非常深刻的一篇《地球保护学》,甚至可以说是在任何西方一位思想家中,均还找

---

① 张载:《张子正蒙》,王夫之注,上海古籍出版社,2000 年,第 231~232 页。

不到如此精辟的地球环境伦理学。"[①]

### （三）朱熹的环保思想

继张载之后，朱熹在环保思想上贡献最大。

朱熹，字元诲，号诲庵、晦翁，南宋婺源（今江西婺源）人，宋高宗绍兴十八年（1148）进士及第，曾任荆湖南路安抚使，仕至宝文阁待制。他不仅是宋朝著名的哲学家，也是宋朝理学的集大成者。其著作繁富，主要有《四书集注》《四书或问》《太极图说解》《通书解》《西铭解》《周易本义》《朱子语类》等。

朱熹以儒学为主体，吸收糅合了佛、道二家思想，建立起庞大的思想体系。其思想包含着丰富的环保思想。他认为人性与万物之性有相通的一面，都是由阴阳二气孕育而成，在这一点上与张载有共通之处。他把对待生物生命的态度作为区别仁与不仁的根本标准，"仁是天地之生气"，"仁者，天地生物之心。"[②]他认为人的爱心是源于天地生物育物之心，儒学中仁爱的深层本质就是爱护生命，因此，"仁"不仅是人的道德心，而且是天地本身所固有的普遍性品格。这种思想不仅拓宽深化了传统的儒家哲学思想，而且反映了当时人们对生物资源认识的深化与重视。

朱熹提出了"因天地自然之利"的生态哲学观。他认为人类只有"因天地自然之利"才能合理地利用生物资源，维护人类自身的生存环境。他主张保护生态环境，维持生态平衡。他说："一草一木，皆天地和平之气。"[③]在此，朱熹已朦胧地认识到人类必须尊重、顺应自然客观规律，合理利用自然资源，对天地自然之利因势利导，维护生态系统的平衡。[④]

朱熹五任地方官，长期在地方生活，接触社会各阶层，对社会现实有深彻的了解。他著书立说，讲学传经，弘扬圣贤之道，对民瘼疾苦也十分重视，写有数篇《劝农文》。《劝农文》是朱熹环保思想在社会层面的具体反映。

---

① 冯沪祥：《人、自然与文化：中西环保哲学比较研究》，人民文学出版社，1996年，第331页。

② 黎靖德编：《朱子语类》卷5《性理二》，王星贤点校，中华书局，1999年，第85页。

③ 黎靖德编：《朱子语类》卷4《性理一》，王星贤点校，中华书局，1999年，第60页。

④ 张全明：《简论宋人的生态意识与生物资源保护》，《华中师范大学学报》（人文社会科学版）1999年第5期。

他继承了古代"民以食为天"的思想,认为"民生之本在食,足食之本在农,此自然之理也"[1],强调大力发展农业生产。朱熹除了倡导精耕细作,改进生产技术,兴修水利以大力发展粮食生产,还注意因地制宜,提倡种植多种作物,发展多种经营。他在《劝农文》中指出,"种田固是本业,然粟、豆、麻、麦、菜蔬、茄芋之属,亦是可食之物,若能种植,青黄未交得以接济,不为无补,今仰人户更以余力,广行栽种。"[2]山原陆地,可种粟、麦、麻、豆,必须趁时竭力耕种,务尽地力,庶几青黄未交之际,有以接续饮食,不至饥饿。六朝以来,江南丝织业逐渐发展起来,特别是唐后期以来,取代北方成为丝织业中心。与这个背景相适应,朱熹对蚕桑业也极为重视,认为"蚕桑之务,亦是本业"[3],这一认识突破了长期以来将蚕桑业视为副业的传统,在我国经济思想史上具有重要意义。

## 二、宋朝水利著作中所反映的环保思想

我国作为一个传统的农业大国,水利工程是农业生产的基本保障。对水利工程修建中涉及的诸多问题,人们的认识是逐渐深化的。其始,人们多注重兴修水利来防止水旱灾害,但较少注意在治河过程中伐木塞口、围湖筑堰、修堤筑坝等所造成的负面影响。事实上,在有些地区,这些负面影响恰恰是导致自然灾害频发,危及水利工程自身的重要原因。宋人在长期的农业生产实践中,已注意到农业生态系统与周围的森林、水体以及聚落、人口生态系统之间应保持相对平衡的关系。如果靠毁林开荒和盲目围湖造田来扩大农田,发展农业,不但达不到发展农业的目的,还会破坏生态系统,导致生态系统失衡,最后农业生产也会蒙受损失。这显示该时期人们的环保思想已经将植树造林与水土保持、水利建设和农业生产等联系起来,强调生态之间的平衡,具有了一定的系统化观念。此可以魏岘和郏亶、郏

---

① 朱熹:《朱文公文集(修订本)》卷99《劝农文》,上海古籍出版社、安徽教育出版社,2010年,第4588页。

② 朱熹:《朱文公文集(修订本)》卷100《劝农文》,上海古籍出版社、安徽教育出版社,2010年,第4625页。

③ 朱熹:《朱文公文集(修订本)》卷100《劝农文》,上海古籍出版社、安徽教育出版社,2010年,第4625页。

侨父子等为代表。

### （一）魏岘《四明它山水利备览》等所反映的环保思想

魏岘，浙江鄞县人，生卒年不详，约为南宋宁宗、理宗时期人。据姚燮《四明它山图经》记载，魏岘"寓家光溪时，它山堰坏，沙淤溪港，郡守陈垲委之修筑淘浚，著其利病于书，曰《它山水利备览》"[①]。由此可知，《四明它山水利备览》（以下简称《备览》）一书是魏岘在家乡浙江鄞县修筑淘浚它山堰时所作，是其实践经验的总结。砍伐森林会引起水旱灾害这一认识，早在《汉书·贡禹传》中就有记载："斩伐林木亡有时禁，水旱之灾未必不由此。"[②]但具体指出森林可以涵养水源，防止水土流失，则要推《备览》。《备览》是我国最早记载森林可以涵养水源、防止水土流失的文献。[③]

魏岘在《备览》中指出，以前四明它山森林覆盖，巨木高森，沿溪平地上广布竹林，虽然遇到洪水暴雨，但"沙土为本根盘固，流下不多，所淤亦少，闾淘良易"。它山堰很少有泥沙沉积。但近年来，由于木材价格上升，在商业利益的驱使下，山上的树木几乎被砍伐一空，即使平地的竹林也没能幸免。如此一来，暴雨洪水之时，"既无林木少抑奔湍之势，又无包揽以固沙土之积，致使浮沙随流而下，淤塞溪流，至高四五丈，绵亘二三里，两岸积沙，侵占溪港，皆成陆地，其上种木，有高二三丈者，由是舟楫不通，田畴失溉。"[④]其因果关系可表示为：

砍伐森林—水土流失—河堰淤积—洪灾频发—农业歉收、舟楫不通、田畴失溉。

通过四明它山前后情况的对比，魏岘较系统地论证了维护生态平衡，尤其是保护森林在防止水土流失、保障航运畅通、保证水利工程功能正常发挥中的重要性。基于此，他主张在水岸河堤植树造林，"外植榉柳之属，令其根盘错据，岁久沙积，林木茂盛，其堤愈固，必成高岸，可以永久。"[⑤]

---

① 王元恭：《至正四明续志》，中华书局，1989年，第6678页。

② 班固：《汉书》卷72《贡禹传》，中华书局，1964年，第3075页。

③ 闵宗殿：《魏岘的事迹和贡献》，《古今农业》1996年第4期。

④ 魏岘：《四明它山水利备览》卷上《淘沙》，中华书局，1985年，第4~5页。

⑤ 魏岘：《四明它山水利备览》卷上《防沙》，中华书局，1985年，第7页。

树木吸收和过滤空气中的有害物质,能起到降低粉尘、消除噪音、涵蓄水分的作用,极大地改善和美化环境,保持生态系统的和谐。古人把建筑物西北的树林称为挡风林,把建筑物背后的树林称为龙座林,把建筑物前面的树林称为下垫林。衡量一个地区的生态是否良好,根本的标志是看植被的多少。宋元时期,在植树地点的选择上,已经注意到农、林业之间的用地关系,提倡在荒山、空地及非宜粮地植树。这样既提高了树木的种植率,又不占用农田。《农桑衣食撮要》"种柳"条记载了"柳去河边及下地不堪五谷之处"种植。南宋高宗绍兴年间,陕西洋州知州宋莘在《劝农文》中,不仅系统地阐述了"治田之法""引水上山"的建议,而且主张发展林业,改善生存环境,使农、林、水协调发展,以减少灾害。他说:"惟荒山高垅,并种杂木,如此数年之后,米粟不盈,布帛不实,薪炭不足者,未之有也。"[1]这说明,由于人口增长造成的土地压力增大,人们在农、林矛盾方面已经开始积极探索,寻求两方面的协调发展。当时人们还认识到,应结合水土保持和水利建设广植树木,这样既扩大了植树面积,又有利于保持水土,保护自然环境,维护生态平衡,保障水利设施的安全。比如,北宋时期,韩宗彦任河间县令时,河水泛滥。为了增筑堤坝,保护河间县城,县吏率兵卒500人打算砍伐河间周围的林木。筑堤防水虽是好事,但应急时大量伐林却把好事变成了坏事,因此,既遭到了百姓的阻止,又受到了有识之士的反对,故而罢之。[2]

江浙濒临大海,"江挟海潮,为杭人患,其来已久。"[3]唐朝白居易任杭州刺史时,专门撰文祈祷于江神。为了防御海潮,五代时期一改原来的土塘,而采取竹笼实石法。其中吴越钱镠所筑捍海石塘最为著名。《咸淳临安志》对此记载甚详。后梁开平四年(910)八月,钱镠始筑捍海塘,但潮水来势汹汹,昼夜冲激,版筑根本不能成功,钱镠"遂造竹落积巨石,植以大木。堤岸既成,久之乃为城邑聚落,凡今之平陆皆昔时江也"。[4]这次筑塘的最

---

① 梁中效:《宋代汉水上游的水利建设与经济开发》,《中国历史地理论丛》1995年第2期。

② 脱脱等:《宋史》卷315《韩缜附子宗武传》,中华书局,1977年,第10311页。

③ 潜说友:《咸淳临安志》卷31《捍海塘》,成文出版社,1970年,第324页。

④ 潜说友:《咸淳临安志》卷31《山川十》,中华书局,1989年,第3645页。

大特点和优点是在原来的石堤之外，又"植以大木"十余行，称为"滉柱"，以分潮水之势。这是古人在抗御海潮上的一个重大贡献。但宋仁宗宝元、康定时期，有人贪图眼前小利，向杭州知府建议说，如果砍伐滉柱可得良材数十万，知府采纳。但滉柱被砍伐后，石堤为洪涛所冲击，几乎年年摧决。《康济录》评论曰："盖昔人埋柱以折其怒势，不与水争力，故江涛不能为害……近年乃讲月堤之利，涛害稍稀，然犹不若滉柱之利。"[1]

**（二）郏亶、郏侨父子的《吴门水利书》所反映的环保思想**

宋元时期，人们认识到在发展农业生产、围湖造田和修建水利设施的过程中，要注意大自然的生态平衡和水域的生态平衡。"庆历、嘉祐间，始有盗湖为田者，其禁甚严。政和以来，创为应奉，始废湖为田。自是两州之民，岁被水旱之患。"[2]宋孝宗淳熙十年（1183），大理寺丞张抑言："陂泽湖塘，水则资之潴洩，旱则资之灌溉。近者浙西豪宗，每遇旱岁，占湖为田，筑为长堤，中植榆柳，外捍菱芦，于是旧为田者，始隔水之出入。苏、湖、常、秀昔有水患，今多旱灾，盖出于此。"[3]时人袁时友、张抑也指出："今浙西乡落围田相望，皆千百亩，陂塘漤渎，悉为田畴，有水则无地可潴，有旱则无水可戽，易水则旱，岁岁益甚，今不严为之禁，将不数年，水旱易见，又有甚于今日，无复有稔岁矣。"[4]这些反映了人们维护水系生态平衡，保护水土资源，综合、合理地利用环境的思想，反映出当时的人们已经朦胧地认识到：在一定的地理范围内，只有保持大自然的生态平衡，才能减少水旱等各种灾害，保障农业生产丰收和生物资源的可持续利用。[5]其中的代表人物为郏亶、郏侨父子。

郏亶，字正夫，苏州昆山（今属江苏）人，北宋水利学家。宋仁宗嘉祐二年（1057）进士，历任睦州团练推官、广东安抚司机宜、司农寺丞、江东转运判官、太府寺丞、温州知府等职。

---

① 沈括：《梦溪笔谈》卷 11《官政》，中华书局，2005 年，第 109 页。
② 脱脱等：《宋史》卷 173《食货志》，中华书局，1977 年，第 4183 页。
③ 脱脱等：《宋史》卷 173《食货志》，中华书局，1977 年，第 4188 页。
④ 徐松辑：《宋会要辑稿》食货 61 之 138，中华书局，1957 年，第 5892 页。
⑤ 张全明：《简论宋人的生态意识与生物资源保护》，《华中师范大学学报》（人文社会科学版）1999 年第 5 期。

宋神宗熙宁三年(1070),郏亶任广东机宜文字,上书建议治理苏州水田,认为,"天下之利莫大于水田,水田之美莫过于苏州。然自唐以来,经营至今而始未见其利者,其失有六。今当去六失而行六得。"[1] 他总结了前人治水的经验教训,指出以往治水中存在的六处失误,并提出了治水必须"辨地形高下之殊,求古人蓄泄之迹"等六得。后来他又提出了"治田利害大概"七条,深受宰相王安石赏识。为了更好地总结前人治水经验,他还实地考察了太湖地区治水的历史,考察了260多条河流,结合自己治水的亲身体会和设想,撰写了《吴门水利书》四卷,今已佚。但《苏州水利六失六得》和《治田利害七事》两篇保留至今。

郏亶从地域差异和地形特点对苏南水利予以分析:"何谓地形高下之殊?曰:苏州五县号为水田,其实昆山之东接于海之冈陇……其地东高西下……常熟之北,接于江之淤沙……其地皆北高而南下。……是二处皆谓之高田。而其昆山冈身之西抵于常州之境,仅一百五十里,常熟之南抵于湖秀之境,仅二百余里,其地低下皆为水田。"指出要根据不同地形特点和水文条件,因地制宜兴修农田水利。主张疏浚与筑堤相结合,"驱低田之水尽入于淞江,而使江流湍急"[2],既可冲刷河床,又可加速排水。论述精辟,科学性强。他还绘制许多水利图,为后人治理吴中水利提供重要依据。

郏侨,字子高,晚年自号凝和子,北宋水利学家。郏亶之子。他负才挺特,深受王安石器重,后为将仕郎。他在总结其父郏亶和单锷治理太湖方略的基础上,提出了综合治理太湖水患的方略,指出治理太湖须保持来水与去水的平衡,不能盲目围湖造田、堵塞河道。主张治水治田并举,灌溉与防洪并重,"若止于导江开浦,则必无近效;若止于浚泾作埠,则难以御暴流。要当合二者之说,相为首尾,乃尽其善。"[3] 郏侨如此主张,是因为太湖水患日益加剧。而太湖水患加剧有以下原因:一是湖田围垦使湖区生态平衡遭

---

① 郏亶:《上苏州水利书》,四川大学古籍整理研究所编:《全宋文》卷1652,上海辞书出版社、安徽教育出版社,2006年,第374页。

② 归有光编著:《三吴水利录》卷1《郏亶书二编》,商务印书馆,1936年,第60、62页。

③ 归有光:《三吴水利录》卷1《水利书》,丛书集成初编,中华书局,1985年,第19~20页。

到破坏;二是来水与去水的不平衡,陂湖被围垦之后,水面变成田面,潴水面积减少,调蓄洪水的能力降低,旱时无水灌溉,涝时易于成灾。宋人龚明之云:"今所以有水旱之患者,其弊在于围田。由此水不得停蓄,旱不得流注,民间遂有无穷之害。"[①]

当然,我们对魏晋至宋元时期士大夫阶层的环保思想不能估计过高。由于古人对生态保护的认识还大多停留在直观的感性认识上,对保护自然资源、维护生态平衡,以及科学地处理人类社会活动与生态环境保护之间的关系,还缺乏全面的认识和了解,即使是对保护人类周边自身的生存环境等问题也缺乏足够的重视,因此,当时环保思想仍然零碎,不成系统,并无专门的环保著作问世。

## 第四节 ｜ 佛教、道教所反映的环保思想

两千多年来,儒、道文化相互融合、相互贯通,特别是宋明理学的"援道入儒",以道家思想融入儒家学说,共同建构了我国传统文化的主干。魏晋至宋元时期的一个时代特征便是佛、道等教的勃兴。

佛教作为外来文化,两汉之际开始传入我国内地。道教形成于东汉后期。张陵创立"五斗米道",主要在汉中一带传教。河北钜鹿(今河北平乡)人张角创立太平道,以《太平经》(即《太平清领书》)为主要经典,形成了早期道教的另一主要派别。魏晋以后,战争连绵不断,给人民带来无穷的灾难。人们对现实的恐惧和绝望,迫切追求精神上的寄托。正是适应这种需要,在统治者的支持下,佛教和道教得到迅速发展,形成了我国佛教和道教信仰的第一个高潮。隋唐时期,具有中国特色的佛教各宗派形成,标志着佛教中国化的最终完成。唐朝皇族自认为是老子的后代,遂规定道士地位在

---

① 龚明之:《中吴纪闻》卷 1《赵霖水利》,上海古籍出版社,1986 年,第 16 页。

僧尼之上,设立崇玄学,《道德经》等道教经典成为科举考试科目,道教得到了蓬勃发展。宋辽金时期,佛道两教继续发展,并深入社会各阶层,与普通百姓日常生活紧密相连,日趋生活化和世俗化。金元之际,社会动荡,战乱频仍,无论是民族矛盾,还是阶级矛盾都很尖锐,在此背景之下,孕育了我国历史上道教的大变革,太一道、大道教、全真教等新教派相继形成,为道教发展注入了新的生机。这三个教派,不像旧教派那样热衷于符箓斋醮,而主修内丹,所以有人称之为"河北新道教"。①

佛教和道教在教义、科仪、伦理、修炼、艺术、民俗等方面都包含着丰富的生态思想,与我国传统儒家"天人合一"的观念殊途同归。魏晋至宋元时期佛教和道教对我国古代生态观的形成和发展以及生态环境的保护起到了不可估量的作用。

## 一、佛教所反映的环保思想

### (一)佛教教义中的环保思想

佛教的生态哲学以"缘起论"为理论基础,基本特征为"无我论""整体论"。佛教认为,一切现象都处在相互依赖、相互制约的因果关系中,众生与宇宙无始无终,无边无际;一切生命都是自然界的有机组成部分,既是自然本身,同时又包含所有他物,只有平等互具,生命才能存在,慈悲是佛教道德观的核心。大乘佛教将一切法都看作是佛性的显现,万法都有佛性。不仅人和动物,即使没有情感意识的植物、无机物,包括山川、草木、大地、瓦石等,甚至断绝善根的"一阐提"亦有佛性。佛教中国化最为彻底的禅宗更是强调"青青翠竹皆是法身,郁郁黄花无非般若"②,将这一思想推到了极致。在这种观念下,大自然的一草一木都是佛性的体现,都有其存在的价值,珍爱自然、珍爱生命是佛教徒天然的使命。

佛教强调众生平等、生命轮回,尊重生命、珍惜生命是佛家的根本观念。"不杀生"为佛教徒的第一大戒。《大智度论》云:"诸罪当中,杀罪最重;

① 陈垣:《南宋初河北新道教考》,《明季滇黔佛教考(外宗教史论著八种)》,河北教育出版社,2001年,第567页。
② 刑东风释译:《神会语录》,东方出版社,2016年,第111页。

诸功德中,不杀第一。"① 如果触犯杀戒,灭绝人畜的生命,不论亲自杀,还是让他人杀,都属于同罪,死后将堕入畜生、地狱、饿鬼这三恶道,即使生于人间,也要遭受多病、短命两大恶报。杀生不仅意味着对人生命的伤害,而且包含着对所有生物的伤害。

"不杀生"是建立在转世轮回的信仰基础之上的。按照佛教的说法,人生是苦的,有生、老、病、死等种种人生苦况,在天、人、阿修罗、畜生、饿鬼、地狱六道轮回中流转。也就是说,一个人的前世可能是人,也可能是牛、马等畜生。至于后世,则根据业报,或转世为人或堕落为畜生。佛教的因果报应使所有生命都具有一定的血缘关系,杀生不但会给其他生命导致痛苦与不幸,也会给自己带来不幸。正如《大乘入楞伽经·断食肉品》所云:"一切众生从无始来,在生死中轮回不息。靡不曾作父母兄弟男女眷属乃至朋友亲爱侍使,易生而不受鸟兽等身,云何于中取之而食?"② 因此,要尊重一切生命,才能一心向道,离苦得乐。

总之,在佛教教义中,强调强调众生平等、万物皆有佛性,主张人与自然的协调融合,表现出慈悲为怀的生态伦理精神。佛教通过因果报应、六道轮回学说来约束人们的行为,强调不杀生,对保护自然生命和生态环境起了很大作用。

**(二) 佛教修行中的环保思想**

佛教内律规定,在万物生长迅速的三个月内,佛教徒要结夏安居,这三个月里佛教徒要居寺修行,避免外出,以免伤害生灵。"安居",梵文意译。汉化佛教也采用这种习俗,把安居期定在农历四月十六日至七月十五日。僧人在寺内坐禅修学,接受供养。这段时期称为"安居期"。南亚、东南亚各国称为"雨安居",汉化佛教则称为"夏安居",或简称"夏坐""坐夏"。如因事延缓,不及定居,最迟也应在农历五月十五日定居下来,这叫作"后安居"。佛教传入我国内地后,僧人进行安居,但根据我国的实际情况作了一些变通和调整,主要是在夏安居之外,增加了一个冬安居。南亚次大陆处于亚热带,冬季不明显,除雨安居外,僧人在旱季可到处云游。而我国的情

---

① 鸠摩罗什译:《大智度论》卷13,《大正藏》第25册,第155页。
② 实叉难陀译:《大乘入楞伽经》卷8《断食肉品》,《大正藏》第16册,第623页。

形则不同,冬季严寒,行旅不便。所以,汉化佛教仿照雨安居的办法,每年从农历十月十五日到翌年正月十五日期间,结制安居,称为"冬安居"或"结冬"。在安居之外的日子,僧人便可以四处行脚云游。这对护生非常有利。

我国古人讲究尊族敬祖,自先秦以来在祭祀时需要杀猪、牛、羊等动物作为供品。根据牺牲搭配的种类不同而有太牢、少牢之分。太牢为牛、羊、猪三牲全备。少牢只有羊、猪,没有牛。常常以"血食""不血食"借以指代国家的延续和破灭,"不血食"指其国家的祖先不能再得到祭祀,也就是这个国家灭亡了,没有传承的后代能够祭祀祖先。因此,屠宰牲畜,以供祭祀是我国古代礼仪文化的一个重要特点。在佛教思想影响下,我国传统祭祀有了一些改变,如梁武帝曾下诏禁止屠杀生命以祭祀宗庙。

佛教有素食的传统,这是落实不杀生的有力保证。《菩萨戒本疏》云:"若佛子,故食肉,一切众生肉不得食。夫食肉者,断大慈悲佛性种子,一切众生,见而舍去。是故一切菩萨,不得食一切众生肉,食肉得无量罪。"[1]《大乘入楞伽经·断食肉品》亦云:"观诸众生同于己身,念肉皆从有命中来,云何而食? ……在在生处观诸众生皆是亲属,乃至慈念如一子想,是故不应食一切肉。"[2]随着佛教传入中土,素食传统被中国僧尼所接受。由于佛教影响日炽,素食作为一心向佛的象征,在世俗社会中也开始流行。从北齐萧梁以来,便提倡断肉食、不杀生。从朝廷到民间,由僧众到世俗人等,都以素食为尚。而历代朝廷为了表示推行仁政,每年有数日也定期禁屠。例如隋唐时期,在上元节和中和节等节日期间都要断屠。隋文帝开皇三年(583)下敕,规定了"长月断杀"之制:"其京城及诸州官立寺之所,每年正月、五月、九月,恒起八日至十五日,当寺行道。其行道之日,远近民庶,凡是有生之类,悉不得杀。"[3]另外,从中央到地方,有时为了祈雨攘灾,也有放生禁屠之举。

---

① 智顗:《梵网经注疏》卷4《心地品菩萨戒义疏发隐》,线装书局,2016年,第106~107页。

② 实叉难陀译:《大乘入楞伽经》卷8《断食肉品》,《大正藏》第16册,第623页。

③ 隋文帝:《敕佛寺行道日断杀》,严可均:《全上古三代秦汉三国六朝文》,中华书局,1958年,第8061页。

　　放生就是将被捕的鱼、鸟等动物放回江河、山野,使其重获生命自由。放生的根据,最为佛教徒所熟悉的有两部经:《梵网菩萨戒经》和《金光明经》。《梵网菩萨戒经》中提到:"若佛子,以慈心故行放生业,一切男子是我父,一切女人是我母,我生生无不从之受生。是故六道众生皆我父母,而杀而食者,即杀我父母亦杀我故身。一切地水是我先身,一切火风是我本体,故常行放生,生生受生。若世人见杀畜牲时,应方便救护解其苦难,常教化讲说菩萨戒,救度众生。"[1]《金光明经·流水长者子品》也提到有关佛祖释迦牟尼往昔行菩萨道的一段记载:当时佛祖名叫流水长者子,有一天他经过一个很大的池沼,时逢天旱,有人为了捕鱼,把上游悬崖处的水源堵塞,使得池中水位急速下降。流水长者子眼见上万大小鱼类濒临死亡边缘,又无法从其上游决堤引水,于是为了救活鱼群,不得已请求国王派二十只大象,用皮囊盛水运到池中,直到池水满足,并且饲以食料,方才救活这些鱼群。《梵网菩萨戒经》是放生的理论依据,《金光明经》则是开设放生池的依据。

　　放生是戒杀、素食的发展。如果说不杀生、素食是对生命的消极保护,那么,放生就是对生命的积极保护。在佛陀时代,有专门保护生命的器具,叫"放生器"。佛陀所处的地区,天气炎热,生命繁盛,为防止杀生,佛教徒取水之时,必用一滤水袋过滤,将所得小生物放入专门容器,再将它们放归江河泉池。在佛教的倡导下,放生、护生的观念逐渐为社会所接受。梁代慧集比丘,自燃两臂游历诸州,以乞化所得赎生放生。佛教还有专门放生的法会,叫"放生会"。陈宣帝时,敕国子祭酒徐孝克撰写《天台山修禅寺智凯禅师放生碑文》,这是我国有放生池及放生会记载的开始。隋朝高僧、天台宗第三代祖师智顗大师购买浙江临海一带洼地60多处,延亘400余里,开筑放生池。普劝世人戒杀放生,并奏请朝廷,下令立碑,禁止捕鱼。但唐朝义净西游天竺归来介绍云:"观虫滤水是出家之要仪,见危存护乃悲中之拯急。既知有虫,律文令作放生器者,但为西国久行。"[2]从"但为西国久行"一语来看,似乎当时放生行为在我国社会还不很普及。放生盛行是在唐朝之

---

①　鸠摩罗什译:《梵网经》,《大正藏》第24册,第1006页。

②　义净:《护命放生轨仪法》卷1《中华大藏经汉文部分六三》,中华书局,1993年,第533页。

后,并逐渐成为百姓节日习俗的一部分。

在我国民间,放生是颇受尊敬的善行,人们喜欢在节日放生,也愿意到寺庙放生。为满足人们的放生意愿,许多寺庙建有专门的放生池,一般多设在佛寺门前或周围,池中置水,大的放生池中还有假山、亭子、花草等,供鱼鳖、鸟兽等生存休栖。唐肃宗乾元元年(758),颜真卿任升州(今南京)刺史时,以《帝王之德莫大于生》为题,奏请皇帝恩准,在全国建立放生池八十处。次年,颜真卿将南京清凉山东南的乌龙潭辟为江宁放生池,并亲书《天下放生池碑铭》。在颜真卿的倡议下,乾元二年(759),唐肃宗诏天下诸州各立放生池。宋真宗天禧元年(1017)亦下诏天下广立放生池,杭州西湖就是宋朝设立的放生池。

### (三)丛林制度对环保思想的影响

唐宋而下的佛教寺院还有一个称呼——"丛林"。丛林是禅宗兴起后创立的一种新的寺院组织形式。禅宗僧人聚集在一起修习禅法,就像大树丛聚成林一样,因此称之为"丛林"。由于丛林最初与禅宗有关,故又称之为"禅林"。

中国禅宗的创始人一般追溯到北魏时来华的菩提达摩,正式创立于唐初的四祖道信和五祖弘忍时期。[1] 四祖道信改变了中国佛教居所定所,四处游化的传统,在黄梅双峰山一住就是 30 年,有了比较固定的徒众,依山傍林,安居传法,倡导团体生活。他还提出了"坐作并重"的思想。据《传法宝记》载,道信每劝人曰:"努力勤坐,坐为根本。能作三、五年,得一口食塞疾疮,即闭门坐,莫读经,莫共人语。"[2] "作"即作务、作役,泛指一切生产劳动。他还身体力行,率领僧众开荒种地,使禅众的生活方式发生了重大转变,为确立中国禅宗"禅农并重"的发展道路指明了方向。将生产劳动纳入禅门修行,乃我国僧人之创造,是佛教中国化的一个重要表现。

六祖慧能之后,禅宗分裂为南宗和北宗,北宗在武则天等统治者支持下,以两京为中心,盛极一时,南宗则局促于岭南一隅。唐"安史之乱"后,在慧能弟子神会的努力下,南宗逐渐取代了北宗,北宗逐渐湮没无闻。因

① 杨曾文:《唐五代禅宗史》,中国社会科学出版社,2006 年,第 68 页。
② 韩传强:《禅宗北宗敦煌文献录校与研究》,江苏人民出版社,2018 年,第 46~47 页。

此,我国佛教史上的禅宗一般指的是南宗。唐后期,特别是会昌灭佛后,其他宗派相继衰落,禅宗却很快恢复和发展起来,并一跃成为我国佛教的主体。

禅宗兴起之初,没有自己专设的寺院,禅僧大多是住在律寺或是与其他僧人别院而居。随着禅宗的迅速兴起,参学者日益增多,说法、修持存在诸多不便,遂要求建立自己的寺院。唐后期禅宗高僧马祖道一专创禅院以安置禅宗僧人,始称"丛林"。他发展了道信"坐作并重"的思想,以丛林为据点,自耕自养,创造了"农禅合一"的僧伽经济制度,规定僧众必须自食其力,全体参加生产劳动,所谓"一日不作,一日不食"。[①] 道一的弟子怀海在洪州新吴(今江西奉新)百丈山讲经说法,并综合大小乘律,进一步制定了《禅门规式》,对建立禅宗自己的寺院和禅僧修行、生活仪规提出了种种具体规定。《禅门规式》影响很大,被禅宗寺院普遍采用,世称"百丈清规"。它标志着中国式的丛林制度正式诞生。随着禅宗占据中国佛教的主体地位,丛林也几乎成了佛寺的代名词。

禅宗倡导修心,将心放在首要的地位,认为"心即是佛"[②],"离心无别有佛,离佛无别有心"[③]。强调顿悟,"直指人心,见性成佛"[④]。禅宗要求人们在优美的山水环境中陶冶情性,提高道德境界,主张自然恬美的生活,在与自然和谐相处中做到心境浑然一体。为了达到这一目的,僧人建寺多在青山绿水间,这些地方大都环境优美,或依山傍水,或在深山幽谷间,周围层峦叠嶂,林木葱茏,泉水淙淙,恍如人间仙境。俗语云:"天下名山僧占多。"宋人赵抃也作诗云:"可惜湖山天下好,十分风景属僧家。"[⑤] 即使在平原无山地区,一般也选择河渚之间,遍植树木花卉,营造起一方净土。许多原本人迹罕至的荒山野岭,经僧人披荆斩棘,努力开拓,修起了寺庙庵院,并凿井引水、开路造桥、建亭筑台、砌塔立幢,成为一方胜境。僧人不仅重视寺院

---

① 普济:《五灯会元》卷 3《百丈怀海禅师》,中华书局,1984 年,第 136 页。
② 菩提达摩:《小室六门》,《大正藏》第 48 卷,第 375 页。
③ 释净觉:《楞伽师资记》,《大正藏》第 85 卷,第 1287 页。
④ 圆悟克勤:《碧岩录》,《大正藏》第 48 卷,第 140 页。
⑤ 赵抃:《清献诗钞·次韵范师道龙图》,吴之振等选编:《宋诗钞》第 1 册,中华书局,1986 年,第 204 页。

外部环境的选择,也十分重视寺院内部环境的整饬营造,在寺院内外植树造林、栽花种草,使道场成为庄严刹土,人间净域。

佛寺重视造林绿化。唐朝中后期,各地禅林的兴起带动了一股绿化造林之风潮。寺志和僧传对此记载颇多。临济义玄早年师从希运禅师,一日在山上栽松,希运问他:"深山里栽许多松做甚么?"义玄答道:"一与山门作境致,二与后人做标榜。"[1]

赵县柏林禅寺,始建于东汉汉献帝时,唐时称"观音院",亦称"东院"。唐末著名的赵州禅师从谂一些著名的公案,即以寺中的柏树为对象发凡取譬。例如,时有僧问:"如何是祖师西来意?"师云:"庭前柏树子!"僧云:"和尚莫将境示人。"师云:"我不将境示人。"僧又问:"如何是祖师西来意?"师又云:"庭前柏树子。"[2]这就是著名的"庭前柏树子"的公案。金熙宗时期,该寺改称"柏林禅院",即以寺中柏树而得名。至今寺中的一些古柏已经有上千年的历史,虽然树的主干有的因年久中空开裂,但奇拙苍劲,依然枝繁叶茂,郁郁葱葱,充满生机。

从史籍来看,寺院造林声势甚大。唐武德初年,僧惠旻自吴县通玄寺"入海虞山,隐居二十余载","地宜梓树,劝励栽植树数十万株,通给将来三宝功德。"[3]泗洲开元寺,"地卑多雨潦,岁有水害",元和初年,寺僧"植松、杉、楠一万本,由是僧与民无垫溺患焉"。[4]宋景德年间,庐山黄龙寺和尚大超,手种杉木万株,皇上赐名"万杉"。宋末诗人张孝祥为此吟诗曰:"老干参天一万株,庐山佳处著浮图。"[5]

许多禅僧不仅自己植树造林,而且出于佛教慈悲之心,对乱伐树木,毁坏生态的行为大力抵制。《五灯会元·南岳玄泰禅师》记载,南岳衡山七宝台寺玄泰禅师,尝以衡山多被山民斩伐、烧畲,为害滋甚,乃作《畲山谣》:

① 普济:《五灯会元》卷11《临济义玄禅师》,苏渊雷点校,中华书局,1984年,第644页。

② 从谂著,净慧重编:《赵州禅师语录》卷上,河北省佛教协会出版,1992年,第4页。师指从谂。

③ 《历代高僧传·续高僧传》卷22《慧旻传》,上海书店,1989年,第619页。

④ 董诰:《全唐文》卷678,白居易《大唐泗州开元寺临坛德徐泗濠三州僧正明远大师塔碑铭并序》,中华书局,1983年,第6935页。

⑤ 张孝祥:《于湖居士文集》卷12《绝句》,上海古籍出版社,1980年,第112页。

　　　　畲山儿，畲山儿，无所知。年年斫断青山眉。就中最好衡岳色，
　　　杉松利斧摧贞枝。灵禽野鹤无因依，白云回避青烟飞。猿猱路绝岩崖
　　　出，芝术失根茅草肥。年年斫罢仍再锄，千秋终是难复初。又道今年
　　　种不多，来年更斫当阳坡。国家寿岳尚如此，不知此理如之何？ [①]

史称"远迩传播,达于九重,有诏禁止。故岳中兰若无复延燎,师之力也"[②]。
另外,在社会崇重佛教的氛围下,封建统治者对佛教寺院,特别是名寺大刹
周围的林木多进行封禁,斧斤不得入之,禁止砍伐樵采,在客观上也保护了
生态环境。

## 二、道教所反映的环保思想

　　道教是我国土生土长的宗教,正式形成于东汉末年。它渊源于古代的
巫术以及秦汉时期的神仙方术。

### (一)道教教义反映的环保思想

　　道教主张顺应自然,倡导无为、无欲、无私,少私寡欲、致虚守静等,所
有这些都是以老子"道法自然"为中心展开的。

　　《太平经》又名《太平清领书》,是道教早期重要的经典,它不是由一
人一时写成的,而是经历从西汉末年到东汉顺帝时代的漫长酝酿过程,最
后由于吉(又作干吉、干室)、宫崇等编纂。《太平经》内容十分庞杂,既有
对《道德经》的某些思想的继承,也有对符咒术、养生术、神仙方术的探讨。
《太平经》在人与自然关系方面强调人对自然的依赖关系,应顺应自然发
展规律,维护整体之和谐。认为:"天地之性,起万物各自有宜。当任其所
长,所能为。所不能为者,而不可强也。"[③]主张以"道"观物,而非以"我"
观物,克制人的欲望,少私寡欲,对大自然的索取要控制在适当的范围内,
反对掠夺自然,"夫人命乃在天地,欲安者,乃当先安其天地,然后可得长
安也。"[④]

────────────────

①　普济:《五灯会元》卷6《南岳玄泰禅师》,中华书局,1984年,第314页。
②　普济:《五灯会元》卷6《南岳玄泰禅师》,中华书局,1984年,第314页。
③　王明编:《太平经合校》卷54《使能无争讼法》,中华书局,1960年,第203页。
④　王明编:《太平经合校》卷45《起土出书诀》,中华书局,1960年,第124页。

道教认为万物与人在道姓上是平等的,《西升经》云:"道非独在我,万物皆有之。"[1] 在道教看来,自然界的一切生命都是平等的。所以,道教对人生命的重视,又进一步扩展到对自然界一切生命的重视。《太平经·不用书言命不全决》云:"要当重生,生为第一。"[2]《度人经》云:"仙道贵生,无量度人。"司马承祯的《坐忘论》云:"人之所贵者,生。"[3] 在敬重生命的基础上,道教制定了众多保护动物、植物、水土资源的具体措施,如不杀生,不得惊吓、虐待动物,积极救助动物等。[4]

总之,"自然之道不可违"成为道教生态伦理思想的核心,人与自然的关系被视为一种由伦理原则来调节和制约的关系,把道德关怀的对象扩展到所有的存在物。道教将"征服自然"来表明自己力量的方式,变为"参天地之化育"的方式。这使道教在对待人与自然的关系上,达到了宗教能达到的最高境界。[5]

**(二) 道教修行中所反映的环保思想**

道教不仅在教义上信奉"天人合一"的思想,而且在实践中追求人与自然、聚落与环境的和谐统一。"洞天福地"是道教仙境的一部分,多以名山为主景,或兼有山水。此中有神仙主治,乃众仙所居,道士居此修炼或登山请乞,则可得道成仙。"洞天福地"的观念大约形成于东晋以前,包括十大洞天、三十六小洞天和七十二福地,构成了道教地上仙境的主体部分。著名的五岳则包括在洞天之内。除此之外,道教还崇拜五镇海渎、三十六靖庐、二十四治等。

道教的仙境环境清幽,除了曲径通幽的亭台楼阁,往往依山傍水,绿树成荫,流水潺潺、鸟语花香,在这里没有俗世的烦嚣,人和动物和谐相处。这实际上反映了人们对美好居住环境的一种向往和追求。道教在致力于天国世界构建的同时,也致力于现实人间仙境(洞天福地的营造和理想人居

---

[1]　《道藏》第 11 册,文物出版社,1988 年,第 510 页。

[2]　王明编:《太平经合校》卷 114《不用书言命不全决》,中华书局,1960 年,第 615 页。

[3]　《道藏》第 1、22 册,文物出版社,1988 年,第 5、892 页。

[4]　尹志华:《道教戒律中的环境保护思想》,《中国道教》1996 年第 2 期。

[5]　卿希泰:《道教生态伦理思想及其现实意义》,《四川大学学报》(哲学社会科学版) 2002 年第 1 期。

环境)的生态聚落的选择和建设。生态聚落以"天人合一"的哲学思想为基础,提倡和选择临水背山、阳光充足、交通方便、供排水通畅的理想人居环境。二者共同形成了独特的道教聚落文化。[①]

道教在聚落环境的营造中,十分讲究聚落周围所谓的"风水林"和"风水树"。风水林是指为了保持良好风水而特意保留的树林,这在华南最为普遍。不少村落在选址时,考虑风水因素,通常会在茂密的树林旁兴建,令树林成为村落后方的绿带屏障。民众相信风水林会为村落带来好运,因此会着重保护风水林,禁止砍伐。其实,这些观念与人们追求人与自然和谐相处以及寻求大自然对人类的庇护作用无不相关。此外,他们会在风水林栽种具有不同实用价值的树木(如果树、榕树、樟树及竹子等),使风水林有其实质的经济价值。

大基山位于山东莱州东 10 千米处,层峦叠嶂,苍松翠柏,林木葱郁,历代不少道士在此修行,当地百姓称为道士谷。在进入道士谷的天然门户——大基山西南角豁口的摩崖上,有一方北魏书法家郑道昭书写的《进山告示》。其碑文曰:"此大基山内中明□及四面岩顶上,嵩岳先生荥阳郑道昭扫石置五处仙坛。其松林草木有能□奉者,世贵吉昌,慎勿侵犯,铭告令知也!"[②]碑文中所提及的"五处仙坛"之一的"中明之坛"所记,《进山告示》摩崖的镌刻时间是"岁在壬辰",即北魏宣武帝延昌元年(512),是我国迄今为止所发现的最早的有关护林环保的文告。[③]郑道昭,荥阳人,出身于著名的山东士族荥阳郑氏,世称中岳先生,曾任秘书监。他笃信道教,在大基山建立了五处"仙坛",炼制丹药,祈求长生。为了保护山中的松林草木,故立此碑。

道教中都有大量劝善书。作为伦理道德的教化书,它们以通俗易懂的语言和图画形式,宣传道教的教义,在我国民间社会发挥了重要的作用。现存于《道藏》《藏外道书》中的道教劝善书,主要有《太上感应篇》《文昌帝

---

[①]　陈勇、陈霞、尹志华:《道教聚落生态思想初探》,《社会科学研究》2001 年第 6 期。

[②]　陆增祥:《八琼室金石补正》卷 14《大基山郑道昭题刻十五种》,文物出版社,1985年,第 82 页。

[③]　王凤臣、刘虎文:《我国最早的环保文告》,《人民日报》(海外版)1996 年 2 月 1 日。

君阴骘文》和《关圣帝君觉世真经》等,被誉为"善书三圣经",其中《太上感应篇》被誉为"善书之祖"。在道教劝善书出现之前,有不少思想家,包括道教学者,已经从一般的伦理道德中引申出生态伦理,将保护动植物当作重要的道德规范。应当说,道教劝善书的生态伦理思想正是对前人,主要是道教学者的有关思想的继承和发挥。①

道教劝善书所述的伦理道德规范不仅用于调节人与人之间、人与社会之间的相互关系,而且进一步推广到调节人与动植物、人与自然的关系。它主张自然界生命的平等性,倡导"贵生"的生命情怀。②劝善书中,道教把保护动植物看作善行,把伤害动植物看作是恶行。比如《太上感应篇》就明确提到了"昆虫草木犹不可伤"。所列举的恶行中明确提到了"射飞、逐走、发蛰、惊栖、填穴、覆巢、伤胎、破卵","用药杀树""春月燎猎","无故杀龟打蛇"等。③约成于元朝的道教劝善书《文昌帝君阴骘文》教人要"救蚁","济涸辙之鱼","救密罗之雀","或买物而放生,或持斋而戒杀,举步常看虫蚁,禁火莫烧山林……勿登山而网禽鸟,勿临水而毒鱼虾"。④但道教劝善书讲戒杀,并不是绝对不杀,而是"钓而不纲,弋不射宿,启蛰不杀,方长不折"⑤,也就是说,要按照自然之道,合理地开发利用自然之物。

功过格是道士自记善恶功过的一种簿册,属于道教劝善书之一类。其中列举了保护和伤害动植物的善恶功过。例如南宋出现的《太微仙君功过格》是现存最早的功过格,有"功格三十六条""过律三十九条"。在"功格三十六条"之下有"救济门十二条",包括救助野兽、牲畜及"虫蚁飞蛾湿生之类"。在"过律三十九条"有"不仁门十五条",包括"害一切众生禽畜性命"及杀"飞禽走兽之类""虫蚁飞蛾湿生之属""恶兽毒虫"。⑥

① 乐爱国:《道教劝善书的生态伦理特色》,《深州职业技术学院学报》2003 年第 2 期。
② 乐爱国:《道教劝善书的生态伦理特色》,《深州职业技术学院学报》2003 年第 2 期。
③ 《正统道藏》第 27 册《太上感应篇》卷 3、12、29,第 20、59~134 页。
④ 景茂礼、刘秋根编:《灵石碑刻全集(上)》,河北大学出版社,2014 年,第 938 页。
⑤ 《藏外道书》第 12 册《太上感应图说》,第 101~102 页。
⑥ 《正统道藏》第 3 册《太微仙君功过格》,第 449~453 页。

# 第五节 | **农书、林艺典籍所反映的环保思想**

我国古代经济基本上是以农业为主体的自然经济,古代生态意识的主要内容基本上是同农业生产联系在一起的。差不多从环境史诞生伊始,农业史就占据了靠近研究重心的位置。

魏晋至宋元时期,是我国古代农业、林艺业的大发展时期。这一时期有关农业和林艺业的典籍大量涌现,例如《齐民要术》《陈旉农书》《农桑衣食撮要》《岁时广记》《农桑辑要》《王祯农书》《田家五行》与许多散见于宋元人文集中的"劝农文"等。我国古代四大农书有两部出现在这一时期。另外陆羽《茶经》、蔡襄《茶录》和《荔枝谱》、沈括《梦溪笔谈》、韩彦直《桔录》、陈翥《桐谱》、赞宁《笋谱》、周去非《岭外代答》、宋祁《益部方物略》、范成大《桂海虞衡志》、欧阳修《洛阳牡丹记》、陆游《天彭牡丹记》、刘蒙《菊谱》、宋子安《东溪试茶谱》、王观《扬州芍药谱》、吴怿《种艺必用》、叶梦得《避暑录话》、元末明初人俞宗本《种树书》等著作,除主要论述农学、林业、花草知识外,还专篇或零星涉及环境生态系统的有关内容,不乏对生态文化的深刻认识与较科学的见解,是魏晋至宋元时期不可多得的重要生态文献。

环保思想并非要求人类对自然无所作为,否定人改造自然的努力,而是遵循客观规律,使人的主观能动性在合理的范围内发挥。农书主要论述了人类对整个生态系统的控制和改造,表现在作物育种、播种、收获、耕垦土地、灌溉、施肥、杀虫、除草、工具改进等。由于农业生产的季节性很强,对气候、土壤、雨水等都有一定的要求。在长期的农业生产实践中,历代的农书在改进技术,积极发挥人的主观能动性的同时,几乎无一例外表达了上顺天时,下应地利,协调好天、地、人的关系,遵守自然规律的思想。指出认识掌握并顺应自然环境变化的客观规律,是保证农作物正常生长并获得丰收的必要条件。《齐民要术·种谷》云:"上因天时,下尽地利,中用人力,是以群生遂长,五谷蕃殖。"又云:"顺天时、量地利,则用力少而成功多。任情返道,劳而无获。"《陈旉农书》认为:"农事必知天地时宜,则生之、蓄之、长之、育之、成之、熟之,无不遂矣。""顺天地时利之宜,识阴阳消长之理,则百谷之成,斯可必矣。"[①]《王祯农书》指出:"土性所宜,因随气化,所以远近彼此之间风土各有别也。""九州之内,田各有等,土各有差,山川阻隔,风气不同,凡物之种,各有所宜。故宜于冀兖者,不可以青徐论;宜于荆扬者,不可以雍豫拟。"[②]

## 一、生态农业思想的发展

作为传统的农业国,农业是我国文化的根基,中国人民在长期的生产实践中创造了独特的农业模式,拥有与世界其他民族不同的农业生产理念。我国传统农业就是一种生态或者生态化的农业。战国时期《吕氏春秋》就提出了农业领域的"天、地、人"关系,即农业中的"三才论"思想。魏晋至宋元时期,这种思想在以《齐民要术》《陈旉农书》《王祯农书》等为代表的典籍中又有所发展。

贾思勰,山东益都人,约生活在北魏末年到东魏时期,任高阳郡(今山东临淄)守等官职。他十分关心民事,重视农业生产,大约在北魏永熙二年(533)到东魏武定二年(544)期间,他将自己积累的许多古书上的农业技术资料、询问老农获得的丰富经验以及他自己的亲身实践,加以分析、整理、总结,写成《齐民要术》。

《齐民要术》共10卷,92篇,11万字;其中正文约7万字,注释约4万字。《齐民要术》堪称我国古代农业百科全书,是我国现存的第一部完整的农书,大体反映的是黄河中下游的农业生产经验。内容十分丰富,包括种谷法、种树法、菜蔬瓜果培植法、家畜家禽及鱼类养殖,还有许多内容是讲食物加工技术的。全书查阅征引书籍近160种,还大量采录民间流传的农

---

① 陈旉:《陈旉农书校注》卷上《天时之宜篇第四》,万国鼎校注,中华书局,1956年,第28页。

② 王祯:《王祯农书·农桑通诀集之一·地利篇第二》,农业出版社,1981年,第13页。

事谣谚相佐证。因此,《齐民要术》达到了当时世界农业科学的最高水平,对后世农业科学产生了深刻的影响。

在土壤肥力方面,魏晋以前的人们,主要依靠轮换休闲的办法来恢复土壤肥力。《齐民要术》提出用"作物轮载"代替轮换休闲,既提高土地利用率,又能保持地力。强调用地与养地结合,通过绿肥来提高地力,"凡美田之法,绿豆为上,小豆、胡麻次之。悉皆五、六月中穳种,七月、八月犁穳杀之,为春谷田,则亩收十石,其美与蚕矢、熟粪同。"[1] 这是一种生态施肥法,利用了豆科植物的天然固氮功能使土地增加肥力,至今仍有很大的借鉴价值。缪启愉评价说:"《要术》所记是中国精耕细作的精华,也是东方'有机农业''生态农业'的精华。"[2]

《齐民要术》对林木种植也很重视,特别记述了种植酸枣、柳树和榆树作园篱的方法。还特别地讲到植树的好处,"男女初生,各与小树二十株,比至嫁娶,悉任车毂。一树三具,一具直绢三匹,成绢一百八十四;娉财资遣,粗得充事。"[3] "种柳千树,则足柴。"[4] "岁种三十亩,三年种三十亩,三年种九十亩;岁卖三十亩,终岁无穷。"[5] 人们很早就注意到了混作栽培的技术。《汉书·食货志》载:"种谷必杂五种,以备灾害。"[6] 例如植树时,将树种与其他草木种子混播,可使树的幼苗长直。《齐民要术》记载,槐子"以水浸之,六七日,当芽生。好雨种麻时,和麻子撒之。当年之中,即与麻齐。麻熟刈去,独留槐……明年斸地令熟,还于槐下种麻。三年正月,移而植之,

---

①　贾思勰:《齐民要术校释》卷1《耕田第一》,缪启愉校释,中国农业出版社,1982年,第24页。

②　缪启愉:《齐民要术导读》,巴蜀书社,1988年,第166页。

③　贾思勰:《齐民要术校释》卷5《种榆、白杨四十六》,缪启愉校释,中国农业出版社,1982年,第244页。

④　贾思勰:《齐民要术校释》卷5《种槐、柳、楸、梓、梧、柞五十》,缪启愉校释,中国农业出版社,1982年,第253页。

⑤　贾思勰:《齐民要术校释》卷5《种榆、白杨四十六》,缪启愉校释,中国农业出版社,1982年,第244页。

⑥　班固:《汉书》卷24《食货志》,中华书局,1964年,第1120页。

亭亭条直,千百若一。"[1]

　　通过耕作、换茬、种植豆科作物和以施肥为主的措施来维持地力的技术,到宋朝,已更加成熟,理论上也有重要突破和发展。以《陈旉农书》为代表。

　　《陈旉农书》为我国第一部总结南方水田农事的专著。陈旉生于北宋熙宁九年(1076),卒年不详。他博览群书,通"六经诸子百家之书,释老氏黄帝神农氏之学"。生性淡泊,不乐仕进,所至之处,在读书之余,"种药治圃以自给"[2]。晚年,他隐居西山(可能在今江苏扬州),自称"西山隐居全真子",耕读不辍。至晚绍兴十九年(1149),《陈旉农书》完稿,他已74岁。该书共3卷,12 000余字,上卷讲江南主要的作物水稻;中卷讲江南主要的役畜水牛;下卷讲江南主要的家庭副业蚕桑。陈旉亲身参加劳作,其知识不仅来自书本,而且许多来自生产实践,具有很强的操作性和指导性,提出了不少新的观点。(1)把施用粪肥等改变土壤质地、维持地力的传统办法提到理论高度,这是该书的一大贡献。陈旉在《粪田之宜》一篇中针对"凡田土种三五年,其力已乏"的看法,陈旉提出不同意见,认为:"若能时加新沃之土壤,以粪治之,则益精熟肥美,其力当常新壮矣,抑何衰何敝之有?"奠定了我国古代"地力常新壮"的理论基础。(2)该书第一次提出了"用粪犹用药"合理施肥的思想,把农田施肥和看病服药相类比,认为要根据不同土质、不同作物、不同肥料,采用"对症下药"的不同处置方式。这比笼统说给田地施粪肥,在质、量和时间上要经济合理得多。该书还强调施肥"得理",把"种之以时,择地得宜,用粪得理"三者联系起来作为生产上的指导思想。(3)该书全面总结了江南水稻栽培的经验,并撰写了《善其根苗篇》的专论,是我国古代首部研究培育壮秧和防止烂秧的专著。

　　王祯,字伯善,山东东平人,生卒年不详。元贞元年(1295),担任旌德(今安徽旌德)县尹,在任6年,以自己的俸禄,兴学修桥,又教民种植,官声甚

---

　　① 贾思勰:《齐民要术校释》卷5《种槐、柳、楸、梓、梧、柞五十》,缪启愉校释,中国农业出版社,1982年,第252页。

　　② 纪昀总纂:《四库全书总目提要》卷102《子部·农家类》,河北人民出版社,2000年,第2581页。

隆。大德四年(1300),调任信州永丰县尹,仍以劝课农桑为己任,买桑树苗和棉籽教民种植。这些农业生产实践为其撰写《王祯农书》奠定了重要的基础。

《王祯农书》,原为32万字,后有散佚,现存13.6万字。元大德七年(1305),元朝官方刊刻该书,初刊于皇庆二年(1313)。全书分为农桑通诀、百谷谱、农器图谱3部分。农桑通诀,相当于农业总论,包括农桑耕作、副业生产(包括养畜、养禽、养鱼)等方面的重要准则、技术等。百谷谱,叙述农作物来源、分类和种植栽培方法。农器图谱,介绍农业生产的各种器具,配有大量插图,多达208幅(一说306幅)。

《王祯农书》的主要成就主要体现在以下方面:(1)论述了广义的农业,把蚕桑、养畜、养禽、养鱼、果树等都归入农业范畴,并加以论述。(2)讨论了中国的南北农业,并特别着重说明南北各地的土宜,改变了此前的农书只论北方农业或只论南方农业的片面状况,这与当时国家大一统的时代背景相联系。(3)总结北方旱地的种作经验,如深耕细耙、套种等。南方稻田旱作要开沟排水,保证稻麦两熟。又根据中国气候的特点,提出秋耕为主、春耕为辅的原则。对南方兴起的围田、圩田、柜田、涂田、架田、沙田、梯田等的耕作和果树的嫁接方法都有详细介绍。(4)重视农业工具的改进。该书收有105种农具,用配图的方式介绍,对新制农具的介绍更详,诸如减轻弯腰插秧之劳的秧马、适用水田除草的耘荡、提高收割效率的推镰、提水的龙骨车以及加工粮食的水转连磨等。

我国古代重视综合利用环境资源,注意充分循环利用物质,如用农作物的糠秕、糟粕、稿秆饲养牲畜,又用家畜的粪便肥田,使农业成为一个有机生产整体。在鱼类的饲养方面,把青、草、鲢、鳙四大家鱼混合放养以利用不同水层的资源。再如稻田养鱼技术,《岭表录异》卷上记载:"新泷等州,山田拣荒平处开为町疃,伺春雨丘中贮水,即买鲩鱼子散于田内。一、二年后,鱼儿长大,食草根并尽。既为熟田,又收鱼利。及种禾,且无稗草,乃齐民之上术也。"[1] 人们巧妙地利用了当地的气候、地貌和鲩鱼的食性,把养鱼

---

[1] 金武祥:《粟香随笔·粟香二笔》卷1《山田》引《岭表录异》,凤凰出版社,2017年,第235页。

和种稻相结合，取得了较好的生态效益。还有"桑基鱼塘"和"蔗基鱼塘"等，其生态效益和经济效益均很显著。2005年，浙江省青田县被联合国粮农组织列为全球首批五个重要农业遗产保护地之一，原因是该地区的"传统的稻鱼共生生态农业模式"具有了1 200余年的历史。[①]这个生态系统是水稻为鱼遮挡阳光提供栖息之处，鱼食杂草害虫利于水稻生长，而且鱼粪能肥沃水田。

## 二、农林业中生物防治思想的萌生和发展

动物是生态链条中不可或缺的重要组成部分。在长期的生活实践中，人们对动物的认识逐渐深化，认识到许多动物是人类的朋友。因此，保护这些动物不仅出于恻隐之心，还有生态的目的。晋朝时期，人们认识到有些鸟是益鸟，可以保护庄稼，因此地方官府命令护鸟。晋人黄义仲在《十三州记·治田》中记载："上虞县有雁，为民田春拔野草根，秋啄除其秽。是以县官禁民不得妄害此鸟，犯则有刑无赦。"[②]《旧五代史·五行志》载：后汉乾祐初，阳武（今河南原阳）、雍丘（今河南杞县）、襄邑（今河南睢县）"三县蝗为鸜鹆聚食，敕禁罗弋鸜鹆，以其有吞噬之异也。"[③]青蛙是农业害虫的天敌，对保护生态平衡、保障农业生产丰收具有重要作用。一些地方有吃青蛙的习俗，宋朝一些有见识的地方官员用行政措施对青蛙加以保护。"浙人喜食蛙，沈文通在钱塘日，切禁之"。[④]南宋后期赵葵的《行营杂录》也记载："马裕斋知处州，禁民捕蛙。"[⑤]

唐宋时期，人们注意到虫害对林木资源的破坏，探索以生物防治办法来保护林木资源。据唐人刘恂《岭表录异》记载，岭南一带人们在生产实践中发现，蚂蚁可以防治柑子树的病虫害。这种生物治虫技术在当地得到了推广，蚂蚁成为都市中的商品之一。《鸡肋编》记载，宋人使用"买蚁除蛀养

---

①　李永乐：《世界农业遗产生态博物馆保护模式探讨——以青田"传统稻鱼共生系统"为例》，《生态经济》2006年第11期。

②　黄义仲：《十三州记·治田》，王祖望主编：《中华大典·生物学典》，云南教育出版社，2015年，第360页。

③　李昉等：《太平御览》卷950《虫豸部七》，中华书局，1960年，第4218页。

④　彭乘：《墨客挥犀》卷6，丛书集成初编，中华书局，1991年，第35页。

⑤　赵葵录：《行营杂录》，丛书集成初编，中华书局，1991年，第8页。

柑"的方法。当时"广南可耕之地少,民多种柑橘以图利。常患小虫损食其实,惟树多蚁,则虫不能生,故园户之家,买蚁于人。有收蚁而贩者,用猪羊脬盛脂其中,张口置蚁穴旁,俟蚁入中,则持之而去,谓之'养柑蚁'"。①《梦溪笔谈》载"以虫治虫"的方法:"元丰中庆州界生子方虫,方为秋田之害,忽有一虫生,如土中狗蝎,其喙有钳,千万蔽地,遇子方虫,则以钳搏之,悉为两段,旬日子方皆尽,岁以大穰。其虫旧曾有之,土人谓之'傍不肯'。"②

---

①　庄绰:《鸡肋编》卷下《食柑蚁》,中华书局,1983 年,第 112 页。

②　沈括:《梦溪笔谈》卷 24《杂志》,中华书局,2015 年,第 234 页。

# 结　语

　　魏晋至宋元的一千多年,是我国历史上重要的社会变动期,期间北方游牧民族与中原汉族之间的战争冲突与文化融合,表现得最为突出。从环境史的视角看,气候的变动可能是造成历史社会变迁的最原始的外生动力。魏晋至宋元时期大致体现了气候的寒冷期与温暖期周期变动与历史上分裂与统一朝代交替的一致性。

　　气候变迁对人类的活动影响至大。气候变迁和人类活动二者叠加,必然会影响自然环境的变迁。其中受影响最明显的是动植物和地表水资源的变化。在人类活动加剧与气候变迁的双重影响下,魏晋南北朝时期森林覆盖率不断降低。自秦汉以来,华北地区森林面积就大幅度缩小,魏晋南北朝时期这一趋势不断加剧。历史时期华北平原、关中地区和黄土高原是北方发展较早的地区,其天然植被的破坏也最早。北方的生态环境遭受长期的破坏,至唐宋时期其影响终于显露出来,这种破坏给黄河流域带来了严重的后果。唐朝,关中地区几乎已经没有森林覆盖,植被破坏造成水土流失,黄河的含沙量剧增,中下游地区频繁泛滥,水涝灾害频频出现。

　　唐宋时期,是人类活动对黄土高原植被破坏的转折时期,黄土高原植被与环境发生了明显变化,其中鄂尔多斯高原南部和黄土高原北部表现得最为明显。唐朝时期,黄土高原地区的政治、经济和文化达到鼎盛,国都长安人口达到空前规模,大量人口的建筑和烧柴都要消耗大量树木。宋元时期,尤其是在宋朝,大型动物数量的减少及分布变化速度之快,令人惊讶。究其原因,除了历史时期气候寒冷和大型动物本身繁殖率低,还有人类的大肆捕杀。

　　历史时期地表水资源变化表现为河道变迁,湖泊的产生、盈缩和消失。历史上黄河中下游河道的变迁,对于我国东部平原地区的生态环境和社会生活影响巨大。魏晋至宋元时期,黄河河道由安流期进入频繁决溢期,由东北流注入渤海转为东南流注入黄海时期。黄河下游在黄淮海平原上频繁地决溢改道,对农业生产环境的影响是巨大和深远的,同时对海河水系、淮河水系产生了巨大深远的影响。由于黄河在黄淮海平原决溢、改道造成水沙再分配加剧,尤其是农业经济发展对水源、耕地的迫切要求,黄淮海平原的上湖沼地貌发生了巨大变化。

魏晋至宋元时期,农业经济发展与气候的变化密切相关。农业经济恢复繁荣时期,是气候变化史上温暖期;而战乱频发、人口锐减、农业经济萧条时期,往往是气候变化史上的寒冷期。这种对应关系,促使我们在考察农业经济发展时,不仅要考虑社会政治因素,而且应考虑自然生态的变化。

通过对魏晋至宋元时期手工业与自然环境关系的分析,可以发现,古代手工业的发展是以自然环境为基础的,环境的不同造成了各地手工业的发展差异,环境变迁也会影响手工业的变迁。受环境因素的制约,经济重心的转移与手工业重心的转移不是完全同步的,如造船业重心一直处于南方,而冶铁和采煤业重心一直处于北方。同时,手工业的发展对自然环境造成影响,尤其是手工业获取原料、燃料破坏森林植被。但是不能刻意强调手工业对环境的破坏,毕竟在当时的生产力水平下,这种破坏还是有限的。总之,魏晋至宋元时期手工业发展对自然环境的依赖远远大于破坏。

魏晋至宋元时期是我国自然灾害史上一个重要阶段,自然灾害主要有水灾、旱灾、蝗灾、疫灾、地震、霜雪、风灾、饥歉等。其中水、旱灾害是最普遍、最突出的自然灾害。无论从发生次数还是从危害程度来看,水、旱灾害都超过了其他灾害。虽然这一时期自然灾害在种类上与前代相比大同小异,但呈现出新的特点。总的来看,这一时期自然灾害越来越密集,地域不断扩大,程度也在加深。特别是黄河,在宋朝以后,结束了自东汉以来长期安流的局面,改道泛滥成为常态,黄河水患成为重大社会问题。另外在魏晋至宋元的不同历史时期,自然灾害也表现出较强的时代差异和地区差异。以蝗灾为例,魏晋南北朝时期蝗灾主要分布在淮河以北的黄河流域,唐朝开始向江南一带蔓延,到南宋时江南一带成为全国蝗灾的重灾区。

魏晋至宋元时期在我国古代环保史上承上启下,与先秦、秦汉时期相比,环保思想日益成熟,并趋于自觉,天道神秘色彩逐渐减退。顺乎自然,植树造林,保持水土,禁止破坏植被,保持生态平衡,逐渐成为朝野上下有识之士的共识。历朝制定了一系列关于环保的法律、法规,环保思想上升到了国家制度层面。另外该时期,佛教、道教勃兴,与儒学形成三足鼎立的局面。在传统儒学外,佛、道两教以及民间信仰等也对环保思想产生很大的影响,环保思想呈现出多源杂糅的特点。

# 主要参考文献

## 一、古籍

白居易:《白居易集》,北京:中华书局,1979年。

班固:《汉书》,北京:中华书局,1964年。

毕沅:《续资治通鉴》,北京:中华书局,1957年。

孛兰盻等:《元一统志》,北京:中华书局,1966年。

陈旉:《陈敷农书校注》,万国鼎校注,北京:农业出版社,1965年。

陈梦雷编:《博物汇编草木典》,蒋廷锡校订,北京:北京图书馆出版社,2001年。

陈寿:《三国志》,北京:中华书局,1959年。

程颢、程颐:《二程遗书》,上海:上海古籍出版社,1992年。

道宣:《续高僧传》,北京:中华书局,2014年。

丁特起:《靖康纪闻》,丛书集成初编,北京:中华书局,1985年。

董诰等:《全唐文》,北京:中华书局,1983年。

窦仪等:《宋刑统》,吴翊如点校,北京:中华书局,1984年。

独孤及:《昆陵集》,上海:上海书店,1989年。

杜佑:《通典》,北京:中华书局,1988年。

段国:《沙州记》,丛书集成初编,北京:中华书局,1985年。

氾胜之:《氾胜之书》,万国鼎辑释,北京:农业出版社,1980年。

范成大:《桂海虞衡志》,丛书集成初编,北京:中华书局,1991年。

方勺:《泊宅编》,许沛藻、杨立扬点校,北京:中华书局,1983年。

房玄龄等:《晋书》,北京:中华书局,1974年。

傅泽洪主编:《行水金鉴》,文渊阁四库全书,台北:台湾商务印书馆,1986年。

干宝:《新辑搜神记》,北京:中华书局,1979年。

葛洪:《抱朴子内篇校释》,王明校释,北京:中华书局,1996年。

龚明之:《中吴纪闻》,丛书集成初编,北京:中华书局,1985年。

顾嗣立:《元诗选》,北京:中华书局,1987年。

顾祖禹:《读史方舆纪要》,贺次君、施和金点校,北京:中华书局,2005年。

归有光:《三吴水利录》,丛书集成初编,北京:中华书局,1985 年。

郭畀:《云山日记》,续修四库全书,上海:上海古籍出版社,2002 年。

郝经:《郝文忠公陵川文集》,太原:山西人民出版社,2006 年。

贺铸:《庆湖遗老诗集》,王梦隐、张家顺校注,开封:河南大学出版社,2008 年。

胡祇遹:《紫山大全集》,文渊阁四库全书,台北:台湾商务印书馆,1986 年。

黄淮、杨士奇等编:《历代名臣奏议》,上海:上海古籍出版社,1989 年。

贾思勰:《齐民要术校释》,缪启愉校释,北京:农业出版社,1982 年。

阚海娟校注:《梦粱录新校注》,成都:巴蜀书社,2015 年。

孔颖达正义:《礼记正义》,上海:上海古籍出版,1990 年。

孔颖达正义:《尚书正义》,上海:上海古籍出版社,1996 年。

乐史:《太平寰宇记》,王文楚等点校,北京:中华书局,2007 年。

黎靖德编:《朱子语类》,王星贤点校,北京:中华书局,1999 年。

李百药等:《北齐书》,北京:中华书局,1972 年。

李昉等:《太平御览》,北京:中华书局,1960 年。

李昉等编:《文苑英华》,北京:中华书局,1966 年。

李格非:《洛阳名园记》,丛书集成初编,北京:中华书局,1985 年。

李吉甫:《元和郡县图志》,北京:中华书局,1983 年。

李林甫等:《唐六典》,北京:中华书局,2008 年。

李时珍编:《本草纲目》,张守康、张向群、王国辰等主校,北京:中国中医药出版社,1998 年。

李焘:《续资治通鉴长编》,北京:中华书局,2004 年。

李心传:《建炎以来朝野杂记》,北京:中华书局,2000 年。

李心传:《建炎以来系年要录》,北京:中华书局,1988 年。

李延寿:《北史》,北京:中华书局,1974 年。

李肇:《唐国史补》,上海:上海古籍出版社,1979 年。

郦道元:《水经注校证》,陈桥驿校证,北京:中华书局,2007 年。

郦道元:《水经注疏》,杨守敬、熊会贞疏,南京:江苏古籍出版社,1989 年。

令狐德棻等:《周书》,北京:中华书局,1971 年。

刘昫等:《旧唐书》,北京:中华书局,1975 年。

刘因:《静修文集》,上海:商务印书馆,1919 年。

刘禹锡:《刘禹锡集》,卞孝萱校订,北京:中华书局,1990 年。

楼钥:《攻媿集》,丛书集成初编,上海:上海书店,1989 年。

陆友仁:《研北杂志》,文渊阁四库全书,台北:台湾商务印书馆,1983 年。

罗愿:《淳熙新安志》,北京:中华书局,1990 年。

马端临:《文献通考》,北京:中华书局,1986 年。

孟元老:《东京梦华录注》,邓之诚注,北京:中华书局,1982 年。

欧阳修:《新五代史》,北京:中华书局,1974 年。

欧阳修、宋祁:《新唐书》,北京:中华书局,1975 年。

彭乘:《墨客挥犀》,丛书集成初编,北京:中华书局,1991 年。

彭定求编:《全唐诗》,北京:中华书局,1960 年。

普济:《五灯会元》,苏渊雷点校,北京:中华书局,1984 年。

任仁发:《水利集》,济南:齐鲁书社,1996 年。

沈括:《梦溪笔谈》,北京:中华书局,2015 年。

沈莹:《临海水土异物志辑校》,张崇根辑校,北京:农业出版社,1988 年。

沈约:《宋书》,北京:中华书局,1974 年。

施宿等:《南宋嘉泰会稽志》,北京:中华书局,1990 年。

史崧:《灵枢经》,北京:人民卫生出版社,1963 年。

司马光:《资治通鉴》,北京:中华书局,1956 年。

司马迁:《史记》,北京:中华书局,1963 年。

宋继郊编:《东京志略》,王晟等点校,开封:河南大学出版社,1999 年。

宋濂等:《元史》,北京:中华书局,1976 年。

宋敏求:《长安志》,毕沅校正,台北:成文出版有限公司,1970 年。

宋祁:《景文集》,文渊阁四库全书,台北:台湾商务印书馆,1986 年。

宋应星:《天工开物》,钟广言注释,广州:广东人民出版社,1976 年。

苏颂:《图经本草》,胡乃长、王致谱辑注,福州:福建科学技术出版社,1988 年。

苏天爵编:《元文类》,北京:商务印书馆,1958 年。

苏舆:《春秋繁露义证》,钟哲点校,北京:中华书局,1992 年。

苏辙:《栾城集》,上海:上海古籍出版社,2009 年。

陶宗仪:《说郛》,北京:中国书店,1986 年。

脱脱等:《金史》,北京:中华书局,1975 年。

脱脱等:《辽史》,北京:中华书局,1974 年。

脱脱等:《宋史》,北京:中华书局,1977 年。

汪藻:《靖康要录》,丛书集成初编,北京:中华书局,1985 年。

王安石:《临川先生文集》,北京:中华书局,1959 年。

王谠:《唐语林校证》,周勋初校证,北京:中华书局,1987 年,第 61 页。

王溥:《唐会要》,北京:中华书局,1955 年。

王钦若等编:《册府元龟》,南京:凤凰出版社,2006 年。

王文诰辑注:《苏轼诗集》,北京:中华书局,1982 年。

王禹偁:《小畜集》,上海:商务印书馆,1919 年。

王恽:《秋涧集》,台北:世界书局,1985 年。

王祯:《王祯农书》,北京:农业出版社,1981年。

魏收:《魏书》,北京:中华书局,1974年。

魏岘:《四明它山水利备览》,北京:中华书局,1985年。

魏徵、令狐德棻:《隋书》,北京:中华书局,1973年。

文莹:《玉壶清话》,北京:中华书局,1984年。

吴曾:《能改斋漫录》,北京:中华书局,1960年。

萧统编:《文选》,北京:中华书局,1977年。

萧子显:《南齐书》,北京:中华书局,1972年。

徐光启:《农政全书校注》,石声汉校注,上海:上海古籍出版社,1979年。

徐梦莘:《三朝北盟会编》,上海:上海古籍出版社,1987年。

徐松辑:《宋会要辑稿》,北京:中华书局,1957年。

许衡:《许衡集》,北京:中华书局,2019年。

许嵩:《建康实录》,张忱石点校,北京:中华书局,1986年。

颜之推:《颜氏家训集解》,王利器集解,上海:上海古籍出版社,1980年。

杨万里著:《杨万里诗选》,周汝昌选注,石家庄:河北教育出版社,1999年。

杨炫之:《洛阳伽蓝记校注》,范祥雍校注,上海:上海古籍出版社,1978年。

姚思廉:《陈书》,北京:中华书局,1972年。

姚思廉:《梁书》,北京:中华书局,1973年。

姚铉编:《唐文萃》,许增校,杭州:浙江人民出版社,1986年。

叶隆礼:《契丹国志》,上海:上海古籍出版社,1985年。

叶梦得:《石林燕语》,宇文绍奕、侯忠义校,北京:中华书局,2006年。

叶适:《水心先生文集》,上海:上海书店,1989年。

虞俦:《尊白堂集》,北京:中华书局,2004年。

元稹:《元稹集》,冀勤点校,北京:中华书局,1982年。

张邦基:《墨庄漫录》,孔凡礼点校,北京:中华书局,2002年。

张淏:《云谷杂记》,文渊阁四库全书,台北:台湾商务印书馆,1986年。

张华:《博物志校证》,范宁校证,北京:中华书局,1980年。

张廷玉等:《明史》,北京:中华书局,1974年。

赵秉文:《闲闲老人滏水文集》,丛书集成初编,北京:中华书局,1985年。

赵汝愚:《宋朝诸臣奏议》,北京大学中国中古史研究中心校点整理,上海:上海古籍出版社,1999年。

真德秀:《西山先生真文忠公文集》,上海:上海书店,1989年。

郑獬:《陨溪集》,丛书集成续编,上海:上海书店,1994年。

周去非:《岭外代答校注》,杨武泉校注,北京:中华书局,1999年。

周扬俊:《温热暑疫全书》,上海:上海科学技术出版社,1990年。

朱弁:《曲洧旧闻》,丛书集成初编,北京:中华书局,1985 年。

朱翌:《猗觉寮杂记》,丛书集成初编,北京:中华书局,1985 年。

庄绰:《鸡肋编》,北京:中华书局,1983 年。

宗懔:《荆楚岁时记》,丛书集成初编,北京:中华书局,1985 年。

## 二、专著

卞鸿翔等:《洞庭湖的变迁》,长沙:湖南科技出版社,1993 年。

曹文柱:《中国社会通史(秦汉魏晋南北朝卷)》,太原:山西教育出版社,1996 年。

陈高傭等编:《中国历代天灾人祸表》,上海:上海书店出版社,1986 年。

陈述主编:《辽金史论集》(第二辑),上海:上海古籍出版社,1987 年。

陈寅恪:《金明馆丛稿初编》,北京:生活·读书·新知三联书店,2001 年。

陈寅恪:《唐代政治史述论稿》,北京:生活·读书·新知三联书店,1956 年。

陈垣:《明季滇黔佛教考(外宗教史论著八种)》,石家庄:河北教育出版社,2000 年。

程龙:《北宋西北战区粮食补给地理》,北京:社会科学文献出版社,2006 年。

程民生:《宋代地域经济》,开封:河南大学出版社,1996 年。

程民生:《中国北方经济史》,北京:人民出版社,2004 年。

程遂营:《唐宋开封生态环境研究》,北京:中国社会科学出版社,2002 年。

邓云特:《中国救荒史》,北京:商务印书馆,2011 年。

冻国栋:《唐代人口问题研究》,武汉:武汉大学出版社,1993 年。

冻国栋:《中国人口史》第 2 卷(隋唐五代时期),上海:复旦大学出版社,2002 年。

冯沪祥:《人、自然与文化》,北京:人民文学出版社,1996 年。

冯先铭主编:《中国陶瓷》,上海:上海古籍出版社,2001 年。

高敏:《中国经济通史(魏晋南北朝卷)》,北京:经济日报出版社,1999 年。

葛剑雄:《两汉人口地理》,北京:人民出版社,1986 年。

葛剑雄:《中国人口发展史》,福州:福建人民出版社,1991 年。

葛剑雄:《中国人口史》,上海:复旦大学出版社,2005 年。

葛剑雄:《中国移民史(隋唐五代卷)》,福州:福建人民出版社,1997 年。

葛全胜等:《中国历朝气候变化》,北京:科学出版社,2010 年。

何炳棣:《黄土与中国农业的起源》,香港:香港中文大学出版社,1969 年。

和付强:《中国灾害通史(元代卷)》,郑州:郑州大学出版社,2009 年。

侯仁之、邓辉主编:《中国北方干旱半干旱地区历史时期环境变迁研究文集》,北京:商务印书馆,2006 年。

胡箪:《生态文化:生态实践与生态理性交汇处的文化批判》,北京:中国社会科学出版社,2006 年。

黄河水利委员会编:《人民黄河》,北京:水利电力出版社,1959年。

冀朝鼎:《中国历史上的基本经济区和水利建设事业的发展》,北京:中国社会科学出版社,1981年。

姜锡东主编:《漆侠与历史学:纪念漆侠先生逝世十周年文集》,保定:河北大学出版社,2012年。

蓝勇:《历史时期西南经济开发与生态变迁》,昆明:云南教育出版社,1992年。

李华瑞:《宋夏史研究》,天津:天津古籍出版社,2006年。

李来荣:《关于荔枝龙眼的研究》,北京:科学出版社,1956年。

李令福:《关中水利开发与环境》,北京:人民出版社,2004年。

李文波编著:《中国传染病史料》,北京:化学工业出版社,2004年。

李孝聪:《中国区域历史地理》,北京:北京大学出版社,2004年。

梁方仲:《中国历代户口、田地、田赋统计》,上海:上海人民出版社,1980年。

刘君慧等:《扬雄方言研究》,成都:巴蜀书社,1992年。

刘俊文主编:《日本学者研究中国史论著选译》第4卷,北京:中华书局,1992年。

罗宗真:《魏晋南北朝考古》,北京:文物出版社,2001年。

吕思勉:《先秦史》,上海:上海古籍出版社,1982年。

马世骏等:《中国东亚飞蝗蝗区的研究》,北京:科学出版社,1965年。

满志敏:《中国历史时期气候变化研究》,济南:山东教育出版社,2009年。

闵祥鹏:《中国灾害通史(隋唐五代卷)》,郑州:郑州大学出版社,2008年。

农史研究编辑部:《农史研究》第1辑,北京:农业出版社,1980年。

漆侠:《宋代经济史》,北京:中华书局,2009年。

齐东方:《隋唐考古》,北京:文物出版社,2002年。

启功、傅璇琮等主编:《唐宋八大家全集·欧阳修集》,北京:国际文化出版公司,1997年。

秦大树:《宋元明考古》,北京:文物出版社,2004年。

邱云飞:《中国灾害通史(宋代卷)》,郑州:郑州大学出版社,2008年。

荣新江主编:《唐研究》第8卷,北京:北京大学出版社,2002年。

史念海:《河山集(二集)》,北京:生活·读书·新知三联书店,1981年。

史念海:《河山集(七集)》,西安:陕西师范大学出版社,1981年。

史念海:《中国历史人口地理和历史经济地理》,台北:学生书局,1991年。

四川省文史馆主编:《巴蜀科技史研究》,成都:四川大学出版社,1995年。

谭其骧:《长水集》,北京:人民出版社,1987年。

宛敏渭主编:《中国自然历选编》,北京:科学出版社,1986年。

汪家伦、张芳:《中国农田水利史》,北京:农业出版社,1990年。

王吉智、马玉兰、金国柱编:《中国灌淤土》,北京:科学出版社,1996年。

王利华主编:《中国历史上的环境与社会》,北京:生活·读书·新知三联书店, 2007 年。

王菱菱:《宋代矿冶业研究》,保定:河北大学出版社,2005 年。

王玉德、张全明等:《中华五千年生态文化》,武汉:华中师范大学出版社, 1999 年。

王育民:《中国人口史》,南京:江苏人民出版社,1995 年。

文焕然等著,文榕生选编整理:《中国历史时期植物与动物变迁研究》,重庆:重 庆出版社,1995 年。

吴海涛:《淮北盛衰成因的历史考察》,北京:社会科学文献出版社,2005 年。

吴松弟:《中国人口史》第 3 卷(辽宋金元时期),上海:复旦大学出版社,2002 年。

吴祥定等:《历史时期黄河流域环境变迁与水沙变化》,北京:气象出版社, 1994 年。

西北大学历史系考古专业《郑国渠》编写组:《郑国渠》,西安:陕西人民出版 社,1976 年。

邢铁:《宋辽金时期的河北经济》,北京:科学出版社,2011 年。

杨渭生:《徐规教授从事教学科研工作五十周年纪念文集》,杭州:杭州大学出 版社,1995 年。

杨曾文:《当代佛教》,北京:东方出版社,1993 年。

杨曾文:《唐五代禅宗史》,北京:中国社会科学出版社,2006 年。

张家驹:《张家驹史学文存》,上海:上海人民出版社,2010 年。

张美莉等:《中国灾害通史(魏晋南北朝卷)》,郑州:郑州大学出版社,2009 年。

张修桂:《中国历史地貌与古地图研究》,北京:社会科学文献出版社,2006 年。

张泽咸:《汉晋唐时期农业》,北京:中国社会科学出版社,2003 年。

张泽咸:《唐代工商业》,北京:中国社会科学出版社,1995 年。

郑连第:《古代城市水利》,北京:水利电力出版社,1985 年。

郑学檬:《中国古代经济重心南移和唐宋江南经济研究》,长沙:岳麓书社, 2003 年。

中国硅酸盐学会编:《中国陶瓷史》,北京:文物出版社,1982 年。

中国科学院《中国自然地理》编辑委员会编:《中国自然地理·历史自然地理》, 北京:科学出版社,1982 年。

中国社会科学院历史研究所宋辽金元史研究室编:《宋辽金元史论丛》第二辑, 北京:中华书局,1991 年。

中国水利水电科学研究院水利史研究室编:《历史的探索与研究——水利史研 究文集》,郑州:黄河水利出版社,2006 年。

周宝珠:《宋代东京研究》,开封:河南大学出版社,1992 年。

周振鹤:《体国经野之道——中国行政区划沿革》,上海:上海书店,2009年。

竺可桢:《竺可桢文集》,北京:科学出版社,1979年。

邹逸麟:《椿庐史地论稿》,天津:天津古籍出版社,2005年。

邹逸麟:《黄淮海平原历史地理》,合肥:安徽教育出版社,1997年。

邹逸麟:《中国历史人文地理》,北京:科学出版社,2001年。

邹逸麟编著:《中国历史地理概述》(修订版),上海:上海教育出版社,2005年。

[德]傅海波、[英]崔瑞德编:《剑桥中国辽西夏金元史》,史卫民、马晓光、刘晓等译,北京:中国社会科学出版社,1998年。

[美]葛勒石:《中国区域地理》,谌亚达译,南京:正中书局,1953年。

[日]斯波义信:《宋代江南经济史研究》,方健、何忠礼译,南京:江苏人民出版社,2012年。

[美]威廉·麦克尼尔:《瘟疫与人》,余新忠译,北京:中国环境科学出版社,2010年。

# 三、论文

白宪波:《江西古代瓷业的分布及发展初步研究》,景德镇陶瓷学院硕士学位论文,2010年。

曹树基:《地理环境与宋元时代的传染病》,《历史地理》1995年第12辑。

陈国生:《唐代自然灾害初步研究》,《湖北大学学报》1995年第1期。

陈丽:《唐宋时期瘟疫发生的规律及特点》,《首都师范大学学报》(社会科学版)2009年第6期。

陈桥驿:《古代鉴湖兴废与山会平原农田水利》,《地理学报》1962年第3期。

陈新海:《南北朝时期黄河中下游的主要农业区》,《中国历史地理论丛》1990年第2期。

陈勇、陈霞、尹志华:《道教聚落生态思想初探》,《社会科学研究》2001年第6期。

程民生:《北宋河北塘泺的国防与经济作用》,《河北学刊》1985年第5期。

邓乐群:《杜甫飘泊诗作中的陇蜀荆湘沿途生态环境》,《湖南社会科学》2009年第6期。

高敏:《曹魏屯田的分布地区与经营年代考略》,《文史》1997年第42辑。

葛全胜、郑景云、方修琦等:《过去2000年中国东部冬半年温度变化》,《第四纪研究》2002年第2期。

龚胜生:《2000年来中国瘴病分布变迁的初步研究》,《地理学报》1993年第4期。

龚胜生:《中国疫灾的时空分布变迁规律》,《地理学报》2003年第6期。

龚胜生、刘卉:《北宋时期疫灾地理研究》,《中国历史地理论丛》2011年第4期。

龚胜生、刘卉:《魏晋南北朝时期疫灾时空分布规律研究》,《中国历史地理论丛》2007年第3期。

郭华:《唐代关中碾硙与农业用水矛盾及其解决途径》,《唐都学刊》2008年第1期。

郭声波:《历代黄河流域铁冶点的地理布局及其演变》,《陕西师范大学学报》(哲学社会科学版)1984年第3期。

郭豫庆:《黄河流域地理变迁的历史考察》,《中国社会科学》1989年第1期。

韩茂莉:《宋代桑麻业地理分布初探》,《中国农史》1992年第2期。

何炳棣:《华北原始土地耕作方式:科学、训诂互证示例》,《农业考古》1991年第1期。

河南省文化局文物工作队:《河南鹤壁市古煤矿遗址调查报告》,《考古》1960年第3期。

洪业汤、姜洪波:《近5ka温度的金川泥炭$\delta^{18}O$记录》,《中国科学(D辑)》1997年第6期。

胡阿祥:《东晋南朝侨州郡县的设置及其地理分布》,《历史地理》1990年第8、9辑。

胡阿祥:《东晋南朝人口迁移及其影响述论》,《江苏行政学院学报》2003年第3期。

黄世瑞:《我国历史上蚕业中心南移问题的探讨》,《农业考古》1985年第2期。

黄世瑞:《我国历史上蚕业中心南移问题的探讨(续完)》,《农业考古》1987年第2期。

姜浩:《隋唐造船业研究》,上海师范大学硕士学位论文,2010年。

金章东、沈吉等:《岱海的中世纪暖期》,《湖泊科学》2002年第3期。

康弘:《宋代灾害与荒政述论》,《中州学刊》1994年第5期。

乐爱国:《道教劝善书的生态伦理特色》,《深州职业技术学院学报》2003年第2期。

黎虎:《东晋南朝时期北方旱田作物的南移》,《北京师范大学学报》1988年第2期。

李淑娟、牛晓君:《唐长安城环境保护法规初探》,《西安建筑科技大学学报》(社会科学版)2007年第3期。

李永乐:《世界农业遗产生态博物馆保护模式探讨——以青田"传统稻鱼共生系统"为例》,《生态经济》2006年第11期。

梁庚尧:《南宋城市的公共卫生问题》,《"中央研究院"历史语言研究所集刊》1999年第1期。

梁忠效:《试论中国古代粮食加工业的形成》,《中国农史》1992 年第 1 期。

梁忠效:《宋代汉水上游的水利建设与经济开发》,《中国历史地理论丛》1995 年第 2 期。

梁忠效:《唐代的碾硙业》,《中国史研究》1987 年第 2 期。

刘洪杰:《中国古代独角动物的类型及其地理分布的历史变迁》,《中国历史地理论丛》1991 年第 4 期。

刘洪升:《唐宋以来海河流域水灾频繁原因分析》,《河北大学学报》(哲学社会科学版)2002 年第 1 期。

刘俊文:《唐代水害史论》,《北京大学学报》(哲学社会科学版)1988 年第 2 期。

刘浦江:《金代户口研究》,《中国史研究》1994 年第 2 期。

刘锡涛:《从森林分布看唐代环境质量状况》,《人文杂志》2006 年第 6 期。

陆人骥:《中国历代蝗灾的初步研究》,《农业考古》1986 年第 1 期。

罗建育、陈镇东:《台湾高山湖泊沉积记录指示的近 4000 年气候与环境变化》,《中国科学(D 辑)》1997 年第 4 期。

罗顺元:《儒家生态思想的特点及价值》,《社会科学家》2009 年第 5 期。

孟古托力:《辽道宗中后期自然灾害述论》,《北方文物》2001 年第 4 期。

米玲、王彦岭:《唐宋时期定瓷的生产及其影响》,《河北学刊》2009 年第 5 期。

闵宗殿:《魏岘的事迹和贡献》,《古今农业》1996 年第 4 期。

倪根金:《试论气候变迁对我国古代北方农业经济的影响》,《农业考古》1988 年第 1 期。

卿希泰:《道教生态伦理思想及其现实意义》,《四川大学学报》(哲学社会科学版)2002 年第 1 期。

仇立慧:《古代黄河中游都市发展迁移与环境变化研究》,陕西师范大学博士学位论文,2008 年。

任国玉、张兰生:《中世纪温暖期气候变化的花粉化石记录》,《气候与环境研究》1996 年第 1 期。

施雅风、姚檀栋、杨保:《近 2000a 古里雅冰芯 10a 尺度的气候变化及其与中国东部文献记录的比较》,《中国科学(D 辑)》1999 年第 S1 期。

石清秀:《北宋时期的灾患及防治措施》,《中州学刊》1989 年第 5 期。

孙关龙:《中国历史大疫的时空分布及其规律研究》,《地域研究与开发》2004 年第 6 期。

孙涛、张晋光:《论安史之乱对山东经济发展的影响》,《临沂大学学报》2012 年第 1 期。

谭明:《中国高分辨气候记录与全球变化》,《第四纪研究》2004 年第 4 期。

谭其骧:《何以黄河在东汉以后会出现一个长期安流的局面》,《学术月刊》

1962 年第 2 期。

谭其骧：《云梦与云梦泽》，《复旦学报》(社会科学版)1980 年第 S1 期。

谭其骧、张修桂：《鄱阳湖演变的历史过程》，《复旦学报》(社会科学版)1982 年第 2 期。

童国榜、张俊牌、范淑贤等：《秦岭太白山顶近千年来的环境变化》，《海洋地质与第四纪地质》1996 年第 4 期。

王邨、王松梅：《近五千年来中国中原地区在降水量方面的变迁》，《中国科学(B辑)》1987 年第 1 期。

王福昌：《唐代南昌的生态环境》，《古今农业》2001 年第 3 期。

王会昌：《河北平原的古代湖泊》，《地理集刊》1987 年第 18 号。

王利华：《古代华北水力加工兴衰的水环境背景》，《中国经济史研究》2005 年第 1 期。

王利华：《中古华北水资源状况的初步考察》，《南开学报》(哲学社会科学版)2007 年第 3 期。

王汝雕：《从新史料看元大德七年山西洪洞大地震》，《山西地震》2003 年第 3 期。

王赛时：《论唐代的造船业》，《中国史研究》1998 年第 2 期。

王绍武、蔡静宁、朱锦红等：《中国气候变化的研究》，《气候与环境研究》2002 年第 2 期。

王乡、王松梅：《近五千年我国中原气候在降水量方面的变化》，《中国科学(B辑)》1987 年第 1 期。

王元林：《关中的雨土》，《中国历史地理论丛》1997 年第 1 期。

王元林：《宋金元时期黄渭洛汇流区河道变迁》，《中国历史地理论丛》1996 年第 4 期。

翁俊雄：《唐代虎、象的行踪——兼论唐代虎、象记载增多的原因》，《唐研究》第 3 卷，北京大学出版社，1997 年。

武玉环：《论金代自然灾害及其对策》，《社会科学战线》2010 年第 11 期。

夏玉梅、汪佩芳：《密山杨木 3000 多年来气候变化的泥炭记录》，《地理研究》2000 年第 1 期。

肖尚斌、李安春、蒋富清等：《近 2ka 来东海内陆架的泥质沉积记录及其气候意义》，《科学通报》2004 年第 21 期。

谢连文、黄思静等：《罗布泊盐湖过去 2000a 气候变化曲线的全球对比》，《中国岩溶》2004 年第 4 期。

谢志诚：《宋代的造林毁林对生态环境的影响》，《河北学刊》1996 年第 4 期。

邢铁：《我国古代丝织业重心南移的原因分析》，《中国经济史研究》1991 年第 2 期。

许惠民:《北宋时期煤炭的开发利用》,《中国史研究》1987 年第 2 期。

许清海、肖举乐等:《孢粉记录的岱海盆地 1500 年以来气候变化》,《第四纪研究》2004 年第 3 期。

阎守诚:《唐代的蝗灾》,《首都师范大学学报》(社会科学版)2003 年第 2 期。

么振华:《唐代自然灾害及其救济》,北京师范大学博士学位论文,2006 年。

叶少明:《宋代广东的瓷窑》,《华南师范大学学报》(社会科学版)1987 年第 4 期。

尹志华:《道教戒律中的环境保护思想》,《中国道教》1996 年第 2 期。

袁冬梅:《宋代江南地区疾疫成因分析》,《重庆工商大学学报》(社会科学版)2007 年第 4 期。

曾雄生:《宋代的早稻和晚稻》,《中国农史》2002 年第 1 期。

张德二:《我国"中世纪温暖期"气候的初步推断》,《第四纪研究》1993 年第 1 期。

张芳:《宋元至近代北方的农田水利和水稻种植》,《中国农史》1992 年第 1 期。

张芳:《夏商至唐代北方的农田水利和水稻种植》,《中国农史》1991 年第 3 期。

张家诚:《气候变化对中国农业生产的影响初探》,《地理研究》1982 年第 2 期。

张全明:《简论宋人的生态意识与生物资源保护》,《华中师范大学学报》(人文社会科学版)1999 年第 5 期。

张熙惟:《论宋代山东经济的发展》,《山东大学学报》(哲学社会科学版)1993 年第 3 期。

张修桂:《洞庭湖演变的历史过程》,《历史地理》1981 年第 1 辑。

张修桂:《海河流域平原水系演变的历史过程》,《历史地理》1993 年第 11 辑。

张修桂:《云梦泽的演变与下荆江河曲的形成》,《复旦学报》(社会科学版)1980 年第 2 期。

张莹:《唐宋时期西部环境的变迁》,《安康学院学报》2008 年第 1 期。

章义和:《魏晋南北朝时期蝗灾述论》,《许昌学院学报》2005 年第 1 期。

赵丰:《唐代蚕桑业的地理分布》,《中国历史地理论丛》1991 年第 2 期。

郑学檬、陈衍德:《略论唐宋时期自然环境的变化对经济重心南移的影响》,《厦门大学学报》(哲学社会科学版)1991 年第 4 期。

周宏伟:《洞庭湖变迁的历史过程再讨论》,《历史地理论丛》2005 年第 2 期。

朱士光:《西北地区历史时期生态环境变迁及其基本特征》,《中国历史地理论丛》2002 年第 3 期。

竺可桢:《中国近五千年来气候变迁的初步研究》,《考古学报》1972 年第 1 期。

庄华峰:《古代江南地区圩田开发及其对生态环境的影响》,《中国历史地理论丛》2005 年第 3 期。

邹逸麟:《历史时期华北大平原湖沼变迁述略》,《历史地理》1987 年第 5 辑。

邹逸麟:《历史时期黄河流域水稻生产的地域分布和环境制约》,《复旦学报》(社会科学版)1985 年第 3 期。

左鹏:《宋元时期的瘴疾与文化变迁》,《中国社会科学》2004 年第 1 期。

Ge Quansheng,Zheng Jingyun,Fang Xiuqi,et al.Temperature Changes of Winter-half-year in Eastern China During the Past 2000 Years.*The Holocene*,2003,13(6).

Tan Ming,Liu Tungsheng,Hou Juzhi et al. Cyclic Rapid Warming on Centennial-scale Revealed by a 2650-year Stalagmite Record of Warm Season Temperature,*Geophysical Research Letters*,2003,30(20).

# 索 引

## B

白沟　41,61,76,78,95,254,259,311
渤海　11,37,39,67,137,140,181,198,
　242,243,350

## C

漕粮　90,91,94,96,265
漕渠　83,102,169,170,172
柴胡　30,31,253

## D

大同　17,61,189,209,212,255,256,269,
　270,272,275
地震　205,206,207,219,235,236,237,
　239,240,255,258,263,264,273,274,
　275,293,350
碟形洼地　47,48,101
洞庭湖　34,44,45,46,92,131,132,142

## G

关中地区　10,17,26,27,28,29,32,74,
　78,97,104,105,113,115,127,172,
　177,284,290,349

## H

滹沱河　41,105,107,259,311
虎　26,33,36,196,218,298,316
华北平原　4,26,38,76,78,79,95,98,
　103,116,137,138,141,156,251,289,
　298,311,349
黄土高原　3,26,28,29,30,31,38,289,
　296,297,349
蝗灾　4,16,56,140,141,206,207,213,
　214,215,219,220,228,229,230,231,
　232,248,249,250,251,252,255,256,
　257,261,262,263,270,271,272,277,
　280,281,282,283,284,285,286,287,
　288,293,350

## J

鉴湖　34,102,147
碣石　18,136,292
橘树　7,9,11,144
巨野泽　42,43,140
决溢　37,38,39,43,76,78,79,95,97,
　98,116,132,140,142,173,225,242,
　244,259,266,267,300,350

## K

开封　9,12,13,29,64,93,107,125,126,
　137,139,140,159,160,165,166,167,
　169,173,174,175,176,184,197,198,
　231,232,239,242,243,248,250,259,
　265,290,314,321

## L

龙门　18,136,171,292

洛阳　12,17,24,29,58,69,75,84,103,
　　112,115,137,154,157,159,164,168,
　　169,172,176,179,195,197,209,212,
　　216,217,221,223,224,226,233,237,
　　238,290,293,318,341

## M

梅树　10,11,12
煤炭　123,125,126
棉花　16,117,120,123

## N

碾硙　112,113,114,115,116

## P

平城　17,209,212,213
鄱阳湖　34,44,46,47,47,88,132,142

## Q

秦岭　13,26,29,31,36,52,62,69,70,73,
　　74,133,136,143,147,149,188,241,
　　258,290,296
泉州　39,109,129,131,265,269,274,
　　313

## R

人口高峰　52,55,299
人口南迁　21,62,67,68,145
人口增长率　52,61,62,66,75

## S

桑蚕丝织业　3,111,117,118,119,120,
　　121,122,123,134
桑树　16,117,120,121,122,123,126,
　　309,345

森林覆盖率　24,289,297,300,349
芍陂　83,84,101,104
生态系统　2,17,26,34,310,323,324,
　　326,341,346
霜期　6,143,212
霜雪　6,7,17,206,207,219,239,258,
　　263,277,293,350
水碓　111,112,113,114
四川盆地　35,62,70,71,77,82,85,190
苏州　6,26,75,91,108,131,199,200,
　　327,328

## T

太湖　13,34,44,47,48,70,74,82,85,
　　86,87,91,98,101,102,107,108,109,
　　144,200,328
塘浦　42,76,78,78,95,177,177,178,
　　179,180,184,185,186
天人合一　303,319,330,338,339

## W

围湖造田　34,35,48,102,109,147,299,
　　324,327,328
瘟疫　52,166,196,197,203,206,207,
　　215,216,217,218,219,229,233,234,
　　235,240,253,254,256,258,261,262,
　　264,300,304

## X

犀牛　33,35,36,167
象　26,57,298,333

## Y

扬州　26,67,68,71,83,85,88,131,132,
　　142,227,231,247,265,270,341,344

疫病　121,122,157,164,165,166,168,
　176,195,196,197,201,202,203,206,
　216,217,218,227,228,229,232,233,
　234,235,253,254,262,272,273,277,
　314

云梦泽　44,45,46,47

运河　15,22,39,58,108,131,134,166,169,
　170,171,172,173,245,265,267,313

## Z

瘴气　176,187,188,189,190,191,192,
　194,203

郑国渠　149,150,151,152,169

重心南移　3,21,22,93,117,119,120,
　121,122,123,137,150,156,166,176,
　294,295,300

竹　15,26,121,231,266,268,295,298,
　299,300,301,325,326,330,339,

自然灾害　1,4,23,26,50,52,54,60,
　155,199,201,205,206,207,208,210,
　212,213,214,217,218,219,220,226,
　233,235,238,239,240,242,254,255,
　257,258,260,261,262,263,264,268,
　272,276,277,289,290,293,304,319,
　324,350

# 后 记

意大利历史学家克罗齐有句名言"一切历史都是当代史",即是说历史学的研究问题常会受到现代社会问题的影响。比如史学中对"三农"问题的研究自 20 世纪末以来一直热度不减,与党中央的"新农村建设""脱贫攻坚""乡村振兴战略"等一系列政策有关;曾经一度盛兴的"后现代史学"与西方学者反思"现代化"有关。20 世纪 60 年代,欧美学界掀起"环境史"研究的热潮,在三十多年后传到我国,国内一些学者开始大力倡导环境史研究。但说实话,环境史研究刚开始的"效仿"痕迹非常明显,环境史的概念、写法等基本都是仿照欧美学者。当时研究环境史的学者,有很多都是从经济史转行的。经过十多年的锤炼,国内学者对环境史的思考逐渐成熟,带着对中国环境问题的忧虑,从事环境史研究的队伍不断壮大,环境史研究的内容也越来越全面并富有针对性,撰写中国环境通史的时机渐趋成熟。

丛书主编戴建兵教授是著名中国近代经济史研究专家,尤其是在货币金融史方面的研究,成就非凡。戴老师知识渊博,涉猎广泛。也许与他长期担任领导职务有关,戴老师有着非常强烈学术现实使命感。同时,身为河北师范大学历史学的学科负责人,他十分重视开拓创新:不仅拓展研究的新领域,而且充分利用河北师大学科齐全的优势,在学科交叉上进行突破。编撰《中国环境史》就是这样一种新的尝试。

笔者的研究方向是中国古代经济史,多年来,一直从事唐宋乡村社会的研究。在主持编写本卷之前,笔者对环境史的印象,基本停留在只知道国内有少数学者从事研究的非常表面的层次上,对环境史的概念、内容、研究理路几乎是空白。接到主持编写本卷书的任务时,真是战战兢兢、如履薄冰,一切需要从头学起。最主要的是,这是个集体项目,还分属不同的学科,尤其是地理、生物等理科学科与历史学科的写作思路、方法、学术用语、注释格式等有很大的差异,统一起来非常困难。即使同为历史学科,几位撰写人的学术背景、研究领域、学术特长等方面也有很大的区别,因此主持编写本卷书,如何协调统一就成为一项艰巨的任务。

本卷编写大概开始于 2015 年,整体构思同其他卷基本一致,但根据本卷所处历史时段的特点略做微调。作为负责人,我最初的设想是召集几位学者,让他们主要承担撰写任务,我在当中主要负责协调和最后的统稿。但在书稿撰写过程中,随着对相关问题认识的深入,在书写方式和书写内容上,本卷都作过较大的调整。为了保证本书内容的整体统一性,所调整内容大都是由本卷主编负责改写或补写的。本卷作者分工如下:第一、三章,许清海等;第二章,葛荣朝等;第四章,默书民;第五章,王昊;第六章,倪彬;第七章,冯金忠、谷更有;第八章,冯金忠。统稿及修订:谷更有。

本卷是各位著者集体劳动的成果,感谢大家的无私奉献!感谢高等教育出版社包小冰编辑的不吝指教!感谢我的研究生孔祥军、高洁、董子怡、汪冠杰、汤恩祺、陈永志等在书稿校对过程中的辛勤劳动!

谷更有

2021 年 9 月